TURING 图灵原创

深度强化学习

D<small>EEP</small> R<small>EINFORCEMENT</small> L<small>EARNING</small>

王树森
黎彧君
张志华

著

人民邮电出版社
北　京

图书在版编目（CIP）数据

深度强化学习 / 王树森，黎彧君，张志华著. -- 北
京：人民邮电出版社，2022.11
（图灵原创）
ISBN 978-7-115-60069-1

I. ①深… II. ①王… ②黎… ③张… III. ①机器学
习 IV. ①TP181

中国版本图书馆CIP数据核字（2022）第174529号

内 容 提 要

本书基于备受读者推崇的王树森"深度强化学习"系列公开视频课，专门解决"入门深度强化学习难"的问题.

本书的独特之处在于：第一，知识精简，剔除一切不必要的概念和公式，学起来轻松；第二，内容新颖，聚焦近 10 年深度强化学习领域的突破，让你一上手就紧跟最新技术.

本书系统讲解深度强化学习的原理与实现，但不回避数学公式和各种模型，原创 100 多幅精美插图，并以全彩印刷展示. 简洁清晰的语言＋生动形象的图示，助你扫除任何可能的学习障碍！本书内容分为五部分：基础知识、价值学习、策略学习、多智能体强化学习、应用与展望，涉及 DQN、A3C、TRPO、DDPG、AlphaGo 等.

本书面向深度强化学习入门读者，助你构建完整的知识体系. 学完本书，你能够轻松看懂深度强化学习的实现代码、读懂该领域的论文、听懂学术报告，具备进一步自学和深挖的能力.

♦　著　　　　王树森　黎彧君　张志华
　　责任编辑　　刘美英
　　责任印制　　彭志环
♦　人民邮电出版社出版发行　　北京市丰台区成寿寺路 11 号
　　邮编 100164　　电子邮件 315@ptpress.com.cn
　　网址 https://www.ptpress.com.cn
　　北京九州迅驰传媒文化有限公司印刷
♦　开本：800 × 1000　1/16
　　印张：19.5　　　　　　　　　　2022 年 11 月第 1 版
　　字数：446 千字　　　　　　　　2025 年 3 月北京第 13 次印刷

定价：129.80 元

读者服务热线：**(010)84084456-6009** 印装质量热线：**(010)81055316**
反盗版热线：**(010)81055315**

序 言

格物致知，知行合一

强化学习研究序贯决策问题，它同监督学习、无监督学习一起构成机器学习的三大学习范式. 强化学习像无监督学习一样不存在有标签的训练集，但它通过与环境交互并在奖惩制度的不断刺激下驱使系统学习如何最大化自己的利益或最小化自己的损失，这也与被动地获得有标签训练数据集的监督学习场景不同. 强化学习植根于人工智能领域，但它与最优控制、运筹学、随机规划有着紧密的联系. 它们都试图克服经典动态规划求解高维问题所面临的"维数诅咒"问题.

现代强化学习主要基于随机模拟思想，它的奠基性工作始于 1989 年 Chris Watkins 提出的 Q 学习方法. 人工神经网络作为一种函数逼近技术自然被引入强化学习，由此，Dimitri Bertsekas 和 John Tsitsiklis (1996) 提出了神经动态规划的概念. 随着深度神经网络的突破性崛起，强化学习得以以"深度强化学习"而复兴. 深度学习和强化学习构成现代人工智能技术的两翼. 深度学习提供了一种强大的数据表示或函数逼近途径，而强化学习则提供了一种求解问题的方法论或通用技术途径.

我本人于 2017 年在北京大学开始讲授深度学习，次年又讲授强化学习. 虽然这两门课都有非常经典的教材供参考，但是讲授难度还是比较大——既需要兼顾数学原理和动手实践，又需要兼顾经典方法和前沿成果. 特别地，深度学习更多是各种方法、技术和应用场景的荟萃，缺乏一条清晰的脉络将知识点串联起来. 相对而言，强化学习的数学脉络清晰且较为具体，因为它建立在马尔可夫决策过程基础上，而贝尔曼方程定义了问题求解的最优性准则. 然而，强化学习在实践上又不如深度学习有那么丰富的开源平台.

本书是王树森博士根据自己讲授的深度强化学习课程材料整理而成的（详见前言部分）. 本书吸收了强化学习的经典方法和最新的前沿成果，同时兼顾了算法原理和实现，适合于强化学习初学者. 由于我也有讲授强化学习课程的经验和体会，我欣然接受了王树森的邀请来一起修订完善书稿. 为了帮助读者更好地理解和掌握相关内容，我们又邀请黎彧君博士加入来补充算法程序实现部分. 算法开源包是我的博士研究生谢广增、陈昱和黎彧君在研究强化学习过程中陆续实现并整合成的，黎彧君基于 PyTorch 进行了改写和完善.

"运用之妙，存乎一心". 强化学习同时提供问题及其解的数学表示方法，集成了数学思维和工程思维. 强化学习算法通常包含价值计算和策略调整两个要素，通过"trial-and-error"学习或基于"actor-critic"框架来求解问题，这诠释着知和行一体来寻找问题最优解的思路，暗合了中国儒家修心思想"格物致知，知行合一". 其实，这也是我们做学问的金科玉律.

张志华

北京大学燕园

2022 年 7 月 22 日

前　言

　　强化学习是机器学习的一个分支，研究如何基于对环境的观测做出决策，以最大化长期回报．从 20 世纪 80 年代至今，强化学习一直是机器学习领域的热门研究方向．大家耳熟能详的经典强化学习方法——Q 学习、REINFORCE、actor-critic——就是 20 世纪 80 年代提出的，一直沿用至今．而经验回放、SARSA、蒙特卡洛树搜索等重要思想是 20 世纪 90 年代和 21 世纪初提出的．最近 10 年，随着深度学习的发展，强化学习也取得了突破性的进展，并衍生出深度强化学习这一分支．

　　2012 年，卷积神经网络 AlexNet 打赢了 ImageNet 挑战赛，开启了深度学习时代．深度强化学习是一类特殊的强化学习方法，用深度神经网络近似策略函数和价值函数，深度神经网络强大的表达能力大幅推高了强化学习的天花板．2013 年诞生了首个深度强化学习方法——深度 Q 网络（DQN），它在 Atari 电子游戏上的表现遥遥领先已有的机器学习方法，但跟人类仍有较大差距．2015 年，改进版的 DQN 在 Atari 电子游戏上的表现大幅领先人类专业玩家，学术界由此认识到了深度强化学习的巨大潜力．2015 年发生了一件更为轰动的事件——AlphaGo 在围棋比赛中以 5∶0 击败职业棋手樊麾——这为深度强化学习带来了空前的关注．随后几年深度强化学习取得了许多重要进展，新的方法如雨后春笋般出现，在各种任务上不断刷新纪录．

为何写这本书

　　2017 年我在加州大学伯克利分校做博士后的时候，周围的人总在讨论强化学习，甚至 RISE-Lab 正在开发的新一代机器学习系统 Ray 几乎就是为强化学习量身定制的．虽然当时我的研究方向不是强化学习，但我对它很着迷，并下定决心要学会它．我自认为数学功底不错且自学能力很强，花点儿时间应该能学会，可我却在实际学习过程中吃尽苦头，花了几年时间才形成完整的强化学习知识体系．

　　大家都说 Richard Sutton 和他的老师 Andrew Barto 合著的 *Reinforcement Learning: An Introduction*[①]是强化学习领域的"圣经"，是初学者必读的书，于是我就从这本书开始入门．可当我读完一大半的时候，发现自己还是听不懂那些研究强化学习的人在说什么，仿佛大家说的"强化学习"与书中所讲的不是一种东西．这时我意识到自己走了弯路，于是及时止损，改读 DQN、DDPG、A3C 等的代码，这回学习效果显著，我逐渐能听懂强化学习的报告了．但靠读代码学习

　　[①] 中文版《强化学习（第 2 版）》，由电子工业出版社于 2019 年出版．

有很大的缺点, 我的知识碎片化严重, 我只是略懂具体的一些点, 而这些点串不起来. 结果就是, 我既看不到领域的前沿方向, 也读不懂知识背后的原理——感觉自己仍然是个门外汉, 没有真正掌握强化学习.

既然没有优质的教材, 读代码又过于肤浅, 那么可行的路就只有一条——把近几年重要的论文挨个读一遍, 把论文里的核心公式推导一遍. 这的确是一条正道, 通过阅读论文和梳理知识体系, 我最终"大彻大悟"——发现深度强化学习的所有方法背后不过就是几个公式的变换而已. 读论文虽然是一条正道, 但是见效很慢, 而且只适合我这样有科研经验的学者, 并不适用于初学者.

2018 年我在史蒂文斯理工学院计算机科学系任教之后, 心怀忐忑地开了我的第一门课"深度学习". 意外的是, 通过教授这门课程, 我发现自己在教学方面还算有些"天赋"——能把大量疑难知识快速为初学者讲清楚. 在我第二次教这门课的时候, 我用最后两周的时间为学生讲解了深度强化学习的核心知识. 深度强化学习很难, 当时我只是抱着试探的态度去讲, 但多数学生居然听明白了, 这让我异常兴奋, 随后我花费了一些时间用中文录制了深度强化学习部分的课程, 并发布到了 YouTube 上 (ID: Shusen Wang). 很快, 观看量超出了我的预期. 截至本书出版之前, 虽然我的 YouTube 账号中文频道的订阅者只有 1 万多, 但视频的观看量已经超过了 55 万. 另外, B 站上有不少账号自发传播了该系列视频, 其中单个视频最高播放量超过 15 万. 保守估计, "深度强化学习"系列视频的全网播放量超过 100 万——能带这么多初学者入门深度强化学习, 我倍感荣幸.

2020 年, 我本来计划在大学里再开一门"深度强化学习"的课程, 于是花了很多时间仔细梳理这个领域的知识点, 做了大量笔记和课件. 但后来我打算去工业界发展, 只能打消了开新课的念头. 只是, 长时间精心准备的教学材料就这么浪费了未免太可惜, 我心里想: "不如整理出来, 写成一本书, 或许对初学者很有帮助." 于是, 我花三个月整理好了笔记, 在 2021 年初发到了 GitHub 上. 但这份初稿与我眼中的优质教材还相距甚远. 之后, 我和我的导师张志华、师弟黎或君用了一年多的时间对初稿进行修改, 到了 2022 年才交付给出版社的编辑.

本书目标

深度强化学习是当前学术界最热门的研究领域之一, 而且有潜力在工业界落地应用. 然而深度强化学习的数学原理深奥, 知识体系和发展脉络复杂, 入门的难度远高于机器学习其他分支. 即便是我这样精通机器学习的博士, 初期的学习进度也异常缓慢, 付出相当大的代价才构建了完整的知识体系. 本书的价值在于学习它能够避免初学者重复我走过的弯路, 不走"从理论到理论"和"看代码学算法"这两个极端.

本书面向的受众是有一定深度学习基础的学生和算法工程师. 本书假设读者完全不懂强化学习, 但具备深度学习的基础知识, 比如优化、目标函数、正则、梯度等基本概念; 不熟悉深度学习的技术细节和背后理论, 但知晓基本常识, 比如神经网络的全连接层、卷积层、sigmoid 激活函数、softmax 激活函数的用途. 如果你几乎不懂深度学习, 也可以阅读本书, 但是在理解上会有一定困难.

本书的目标是解释清楚深度强化学习背后的原理, 而非简单地描述算法或推导公式. 通过学习本书, 读者能在短时间内构建完整的知识体系, 避免知识碎片化. 预计读者在学完本书之后, 能轻松看懂深度强化学习的代码, 读懂该领域的论文、听懂学术报告, 具备进一步自学和深挖的能力.

本书特点

前面提到, 强化学习最经典的教材非 *Reinforcement Learning: An Introduction* 莫属. 它是学术泰斗 Richard Sutton 和 Andrew Barto 所著, 被誉为强化学习的"圣经". 这本书的知识体系完整, 但其中很多内容在今天已经不太重要了, 而当今最重要的深度强化学习技术却没有囊括其中. 如果你是初学者, 而有人建议你通过阅读这本书入门, 那大概率是在"坑"你, 或许他自己压根就没读过这本书. 如果你的数学功底够强, 咬着牙读完此书, 你会发现自己仍然不懂深度强化学习, 对最近 10 年的技术突破缺乏基本了解, 跟不上学术界的前沿. 此书正是当年我入门强化学习读的第一本书, 算是我当年走过的弯路. 如果你有志于做强化学习的科研, 不妨先读读我们这本书, 之后再读 Sutton 和 Barto 的书补充理论知识.

本书与 Sutton 和 Barto 的书有类似之处, 都是从方法和原理出发讲解强化学习, 但是本书有三大优势. 第一, 内容很新, 主要内容是最近 10 年的深度强化学习方法, 比如 DQN、A3C、TRPO、DDPG、AlphaGo 等技术. 第二, 力求实用, 本书的写作出发点是"有用"且"精简", 剔除了一切不必要的概念和公式, 只保留必要的内容, 尽量做到每一个章节都值得阅读. 第三, 清晰易懂, 为了让方法和原理容易理解, 我们花了大量时间在文字和绘图上, 相信本书在"完读率"方面有显著优势.

当前市面上偏重编程实践的教材很多, 这类图书通过讲解代码帮助读者入门深度强化学习. 从实践出发不失为一条入门的捷径, 但这些书欠缺对方法和原理的解释, 同时对数学推导采取回避的态度. 这也情有可原, 毕竟把代码讲解清楚相对容易, 而把方法和原理讲解清楚却很困难. 本书的独特之处在于系统地讲解深度强化学习, 不回避数学原理, 而是用通俗的语言和插图将其解释清楚. 如果读者对某些深度强化学习方法有不理解之处, 相信可以从本书中找到解答.

对于初学者来说, 从方法和原理开始入门, 或是从编程实践开始入门, 都是合理的选择, 主要取决于你想要在这个领域挖多深、走多远. 如果目标是能看懂代码、"会用"深度强化学习, 那么从编程实践入门是很好的选择; 如果目标是深入理解代码背后的原理、看懂前沿论文甚至从事科研工作, 那么建议选择本书.

此外, 本书的三位作者都有博士学位, 都是机器学习领域的学者. 当我和黎彧君还是学生的时候，就在张志华老师的要求下阅读了超过 10 本机器学习领域的经典教材，我们深知什么样的书是好书。而且我们都有多年的学术写作经验，每个人都在机器学习顶级会议、顶级期刊上发表过多篇论文。此外，我和张志华老师都有丰富的教学经验，有能力把复杂的方法和原理解释清楚，在严谨的前提下做到通俗易懂。

根据我的教学和写作经验，教学和写作最大的难点不是"大而全"，而是如何把话说明白，让受众以最小的代价听得懂、记得住。假如只是简单罗列知识点、堆公式、堆代码，那么教学和写作的难度非常小。如果按低标准去备一门课或是写一本书，以我的效率一个暑假绰绰有余；但从开始整理笔记到最终成书，这本书前后用了两年，投入远大于预期。写这本书的过程中，我的精力主要用于确保内容结构清晰、原理与公式易于理解。为了让模型和数学变得直观，我原创了 100 多张简洁精美的插图——有时绘制一张插图就要花费几个小时。回过头来，很难想象，我曾经会以如此大的投入写一本书，期待它能最大限度地降低大家入门深度强化学习的门槛。

主要内容

第一部分是基础知识，包括机器学习基础、蒙特卡洛方法、强化学习的基本概念。

- 第 1 章介绍机器学习基础，简要介绍线性模型、神经网络、梯度下降和反向传播。如果读者有不错的机器学习基础，可以跳过这一章。
- 第 2 章介绍蒙特卡洛方法，其中最重要的知识点是用随机样本近似函数的期望，它是多种强化学习方法的关键所在。
- 第 3 章介绍强化学习的基本概念，包括马尔可夫决策过程、策略函数、回报、价值函数等重要知识点，需要读者理解并记忆。

第二部分是价值学习，介绍 Q 学习和 SARSA 等多种方法。价值学习的目标是学到一个给状态和动作打分的函数，用于基于状态选择最优的动作。

- 第 4 章介绍 DQN 与 Q 学习，它们是价值学习方法，目标是近似最优动作价值函数。此外，读者需要关注同策略与异策略的区别、目标策略与行为策略的区别，并理解经验回放及其适用范围。
- 第 5 章介绍 SARSA 与价值网络，它们也是价值学习方法，目标是近似动作价值函数。此外，读者需要深入掌握 TD 目标，并理解自举与蒙特卡洛方法的区别。
- 第 6 章讲解价值学习的几种高级技巧。经验回放、优先经验回放、目标网络、双 Q 学习都是对 Q 学习的改进。对决网络和噪声网络是对神经网络结构的改进。

第三部分是策略学习，包括 REINFORCE、actor-critic、A2C、TRPO、DDPG、TD3 等多种方法。策略学习的目标是学到一个策略函数以最大化回报的期望。

- 第 7 章详细讲解策略梯度方法，包括 REINFORCE 和 actor-critic. 读者应当掌握策略学习的目标函数、策略梯度定理的简化证明，以及 REINFORCE 和 actor-critic 的推导.
- 第 8 章介绍带基线的策略梯度方法，它们是对 REINFORCE 和 actor-critic 的改进，在实践中效果更好.
- 第 9 章介绍 TRPO 和熵正则方法. TRPO 来源于数值优化中的置信域方法，用在策略学习上取得了很好的效果. 熵正则是策略学习中很常用的技巧，有助于鼓励探索.
- 第 10 章介绍连续控制，即动作空间是连续集合，主要介绍 DDPG、TD3、随机高斯策略网络这三种连续控制方法.
- 第 11 章讨论对状态的不完全观测问题，这在实践中很常见. 这种问题的有效解决方法是将循环神经网络作为策略函数.
- 第 12 章介绍模仿学习，它不是强化学习，而是其替代品. 之所以把模仿学习放在这一部分，是因为模仿学习的目标也是学到策略函数. 本章介绍行为克隆、逆向强化学习、生成判别模仿学习这三种方法.

第四部分是多智能体强化学习，即多个智能体共享环境，且每个智能体都可以对环境产生影响. 可以把本书第二部分、第三部分内容看作单智能体强化学习，而多智能体强化学习是对前者的推广. 如果读者对多智能体强化学习不感兴趣，可以跳过这一部分，这不影响对第五部分的理解.

- 第 13 章讲解并行计算及其在深度学习中的应用，本章中的一些基础知识将在多智能体强化学习中用到.
- 第 14 章介绍多智能体系统的基本概念及其与单智能体系统的区别. 读者需要理解多智能体系统的四种设定——完全合作、完全竞争、合作与竞争混合、利己主义.
- 第 15 章讲解完全合作关系设定下的多智能体强化学习. 在这种设定下，所有智能体有相同的奖励与目标函数，使得多智能体强化学习较为容易. 读者需要理解多智能体强化学习的三种架构——"中心化训练 + 中心化决策""去中心化训练 + 去中心化决策""中心化训练 + 去中心化决策".
- 第 16 章讲解非合作关系设定下的多智能体强化学习. 在这种设定下，智能体未必有相同的奖励与目标函数，因此多智能体强化学习会很困难，无法以单个目标函数判别系统的收敛，而应该用纳什均衡进行判别.
- 第 17 章简要介绍注意力机制及其在多智能体强化学习中的应用.

第五部分是应用与展望，介绍强化学习的实际应用以及局限性.

- 第 18 章介绍 AlphaGo，它是深度强化学习最成功的应用之一. AlphaGo 最核心的技术是 MCTS，它也是本章的重点.
- 第 19 章介绍强化学习的几个实际应用，包括神经网络结构搜索、自动生成 SQL 语句、推荐系统、网约车调度. 本章还对比了强化学习与监督学习, 并讨论了制约强化学习落地应用的因素.

附录 A 是对贝尔曼方程的数学推导.

附录 B 是书中习题的答案.

附加资源

本书部分章节配有教学 PPT 和视频. 不管是教师还是自学者, 都可以直接获取所有资源. 想要获取教学 PPT, 可以前往图灵社区本书主页①下载. 想要获取教学视频, 在 B 站或 YouTube 搜索 "深度强化学习", 即可找到作者录制的教学视频. 但是它们均在写作本书之前制作, 内容与本书不一致之处请以本书为准. 本书配套的 PyTorch 代码可至图灵社区本书主页或本书 GitHub 页面 (/DeepRLChinese/DeepRL-Chinese)②获取, 欢迎读者下载使用和提供反馈. 目前只有部分章节的代码, 其余代码还在编写和调试中.

致谢

本书的初稿以开源形式发布在了网络上, 得到了很多朋友的阅读反馈. 真诚感谢王嘉晨、张梦娇、陈传玺、常海德、张翠娟、梅椰诚、张大康、单思远、陆浩、徐嘉诚、汪天祥、贺晨龙、邹笑寒、石金升、李凯、陈刚、钱超、杨典、新代、谢宇航、郭帅、刘奇、麻晓东、余克雄、周敏、邓红卫、侯岳奇、陈凡亮、陈彬彬对内容的指正. 感谢本书策划编辑刘美英审核书稿, 给出了很多改进意见, 提升了本书的质量.

张志华感谢科技部 "数学和应用研究" 重点专项 (No. 2022YFA1004000) 的资助.

王树森

2022 年 7 月 17 日

---

① 参见 ituring.com.cn/book/2982. ——编者注
② 如果代码有更新, 首先发布在这里.

常用符号

符　号	中　文	英　文
S 或 s	状态	state
A 或 a	动作	action
R 或 r	奖励	reward
U 或 u	回报	return
γ	折扣率	discount factor
$\mathcal{S}$	状态空间	state space
$\mathcal{A}$	动作空间	action space
$\pi(a\|s)$	随机性策略函数	stochastic policy function
$\boldsymbol{\mu}(s)$	确定性策略函数	deterministic policy function
$p(s'\|s,a)$	状态转移函数	state-transition function
$Q_\pi(s,a)$	动作价值函数	action-value function
$Q_\star(s,a)$	最优动作价值函数	optimal action-value function
$V_\pi(s)$	状态价值函数	state-value function
$V_\star(s)$	最优状态价值函数	optimal state-value function
$D_\pi(s)$	优势函数	advantage function
$D_\star(s)$	最优优势函数	optimal advantage function
$\pi(a\|s;\boldsymbol{\theta})$	随机性策略网络	stochastic policy network
$\boldsymbol{\mu}(s;\boldsymbol{\theta})$	确定性策略网络	deterministic policy network
$Q(s,a;\boldsymbol{w})$	深度 Q 网络	deep Q network（DQN）
$q(s,a;\boldsymbol{w})$	价值网络	value network

目　　录

第一部分

基础知识

第1章 机器学习基础

本书假设读者有一定的机器学习基础，了解矩阵计算、数值优化等基础知识. 本章只是帮助读者查漏补缺，并由此熟悉本书使用的术语和符号. 本章内容分为三节，分别介绍线性模型、深度神经网络以及反向传播和梯度下降.

1.1 线性模型

线性模型（linear model）是一类最简单的监督机器学习模型，常用于简单的机器学习任务. 可以将线性模型视为单层的神经网络. 本节讨论线性回归、逻辑斯谛回归、softmax 分类器三种模型.

1.1.1 线性回归

下面我们以房价预测问题为例讲解回归（regression）. 假如你在一家房产中介公司工作，想要根据房屋的**特征**（feature）或属性（attribute）来初步估算房屋价格. 跟房价相关的特征包括面积、建造年份、离地铁站的距离，等等. 设房屋一共有 d 个特征，把它们记作一个向量：

$$\boldsymbol{x} = \left[x_1, x_2, \cdots, x_d\right]^{\mathrm{T}}.$$

本书中的向量 $\boldsymbol{x}$ 表示列向量，记作粗体小写字母. 它的转置 $\boldsymbol{x}^{\mathrm{T}}$ 表示行向量. 这里，问题的目标是基于房屋的特征 $\boldsymbol{x} \in \mathbb{R}^d$ 预测其价格.

有多种方法对房价预测问题建模，其中最简单的方法是使用如下线性模型：

$$f(\boldsymbol{x}; \boldsymbol{w}, b) \triangleq \boldsymbol{x}^{\mathrm{T}}\boldsymbol{w} + b,$$

这里的 $\boldsymbol{w} \in \mathbb{R}^d$ 和 $b \in \mathbb{R}$ 是模型的**参数**（parameter）. $f(\boldsymbol{x}; \boldsymbol{w}, b)$ 的输出就是对房价的预测，它既依赖于房屋的特征 $\boldsymbol{x}$，也依赖于参数 $\boldsymbol{w}$ 和 b. 很多书和论文将 $\boldsymbol{w}$ 称作**权重**（weight），将 b 称作**偏移量**（offset 或 intercept），因为可以将 f 的定义 $\boldsymbol{x}^{\mathrm{T}}\boldsymbol{w} + b$ 展开，得到

$$f(\boldsymbol{x}; \boldsymbol{w}, b) \triangleq w_1 x_1 + w_2 x_2 + \cdots + w_d x_d + b.$$

如果 x_1 是房屋的面积，那么 w_1 就是房屋面积对房价贡献的大小. w_1 越大，说明房价与房屋面

积的相关性越强，这就是为什么 w 被称为权重. b 与房屋的特征无关，只与线性函数 $x^{\mathrm{T}}w$ 简单相加，因此被称作偏移量. 可以把偏移量 b 视作市面上房价的均值或者中位数，它与待估价房屋的特征无关.

只有确定了 w 和 b，我们才能利用线性模型做预测. 该怎么获得 w 和 b 呢？可以用历史数据来训练模型，得到参数估计 $\widehat{w}$ 和 $\hat{b}$，然后就可以用线性模型做预测了：

$$f(\boldsymbol{x}; \widehat{\boldsymbol{w}}, \hat{b}) \triangleq \boldsymbol{x}^{\mathrm{T}}\widehat{\boldsymbol{w}} + \hat{b}.$$

卖家和中介可以用这个训练好的模型 f 给待售房屋定价. 对于一个待售的房屋，首先将它的面积、建造年份等表示成向量 $\boldsymbol{x}'$，然后把它输入 f，得到

$$\widehat{y}' = f(\boldsymbol{x}'; \widehat{\boldsymbol{w}}, \hat{b}),$$

它就是对该房屋价格的预测.

最小二乘法

一个监督学习问题的数据通常分为训练集、验证集和测试集. 前两者的输入特征 $\boldsymbol{x}$ 对应的输出值 y 是存在的. 下面具体讲述**最小二乘法**（least squares method）的流程.

第一，准备训练集. 收集近期 n 个房屋的特征和售价，作为训练集. 把训练集记作 $(\boldsymbol{x}_1, y_1), \cdots,$ $(\boldsymbol{x}_n, y_n)$. 向量 $\boldsymbol{x}_i \in \mathbb{R}^d$ 表示第 i 个房屋的所有特征，标量 y_i 表示该房屋的成交价格.

第二，把训练描述成优化问题. 模型对第 i 个房屋价格的预测是 $\widehat{y}_i = f(\boldsymbol{x}_i; \widehat{\boldsymbol{w}}, \hat{b})$，而这个房屋的真实成交价格是 y_i. 我们希望 $\widehat{y}_i$ 尽量接近 y_i，因此平方残差 $(\widehat{y}_i - y_i)^2$ 越小越好. 定义损失函数：

$$L(\boldsymbol{w}, b) = \frac{1}{2n} \sum_{i=1}^{n} \Big[f(\boldsymbol{x}_i; \boldsymbol{w}, b) - y_i \Big]^2.$$

最小二乘法希望找到使得损失函数尽量小，也就是让模型的预测尽量准确的 w 和 b.

第三，求解模型. 把优化问题的最优解记作

$$(\widehat{\boldsymbol{w}}, \hat{b}) = \frac{1}{2n} \sum_{i=1}^{n} \Big[f(\boldsymbol{x}_i; \boldsymbol{w}, b) - y_i \Big]^2.$$

最小二乘法存在解析解，可以用矩阵求逆的方式得出. 但是实践中更常用的是数值优化算法，比如**共轭梯度**（conjugate gradient）等. 这些算法首先随机或全零初始化 w 和 b，然后用梯度迭代更新 w 和 b，直到算法收敛.

第四，预测. 一旦我们学出了模型的参数，就可以利用模型进行预测. 给定一个房屋的特征向量 $\boldsymbol{x}$，模型对房价 y 的估计值为

$$\widehat{y} = \boldsymbol{x}^{\mathrm{T}} \widehat{\boldsymbol{w}} + \widehat{b}.$$

监督学习的目的是让模型的估计值 $\widehat{y}$ 接近真实目标 y.

在模型参数数量较大,而训练数据不够多的情况下,常用正则化(regularization)缓解过拟合(overfitting). 加上正则项之后,上述最小二乘法模型变成

$$\min_{\boldsymbol{w},b} L(\boldsymbol{w},b) + \lambda R(\boldsymbol{w}),$$

其中的 $L(\boldsymbol{w},b)$ 是损失函数,$R(\boldsymbol{w})$ 是正则项,λ 是平衡损失函数和正则项的超参数. 常用的正则项有

$$R(\boldsymbol{w}) = \|\boldsymbol{w}\|_2^2 \quad \text{和} \quad R(\boldsymbol{w}) = \|\boldsymbol{w}\|_1,$$

前者对应岭回归(ridge regression),后者对应 LASSO(least absolute shrinkage and selection operator). 至于正则化系数 λ,可以在验证集上利用交叉验证选取.

1.1.2 逻辑斯谛回归

1.1.1 节介绍了回归问题,其中的目标 y 是连续变量,例如房价的取值是连续的. 本节研究**二分类**(binary classification)问题,其中的目标 y 不是连续变量,而是二元变量,表示输入数据的类别,取值为 0 或 1. 逻辑斯谛回归是最常用的二分类器.

下面我们以疾病检测为例讲解二分类问题. 为了初步排查癌症,需要做血检,血检中有 d 项指标,包括白细胞数量、含氧量以及多种激素含量. 我们可以将一份血液样本的检测报告看作一个 d 维特征向量:

$$\boldsymbol{x} = \begin{bmatrix} x_1, x_2, \cdots, x_d \end{bmatrix}^{\mathrm{T}}.$$

医生需要基于 $\boldsymbol{x}$ 来初步判断该血检是否意味着体检者患有癌症. 如果医生的判断为 $y = 1$,则要求体检者做进一步检测;如果医生的判断为 $y = 0$,则意味着体检者未患癌症. 这就是一个典型的二分类问题. 是否可以让机器学习做这种二分类呢?

解决二分类问题常用的分类器是线性 sigmoid 分类器,其结构如图 1-1 所示. 基于输入向量 $\boldsymbol{x}$,线性分类器做出预测:

$$f(\boldsymbol{x}; \boldsymbol{w}, b) \triangleq \mathrm{sigmoid}\left(\boldsymbol{x}^{\mathrm{T}} \boldsymbol{w} + b\right),$$

此处的 sigmoid 是个**激活函数**(activation function),定义为

$$\mathrm{sigmoid}\left(z\right) \triangleq \frac{1}{1 + \exp(-z)}.$$

如图 1-2 所示，sigmoid 可以把任何实数映射到 0 和 1 之间. 我们希望分类器的输出 $\widehat{y} = f(\boldsymbol{x}; \boldsymbol{w}, b)$ 有这样的性质：如果 $\boldsymbol{x}$ 是癌症患者的血检数据，那么 $\widehat{y}$ 接近 1；如果 $\boldsymbol{x}$ 是健康人的血检数据，那么 $\widehat{y}$ 接近 0. 因此 $\widehat{y}$ 表示分类器有多大概率做出血检阳性的判断，比如 $\widehat{y} = 0.9$ 表示分类器有 0.9 的概率判断血检为阳性；$\widehat{y} = 0.05$ 表示分类器只有 0.05 的概率判断血检为阳性，即有 0.95 的概率判断血检为阴性.

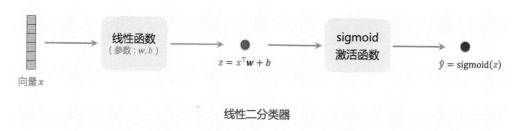

图 1-1　线性 sigmoid 分类器的结构. 输入是向量 $\boldsymbol{x} \in \mathbb{R}^d$，输出是介于 0 和 1 之间的标量

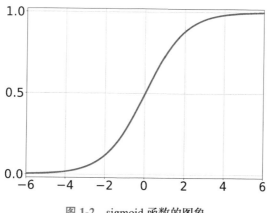

图 1-2　sigmoid 函数的图象

在讲解算法之前，先介绍**交叉熵**（cross entropy），它常用作分类问题的损失函数. 使用向量

$$\boldsymbol{p} = \begin{bmatrix} p_1, \cdots, p_m \end{bmatrix}^{\mathrm{T}} \qquad \text{和} \qquad \boldsymbol{q} = \begin{bmatrix} q_1, \cdots, q_m \end{bmatrix}^{\mathrm{T}}$$

表示两个 m 维的离散概率分布. 向量的元素都非负，且 $\sum_{j=1}^{m} p_j = 1$，$\sum_{j=1}^{m} q_j = 1$. 它们之间的交叉熵定义为

$$H(\boldsymbol{p}, \boldsymbol{q}) = -\sum_{j=1}^{m} p_j \cdot \ln q_j.$$

熵（entropy）是交叉熵的一种特例：$H(\boldsymbol{p}, \boldsymbol{p}) = -\sum_{j=1}^{m} p_j \cdot \ln p_j$ 是概率分布 $\boldsymbol{p}$ 的熵，简写为 $H(\boldsymbol{p})$.

与交叉熵作用类似的是 **KL 散度**（Kullback-Leibler divergence），也称**相对熵**（relative entropy），用来衡量两个概率分布的区别有多大。对于离散分布，KL 散度的定义为

$$\mathrm{KL}(\boldsymbol{p}, \boldsymbol{q}) = \sum_{j=1}^{m} p_j \cdot \ln \frac{p_j}{q_j},$$

这里约定 $\ln \frac{0}{0} = 0$。KL 散度总是非负的，而且当且仅当 $\boldsymbol{p} = \boldsymbol{q}$，$\mathrm{KL}(\boldsymbol{p}, \boldsymbol{q}) = 0$。这意味着当两个概率分布一致时，它们的 KL 散度达到最小值。从 KL 散度和交叉熵的定义不难看出

$$\mathrm{KL}(\boldsymbol{p}, \boldsymbol{q}) = H(\boldsymbol{p}, \boldsymbol{q}) - H(\boldsymbol{p}).$$

由于熵 $H(\boldsymbol{p})$ 是不依赖于 $\boldsymbol{q}$ 的常数，因此一旦固定 $\boldsymbol{p}$，KL 散度就等于交叉熵加上常数。如果 $\boldsymbol{p}$ 是固定的，那么关于 $\boldsymbol{q}$ 的优化 KL 散度等价于优化交叉熵。这就是为什么常将交叉熵作为损失函数。

我们现在来讨论如何从训练数据中学习模型参数 $\boldsymbol{w}$ 和 b。

第一，准备训练集。收集 n 份血检报告和最终诊断，作为训练集：$(\boldsymbol{x}_1, y_1), \cdots, (\boldsymbol{x}_n, y_n)$。向量 $\boldsymbol{x}_i \in \mathbb{R}^d$ 表示第 i 份血检报告中的所有指标。二元标签 $y_i = 1$ 表示患有癌症（阳性），$y_i = 0$ 表示健康（阴性）。

第二，把训练描述成优化问题。分类器对第 i 份血检报告的预测是 $f(\boldsymbol{x}_i; \boldsymbol{w}, b)$，而真实患癌情况是 y_i。想要用交叉熵衡量 y_i 与 $f(\boldsymbol{x}_i; \boldsymbol{w}, b)$ 之间的差别，得把 y_i 与 $f(\boldsymbol{x}_i; \boldsymbol{w}, b)$ 表示成向量：

$$\begin{bmatrix} y_i \\ 1 - y_i \end{bmatrix} \qquad \text{和} \qquad \begin{bmatrix} f(\boldsymbol{x}_i; \boldsymbol{w}, b) \\ 1 - f(\boldsymbol{x}_i; \boldsymbol{w}, b) \end{bmatrix},$$

两个向量的第一个元素都对应阳性的概率，第二个元素都对应阴性的概率。因为训练样本的标签 y_i 是给定的，所以两个向量越接近，它们的交叉熵越小。定义问题的损失函数为交叉熵的均值：

$$L(\boldsymbol{w}, b) = \frac{1}{n} \sum_{i=1}^{n} H\left(\begin{bmatrix} y_i \\ 1 - y_i \end{bmatrix}, \begin{bmatrix} f(\boldsymbol{x}_i; \boldsymbol{w}, b) \\ 1 - f(\boldsymbol{x}_i; \boldsymbol{w}, b) \end{bmatrix} \right).$$

我们希望找到使得损失函数尽量小，也就是让分类器的预测尽量准确的 $\boldsymbol{w}$ 和 b。我们可以考虑下面的优化问题：

$$\min_{\boldsymbol{w}, b} L(\boldsymbol{w}, b) + \lambda R(\boldsymbol{w}),$$

这个优化问题称为逻辑斯谛回归，其中 $R(\boldsymbol{w})$ 是正则项，比如 $\|\boldsymbol{w}\|_2^2$ 和 $\|\boldsymbol{w}\|_1$。

第三，用数值优化算法求解。在建立优化模型之后，需要寻找最优解 $(\hat{\boldsymbol{w}}, \hat{b})$。通常随机或全零初始化参数 $\boldsymbol{w}$ 和 b，然后用梯度下降、随机梯度下降、Newton-Raphson、L-BFGS 等算法迭代更新参数。

1.1.3 softmax 分类器

1.1.2 节介绍了二分类问题，其中数据只分为两个类别，比如患病和健康．本节研究**多分类**（multi-class classification）问题，其中数据可以划分为 k（> 2）个类别．我们可以用 softmax 分类器解决多分类问题．

本节以 MNIST 手写数字识别为例讲解多分类问题．如图 1-3 所示，MNIST 数据集有 $n = 60\,000$ 个样本，每个样本都是 28 像素 $\times$ 28 像素的图片．数据集有 $k = 10$ 个类别，每个样本有一个类别标签，它是介于 0 和 9 之间的整数，表示图片中的数字．为了训练 softmax 分类器，我们要对标签做 one-hot 编码，把每个标签（介于 0 和 9 之间的整数）映射为 $k = 10$ 维的向量：

$$
\begin{aligned}
0 &\implies [1,0,0,0,0,0,0,0,0,0], \\
1 &\implies [0,1,0,0,0,0,0,0,0,0], \\
&\vdots \\
8 &\implies [0,0,0,0,0,0,0,0,1,0], \\
9 &\implies [0,0,0,0,0,0,0,0,0,1].
\end{aligned}
$$

把得到的标签记作 $\boldsymbol{y}_1, \cdots, \boldsymbol{y}_n \in \{0,1\}^{10}$．把每张 28 像素 $\times$ 28 像素的图片拉伸成 $d = 784$ 维的向量，记作 $\boldsymbol{x}_1, \cdots, \boldsymbol{x}_n \in \mathbb{R}^{784}$．

图 1-3　MNIST 数据集中的部分图片

在介绍 softmax 分类器之前，先介绍 softmax 激活函数．它的输入和输出都是 k 维向量．设 $\boldsymbol{z} = [z_1, \cdots, z_k]^{\mathrm{T}}$ 是任意 k 维实向量，它的元素可正可负．softmax 函数定义为

$$
\mathrm{softmax}\,(\boldsymbol{z}) \triangleq \frac{1}{\displaystyle\sum_{l=1}^{k} \exp(z_l)} \Big[\exp(z_1),\, \exp(z_2),\, \cdots,\, \exp(z_k) \Big]^{\mathrm{T}}.
$$

这个函数的输出是一个 k 维向量，元素都是非负的，且相加等于 1.

如图 1-4 所示，softmax 函数把小的元素映射到接近 0 的数值. 图 1-5 展示了 max 函数，它把最大的元素映射到 1，其余所有元素映射到 0. 对比一下图 1-4 和图 1-5，不难看出，softmax 没有让小的元素严格等于零，这就是为什么它的名字带有 "soft".

图 1-4　softmax 函数把左边红色的 10 个数值映射到右边紫色的 10 个数值

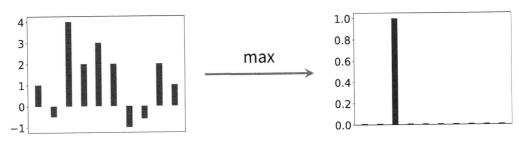

图 1-5　max 函数把左边红色的 10 个数值映射到右边紫色的 10 个数值

线性 softmax 分类器是 "线性函数 + softmax 激活函数"，结构如图 1-6 所示. 具体来说，线性 softmax 分类器定义为

$$\boldsymbol{\pi} = \mathrm{softmax}(\boldsymbol{z}), \qquad \text{其中} \qquad \boldsymbol{z} = \boldsymbol{W}\boldsymbol{x} + \boldsymbol{b}.$$

分类器的参数是矩阵 $\boldsymbol{W} \in \mathbb{R}^{k \times d}$ 和向量 $\boldsymbol{b} \in \mathbb{R}^{k}$，这里的 d 是输入向量的维度，k 是类别数量. 有时为了避免模型的不唯一性，需要限定 $\sum_{j=1}^{k} \boldsymbol{w}_{j:} = \boldsymbol{0}$ 和 $\sum_{j=1}^{k} b_j = 0$. 此处的向量 $\boldsymbol{w}_{j:}$ 是矩阵 $\boldsymbol{W}$ 的第 j 行，实数 b_j 是向量 $\boldsymbol{b}$ 的第 j 个元素，粗体 $\boldsymbol{0}$ 是全零向量.

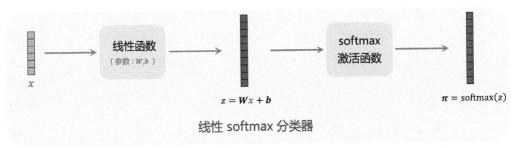

图 1-6　线性 softmax 分类器的结构. 输入是向量 $\boldsymbol{x} \in \mathbb{R}^{d}$，输出是 $\boldsymbol{\pi} \in \mathbb{R}^{k}$

softmax 分类器的输出向量 $\boldsymbol{\pi}$ 的第 j 个元素 π_j 表示输入向量 $\boldsymbol{x}$ 属于第 j 类的概率. 在以上 MNIST 手写数字识别的例子中, 假设分类器的输出是以下 10 维向量:

$$\boldsymbol{\pi} = \begin{bmatrix} 0.1,\, 0.6,\, 0.02,\, 0.01,\, 0.01,\, 0.2,\, 0.01,\, 0.03,\, 0.01,\, 0.01 \end{bmatrix}^{\mathrm{T}}.$$

可以这样理解该向量的元素:

- 第 0 号元素 0.1 表示分类器以 0.1 的概率判定图片 $\boldsymbol{x}$ 是数字 "0";
- 第 1 号元素 0.6 表示分类器以 0.6 的概率判定 $\boldsymbol{x}$ 是数字 "1";
- 第 2 号元素 0.02 表示分类器只有 0.02 的概率判定 $\boldsymbol{x}$ 是数字 "2";
- 以此类推.

由于分类器的输出向量 $\boldsymbol{\pi}$ 的第 1 号元素 0.6 是最大的, 因此分类器会判定图片 $\boldsymbol{x}$ 是数字 "1".

我们执行以下操作步骤, 从数据中学习模型参数 $\boldsymbol{W} \in \mathbb{R}^{k \times d}$ 和 $\boldsymbol{b} \in \mathbb{R}^k$.

第一, 准备训练集. 一共有 $n = 60\,000$ 张手写数字图片, 每张图片大小为 28 像素 × 28 像素, 需要把图片变成 $d = 784$ 维的向量, 记作 $\boldsymbol{x}_1, \cdots, \boldsymbol{x}_n \in \mathbb{R}^d$. 每张图片有一个标签, 它是介于 0 和 9 之间的整数, 需要对它做 one-hot 编码, 变成 $k = 10$ 维的 one-hot 向量, 记作 $\boldsymbol{y}_1, \cdots, \boldsymbol{y}_n$.

第二, 把训练描述成优化问题. 对于第 i 张图片 $\boldsymbol{x}_i$, 分类器做出预测:

$$\boldsymbol{\pi}_i = \mathrm{softmax}(\boldsymbol{W}\boldsymbol{x}_i + \boldsymbol{b}),$$

它是 $k = 10$ 维的向量, 可以反映分类结果. 我们希望 $\boldsymbol{\pi}_i$ 尽量接近真实标签 $\boldsymbol{y}_i$（10 维的 one-hot 向量）, 也就是希望交叉熵 $H(\boldsymbol{y}_i, \boldsymbol{\pi}_i)$ 尽量小. 定义损失函数为平均交叉熵（即负对数似然函数）:

$$L(\boldsymbol{W}, \boldsymbol{b}) = \frac{1}{n} \sum_{i=1}^{n} H(\boldsymbol{y}_i, \boldsymbol{\pi}_i).$$

我们希望找到使得损失函数尽量小, 也就是让分类器的预测尽量准确的参数矩阵 $\boldsymbol{W}$ 和向量 $\boldsymbol{b}$. 定义下面的优化问题:

$$\min_{\boldsymbol{W}, \boldsymbol{b}} L(\boldsymbol{W}, \boldsymbol{b}) + \lambda\, R(\boldsymbol{W}),$$

其中 $R(\boldsymbol{W})$ 是正则项.

第三, 用数值优化算法求解. 在建立优化模型之后, 需要寻找最优解 $(\widehat{\boldsymbol{W}}, \widehat{\boldsymbol{b}})$. 通常随机或全零初始化 $\boldsymbol{W}$ 和 $\boldsymbol{b}$, 然后用梯度下降、随机梯度下降等优化算法迭代更新参数变量.

1.2 神经网络

本节简要介绍全连接神经网络和卷积神经网络，并将它们用于多分类问题. 全连接层和卷积层广泛用于深度强化学习. 循环层和注意力层也是常见的神经网络结构，本书将在需要用到它们的地方详细讲解这两种结构.

1.2.1 全连接神经网络

我们继续研究 MNIST 手写数字识别这个多分类问题. 人类识别手写数字的准确率接近100%，然而线性 softmax 分类器识别 MNIST 数据集的准确率只有 90%，远低于人类的表现. 线性分类器表现差的原因在于模型太小，不能充分利用 $n = 60\,000$ 个训练样本. 然而我们可以把"线性函数 + 激活函数"这样的结构一层层堆积起来，得到一个多层网络，获得更高的预测准确率.

1. 全连接层

记输入向量为 $\boldsymbol{x} \in \mathbb{R}^d$，神经网络的一个层把 $\boldsymbol{x}$ 映射为 $\boldsymbol{x}' \in \mathbb{R}^{d'}$. 全连接层定义如下：

$$\boldsymbol{x}' = \sigma(\boldsymbol{z}), \qquad \boldsymbol{z} = \boldsymbol{W}\boldsymbol{x} + \boldsymbol{b},$$

其中权重矩阵 $\boldsymbol{W} \in \mathbb{R}^{d' \times d}$ 和偏置向量 $\boldsymbol{b} \in \mathbb{R}^{d'}$ 是该层的参数，需要从数据中学习；$\sigma(\cdot)$ 是激活函数，比如 softmax 函数、sigmoid 函数、ReLU（rectified linear unit）函数. 最常用的激活函数是ReLU，其定义如下：

$$\mathrm{ReLU}(\boldsymbol{z}) = \big[(z_1)_+, (z_2)_+, \cdots, (z_{d'})_+\big]^{\mathrm{T}}.$$

此处的 $[z_i]_+ = \max\{z_i, 0\}$. 我们称这整个结构为**全连接层**（fully connected layer），如图 1-7 所示.

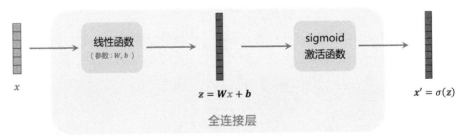

图 1-7　一个全连接层包括一个线性函数和一个激活函数

2. 全连接神经网络

我们可以把全连接层当作基本组件，然后像搭积木一样搭建一个**全连接神经网络**（fully-connected neural network），也叫**多层感知机**（multi-layer perceptron，MLP）. 图 1-8 展示了一个三层的全连接神经网络，它把输入向量 $\boldsymbol{x}^{(0)}$ 映射为 $\boldsymbol{x}^{(3)}$. 一个 ℓ 层的全连接神经网络可以表示为

$$\text{第 1 层：} \quad \boldsymbol{x}^{(1)} = \sigma_1\Big(\boldsymbol{W}^{(1)}\boldsymbol{x}^{(0)} + \boldsymbol{b}^{(1)}\Big),$$

$$\text{第 2 层：} \quad \boldsymbol{x}^{(2)} = \sigma_2\Big(\boldsymbol{W}^{(2)}\boldsymbol{x}^{(1)} + \boldsymbol{b}^{(2)}\Big),$$

$$\vdots \qquad\qquad \vdots$$

$$\text{第 } \ell \text{ 层：} \quad \boldsymbol{x}^{(\ell)} = \sigma_\ell\Big(\boldsymbol{W}^{(\ell)}\boldsymbol{x}^{(\ell-1)} + \boldsymbol{b}^{(\ell)}\Big),$$

其中 $\boldsymbol{W}^{(1)}, \cdots, \boldsymbol{W}^{(\ell)}$，$\boldsymbol{b}^{(1)}, \cdots, \boldsymbol{b}^{(\ell)}$ 是神经网络的参数，需要从训练数据中学习. 不同层的参数是不同的. 不同层的激活函数 $\sigma_1, \cdots, \sigma_\ell$ 可以相同，也可以不同.

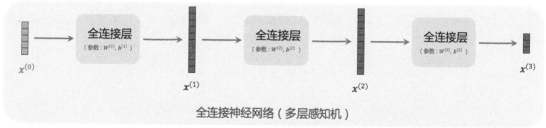

图 1-8　由 3 个全连接层组成的神经网络，每层有自己的参数

3. 编程实现

可以用 TensorFlow、PyTorch、Keras 等深度学习标准库实现全连接神经网络，只需要一两行代码就能添加一个全连接层. 添加全连接层需要用户指定两个超参数.

- **层的宽度**. 如果一个层（即除了第 ℓ 层之外的所有层）是隐层，那么需要指定层的宽度（即输出向量的维度）. 输出层（即第 ℓ 层）的宽度由问题本身决定，比如 MNIST 数据集有 10 个类别，那么输出层的宽度必须是 10；而对于二分类问题，输出层的宽度是 1.
- **激活函数**. 用户需要决定每一层的激活函数. 对于隐层，通常使用 ReLU 激活函数；对于输出层，激活函数的选择取决于具体问题——二分类问题用 sigmoid，多分类问题用 softmax，回归问题可以不用激活函数.

1.2.2　卷积神经网络

卷积神经网络（convolutional neural network，CNN）是主要由卷积层组成的神经网络[1]，其结构如图 1-9 所示. 输入 $\boldsymbol{X}^{(0)}$ 是三阶张量（tensor）[2]. 卷积层的输入和输出都是三阶张量，每

---

[1] CNN 中也可以有池化（pooling）层，这里不做具体讨论.
[2] 零阶张量为标量（实数），一阶张量为向量，二阶张量为矩阵，以此类推.

个卷积层之后通常有一个 ReLU 激活函数（图 1-9 中没有画出）. 可以把几个甚至几十个卷积层堆叠起来，得到深度卷积神经网络. 把最后一个卷积层输出的张量转换为一个向量，即向量化（vectorization）. 这个向量是 CNN 从输入的张量中提取的特征.

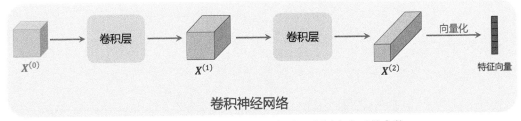

图 1-9　神经网络由 3 个卷积层组成，每层有自己的参数

本书不具体解释 CNN 的原理，也不会用到这些原理. 读者仅需要记住这个知识点：CNN 的输入是矩阵或三阶张量，CNN 从该张量中提取特征，并输出提取的特征向量. 图片通常是矩阵（灰度图片）和三阶张量（彩色图片），可以用 CNN 从中提取特征，然后用一个或多个全连接层做分类或回归.

图 1-10 中是一个由卷积神经网络、全连接神经网络等组成的深度神经网络. 卷积神经网络从输入矩阵（灰度图片）中提取特征，全连接神经网络把特征向量映射成 10 维向量，最终 softmax 激活函数输出 10 维向量 $\boldsymbol{\pi}$. $\boldsymbol{\pi}$ 的 10 个元素表示 10 个类别对应的概率，可以反映分类结果.

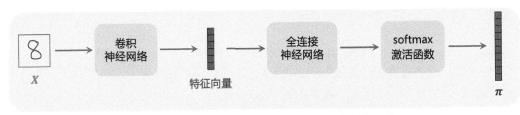

图 1-10　用于分类 MNIST 手写数字的深度神经网络

1.3　梯度下降和反向传播

线性模型和神经网络的训练都可以描述成一个优化问题. 设 $\boldsymbol{w}^{(1)}, \cdots, \boldsymbol{w}^{(\ell)}$ 为优化参数（可以是向量、矩阵、张量），我们希望求解这样一个优化问题：

$$\min_{\boldsymbol{w}^{(1)}, \cdots, \boldsymbol{w}^{(\ell)}} L(\boldsymbol{w}^{(1)}, \cdots, \boldsymbol{w}^{(\ell)}).$$

对于这样一个无约束的最小化问题，最常使用的算法是**梯度下降**（gradient descent，GD）和**随机梯度下降**（stochastic gradient descent，SGD）. 本节内容包括梯度、梯度算法以及用反向传播计算梯度.

1.3.1 梯度下降

1. 梯度

梯度是一个数学概念. 对于一元函数, 我们用"导数"这个概念. 一元函数的导数是标量. 对于多元函数, 我们用"梯度"和"偏导"的概念. 多元函数的梯度是向量, 向量的每个元素是函数关于一个变量的偏导.

几乎所有常用的优化算法都需要计算梯度. 目标函数 L 关于一个变量 $\boldsymbol{w}^{(i)}$ 的梯度记作:

$$\underbrace{\nabla_{\boldsymbol{w}^{(i)}} L\left(\boldsymbol{w}^{(1)}, \cdots, \boldsymbol{w}^{(\ell)}\right) \triangleq \frac{\partial L(\boldsymbol{w}^{(1)}, \cdots, \boldsymbol{w}^{(\ell)})}{\partial \boldsymbol{w}^{(i)}}}_{\text{两种符号都表示 } L \text{ 关于 } \boldsymbol{w}^{(i)} \text{ 的梯度}}, \quad \forall\, i = 1, \cdots, \ell.$$

由于目标函数的值是实数, 因此梯度 $\nabla_{\boldsymbol{w}^{(i)}} L$ 的形状与 $\boldsymbol{w}^{(i)}$ 完全相同.

- 如果 $\boldsymbol{w}^{(i)}$ 是 d 维向量, 那么 $\nabla_{\boldsymbol{w}^{(i)}} L$ 也是 d 维向量.
- 如果 $\boldsymbol{w}^{(i)}$ 是 $d_1 \times d_2$ 矩阵, 那么 $\nabla_{\boldsymbol{w}^{(i)}} L$ 也是 $d_1 \times d_2$ 矩阵.
- 如果 $\boldsymbol{w}^{(i)}$ 是 $d_1 \times d_2 \times d_3$ 三阶张量, 那么 $\nabla_{\boldsymbol{w}^{(i)}} L$ 也是 $d_1 \times d_2 \times d_3$ 三阶张量.

不论是自己手动推导梯度, 还是用程序自动求梯度, 都需要检查梯度的大小与参数变量的大小是否相同; 如果不同, 梯度的计算肯定有错.

2. 梯度下降

梯度的方向是函数上升最快的方向, 沿着梯度方向对优化参数 $\boldsymbol{w}^{(i)}$ 做一小步更新, 就可以让目标函数值增大. 既然我们的目标是最小化目标函数, 就应该沿着梯度的负方向更新参数, 这叫作梯度下降. 设当前的参数值为 $\boldsymbol{w}_{\text{now}}^{(1)}, \cdots, \boldsymbol{w}_{\text{now}}^{(\ell)}$, 计算目标函数 L 在当前的梯度, 然后通过做 GD 更新参数:

$$\boldsymbol{w}_{\text{new}}^{(i)} \;\leftarrow\; \boldsymbol{w}_{\text{now}}^{(i)} - \alpha \cdot \nabla_{\boldsymbol{w}^{(i)}} L\left(\boldsymbol{w}_{\text{now}}^{(1)}, \cdots, \boldsymbol{w}_{\text{now}}^{(\ell)}\right), \quad \forall\, i = 1, \cdots, \ell.$$

此处的 $\alpha\,(>0)$ 叫作**学习率**(learning rate)或者**步长**(step size), 它的设置既影响 GD 的收敛速度, 也影响最终神经网络的测试准确率, 所以需要仔细调整.

3. 随机梯度下降

如果目标函数可以写成连加或者期望的形式, 那么可以用 SGD 求解最小化问题. 假设目标函数可以写成 n 项连加的形式:

$$L\big(\boldsymbol{w}^{(1)}, \cdots, \boldsymbol{w}^{(\ell)}\big) \; = \; \frac{1}{n} \sum_{j=1}^{n} F_j\big(\boldsymbol{w}^{(1)}, \cdots, \boldsymbol{w}^{(\ell)}\big).$$

函数 F_j 隐含第 j 个训练样本 $(\boldsymbol{x}_j, \boldsymbol{y}_j)$. 每次从集合 $\{1, 2, \cdots, n\}$ 中随机抽取一个数,记作 j. 设当前的参数值为 $\boldsymbol{w}_{\text{now}}^{(1)}, \cdots, \boldsymbol{w}_{\text{now}}^{(\ell)}$,计算此处的梯度,SGD 算法的迭代过程为

$$\boldsymbol{w}_{\text{new}}^{(i)} \; \leftarrow \; \boldsymbol{w}_{\text{now}}^{(i)} \; - \; \alpha \cdot \underbrace{\nabla_{\boldsymbol{w}^{(i)}} F_j\big(\boldsymbol{w}_{\text{now}}^{(1)}, \cdots, \boldsymbol{w}_{\text{now}}^{(\ell)}\big)}_{\text{随机梯度}}, \qquad \forall\, i = 1, \cdots, \ell.$$

在实际训练神经网络的时候,总是用 SGD(及其变体),而不用 GD. 主要原因是 GD 用于非凸问题会陷在**鞍点**(saddle point),收敛不到局部最优. 而 SGD 和**小批量**(mini-batch)SGD 可以跳出鞍点,趋近局部最优. 另外,GD 每一步的计算量都很大(比 SGD 大 n 倍),所以通常很慢(除非用并行计算).

4. SGD 的变体

理论分析和实践都表明,SGD 的一些变体比简单的 SGD 收敛更快. 这些变体都基于随机梯度,只是会做一些变换. 常见的变体有 SGD + Momentum、AdaGrad、Adam、RMSProp. 能用 SGD 的地方就能用这些变体. 因此,本书中只用 SGD 讲解强化学习算法,不去具体讨论 SGD 的变体.

1.3.2 反向传播

SGD 需要用到损失函数关于模型参数的梯度. 对于一个深度神经网络,我们利用**反向传播**(backpropagation,BP)求损失函数关于参数的梯度. 如果用 TensorFlow 和 PyTorch 等深度学习标准库,我们可以不关心梯度是如何求出来的. 只要定义的函数关于某个变量可微,TensorFlow 和 PyTorch 等就可以自动求出该函数关于这个变量的梯度.

本节以全连接神经网络为例,简单介绍反向传播的原理. 全连接神经网络(忽略偏移量 $\boldsymbol{b}$)定义如下:

$$
\begin{aligned}
\text{第 1 层:} \qquad & \boldsymbol{x}^{(1)} \; = \; \sigma_1\big(\boldsymbol{W}^{(1)} \boldsymbol{x}^{(0)}\big), \\
\text{第 2 层:} \qquad & \boldsymbol{x}^{(2)} \; = \; \sigma_2\big(\boldsymbol{W}^{(2)} \boldsymbol{x}^{(1)}\big), \\
& \qquad \vdots \\
\text{第 ℓ 层:} \qquad & \boldsymbol{x}^{(\ell)} \; = \; \sigma_\ell\big(\boldsymbol{W}^{(\ell)} \boldsymbol{x}^{(\ell-1)}\big).
\end{aligned}
$$

神经网络的输出 $\boldsymbol{x}^{(\ell)}$ 是神经网络做出的预测. 设向量 $\boldsymbol{y}$ 为真实标签,函数 H 为交叉熵,实数 z

为损失函数：

$$z = H(\boldsymbol{y}, \boldsymbol{x}^{(\ell)}),$$

要做梯度下降更新参数 $\boldsymbol{W}^{(1)}, \cdots, \boldsymbol{W}^{(\ell)}$，我们需要计算损失函数 z 关于每一个变量的梯度：

$$\frac{\partial z}{\partial \boldsymbol{W}^{(1)}}, \quad \frac{\partial z}{\partial \boldsymbol{W}^{(2)}}, \quad \cdots, \quad \frac{\partial z}{\partial \boldsymbol{W}^{(\ell)}}.$$

损失函数 z 与参数 $\boldsymbol{W}^{(1)}, \cdots, \boldsymbol{W}^{(\ell)}$、变量 $\boldsymbol{x}^{(0)}, \boldsymbol{x}^{(1)}, \cdots, \boldsymbol{x}^{(\ell)}$ 的关系如图 1-11 所示.

图 1-11　变量的函数关系

反向传播的本质是求导的**链式法则**（chain rule）. 最简单的例子是单变量函数，即变量是 $x \in \mathbb{R}$. 定义单变量复合函数 $h = g \circ f$，即 $h(x) = g(f(x))$，那么根据链式法则，h 关于 x 的导数是 $h'(x) = g'(f(x))f'(x)$. 接下来考虑多变量函数，设 $\boldsymbol{f}: \mathbb{R}^d \to \mathbb{R}^m$，$\boldsymbol{g}: \mathbb{R}^m \to \mathbb{R}^p$ 和 $\boldsymbol{h} = \boldsymbol{g} \circ \boldsymbol{f}: \mathbb{R}^d \to \mathbb{R}^p$，我们讨论这种情况的链式法则. 注意 $\boldsymbol{f} = [f_1, \cdots, f_m]^{\mathrm{T}}$ 是向量值函数，它关于 $\boldsymbol{x} = [x_1, \cdots, x_d]^{\mathrm{T}} \in \mathbb{R}^d$ 的梯度 $\frac{\partial \boldsymbol{f}}{\partial \boldsymbol{x}}$ 是一个 $d \times m$ 矩阵，其中第 (i, j) 个元素为 $\partial f_j / \partial x_i$（即 f_j 关于 x_i 的导数）. 根据链式法则，梯度可以写作：

$$\frac{\partial \boldsymbol{h}}{\partial \boldsymbol{x}} = \frac{\partial \boldsymbol{f}}{\partial \boldsymbol{x}} \times \frac{\partial \boldsymbol{g}}{\partial \boldsymbol{f}}.$$

如果 $\boldsymbol{x}$ 是一个矩阵或张量，我们需要先把它拉成一个等大小的向量，比如把一个 $d_1 \times d_2 \times d_3$ 三阶张量向量化成 $d_1 d_2 d_3$ 维列向量，然后利用上面的链式法则计算梯度.

现在可以用链式法则做反向传播，计算损失函数 z 关于神经网络参数的梯度. 具体地，首先求出梯度 $\frac{\partial z}{\partial \boldsymbol{x}^{(\ell)}}$. 然后做循环，从 $i = \ell, \cdots, 1$，依次执行如下操作.

- 根据链式法则可得损失函数 z 关于参数 $\boldsymbol{W}^{(i)}$ 的梯度：

$$\frac{\partial z}{\partial \boldsymbol{W}^{(i)}} = \frac{\partial \boldsymbol{x}^{(i)}}{\partial \boldsymbol{W}^{(i)}} \cdot \frac{\partial z}{\partial \boldsymbol{x}^{(i)}}.$$

这个梯度用于更新参数 $\boldsymbol{W}^{(i)}$.

- 根据链式法则可得损失函数 z 关于参数 $\boldsymbol{x}^{(i-1)}$ 的梯度：

$$\frac{\partial z}{\partial \boldsymbol{x}^{(i-1)}} = \frac{\partial \boldsymbol{x}^{(i)}}{\partial \boldsymbol{x}^{(i-1)}} \cdot \frac{\partial z}{\partial \boldsymbol{x}^{(i)}}.$$

这个梯度被传播到下面一层（即第 $i-1$ 层），继续循环.

反向传播的路径如图 1-12 所示. 只要知道损失函数 z 关于 $\boldsymbol{x}^{(i)}$ 的梯度，就能求出 z 关于 $\boldsymbol{W}^{(i)}$

和 $x^{(i-1)}$ 的梯度.

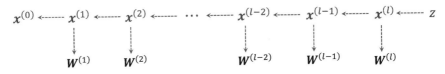

图 1-12　反向传播的路径

知识点小结

- 线性回归、逻辑斯谛回归、softmax 分类器属于简单的线性模型. 它们分别相当于线性函数不加激活函数、加 sigmoid 激活函数、加 softmax 激活函数. 这三种模型分别应用于回归问题、二分类问题、多分类问题.

- 全连接层的输入是向量, 输出也是向量. 主要由全连接层组成的神经网络叫作全连接神经网络, 也叫多层感知机（MLP）.

- 卷积层有很多种, 本书中只用 2D 卷积层（Conv2D）, 它的输入是矩阵或三阶张量, 输出是三阶张量. 主要由卷积层组成的神经网络叫作卷积神经网络（CNN）.

- 在搭建神经网络的时候, 我们随机初始化神经网络参数, 然后通过求解、优化问题来学习参数. 梯度下降及其变体（比如随机梯度下降、RMSProp、Adam）是最常用的优化算法, 它们用目标函数的梯度来更新模型参数.

- 对于线性模型, 我们可以轻易地求出梯度. 然而神经网络是很复杂的函数, 无法直接求出梯度, 需要做反向传播. 反向传播的本质是用链式法则求出目标函数关于每一层参数的梯度. 读者需要理解链式法则, 但无须掌握技术细节, TensorFlow 和 PyTorch 等深度学习标准库都可以自动做反向传播, 不需要读者手动计算梯度.

习题

1.1 假设你需要用深度神经网络估算房屋的价格. 输入是房屋的特征, 包括面积、楼层、地理位置等信息, 输出是房屋的市场价格. 神经网络的输出层应该用什么激活函数?

　　A. ReLU 或者不用激活函数

　　B. sigmoid 或者 tanh

　　C. softmax

1.2 假设你需要用深度神经网络判断人的性别（只考虑男性和女性）. 输入是人的头像, 输出是人的性别. 神经网络的输出层应该用什么激活函数?

   A. ReLU 或者不用激活函数

   B. sigmoid 或者 tanh

   C. softmax

1.3 假设你需要用深度神经网络识别北京地区常见植物的种类. 输入是植物的照片, 输出是植物的类别. 神经网络的输出层应该用什么激活函数?

   A. ReLU 或者不用激活函数

   B. sigmoid 或者 tanh

   C. softmax

1.4 定义全连接层 $z = Wx + b$, 其中 W 是 $d_{out} \times d_{in}$ 的矩阵, b 是 $d_{out} \times 1$ 的向量. 该层的参数数量是 $d_{out} \times d_{in} + d_{out}$. 在实践中, 如果某个全连接层的参数过多, 我们需要用 dropout 等方法对该层做正则化. 一个全连接神经网络的输入大小是 100 维, 三个全连接层的输出大小分别是 500 维、1000 维、10 维. 如果只能对其中一层做正则化, 应该选择哪一层?

   A. 第一层（输出大小是 500 维）

   B. 第二层（输出大小是 1000 维）

   C. 第三层（输出大小是 10 维）

1.5 softmax 函数是这样定义的: 输入是 d 维向量 x, 输出是 d 维向量 z, 它的第 i 个元素等于

$$z_i = \frac{\exp(x_i)}{\sum_{j=1}^{d} \exp(x_j)}.$$

设 $x = [-20, -10, 0, 10, 20]$, $z = \text{softmax}(x)$, 那么 $\sum_{i=1}^{5} |z_i| = $ _____.

第 2 章 蒙特卡洛方法

本章内容分为两节. 2.1 节简要介绍一些概率论基础知识, 包括随机变量与观测值的区别. 2.2 节用一些具体例子讲解蒙特卡洛方法. 蒙特卡洛方法是很多强化学习算法的关键要素, 后面的章节会反复用到蒙特卡洛方法.

2.1 随机变量

强化学习中经常用到两个概念: **随机变量**和**观测值**. 随机变量是一个不确定量, 它的值取决于一个随机事件的结果. 比如抛一枚硬币, 正面朝上记为 0, 反面朝上记为 1. 抛硬币是个随机事件, 抛硬币的结果记为随机变量 X. 随机变量 X 有两种可能的取值: 0 或 1. 抛硬币之前, X 取 0 或 1 是均匀随机的, 即取这两个值的概率都为 $\frac{1}{2}$: $\mathbb{P}(X=0) = \mathbb{P}(X=1) = \frac{1}{2}$. 抛硬币之后, 我们会观测到硬币哪一面朝上, 此时随机变量 X 就有了观测值, 记作 x. 举个例子, 如果重复抛硬币 4 次, 得到了 4 个观测值:

$$x_1 = 1, \quad x_2 = 1, \quad x_3 = 0, \quad x_4 = 1.$$

这 4 个观测值只是数字而已, 没有随机性. 本书用大写字母表示随机变量, 小写字母表示观测值, 避免造成混淆.

给定随机变量 X, 它的**累积分布函数** (cumulative distribution function, CDF) 是函数 $F_X : \mathbb{R} \to [0,1]$, 定义为

$$F_X(x) = \mathbb{P}(X \leqslant x).$$

下面我们定义**概率质量函数** (probability mass function, PMF) 和**概率密度函数** (probability density function, PDF).

- 概率质量函数描述一个**离散概率分布**——变量的取值范围 $\mathcal{X}$ 是个离散集合. 在抛硬币的例子中, 随机变量 X 的取值范围是集合 $\mathcal{X} = \{0, 1\}$. X 的概率质量函数是

$$p(0) = \mathbb{P}(X=0) = \tfrac{1}{2}, \qquad p(1) = \mathbb{P}(X=1) = \tfrac{1}{2}.$$

上式[①]的意思是随机变量取值为 0 和 1 的概率都是 $\frac{1}{2}$, 见图 2-1 左图的例子. 概率质量函数有

---

① 注意 $p(x)$ 应该写为 $p_X(x)$, 这里为了方便, 省略了下标 X.

这样的性质：

$$\sum_{x \in \mathcal{X}} p(x) = 1.$$

- 概率密度函数描述一个**连续概率分布**——变量的取值范围 $\mathcal{X}$ 是个连续集合. 正态分布是最常见的一种连续概率分布，其中随机变量 X 的取值范围是所有实数 $\mathbb{R}$. 正态分布的概率密度函数是

$$p(x) = \frac{1}{\sqrt{2\pi}\,\sigma} \cdot \exp\left(-\frac{(x-\mu)^2}{2\sigma^2}\right).$$

此处的 μ 是均值，σ 是标准差. 图 2-1 右图的例子说明 X 在均值附近取值的可能性大，在远离均值的地方取值的可能性小. 注意，跟离散分布不同，连续分布的 $p(x)$ 不等于 $\mathbb{P}(X = x)$. 概率密度函数有这样的性质：

$$\int_{-\infty}^{x} p(u)\,\mathrm{d}u = F_X(x).$$

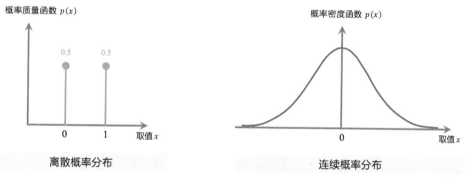

图 2-1　左图是抛硬币的例子，右图是均值为零的正态分布

对于离散随机变量 X，函数 $h(X)$ 关于变量 X 的期望是

$$\mathbb{E}_{X \sim p(\cdot)}\big[h(X)\big] = \sum_{x \in \mathcal{X}} p(x) \cdot h(x).$$

如果 X 是连续随机变量，则函数 $h(X)$ 关于变量 X 的期望是

$$\mathbb{E}_{X \sim p(\cdot)}\big[h(X)\big] = \int_{\mathcal{X}} p(x) \cdot h(x)\,\mathrm{d}x.$$

设 $g(X, Y)$ 为二元函数. 如果对 $g(X, Y)$ 关于随机变量 X 求期望，那么会消掉 X，得到的结果是 Y 的函数. 举个例子，设随机变量 X 的取值范围是 $\mathcal{X} = [0, 10]$，概率密度函数是 $p(x) = \frac{1}{10}$. 设 $g(X, Y) = \frac{1}{5}XY$，那么 $g(X, Y)$ 关于 X 的期望等于

$$\begin{aligned}
\mathbb{E}_{X \sim p(\cdot)}\Big[g\big(X,Y\big)\Big] &= \int_{\mathcal{X}} g(x,Y) \cdot p(x)\, \mathrm{d}x \\
&= \int_{0}^{10} \frac{1}{5}xY \cdot \frac{1}{10}\, \mathrm{d}x \\
&= Y.
\end{aligned}$$

上述例子说明期望如何消掉了函数 $g(X,Y)$ 中的变量 X.

　　强化学习中常用到**随机抽样**, 此处给出一个直观的解释. 如图 2-2 所示, 箱子里有 10 个球, 其中 2 个是红色的, 5 个是绿色的, 3 个是蓝色的. 我现在把箱子摇一摇, 把手伸进箱子里, 闭着眼睛摸出一个球. 当我睁开眼睛时, 就观测到球的颜色, 比如红色. 这个过程叫作随机抽样, 本轮随机抽样的结果是红色. 如果把摸出的球放回, 可以无限次重复随机抽样, 得到无穷多个观测值.

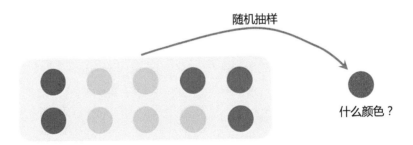

图 2-2　箱子里有 10 个球, 2 个是红色的, 5 个是绿色的, 3 个是蓝色的

　　请读者注意随机变量与观测值的区别. 在我摸出一个球之前, 球的颜色是随机变量, 记作 X, 它有三种可能的取值——红色、绿色、蓝色. 当我摸出球之后, 我观测到了颜色 "$x =$ 红", 这是 X 的一个观测值. 注意, 观测值 "$x =$ 红" 没有随机性, 而变量 X 有随机性.

　　可以用计算机程序做随机抽样. 假设箱子里有很多个球, 红色球占 20%, 绿色球占 50%, 蓝色球占 30%. 如果我随机摸出一个球, 那么这个球服从如下离散概率分布:

$$p(\text{红}) = 0.2, \qquad p(\text{绿}) = 0.5, \qquad p(\text{蓝}) = 0.3.$$

下面的 Python 代码按照概率质量 p 做随机抽样, 重复 100 次, 输出抽样的结果如下:

```
from numpy.random import choice
```
→ 随机变量的取值范围是集合 {R, G, B}
```
samples = choice(['R', 'G', 'B'],
                 size=100,
                 p=[0.2, 0.5, 0.3])
```
→ 重复抽样 100 次，函数返回长度为 100 的数组
→ R、G、B 三种颜色的球被选中的概率
　 分别是 0.2、0.5、0.3

```
print(samples)
```

```
['B' 'R' 'R' 'G' 'B' 'B' 'G' 'B' 'G' 'G' 'G' 'R' 'R' 'G' 'G' 'B' 'R' 'G' 'G' 'B'
 'B' 'G' 'B' 'G' 'G' 'R' 'G' 'G' 'B' 'R' 'G' 'G' 'R' 'G' 'R' 'G' 'G' 'G' 'G'
 'G' 'B' 'G' 'B' 'G' 'B' 'G' 'B' 'B' 'G' 'G' 'G' 'G' 'G' 'G' 'B' 'G' 'G' 'B'
 'B' 'G' 'G' 'G' 'R' 'R' 'G' 'G' 'B' 'R' 'G' 'R' 'R' 'G' 'G' 'G' 'B' 'R' 'G' 'B'
 'G' 'G' 'R' 'G' 'G' 'R' 'R' 'G' 'G' 'B' 'G' 'B' 'G' 'B' 'G' 'G' 'G' 'R' 'B']
```

2.2 蒙特卡洛方法实例

蒙特卡洛方法（Monte Carlo method）是一大类随机算法的总称，它们通过随机样本来估算真实值. 本节用几个例子来讲解蒙特卡洛方法.

2.2.1 例一：近似 π 值

我们知道圆周率 π 约等于 3.141 592 7. 现在假装我们不知道，而是要想办法近似估算 π 值. 假设我们有（伪）随机数生成器，能不能用随机样本来近似 π 值呢？本节讨论如何使用蒙特卡洛方法近似 π 值.

假设我们有一个（伪）随机数生成器，可以均匀生成 -1 和 $+1$ 之间的数. 每次生成两个随机数，一个作为 x，另一个作为 y. 于是每次生成了一个平面坐标系中的点 (x, y)，如图 2-3 左图所示. 因为 x 和 y 都在 $[-1, 1]$ 区间均匀分布，所以 $[-1, 1] \times [-1, 1]$ 这个正方形内的点被抽到的概率是相等的. 我们重复抽样 n 次，得到了正方形内的 n 个点.

如图 2-3 右图所示，蓝色正方形里有一个绿色的圆，圆心是 $(0, 0)$，半径等于 1. 刚才随机生成的 n 个点有些落在圆外面，有些落在圆里面. 那么一个点落在圆里面的概率有多大呢？由于抽样是均匀的，因此这个概率显然是圆的面积与正方形面积的比值. 正方形的面积是边长的平方，即 $a_1 = 2^2 = 4$. 圆的面积是 π 乘以半径的平方，即 $a_2 = \pi \times 1^2 = \pi$，那么一个点落在圆里面的概率就是

$$p = \frac{a_2}{a_1} = \frac{\pi}{4}.$$

设我们随机抽样了 n 个点，且圆内的点的数量为随机变量 M. 显然，M 的期望等于

$$\mathbb{E}[M] = pn = \frac{\pi n}{4}.$$

注意, 这只是期望, 并不是实际发生的结果. 如果抽样 $n = 5$ 个点, 那么期望有 $\mathbb{E}[M] = \frac{5\pi}{4}$ 个点落在圆内. 但实际观测值 m 可能等于 0、1、2、3、4、5 中的任何一个.

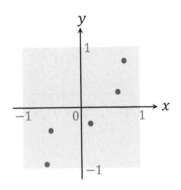 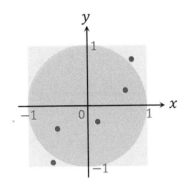

从蓝色正方形中做随机抽样, 得到 n 个红色的点

抽到的红色的点可能落在绿色的圆内部, 也可能落在圆外部

图 2-3　通过抽样来近似 π 值

给定一个点的坐标 (x,y), 如何判断该点是否在圆内呢? 已知圆心在原点, 半径等于 1, 我们用一下圆的面积方程. 如果 (x,y) 满足

$$x^2 + y^2 \leqslant 1,$$

则说明 (x,y) 落在圆里面; 反之, 点就在圆外面.

我们均匀随机抽样得到 n 个点, 通过圆的面积方程对每个点做判别, 发现有 m 个点落在圆里面. 如果 n 非常大, 那么随机变量 M 的真实观测值 m 就会非常接近期望 $\mathbb{E}[M] = \frac{\pi n}{4}$:

$$m \approx \frac{\pi n}{4}.$$

由此得到

$$\pi \approx \frac{4m}{n}.$$

我们可以依据上式做编程实现. 下面是伪代码.

(1) 初始化 $m = 0$. 样本数量 n 由用户指定, n 越大, 计算量越大, 近似越准确.
(2) 把下面的步骤重复 n 次:
    (a) 在区间 $[-1, 1]$ 做两次均匀随机抽样得到实数 x 和 y;
    (b) 如果 $x^2 + y^2 \leqslant 1$, 那么 $m \leftarrow m + 1$.

(3) 返回 $\frac{4m}{n}$ 作为对 π 的估计.

大数定律保证了蒙特卡洛方法的正确性：当 n 趋于无穷大时，$\frac{4m}{n}$ 趋于 π. 其实还能进一步用概率不等式分析误差的上界，比如使用 Bernstein 不等式可以证明下面的结论：

$$\left| \frac{4m}{n} - \pi \right| = O\left(\frac{1}{\sqrt{n}}\right).$$

这个不等式说明 $\frac{4m}{n}$（即对 π 的估计）会收敛到 π，收敛率是 $\frac{1}{\sqrt{n}}$. 然而这个收敛率并不高：样本数量 n 增加 10 000 倍，精度才能提高 100 倍.

2.2.2 例二：估算阴影部分面积

图 2-4 中有正方形、圆、扇形，几个形状相交，请估算阴影部分的面积. 这个问题常见于初中数学竞赛. 假如你不会微积分，也不会几何技巧，是否有办法近似估算阴影部分的面积呢？用蒙特卡洛方法可以很容易地解决这个问题.

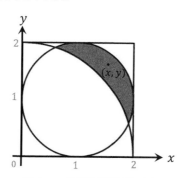

图 2-4 估算阴影部分面积

图 2-5 中绿色圆的圆心是 $(1,1)$，半径等于 1；蓝色扇形的圆心是 $(0,0)$，半径等于 2. 阴影区域内的点 (x,y) 在绿色的圆中，而不在蓝色的扇形中.

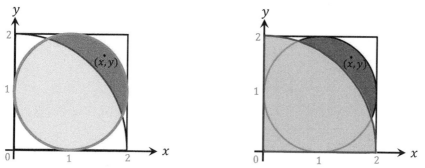

图 2-5 如果一个点落在阴影部分，那么它在左边绿色的圆中，而不在右边蓝色的扇形中

- 利用圆的面积方程可以判定点 (x, y) 是否在绿色圆里面. 如果 (x, y) 满足方程

$$(x-1)^2 + (y-1)^2 \leqslant 1, \tag{2.1}$$

则说明 (x, y) 在绿色圆里面.

- 利用扇形的面积方程可以判定点 (x, y) 是否在蓝色扇形外面. 如果点 (x, y) 满足方程

$$x^2 + y^2 > 2^2, \tag{2.2}$$

则说明 (x, y) 在蓝色扇形外面.

如果一个点同时满足式 (2.1) 和式 (2.2)，那么这个点一定在阴影区域内. 从 $[0, 2] \times [0, 2]$ 这个正方形中随机抽样 n 个点，然后用上述两个方程筛选落在阴影部分的点.

我们在正方形 $[0, 2] \times [0, 2]$ 中随机均匀抽样，得到的点有一定概率落在阴影部分. 我们来计算这个概率. 因为正方形的边长等于 2，所以面积 $a_1 = 4$. 设阴影部分面积为 a_2，那么点落在阴影部分的概率是

$$p = \frac{a_2}{a_1} = \frac{a_2}{4}.$$

我们从正方形中随机抽样 n 个点，设有 M 个点落在阴影部分（M 是个随机变量）. 每个点落在阴影部分的概率是 p，所以 M 的期望等于

$$\mathbb{E}[M] = np = \frac{na_2}{4}.$$

用式 (2.1) 和式 (2.2) 对 n 个点做筛选，发现实际上有 m 个点落在阴影部分（m 是随机变量 M 的观测值）. 如果 n 很大，那么 m 会比较接近期望 $\mathbb{E}[M] = \frac{na_2}{4}$，即

$$m \approx \frac{na_2}{4},$$

也即

$$a_2 \approx \frac{4m}{n}.$$

上式就是对阴影部分面积的估计. 我们依据该式做编程实现. 下面是伪代码.

(1) 初始化 $m = 0$. 样本数量 n 由用户指定，n 越大，计算量越大，近似越准确.
(2) 把下面的步骤重复 n 次.
    (a) 从区间 $[0, 2]$ 均匀随机抽样得到 x，再做一次均匀随机抽样得到 y.
    (b) 如果 $(x-1)^2 + (y-1)^2 \leqslant 1$ 和 $x^2 + y^2 > 4$ 两个不等式都成立，那么让 $m \leftarrow m+1$.
(3) 返回 $\frac{4m}{n}$ 作为对阴影部分面积的估计.

2.2.3 例三：近似定积分

近似求积分是蒙特卡洛方法最重要的应用之一，在科学和工程中有广泛的应用．举个例子，给定一个函数：

$$f(x) = \frac{1}{1 + (\sin x) \cdot (\ln x)^2},$$

要求计算 f 在区间 $[0.8, 3]$ 的定积分：

$$I = \int_{0.8}^{3} f(x)\,\mathrm{d}x.$$

很多科学和工程问题需要计算定积分，而函数 $f(x)$ 可能很复杂，求定积分会很困难，甚至有可能不存在解析解．如果求解析解很困难，或者解析解不存在，则可以用蒙特卡洛方法近似计算数值解．

一元函数的定积分是比较简单的问题．一元函数的意思是变量 x 是个标量．给定一元函数 $f(x)$，求函数在区间 $[a, b]$ 的定积分：

$$I = \int_{a}^{b} f(x)\,\mathrm{d}x.$$

蒙特卡洛方法通过下面的步骤近似定积分．

(1) 在区间 $[a, b]$ 做随机抽样，得到 n 个样本，记作 $x_1, \cdots, x_n$．样本数量 n 由用户指定，n 越大，计算量越大，近似越准确．

(2) 对函数值 $f(x_1), \cdots, f(x_n)$ 求平均，再乘以区间长度 $b - a$：

$$q_n = (b - a) \cdot \frac{1}{n} \sum_{i=1}^{n} f(x_i).$$

(3) 返回 q_n 作为定积分 I 的估计值．

多元函数的定积分要复杂一些．设 $f : \mathbb{R}^d \mapsto \mathbb{R}$ 是一个多元函数，变量 $\boldsymbol{x}$ 是 d 维向量，要计算 f 在集合 Ω 上的定积分：

$$I = \int_{\Omega} f(\boldsymbol{x})\,\mathrm{d}\boldsymbol{x}.$$

蒙特卡洛方法通过下面的步骤近似定积分．

(1) 在集合 Ω 中均匀随机抽样，得到 n 个样本，记作向量 $\boldsymbol{x}_1, \cdots, \boldsymbol{x}_n$．样本数量 n 由用户指定，n 越大，计算量越大，近似越准确．

(2) 计算集合 Ω 的体积：

$$v = \int_{\Omega} \mathrm{d}\boldsymbol{x}.$$

(3) 对函数值 $f(\boldsymbol{x}_1), \cdots, f(\boldsymbol{x}_n)$ 求平均，再乘以 Ω 的体积 v：

$$q_n = v \cdot \frac{1}{n} \sum_{i=1}^{n} f(\boldsymbol{x}_i). \tag{2.3}$$

(4) 返回 q_n 作为定积分 I 的估计值.

注意，算法第 (2) 步需要求 Ω 的体积. 如果 Ω 是长方体、球体等规则形状，那么可以解析地算出体积 v，否则需要通过定积分求 Ω 的体积 v，这是比较困难的. 可以用类似于 2.2.2 节中的方法近似计算体积 v.

多元函数的蒙特卡洛积分

这个例子中被积分的函数是二元函数：

$$f(x, y) = \begin{cases} 1, & \text{if } x^2 + y^2 \leqslant 1; \\ 0, & \text{otherwise.} \end{cases} \tag{2.4}$$

直观地说，如果点 (x, y) 落在图 2-6 的绿色圆内，那么函数值就是 1；否则函数值就是 0. 定义集合 $\Omega = [-1, 1] \times [-1, 1]$，即图 2-6 中蓝色的正方形，它的面积是 $v = 4$. 定积分

$$I = \int_{\Omega} f(x, y) \, \mathrm{d}x \, \mathrm{d}y$$

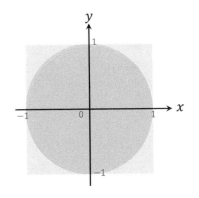

图 2-6　用蒙特卡洛积分近似 π

等于多少呢?很显然，定积分等于圆的面积，即 $\pi \cdot 1^2 = \pi$，因此定积分 $I = \pi$. 用蒙特卡洛方法求出 I，就得到了 π. 从集合 $\Omega = [-1, 1] \times [-1, 1]$ 中均匀随机抽样 n 个点，记作 $(x_1, y_1), \cdots, (x_n, y_n)$. 应用式 (2.3)，可得

$$q_n = v \cdot \frac{1}{n} \sum_{i=1}^{n} f(x_i, y_i) = \frac{4}{n} \sum_{i=1}^{n} f(x_i, y_i). \tag{2.5}$$

把 q_n 作为对定积分 $I = \pi$ 的近似. 这与 2.2.1 节近似 π 的算法完全相同，区别在于此处的算法是从另一个角度推导出的.

2.2.4　例四：近似期望

蒙特卡洛方法还可以用来近似期望，这在本书中会反复应用. 设 X 是 d 维随机变量，它的取值范围是集合 $\Omega \subset \mathbb{R}^d$. 函数 $p(\boldsymbol{x})$ 是 X 的概率密度函数. 设 $f : \Omega \mapsto \mathbb{R}$ 是任意的多元函数，它关于变量 X 的期望是

$$\mathbb{E}_{X \sim p(\cdot)}\Big[f(X)\Big] = \int_{\Omega} p(\boldsymbol{x}) \cdot f(\boldsymbol{x}) \, \mathrm{d}\boldsymbol{x}.$$

由于期望是定积分，所以可以按照 2.2.3 节的方法，用蒙特卡洛方法求定积分. 2.2.3 节在集合 Ω 中做均匀抽样，用得到的样本近似上式中的定积分.

下面介绍一种更好的算法. 既然我们知道概率密度函数 $p(\boldsymbol{x})$，那么最好按照 $p(\boldsymbol{x})$ 做非均匀抽样，而不是均匀抽样. 按照 $p(\boldsymbol{x})$ 做非均匀抽样，可以比均匀抽样有更快的收敛. 具体步骤如下.

(1) 按照概率密度函数 $p(\boldsymbol{x})$，在集合 Ω 中做非均匀随机抽样，得到 n 个样本，记作向量 $\boldsymbol{x}_1, \cdots, \boldsymbol{x}_n \sim p(\cdot)$. 样本数量 n 由用户指定，n 越大，计算量越大，近似越准确.

(2) 对函数值 $f(\boldsymbol{x}_1), \cdots, f(\boldsymbol{x}_n)$ 求平均：

$$q_n = \frac{1}{n} \sum_{i=1}^{n} f(\boldsymbol{x}_i).$$

(3) 返回 q_n 作为期望 $\mathbb{E}_{X \sim p(\cdot)}[f(X)]$ 的估计值.

【注意】如果按照上述方式做编程实现，需要存储函数值 $f(\boldsymbol{x}_1), \cdots, f(\boldsymbol{x}_n)$. 但用如下方式做编程实现，可以减少内存开销. 初始化 $q_0 = 0$，从 $t = 1$ 到 n，依次计算

$$q_t = \Big(1 - \frac{1}{t}\Big) \cdot q_{t-1} + \frac{1}{t} \cdot f(\boldsymbol{x}_t). \tag{2.6}$$

不难证明，这样得到的 q_n 等于 $\frac{1}{n} \sum_{i=1}^{n} f(\boldsymbol{x}_i)$. 这样无须存储所有的 $f(\boldsymbol{x}_1), \cdots, f(\boldsymbol{x}_n)$. 可以进一步把式 (2.6) 中的 $\frac{1}{t}$ 替换成 α_t，得到下式：

$$q_t = (1 - \alpha_t) \cdot q_{t-1} + \alpha_t \cdot f(\boldsymbol{x}_t).$$

该式叫作 Robbins-Monro 算法，其中 α_n 为学习率. 只要 α_t 满足下面的性质，就能保证算法的正确性：

$$\lim_{n \to \infty} \sum_{t=1}^{n} \alpha_t = \infty \qquad 和 \qquad \lim_{n \to \infty} \sum_{t=1}^{n} \alpha_t^2 < \infty.$$

显然，$\alpha_t = \frac{1}{t}$ 满足上述性质. Robbins-Monro 算法可以应用在 Q 学习算法中.

2.2.5 例五：随机梯度

我们可以用蒙特卡洛方法近似期望来理解**随机梯度算法**. 设随机变量 X 为一个数据样本，令 $\boldsymbol{w}$ 为神经网络的参数. 设 $p(\boldsymbol{x})$ 为随机变量 X 的概率密度函数. 定义损失函数 $L(X; \boldsymbol{w})$，它的值越小，意味着模型做出的预测越准确；它的值越大，则意味着模型做出的预测越差. 因此，我

们希望调整参数 $\boldsymbol{w}$，使得损失函数的期望尽量小．神经网络的训练可以定义为这样的优化问题：

$$\min_{\boldsymbol{w}} \ \mathbb{E}_{X \sim p(\cdot)} \Big[L(X; \boldsymbol{w}) \Big]. \tag{2.7}$$

目标函数 $\mathbb{E}_X [L(X; \boldsymbol{w})]$ 关于 $\boldsymbol{w}$ 的梯度是

$$\boldsymbol{g} \ \triangleq \ \nabla_{\boldsymbol{w}} \, \mathbb{E}_{X \sim p(\cdot)} \Big[L(X; \boldsymbol{w}) \Big] \ = \ \mathbb{E}_{X \sim p(\cdot)} \Big[\nabla_{\boldsymbol{w}} \, L(X; \boldsymbol{w}) \Big].$$

可以做梯度下降更新 $\boldsymbol{w}$，以减小目标函数 $\mathbb{E}_X [L(X; \boldsymbol{w})]$：

$$\boldsymbol{w} \ \leftarrow \ \boldsymbol{w} \ - \ \alpha \cdot \boldsymbol{g}.$$

此处的 α 为学习率．直接计算梯度 $\boldsymbol{g}$ 通常比较慢，为了加速计算，可以对期望

$$\boldsymbol{g} \ = \ \mathbb{E}_{X \sim p(\cdot)} \Big[\nabla_{\boldsymbol{w}} \, L(X; \boldsymbol{w}) \Big]$$

做蒙特卡洛方法近似，把得到的近似梯度 $\tilde{\boldsymbol{g}}$ 称作随机梯度，用 $\tilde{\boldsymbol{g}}$ 代替 $\boldsymbol{g}$ 来更新 $\boldsymbol{w}$．

    (1) 根据概率密度函数 $p(\boldsymbol{x})$ 做随机抽样，得到 B 个样本，记作 $\tilde{\boldsymbol{x}}_1, \cdots, \tilde{\boldsymbol{x}}_B$．

    (2) 计算梯度 $\nabla_{\boldsymbol{w}} L(\tilde{\boldsymbol{x}}_j; \boldsymbol{w})$，$\forall j = 1, \cdots, B$．对它们求平均：

$$\tilde{\boldsymbol{g}} \ = \ \frac{1}{B} \sum_{j=1}^{B} \nabla_{\boldsymbol{w}} \, L(\tilde{\boldsymbol{x}}_j; \boldsymbol{w}).$$

因为 $\mathbb{E}[\tilde{\boldsymbol{g}}] = \boldsymbol{g}$，所以随机梯度 $\tilde{\boldsymbol{g}}$ 是 $\boldsymbol{g}$ 的一个无偏估计．

    (3) 通过做随机梯度下降更新 $\boldsymbol{w}$：

$$\boldsymbol{w} \ \leftarrow \ \boldsymbol{w} \ - \ \alpha \cdot \tilde{\boldsymbol{g}}.$$

样本数量 B 称作批大小（batch size），通常是一个比较小的正整数，比如 1、8、16、32，所以我们称之为小批量 SGD．

在实际应用中，样本真实的概率密度函数 $p(\boldsymbol{x})$ 一般是未知的．在训练神经网络的时候，我们通常会收集一个训练集 $\mathcal{X} = \{\boldsymbol{x}_1, \cdots, \boldsymbol{x}_n\}$，并求解下面这样一个**经验风险最小化**（empirical risk minimization）问题：

$$\min_{\boldsymbol{w}} \ \frac{1}{n} \sum_{i=1}^{n} L(\boldsymbol{x}_i; \boldsymbol{w}). \tag{2.8}$$

这相当于用下面这个概率质量函数代替真实的 $p(\boldsymbol{x})$：

$$p(\boldsymbol{x}) \ = \ \begin{cases} \frac{1}{n}, & \text{如果 } \boldsymbol{x} \in \mathcal{X}; \\ 0, & \text{如果 } \boldsymbol{x} \notin \mathcal{X}. \end{cases}$$

上式的意思是随机变量 X 的取值是 n 个数据点中的一个，取值为每个数据点的概率都是 $\frac{1}{n}$．那

么小批量 SGD 每一轮都从集合 $\{x_1, \cdots, x_n\}$ 中均匀随机抽取 B 个样本, 计算随机梯度, 更新模型参数 w.

○　　○　　○

知识点小结

- 理解并记忆概率统计的这些基本概念: 随机变量、观测值、概率质量函数、概率密度函数、期望、随机抽样. 强化学习会反复用到这些概念.

- 本章详细讲解了蒙特卡洛方法的应用. 最重要的知识点是用蒙特卡洛方法近似期望: 设 X 是随机变量, x 是观测值, 蒙特卡洛方法用 $f(x)$ 近似期望 $\mathbb{E}[f(X)]$. 强化学习中的 Q 学习、SARSA、策略梯度等算法都需要用蒙特卡洛方法近似期望.

习题

2.1 设 X 是离散随机变量, 取值范围是集合 $\mathcal{X} = \{1, 2, 3\}$. 定义概率质量函数:

$$p(1) = \mathbb{P}(X = 1) = 0.4,$$
$$p(2) = \mathbb{P}(X = 2) = 0.1,$$
$$p(3) = \mathbb{P}(X = 3) = 0.5.$$

定义函数 $f(x) = 2x^2 + 3$. 计算 $\mathbb{E}_{X \sim p(\cdot)}[f(X)]$.

2.2 设 X 服从均值 $\mu = 1$、标准差 $\sigma = 2$ 的一元正态分布. 定义函数 $f(x) = 2x + 10\sqrt{|x|} + 3$. 设计蒙特卡洛方法, 并编程计算 $\mathbb{E}_X[f(X)]$.

2.3 Bernstein 不等式是如下定义的——设 $Z_1, \cdots, Z_n$ 为独立的随机变量, 且满足下面三个条件.

- 变量的期望为零: $\mathbb{E}[Z_1] = \cdots = \mathbb{E}[Z_n] = 0$.
- 变量是有界的: 存在 $b > 0$, 使得 $|Z_i| \leqslant b$, $\forall i = 1, \cdots, n$.
- 变量的方差是有界的: 存在 $v > 0$, 使得 $\mathbb{E}[Z_i^2] \leqslant v$, $\forall i = 1, \cdots, n$.

则下面的概率不等式成立:

$$\mathbb{P}\left(\left|\frac{1}{n}\sum_{i=1}^{n} Z_i\right| \geqslant \epsilon\right) \leqslant \exp\left(-\frac{\epsilon^2 n/2}{v + \epsilon b/3}\right).$$

式 (2.5) 算出的 q_n 是蒙特卡洛方法对 π 的近似. 请用 Bernstein 不等式证明:

$$\left| q_n - \pi \right| = O\left(\frac{1}{\sqrt{n}}\right) \qquad \text{以很高的概率成立.}$$

【提示】设 (X_i, Y_i) 是从正方形 $[-1,1] \times [-1,1]$ 中随机抽取的点. 二元函数 f 在式 (2.4) 中定义. 设 $Z_i = 4f(X_i, Y_i) - \pi$, 它是个均值为零的随机变量.

2.4 初始化 $q_0 = 0$. 让 t 从 1 增大到 n（> 1）, 依次计算

$$q_t = \left(1 - \tfrac{1}{t}\right) \cdot q_{t-1} + \tfrac{1}{t} \cdot f(\boldsymbol{x}_t).$$

证明上述迭代得到的结果 q_n 等于 $\frac{1}{n} \sum_{i=1}^{n} f(\boldsymbol{x}_i)$.

第 3 章　强化学习基本概念

本章讲解强化学习的基本概念. 3.1 节介绍马尔可夫决策过程, 它是最常见的对强化学习建模的方法. 3.2 节定义策略, 包括随机性策略和确定性策略. 3.3 节分析强化学习中随机性的两个来源. 3.4 节介绍回报和折扣回报. 3.5 节定义动作价值函数和状态价值函数. 3.6 节介绍强化学习常用的实验环境.

3.1　马尔可夫决策过程

强化学习的主体称为**智能体**（agent）. 通俗地说, 由谁做动作或决策, 谁就是智能体. 比如在游戏《超级马力欧兄弟》中, 马力欧就是智能体; 在自动驾驶的应用中, 无人车就是智能体. **环境**（environment）是与智能体交互的对象, 可以抽象地理解为交互过程中的规则或机制; 在《超级马力欧兄弟》的例子中, 游戏程序就是环境; 在围棋、象棋的例子中, 游戏规则就是环境; 在无人驾驶的应用中, 真实的物理世界是环境.

强化学习的数学基础和建模工具是**马尔可夫决策过程**（Markov decision process, MDP）. 一个 MDP 通常由状态空间、动作空间、奖励函数、状态转移函数、折扣率等组成. 下面逐一解释相关概念.

3.1.1　状态、动作、奖励

在每个时刻, 环境有一个**状态**（state）, 可以理解为对当前时刻环境的概括. 在《超级马力欧兄弟》的例子中, 可以把屏幕当前的画面（或者最近几帧画面）看作状态. 玩家只需要知道当前画面（或者最近几帧画面）就能够做出正确的决策, 决定下一步是让马力欧向左、向右或是向上. 因此, 状态是做决策的依据.

再举一个例子, 在象棋、五子棋游戏中, 棋盘上所有棋子的位置就是状态, 因为当前格局就足以供玩家做决策. 假设你不是从头开始玩一局游戏, 而是接手别人的残局, 只需要仔细观察棋盘上的格局就能够做出决策. 知道这局游戏的历史记录（即每一步是怎么走的）, 并不会给你提供额外的信息.

举一个反例. 在《星际争霸》和《英雄联盟》这些游戏中, 玩家屏幕上最近的 100 帧画面并不是状态,因为这些画面不是对当前环境完整的概括. 在地图上某个你看不见的角落里可能正在发生某些事件,这些事件足以改变游戏的结局. 玩家屏幕上的画面只是对环境的**部分观测**(partial observation),最近的 100 帧画面并不足以供玩家做决策.

状态空间(state space)是指所有可能存在的状态的集合,记作花体字母 $\mathcal{S}$. 状态空间可以是离散的,也可以是连续的;可以是有限集合,也可以是无限可数集合. 在《超级马力欧兄弟》《星际争霸》、无人驾驶这些例子中,状态空间是无限集合,也就是说存在无穷多种可能的状态. 在围棋、五子棋、象棋这些游戏中,状态空间是离散有限集合,也就是说可以枚举出所有可能存在的状态(具体说来就是棋盘上的格局).

动作(action)是智能体基于当前状态所做出的决策. 在《超级马力欧兄弟》的例子中,假设马力欧只能向左走、向右走、向上跳,那么动作就是左、右、上三者中的一种. 在围棋游戏中,棋盘上有 361 个位置,于是有 361 种动作,第 i 种动作是指把棋子放到第 i 个位置上. 动作的选取可以是确定性的,也可以是随机的. 随机是指以一定概率选取一个动作,后面会具体讨论.

动作空间(action space)是指所有可能动作的集合,记作花体字母 $\mathcal{A}$. 在《超级马力欧兄弟》的例子中,动作空间是 $\mathcal{A} = \{左, 右, 上\}$. 在围棋的例子中,动作空间是 $\mathcal{A} = \{1, 2, 3, \cdots, 361\}$. 动作空间可以是离散集合或连续集合,可以是有限集合或无限集合.

奖励(reward)是指在智能体执行一个动作之后,环境返回给智能体的一个数值. 奖励往往由我们自己来定义,奖励定义得好坏直接影响强化学习的结果. 比如可以这样定义:马力欧捡到一个金币,获得奖励 +1;如果马力欧通关一局,奖励是 +1000;如果马力欧碰到敌人,游戏结束,奖励是 −1000;如果这一步什么都没发生,奖励就是 0. 怎么定义奖励就见仁见智了. 我们应该把打赢游戏的奖励定义得大一些,这样才能鼓励马力欧通关,而不是一味地收集金币.

通常假设奖励是当前状态 s、当前动作 a、下一时刻状态 s' 的函数,把奖励函数记作 $r(s, a, s')$.[①]有时假设奖励仅仅是 s 和 a 的函数,记作 $r(s, a)$. 我们总是假设奖励函数是有界的,即对于所有 $a \in \mathcal{A}$ 和 $s, s' \in \mathcal{S}$,有 $|r(s, a, s')| < \infty$.

3.1.2 状态转移

状态转移(state transition)是指智能体从当前 t 时刻的状态 s 转移到下一个时刻的状态 s' 的过程. 在《超级马力欧兄弟》的例子中,基于当前状态(屏幕上的画面),马力欧向上跳了一步,那么环境(即游戏程序)就会计算出新的状态(即下一帧画面). 在象棋的例子中,基于当前状态(棋盘上的格局),红方让"车"走到黑方"马"的位置上,那么环境(即游戏规则)就会将黑方的"马"移除,生成新的状态(棋盘上新的格局).

状态转移可能是随机的,而且强化学习通常假设状态转移是随机的. 随机性来自环境.

---

① 此处隐含的假设是奖励函数是平稳的(stationary),即它不随着时刻 t 变化.

图 3-1 中的例子说明了状态转移的随机性. 我们用**状态转移函数**（state transition function）来描述状态转移，记作

$$p_t(s' \,|\, s, a) \;=\; \mathbb{P}\big(S'_{t+1} = s' \,\big|\, S_t = s, A_t = a\big),$$

表示发生下述事件的概率：在当前状态 s，智能体执行动作 a，环境的状态变成 s'.

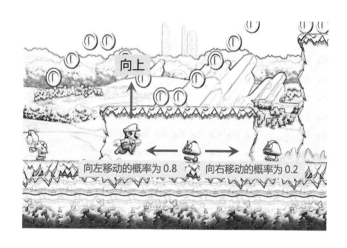

图 3-1 这个例子说明了状态转移的随机性. 如果马力欧向上跳，他的位置就到上面来了，这是确定的. 但是标出的敌人 Goomba 有可能往左，也有可能往右移动，Goomba 移动的方向可以是随机的. 即使当前状态 s 和智能体的动作 a 确定了，也无法确定下一个状态 s'

  状态转移可以是确定性的. 给定当前状态 s，智能体执行动作 a，环境用某个函数 τ_t 计算出新的状态 $s' = \tau_t(s, a)$. 比如象棋中的状态转移就是确定性的，下一个状态 s' 完全由 s 和 a 决定，环境中不存在随机性. 确定状态转移是随机状态转移的一个特例，即概率全部集中在一个状态 s' 上：

$$p_t(s' \,|\, s, a) \;=\; \begin{cases} 1, & \text{if } \tau_t(s, a) = s'; \\ 0, & \text{otherwise.} \end{cases}$$

本书只考虑随机状态转移. 实际中，通常假设状态转移概率函数是平稳的（简记为 $p(s'|s,a)$ 或 $\tau(s,a)$），即函数不会随着时刻 t 变化.

3.2 策略

  策略（policy）的意思是如何根据观测到的状态做出决策，即如何从动作空间中选取一个动作. 举个例子，假设你在玩《超级马力欧兄弟》，当前屏幕上的画面是图 3-1，那么你该做什么决策？你有很大概率会决定向上跳，这样可以避开敌人，还能捡到金币. 向上跳这个动作就是你根据大脑中的策略做出的决策.

强化学习的目标就是得到一个策略函数，在每个时刻根据观测到的状态做出决策．策略可以是确定性的，也可以是随机性的，两种都非常有用．我们现在具体讨论策略函数，假设策略仅依赖于当前状态，而不依赖于历史状态．在第 7 章中，我们将做严格的描述．

随机性策略. 把状态记作 S 或 s，动作记作 A 或 a，随机性策略函数 $\pi : \mathcal{S} \times \mathcal{A} \mapsto [0,1]$ 是一个概率密度函数：

$$\pi(a|s) = \mathbb{P}(A = a \,|\, S = s).$$

策略函数的输入是状态 s 和动作 a，输出是一个介于 0 和 1 之间的概率值．以《超级马力欧兄弟》为例，状态是游戏屏幕画面，把它作为策略函数的输入，策略函数可以告诉我每个动作的概率值：

$$\pi(\text{左} \,|\, s) = 0.2,$$
$$\pi(\text{右} \,|\, s) = 0.1,$$
$$\pi(\text{上} \,|\, s) = 0.7.$$

如果你让策略函数 π 来自动操作马力欧，它就会做一个随机抽样：以 0.2 的概率向左走，以 0.1 的概率向右走，以 0.7 的概率向上跳．这三种动作都有可能发生，但是向上跳的概率最大，向左走的概率较小，向右走的概率很小．

确定性策略. 确定性策略记作 $\mu : \mathcal{S} \mapsto \mathcal{A}$，它把状态 s 作为输入，直接输出动作 $a = \mu(s)$，而不是输出概率值．对于给定状态 s，做出的决策 a 是确定的，没有随机性．可以把确定性策略看作随机性策略的一种特例，即概率全部集中在一个动作上：

$$\pi(a \,|\, s) = \begin{cases} 1, & \text{if } \mu(s) = a; \\ 0, & \text{otherwise}. \end{cases}$$

智能体与环境交互（agent environment interaction）是指智能体观测到环境的状态 s，做出动作 a，动作会改变环境的状态，环境反馈给智能体奖励 r 以及新的状态 s'．图 3-2 是智能体与环境交互的示意图．在《超级马力欧兄弟》中，智能体是马力欧，环境是游戏程序．AI 以下面的方式控制马力欧跟游戏程序交互．观测到当前状态 s，AI 用决策规则 $\pi(a|s)$ 算出所有动作的概率，比如算出

$$\pi(\text{左} \,|\, s) = 0.2, \qquad \pi(\text{右} \,|\, s) = 0.1, \qquad \pi(\text{上} \,|\, s) = 0.7.$$

按照概率做随机抽样，得到其中一个动作（比如向上），记作 a，然后马力欧执行这个动作．游戏程序会用状态转移函数 $p_t(s'|s,a)$ 随机生成新的状态 s'，并反馈给马力欧一个奖励 $r(s,a,s')$．

强化学习中常提到回合（episode），而监督学习中常出现 epoch，读者可能会混淆这两个概念，下面简单解释一下．"回合"的概念来自游戏，指从游戏开始到结束的过程．以围棋为例，

从落下第一个棋子到分出胜负，这个过程为一个回合. 以《超级马力欧兄弟》为例，从马力欧出发到成功通过关卡或坠落悬崖失败，这个过程为一个回合. epoch 尚无惯用的中文翻译. 一个 epoch 的意思是用所有训练数据进行前向计算和反向传播，而且每条数据只用一次. 举个例子，用 ImageNet 数据集训练卷积神经网络 50 个 epoch，意思就是 ImageNet 数据集中的每条样本被使用 50 次.

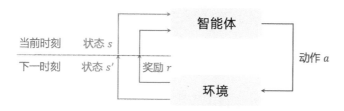

图 3-2   智能体与环境交互

3.3   随机性

本节探讨强化学习中的随机性. 随机性有两个来源：动作和状态. 动作的随机性来源于策略，状态的随机性来源于状态转移. 策略由策略函数决定，状态转移由状态转移函数决定. 搞明白随机性的两个来源对之后的学习很有帮助. 本书中用 S_t 和 s_t 分别表示 t 时刻的状态及其观测值，用 A_t 和 a_t 分别表示 t 时刻的动作及其观测值.

动作的随机性来自**策略**. 给定当前状态 s，策略函数 $\pi(a|s)$ 会算出动作空间 $\mathcal{A}$ 中每个动作 a 的概率值. 智能体执行的动作是随机抽样的结果，所以带有随机性. 图 3-3 中的例子具体解释了动作的随机性.

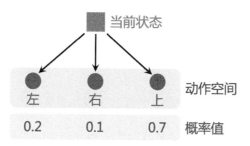

图 3-3   动作空间是 $\mathcal{A} = \{左,右,上\}$. 把当前状态 s 输入策略函数，策略函数输出三个概率值：0.2、0.1、0.7. 所以，对于确定的状态 s，智能体执行的动作是不确定的，三个动作都可能被执行

状态的随机性来自**状态转移**. 当状态 s 和动作 a 都确定下来时，下一个状态仍然有随机性. 环境（比如游戏程序）用状态转移函数 $p(s'|s,a)$ 计算所有可能的状态的概率，然后做随机抽样，

得到新的状态. 图 3-4 中的例子具体解释了状态的随机性.

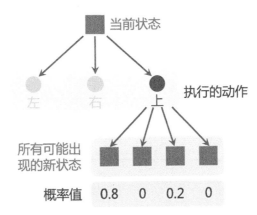

图 3-4 已知在当前状态 s, 智能体已经做出决策——向上跳, 那么环境会更新状态. 环境把 s 和 a 输入状态转移函数, 得到所有可能的状态的概率值. 环境根据概率值做随机抽样, 得到新的状态 s'

奖励是状态和动作的函数. 方便起见, 此处我们假设 t 时刻的奖励是 (s_t, a_t) 的函数[①], 记作:

$$r_t = r(s_t, a_t).$$

基于这种假设, 如果给定当前状态 s_t 和动作 a_t, 那么奖励 r_t 就是唯一确定的. 如果 A_t 还没被观测到, 或者 S_t、A_t 都没被观测到, 那么 t 时刻的奖励就有不确定性. 我们用

$$R_t = r(s_t, A_t) \qquad \text{或} \qquad R_t = r(S_t, A_t)$$

表示 t 时刻的奖励随机变量, 它的随机性来自 A_t 或者 (S_t, A_t).

马尔可夫性质（Markov property）. 上文在讲解状态转移的时候, 假设状态转移具有马尔可夫性质, 即:

$$\mathbb{P}(S_{t+1} \mid S_t, A_t) = \mathbb{P}(S_{t+1} \mid S_1, A_1, S_2, A_2, \cdots, S_t, A_t).$$

上式的意思是下一时刻状态 S_{t+1} 仅依赖于当前状态 S_t 和动作 A_t, 而不依赖于过去的状态和动作.

轨迹（trajectory）是指在一个回合中, 智能体观测到的所有状态、动作、奖励:

$$s_1, a_1, r_1, \quad s_2, a_2, r_2, \quad s_3, a_3, r_3, \cdots$$

图 3-5 描绘了轨迹中状态、动作、奖励的顺序. 在 t 时刻, 给定状态 $S_t = s_t$, 下面这些都是观测到的值:

$$s_1, a_1, r_1, \quad s_2, a_2, r_2, \quad \cdots, \quad s_{t-1}, a_{t-1}, r_{t-1}, \quad s_t,$$

———————————
① 很多情况下, t 时刻的奖励是 (s_t, a_t, s_{t+1}) 的函数.

而下面这些都是随机变量（尚未被观测到）：

$$A_t, R_t, \ S_{t+1}, A_{t+1}, R_{t+1}, \ S_{t+2}, A_{t+2}, R_{t+2}, \ \cdots$$

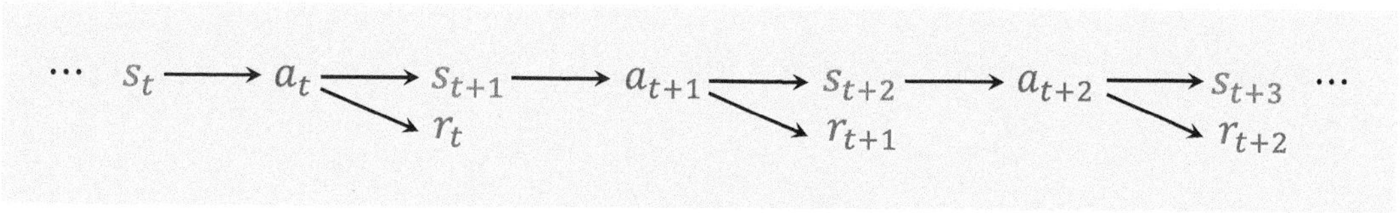

图 3-5　智能体的轨迹

3.4　回报与折扣回报

本节介绍回报和折扣回报这两个概念，并且讨论其随机性的来源．为了阅读方便，我们仅在本节讨论两者的区别，后面的章节不再严格区分两者，而通常用"回报"指代"回报"与"折扣回报"．本节用 R_t 和 r_t 表示 t 时刻奖励的随机变量及其观测值．

3.4.1　回报

回报（return）是从当前时刻开始到本回合结束所有奖励的总和，所以也叫作**累计奖励**（cumulative future reward）．把 t 时刻的回报记作随机变量 U_t．如果一个回合结束，已经观测到所有奖励，那么就把回报记作 u_t．设本回合在时刻 n 结束，定义回报为

$$U_t = R_t + R_{t+1} + R_{t+2} + R_{t+3} + \cdots + R_n.$$

回报有什么用呢？因为回报是未来获得的奖励总和，所以智能体的目标就是让回报尽量大，越大越好．强化学习的目标就是寻找一个策略，使得回报的期望最大化，这个策略就称为**最优策略**（optimum policy）．

强化学习的目标是最大化**回报**，而不是最大化当前**奖励**．这就好比，在下棋的时候，你的目标是赢得一局比赛（回报），而非吃掉对方当前的一个棋子（奖励）．

3.4.2　折扣回报

思考一个问题：在 t 时刻，奖励 r_t 和 r_{t+1} 同等重要吗？假如我给你两个选项：第一，现在立刻给你 100 元钱；第二，一年后给你 100 元钱，你选哪个？理性的人应该都会选现在得到 100 元钱．这是因为未来的不确定性很大，即使我现在答应明年给你 100 元，你也未必能拿到．大家都明白这个道理：明年得到 100 元不如现在立刻拿到 100 元．

换一个问题: 现在我立刻给你 80 元钱, 或者明年我给你 100 元钱, 你选哪一个? 或许大家会做不同的选择, 有的人愿意现在拿 80 元, 有的人愿意等一年拿 100 元. 如果两种选择一样好, 那么就意味着一年后奖励的重要性只有今天的 0.8 倍. 我们把 0.8 这个系数记作 γ, 这里的 $\gamma = 0.8$ 就是 **折扣率**（discount factor）, 它表示对奖励进行打折的系数. 上述例子都隐含奖励函数是平稳的.

同理, 在 MDP 中, 通常使用 **折扣回报**（discounted return）给未来的奖励打折扣. 折扣回报的定义如下:

$$U_t = R_t + \gamma \cdot R_{t+1} + \gamma^2 \cdot R_{t+2} + \gamma^3 \cdot R_{t+3} + \cdots$$

这里的 $\gamma \in [0,1]$ 是折扣率. 对待越久远的未来, 给奖励打的折扣越大. 在有限期 MDP 中, 折扣可以被吸收到奖励函数中, 即把 $\gamma^i \cdot R_{t+i}$ 当作一个新的奖励函数 R_{t+i}. 注意此时新奖励函数不再是平稳的, 即使原来的奖励函数是平稳的. 在无限期 MDP 中, 折扣率起着重要作用, 它和奖励函数的有界性一起能保证上面的无穷求和级数的收敛性. 无论是有限期 MDP 还是无限期 MDP, 只要奖励函数是平稳的, 本书总是考虑折扣奖励.

3.4.3 回报中的随机性

假设一个回合一共有 n 步. 当完成这一回合之后, 我们观测到所有 n 个奖励: $r_1, r_2, \cdots, r_n$, 这些奖励不是随机变量, 而是实际观测到的数值. 此时我们可以实际计算出折扣回报

$$u_t = r_t + \gamma \cdot r_{t+1} + \gamma^2 \cdot r_{t+2} + \cdots + \gamma^{n-t} \cdot r_n, \qquad \forall\, t = 1, \cdots, n.$$

这里的折扣回报 u_t 是实际观测到的数值, 不具有随机性.

假设我们在第 t 时刻只观测到 s_t 及其之前的状态、动作、奖励:

$$s_1, a_1, r_1, \quad s_2, a_2, r_2, \quad \cdots, \quad s_{t-1}, a_{t-1}, r_{t-1}, \quad s_t,$$

而下面这些都是随机变量（尚未被观测到）:

$$A_t, R_t, \quad S_{t+1}, A_{t+1}, R_{t+1}, \quad \cdots, \quad S_n, A_n, R_n.$$

如图 3-6 所示. 回报 U_t 依赖于奖励 $R_t, R_{t+1}, \cdots, R_n$, 而这些奖励全都是未知的随机变量, 所以 U_t 也是未知的随机变量.

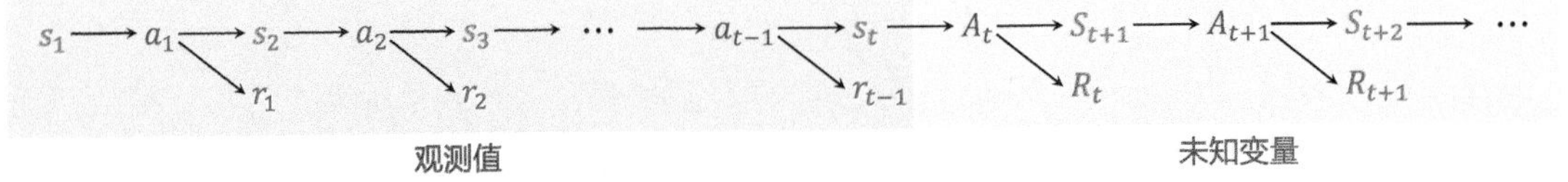

图 3-6 智能体的轨迹中 s_t 及其之前的状态、动作、奖励都被观测到, 而 A_t 及其之后的状态、动作、奖励都是未知变量

回报 U_t 的随机性的来源是什么? 奖励 R_t 依赖于状态 s_t (已观测到) 与动作 A_t (未知变量), 奖励 R_{t+1} 依赖于 S_{t+1} 和 A_{t+1} (未知变量), 奖励 R_{t+2} 依赖于 S_{t+2} 和 A_{t+2} (未知变量), 以此类推. 所以 U_t 的随机性来自这些动作和状态:

$$A_t, \ S_{t+1}, A_{t+1}, \ S_{t+2}, A_{t+2}, \ \cdots, \ S_n, A_n.$$

还是那句话, 动作的随机性来自策略, 状态的随机性来自状态转移.

3.4.4 有限期 MDP 和无限期 MDP

MDP 的时间步可以是**有限期**(finite-horizon) 的或**无限期**(infinite-horizon) 的, 分别称为有限期 MDP 和无限期 MDP. 有限期 MDP 存在一个**终止状态**(terminal state), 该状态被智能体触发后, 一个回合结束. 与之对应的是无限期 MDP, 即环境中不存在终止状态, 这会导致奖励的加和趋于无穷大.

回顾折扣回报的定义: $u_t = \sum_{i=t}^{n} \gamma^{i-t} r_i$. 对于无限期 MDP, 使用 $\gamma = 1$ 会导致回报等于无穷大:

$$\lim_{n \to \infty} \sum_{i=t}^{n} r_i = \infty.$$

这是不合适的. 因此, 如果 n 很大甚至是无穷大的, 则设置一个小于 1 的折扣率是非常必要的. 假设对于所有的 $s \in \mathcal{S}$ 和 $a \in \mathcal{A}$, 奖励函数有界, 即 $|r(s,a)| < b$, 那么对于 $\gamma \in [0,1)$, 有这样的性质:

$$\left| \lim_{n \to \infty} \sum_{i=t}^{n} \gamma^{i-t} r_i \right| \leqslant \frac{b}{1-\gamma}.$$

上式说明使用小于 1 的折扣率的话, 无限期 MDP 的回报是有界的.

本书后面的章节统一用 n 表示回合的长度. 方便起见, 我们不再严格区分有限期和无限期 MDP 的情况, 即不区分 n 是有界的还是 $n \to \infty$.

3.5 价值函数

价值函数是回报的期望, 即未来期望获得的奖励之和. 价值函数反映现状的好坏——价值函数值越大, 说明现状越有利.

本节介绍三种价值函数: 动作价值函数 $Q_\pi(s,a)$、最优动作价值函数 $Q_\star(s,a)$ 和状态价值函数 $V_\pi(s)$.

3.5.1 动作价值函数

3.4 节介绍了（折扣）回报 U_t，它是从 t 时刻起，未来所有奖励的（加权）和. 在 t 时刻，假如我们知道 U_t 的值，就知道游戏是快赢了还是快输了. 然而在 t 时刻我们并不知道 U_t 的值，因为此时 U_t 仍然是个随机变量. 这种情况下，我们又想预判 U_t 的值从而知道局势的好坏，该怎么办呢？解决方案就是对 U_t 求期望，消除其中的随机性.

假设我们已经观测到状态 s_t，而且做完了决策，选中动作 a_t，那么 U_t 中的随机性来自 $t+1$ 时刻起所有的状态和动作：

$$S_{t+1}, A_{t+1}, \ S_{t+2}, A_{t+2}, \cdots, \ S_n, A_n.$$

对 U_t 关于变量 $S_{t+1}, A_{t+1}, \cdots, S_n, A_n$ 求条件期望，得到

$$Q_\pi(s_t, a_t) = \mathbb{E}_{S_{t+1}, A_{t+1}, \cdots, S_n, A_n}\left[U_t \mid S_t = s_t, A_t = a_t\right]. \tag{3.1}$$

期望中的 $S_t = s_t$ 和 $A_t = a_t$ 是条件，意思是已经观测到 S_t 与 A_t 的值. 条件期望的结果 $Q_\pi(s_t, a_t)$ 称为**动作价值函数**（action-value function）.[①]

动作价值函数 $Q_\pi(s_t, a_t)$ 依赖于 s_t 与 a_t，而不依赖于 $t+1$ 时刻及其之后的状态和动作，因为随机变量 $S_{t+1}, A_{t+1}, \cdots, S_n, A_n$ 都被期望消除了. 由于动作 $A_{t+1}, \cdots, A_n$ 的策略函数都是 π，因此式 (3.1) 中的期望依赖于 π——用不同的 π，求期望得出的结果就会不同，这就是为什么动作价值函数有下标 π.

综上所述，t 时刻的动作价值函数 $Q_\pi(s_t, a_t)$ 依赖于以下三个因素.

第一，当前状态 s_t. 当前状态越好，$Q_\pi(s_t, a_t)$ 越大，也就是说回报的期望值越大. 在《超级马力欧兄弟》中，如果马力欧当前已经接近终点，那么 $Q_\pi(s_t, a_t)$ 就非常大.

第二，当前动作 a_t. 智能体执行的动作越好，$Q_\pi(s_t, a_t)$ 越大. 举个例子，如果马力欧做正常的动作，那么 $Q_\pi(s_t, a_t)$ 就比较正常；如果马力欧的动作 a_t 是跳下悬崖，那么 $Q_\pi(s_t, a_t)$ 就会非常小.

第三，策略函数 π. 策略决定未来的动作 $A_{t+1}, A_{t+2}, \cdots, A_n$ 的好坏：策略越好，$Q_\pi(s_t, a_t)$ 越大. 举个例子，顶级玩家相当于好的策略，新手相当于差的策略. 让顶级玩家操作游戏，回报的期望非常高. 换新手操作游戏，从相同的状态出发，回报的期望会很低.

3.5.2 最优动作价值函数

怎么样才能排除策略的影响，只评价当前状态和动作的好坏呢？ 解决方案就是求**最优动作**

---

① 更准确地说，应该叫"动作状态价值函数"，但是大家习惯性地称之为"动作价值函数".

价值函数（optimal action-value function）：

$$Q_\star(s_t, a_t) = \max_\pi Q_\pi(s_t, a_t), \qquad \forall \, s_t \in \mathcal{S}, \quad a_t \in \mathcal{A}.$$

意思就是有多种策略函数 π 可供选择，而我们选择最好的策略函数：

$$\pi^\star = \operatorname*{argmax}_\pi Q_\pi(s_t, a_t), \qquad \forall \, s_t \in \mathcal{S}, \quad a_t \in \mathcal{A}.$$

最优动作价值函数 $Q_\star(s_t, a_t)$ 只依赖于 s_t 和 a_t，而与策略函数 π 无关.

最优动作价值函数 $Q_\star$ 非常有用，它就像是一个先知，能指引智能体做出正确的决策. 比如玩《超级马力欧兄弟》，给定当前状态 s_t，智能体该执行动作空间 $\mathcal{A} = \{左,右,上\}$ 中的哪个动作呢？假设我们已知 $Q_\star$，那么就让 $Q_\star$ 给三个动作打分，比如：

$$Q_\star(s_t, 左) = 130, \qquad Q_\star(s_t, 右) = -50, \qquad Q_\star(s_t, 上) = 296.$$

这三个值是什么意思呢？$Q_\star(s_t, 左) = 130$ 的意思是：如果现在智能体选择向左走，那么不管以后智能体用什么策略函数 π，回报 U_t 的期望最多不会超过 130. 同理，如果现在向右走，则回报的期望最多不超过 -50. 如果现在向上跳，则回报的期望最多不超过 296. 智能体应该执行哪个动作呢？毫无疑问，智能体当然应该向上跳，这样才有希望获得尽量高的回报.

3.5.3 状态价值函数

假设 AI 用策略函数 π 下围棋. AI 想知道当前状态 s_t（即棋盘上的格局）是否对自己有利，以及自己和对手的胜算各有多大. 该用什么来量化双方的胜算呢？答案是**状态价值函数**（state-value function），记作 V_π：

$$\begin{aligned} V_\pi(s_t) &= \mathbb{E}_{A_t \sim \pi(\cdot|s_t)}\Big[Q_\pi(s_t, A_t)\Big] \\ &= \sum_{a \in \mathcal{A}} \pi(a|s_t) \cdot Q_\pi(s_t, a). \end{aligned}$$

上式把动作 A_t 作为随机变量，然后求关于 A_t 的期望，把 A_t 消掉. 得到的状态价值函数 $V_\pi(s_t)$ 只依赖于策略函数 π 与当前状态 s_t，不依赖于动作. 状态价值函数 $V_\pi(s_t)$ 也是回报 U_t 的期望：

$$V_\pi(s_t) = \mathbb{E}_{A_t, S_{t+1}, A_{t+1}, \cdots, S_n, A_n}\Big[U_t \,\Big|\, S_t = s_t\Big].$$

期望消掉了 U_t 依赖的随机变量 $A_t, S_{t+1}, A_{t+1}, \cdots, S_n, A_n$. 状态价值函数越大，就意味着回报的期望越大. 用状态价值函数可以衡量策略函数 π 与状态 s_t 的好坏.

3.6 实验环境：OpenAI Gym

如果你设计出一种新的强化学习方法，应该将其与已有的标准方法做比较，看新的方法是否有优势．比较和评价强化学习算法常使用 OpenAI Gym，它相当于计算机视觉中的 ImageNet 数据集．Gym 包含几大类控制问题，比如经典控制问题、Atari 游戏、机器人．

Gym 中的第一类问题是经典控制问题，都是小规模的简单问题，比如 Cart Pole 和 Pendulum，如图 3-7 所示．Cart Pole 要求给小车向左或向右的力，移动小车，让上面的杆子竖起来．Pendulum 要求给钟摆一个力，让钟摆恰好能竖起来．Cart Pole 和 Pendulum 都是典型的无限期 MDP，即不存在终止状态．

图 3-7 经典控制问题

第二类问题是 Atari 游戏，就是 20 世纪八九十年代小霸王等游戏机上拿手柄玩的那种游戏，如图 3-8 所示．*Pong* 中的智能体是乒乓球拍，球拍可以上下运动，目标是接住对手的球，并且尽量让对手接不住球．*Space Invader* 中的智能体是小飞机，可以左右移动，可以发射炮弹．*Breakout* 中的智能体是下面的球拍，可以左右移动，目标是接住球，并且把上面的砖块都打掉．Atari 游戏大多是有限期 MDP，即存在一个终止状态，一旦进入该状态，游戏就会终止．

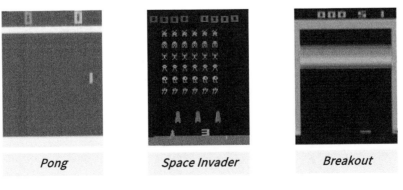

图 3-8 Atari 游戏

第三类问题是机器人连续的控制问题，比如控制外形像蚂蚁、人、猎豹等的机器人走路，如图 3-9 所示. 图中使用的模拟器叫作 MuJoCo，它可以模拟重力等物理量. 机器人是智能体，AI 需要控制这些机器人站立和走路. MuJoCo 是付费软件，但是可以申请免费试用.

Ant

Humanoid

Half Cheetah

图 3-9 机器人连续的控制问题，用到 MuJoCo 物理模拟器

想要使用 Gym，应该先按照官方文档安装，安装之后就可以在 Python 里面调用 Gym 库中的函数了. 下面的程序以 Cart Pole 这个控制任务为例，说明怎么使用 Gym 标准库. 通过阅读这段程序，读者可以更好地理解智能体与环境的交互.

```python
import gym

env = gym.make('CartPole-v0')          # 生成环境，此处的环境是 Cart Pole 游戏程序
state = env.reset()                     # 重置环境，让小车回到起点，并输出初始状态

for t in range(100):
    env.render()                        # 弹出窗口，把游戏中发生的状况显示到屏幕上
    print(state)

    action = env.action_space.sample()  # 方便起见，此处均匀抽样生成一个动作。在实际应用中，应当依据状态用策略函数生成动作

    state, reward, done, info = env.step(action)  # 智能体真正执行动作。然后环境更新状态，并反馈一个奖励

    if done:                            # done 等于 1 意味着游戏结束，done 等于 0 意味着游戏继续
        print('Finished')
        break

env.close()
```

○   ○   ○

知识点小结

- 理解并记忆强化学习中的基本术语：状态、状态空间、动作、动作空间、智能体、环境、策略、奖励、状态转移.

- 马尔可夫决策过程（MDP）通常指的是四元组 $(\mathcal{S}, \mathcal{A}, p, r)$，其中 $\mathcal{S}$ 是状态空间，$\mathcal{A}$ 是动作空间，p 是状态转移函数，r 是奖励函数. 有时 MDP 指的是五元组 $(\mathcal{S}, \mathcal{A}, p, r, \gamma)$，其中 γ 是折扣率.

- 强化学习中的随机性来自动作和状态. 动作的随机性来源于策略，状态的随机性来源于状态转移. 奖励依赖于状态和动作，因此也具有随机性. 请大家理解随机性的两个来源，这对理解强化学习至关重要.

- 回报（或折扣回报）是未来所有奖励的加和（或加权和）. 回报有随机性，它的随机性来自未来的动作和状态. 请大家注意奖励与回报的区别. 强化学习的目标是最大化回报，而不是最大化奖励.

- 价值函数是回报的期望，可以反映当前状态、动作的好坏程度. 之后的所有章节都会用到价值函数，所以请务必理解价值函数的定义. 请大家注意区分动作价值函数 $Q_\pi(s, a)$、最优动作价值函数 $Q_\star(s, a)$、状态价值函数 $V_\pi(s)$.

- OpenAI Gym 是强化学习中常用的实验环境. 如果你想比较几种强化学习算法的优劣，需要在 Gym 的多个环境中进行实验.

- 强化学习分为基于模型的方法、无模型方法两大类，其中无模型方法又分为价值学习、策略学习两类. 本书第二部分、第三部分会详细讲解价值学习和策略学习，第 18 章用 AlphaGo 的例子讲解基于模型的方法.

习题

3.1 设 $\mathcal{A} = \{上, 下, 左, 右\}$ 为动作空间，s_t 为当前状态，π 为策略函数. 策略函数输出：

$$
\begin{aligned}
\pi(上 \mid s_t) &= 0.2, \\
\pi(下 \mid s_t) &= 0.05, \\
\pi(左 \mid s_t) &= 0.7, \\
\pi(右 \mid s_t) &= 0.15.
\end{aligned}
$$

请问，哪个动作会成为 a_t？

A. 下

B. 左

C. 4 种动作都有可能

3.2 设随机变量 U_t 为 t 时刻的回报. 请问 U_t 依赖于哪些变量?

    A. t 时刻的状态 S_t

    B. t 时刻的动作 A_t

    C. S_t 和 A_t

    D. $S_t, S_{t+1}, S_{t+2}, \cdots$ 和 $A_t, A_{t+1}, A_{t+2}, \cdots$

3.3 动作价值函数是 _____ 的期望.

    A. 奖励

    B. 回报

    C. 状态

    C. 动作

3.4 最优动作价值函数 $Q_\star$ 依赖于 _____.

    A. 当前的状态 S_t

    B. 当前的动作 A_t

    C. 未来所有的状态 $S_{t+1}, S_{t+2}, \cdots$

    D. 未来所有的动作 $A_{t+1}, A_{t+2}, \cdots$

    E. A 和 B 都对

    F. A、B、C、D 都对

第二部分

价值学习

第 4 章　DQN 与 Q 学习

本章的内容是价值学习的基础. 4.1 节用神经网络近似最优动作价值函数 $Q_\star(s,a)$，这个神经网络称为深度 Q 网络（DQN）. 本章的难点在于训练 DQN 所用的时间差分（TD）算法. 4.2 节以"驾车时间估计"类比 DQN，讲解 TD 算法. 4.3 节推导训练 DQN 用的 Q 学习算法，它是一种 TD 算法. 4.4 节介绍表格形式的 Q 学习算法. 4.5 节解释同策略与异策略的区别. 本章介绍的 Q 学习算法属于异策略.

4.1　DQN

4.1.1　概念回顾

在学习 DQN 之前，首先复习一些基础知识. 在一个回合中，把智能体从环境起始到结束的所有**奖励**记作：

$$R_1, \cdots, R_t, \cdots, R_n.$$

定义折扣率 $\gamma \in [0,1]$. **折扣回报**的定义是：

$$U_t = R_t + \gamma \cdot R_{t+1} + \gamma^2 \cdot R_{t+2} + \cdots + \gamma^{n-t} \cdot R_n.$$

在回合尚未结束的 t 时刻，U_t 是一个未知的随机变量，其随机性来自 t 时刻之后的所有状态与动作. **动作价值函数**的定义是：

$$Q_\pi(s_t, a_t) = \mathbb{E}\Big[U_t \,\Big|\, S_t = s_t, A_t = a_t\Big],$$

上式中的期望消除了 t 时刻之后的所有状态 $S_{t+1}, \cdots, S_n$ 与所有动作 $A_{t+1}, \cdots, A_n$. **最优动作价值函数**使用最大化消除策略 π：

$$Q_\star(s_t, a_t) = \max_\pi Q_\pi(s_t, a_t), \qquad \forall\, s_t \in \mathcal{S}, \quad a_t \in \mathcal{A}.$$

可以这样理解 $Q_\star$：已知 s_t 和 a_t，不论未来采取什么样的策略 π，回报 U_t 的期望不可能超过 $Q_\star$.

最优动作价值函数的用途：我们在 3.5.2 节刚学习过最优动作价值函数，出于这个概念在本章的重要性，我们在此回顾一下. 假如我们知道 $Q_\star$，就能用它做控制. 举个例子，《超级马力欧兄弟》游戏中的动作空间是 $\mathcal{A} = \{左, 右, 上\}$. 给定当前状态 s_t, 智能体该执行哪个动作呢? 假设已知 $Q_\star$ 函数, 那么我们就让 $Q_\star$ 给三个动作打分, 比如:

$$Q_\star(s_t, 左) = 370, \qquad Q_\star(s_t, 右) = -21, \qquad Q_\star(s_t, 上) = 610.$$

这三个值是什么意思呢? $Q_\star(s_t, 左) = 370$ 的意思是: 如果现在智能体选择向左走, 不论之后采取什么策略, 那么回报 U_t 的期望最多不会超过 370. 同理, 其他两个最优动作价值也是回报的期望的上界. 根据 $Q_\star$ 的评分, 智能体应该选择向上跳, 因为这样可以最大化回报 U_t 的期望.

我们希望知道 $Q_\star$, 因为它就像是先知一般可以预见未来, 在 t 时刻就预见 t 到 n 时刻之间的累计奖励的期望. 假如有 $Q_\star$ 这位先知, 我们就遵照它的指导, 最大化未来的累计奖励. 然而在实践中我们不知道 $Q_\star$ 的函数表达式, 是否有可能近似出 $Q_\star$ 这位先知呢? 对于《超级马力欧兄弟》这样的游戏, 学出来一个 "先知" 并不难. 假如我们重复玩《超级马力欧兄弟》一亿次, 那我们就会像先知一样, 看到当前状态, 就能准确判断出当前最优的动作是什么. 这说明只要有足够多的 "经验", 就能训练出《超级马力欧兄弟》中的 "先知".

4.1.2 DQN 表达式

最优动作价值函数的近似: 在实践中, 近似学习 "先知" $Q_\star$ 最有效的办法是深度 Q 网络 (deep Q network, DQN), 记作 $Q(s, a; \boldsymbol{w})$, 其结构如图 4-1 所示, 其中的 $\boldsymbol{w}$ 表示神经网络中的参数. 首先随机初始化 $\boldsymbol{w}$, 随后用 "经验" 去学习 $\boldsymbol{w}$. 学习的目标是: 对于所有的 s 和 a, DQN 的预测 $Q(s, a; \boldsymbol{w})$ 尽量接近 $Q_\star(s, a)$. 后面几节内容都是关于如何学习 $\boldsymbol{w}$ 的.

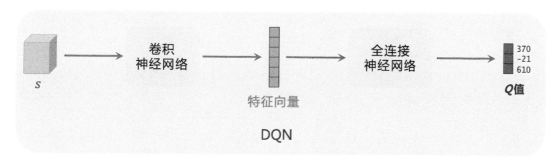

图 4-1　DQN 的神经网络结构. 输入是状态 s, 输出是每个动作的 Q 值

可以这样理解 DQN 的表达式 $Q(s, a; \boldsymbol{w})$: DQN 的输出是离散动作空间 $\mathcal{A}$ 中的每个动作的 Q 值, 即给每个动作的评分, 分数越高意味着动作越好. 举个例子, 动作空间是 $\mathcal{A} = \{左, 右, 上\}$, 那么其大小等于 $|\mathcal{A}| = 3$, DQN 的输出是 3 维的向量, 记作 $\widehat{\boldsymbol{q}}$, 向量的每个元素对应一个动作. 在图 4-1 中, DQN 的输出是

$$\widehat{q}_1 = Q(s, 左; \boldsymbol{w}) = 370,$$

$$\widehat{q}_2 = Q(s, 右; \boldsymbol{w}) = -21,$$
$$\widehat{q}_3 = Q(s, 上; \boldsymbol{w}) = 610.$$

总结一下，DQN 的输出是 $|\mathcal{A}|$ 维的向量 $\widehat{\boldsymbol{q}}$，包含所有动作的价值. 而我们常用的符号 $Q(s, a; \boldsymbol{w})$ 是标量，是动作 a 对应的动作价值，是向量 $\widehat{\boldsymbol{q}}$ 中的一个元素.

4.1.3 DQN 的梯度

在训练 DQN 的时候，需要对 DQN 关于神经网络参数 $\boldsymbol{w}$ 求梯度. 用

$$\nabla_{\boldsymbol{w}} Q(s, a; \boldsymbol{w}) \triangleq \frac{\partial \, Q(s, a; \boldsymbol{w})}{\partial \, \boldsymbol{w}}$$

表示函数值 $Q(s, a; \boldsymbol{w})$ 关于参数 $\boldsymbol{w}$ 的梯度. 因为函数值 $Q(s, a; \boldsymbol{w})$ 是一个实数，所以梯度的形状与 $\boldsymbol{w}$ 完全相同. 如果 $\boldsymbol{w}$ 是 $d \times 1$ 的向量，那么梯度也是 $d \times 1$ 的向量. 如果 $\boldsymbol{w}$ 是 $d_1 \times d_2$ 的矩阵，那么梯度也是 $d_1 \times d_2$ 的矩阵. 如果 $\boldsymbol{w}$ 是 $d_1 \times d_2 \times d_3$ 的张量，那么梯度也是 $d_1 \times d_2 \times d_3$ 的张量.

给定观测值 s 和 a，比如 $a=$ "左"，可以用反向传播计算出梯度 $\nabla_{\boldsymbol{w}} Q(s, 左; \boldsymbol{w})$. 在编程实现的时候，TensorFlow 和 PyTorch 可以对 DQN 输出向量的一个元素（比如 $Q(s, 左; \boldsymbol{w})$）关于变量 $\boldsymbol{w}$ 自动求梯度，得到的梯度的形状与 $\boldsymbol{w}$ 完全相同.

4.2 TD 算法

训练 DQN 最常用的算法是 TD（temporal difference，时间差分）. 鉴于 TD 算法不太好理解，本节举一个通俗易懂的例子来讲解.

4.2.1 驾车时间预测示例

假设有一个模型 $Q(s, d; \boldsymbol{w})$，其中 s 是起点，d 是终点，$\boldsymbol{w}$ 是参数. 模型 Q 可以预测开车出行的时间开销. 这个模型一开始并不准确，甚至是纯随机的. 但是随着很多人使用这个模型，得到更多数据、进行更多训练，这个模型就会越来越准，会像谷歌地图一样准.

我们该如何训练这个模型呢？用户出发前告诉模型起点 s 和终点 d，模型做一个预测 $\widehat{q} = Q(s, d; \boldsymbol{w})$. 当用户结束行程的时候，把实际驾车时间 y 反馈给模型. 两者之差 $\widehat{q} - y$ 反映出模型是高估还是低估了驾驶时间，以此修正模型，确保模型的估计更准确.

假设我是个用户，要从北京驾车去上海. 从北京出发之前，我让模型做预测，模型告诉我总车程是 14 小时：

$$\hat{q} \triangleq Q(\text{"北京"}, \text{"上海"}; \boldsymbol{w}) = 14.$$

当我到达上海,实际花费了 16 小时,并将结果反馈给模型,如图 4-2 所示.

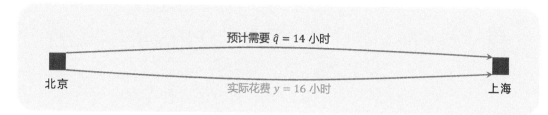

图 4-2 模型估计驾驶时间是 $\hat{q} = 14$,而实际花费时间 $y = 16$

可以用梯度下降对模型做一次更新,具体做法如下. 把我的这次旅程作为一组训练数据:

$$s = \text{"北京"}, \qquad d = \text{"上海"}, \qquad \hat{q} = 14, \qquad y = 16.$$

我们希望估计值 $\hat{q} = Q(s, d; \boldsymbol{w})$ 尽量接近真实观测到的 y,所以用两者差的平方作为损失函数:

$$L(\boldsymbol{w}) = \frac{1}{2}\Big[Q(s, d; \boldsymbol{w}) - y\Big]^2.$$

用链式法则计算损失函数的梯度,得到:

$$\nabla_{\boldsymbol{w}} L(\boldsymbol{w}) = (\hat{q} - y) \cdot \nabla_{\boldsymbol{w}} Q(s, d; \boldsymbol{w}),$$

然后通过做一次梯度下降更新模型参数 $\boldsymbol{w}$:

$$\boldsymbol{w} \leftarrow \boldsymbol{w} - \alpha \cdot \nabla_{\boldsymbol{w}} L(\boldsymbol{w}),$$

此处的 α 是学习率,需要手动调整. 在完成一次梯度下降之后,如果再让模型做一次预测,那么模型的预测值

$$Q(\text{"北京"}, \text{"上海"}; \boldsymbol{w})$$

会比原先更接近 $y = 16$.

4.2.2 TD 算法的原理

接着上文预测驾车时间的例子. 出发前模型估计全程用时为 $\hat{q} = 14$ 小时,模型建议的路线会途径济南. 我从北京出发,过了 $r = 4.5$ 小时,到达济南. 此时再让模型做一次预测,模型告诉我

$$\hat{q}' \triangleq Q(\text{"济南"}, \text{"上海"}; \boldsymbol{w}) = 11.$$

见图 4-3 的描述. 假如此时我的车坏了,必须在济南修理,我不得不取消此次行程. 也就是说,我

没有完成旅途,那么我的这组数据是否能帮助训练模型呢? 其实是可以的,用到的算法就是 TD.

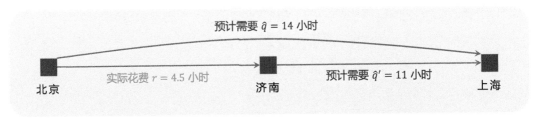

图 4-3 $\hat{q} = 14$ 和 $\hat{q}' = 11$ 是模型的估计值,$r = 4.5$ 是实际观测值

下面解释 TD 算法的原理. 回顾一下已有的数据: 模型估计从北京到上海一共需要 $\hat{q} = 14$ 小时,我实际用了 $r = 4.5$ 小时到达济南,模型估计从济南到上海还需要 $\hat{q}' = 11$ 小时. 到达济南时,根据模型的最新估计,整个旅程的总用时为:

$$\hat{y} \triangleq r + \hat{q}' = 4.5 + 11 = 15.5.$$

TD 算法将 $\hat{y} = 15.5$ 称为 **TD 目标**(TD target),它比最初的预测 $\hat{q} = 14$ 更可靠. 最初的预测 $\hat{q} = 14$ 纯粹是估计的,没有任何事实的成分. TD 目标 $\hat{y} = 15.5$ 也是估计的,但其中有事实的成分: $r = 4.5$ 就是实际的观测.

基于以上讨论,我们认为 TD 目标 $\hat{y} = 15.5$ 比模型最初的估计值

$$\hat{q} = Q(\text{“北京”},\text{“上海”}; \boldsymbol{w}) = 14$$

更可靠,所以可以用 $\hat{y}$ 对模型做 "修正". 我们希望估计值 $\hat{q}$ 尽量接近 TD 目标 $\hat{y}$,所以用两者差的平方作为损失函数:

$$L(\boldsymbol{w}) = \frac{1}{2}\Big[Q(\text{“北京”},\text{“上海”}; \boldsymbol{w}) - \hat{y} \Big]^2.$$

此处把 $\hat{y}$ 看作常数,实际上它依赖于 $\boldsymbol{w}$. [①] 计算损失函数的梯度:

$$\nabla_{\boldsymbol{w}} L(\boldsymbol{w}) = \underbrace{(\hat{q} - \hat{y})}_{\text{记作 } \delta} \cdot \nabla_{\boldsymbol{w}} Q(\text{“北京”},\text{“上海”}; \boldsymbol{w}),$$

此处的 $\delta = \hat{q} - \hat{y} = 14 - 15.5 = -1.5$ 称作 **TD 误差**(TD error). 做一次梯度下降更新模型参数 $\boldsymbol{w}$:

$$\boldsymbol{w} \leftarrow \boldsymbol{w} - \alpha \cdot \delta \cdot \nabla_{\boldsymbol{w}} Q(\text{“北京”},\text{“上海”}; \boldsymbol{w}).$$

讲到这里如果你仍然不理解 TD 算法,那么请换个角度来思考问题. 模型估计从北京到上海全程需要 $\hat{q} = 14$ 小时,且从济南到上海需要 $\hat{q}' = 11$ 小时. 这就相当于模型做了这样的估计:

[①] 根据定义,TD 目标是 $\hat{y} = r + \hat{q}'$,其中 $\hat{q}' = Q(\text{“济南”},\text{“上海”}; \boldsymbol{w})$ 依赖于 $\boldsymbol{w}$. 因此,$\hat{y}$ 其实是 $\boldsymbol{w}$ 的函数. 但 TD 算法选择忽略这一点,在求梯度的时候,将 $\hat{y}$ 视为常数,而非 $\boldsymbol{w}$ 的函数.

从北京到济南需要的时间为

$$\hat{q} - \hat{q}' = 14 - 11 = 3.$$

而我实际花费 $r = 4.5$ 小时从北京到济南. 模型的估计与我的真实观测之差为

$$\delta = 3 - 4.5 = -1.5.$$

这就是 TD 误差! 以上分析说明 TD 误差 δ 就是模型估计与真实观测之差. TD 算法的目的就是通过更新参数 $\boldsymbol{w}$ 使得损失函数 $L(\boldsymbol{w}) = \frac{1}{2}\delta^2$ 减小.

4.3 用 TD 训练 DQN

4.2 节以驾车时间预测为例介绍了 TD 算法. 本节用 TD 算法训练 DQN. 4.3.1 节推导算法, 4.3.2 节详细描述训练 DQN 的流程. 注意, 本节推导出的是最原始的 TD 算法, 在实践中效果不佳. 实际训练 DQN 的时候, 应当使用第 6 章介绍的高级技巧.

4.3.1 算法推导

下面我们推导训练 DQN 的 TD 算法.[①] 回忆一下回报的定义: $U_t = \sum_{k=t}^{n} \gamma^{k-t} \cdot R_k$, $U_{t+1} = \sum_{k=t+1}^{n} \gamma^{k-t-1} \cdot R_k$. 由 U_t 和 U_{t+1} 的定义可得:

$$U_t = R_t + \gamma \cdot \underbrace{\sum_{k=t+1}^{n} \gamma^{k-t-1} \cdot R_k}_{= U_{t+1}}. \tag{4.1}$$

回忆一下, 最优动作价值函数可以写成

$$Q_\star(s_t, a_t) = \max_\pi \mathbb{E}\Big[U_t \,\Big|\, S_t = s_t, A_t = a_t\Big]. \tag{4.2}$$

从式 (4.1) 和式 (4.2) 出发, 经过一系列数学推导 (见附录 A), 可以得到下面的定理. 这个定理是**最优贝尔曼方程** (optimal Bellman equation) 的一种形式.

> **定理 4.1 最优贝尔曼方程**
>
> $$\underbrace{Q_\star(s_t, a_t)}_{U_t\ 的期望} = \mathbb{E}_{S_{t+1}\sim p(\cdot|s_t,a_t)}\Big[R_t + \gamma \cdot \underbrace{\max_{A\in\mathcal{A}} Q_\star(S_{t+1}, A)}_{U_{t+1}\ 的期望} \,\Big|\, S_t = s_t, A_t = a_t\Big].$$
>
> ♡

[①] 严格地讲, 此处推导的是 "Q 学习算法", 它属于 TD 算法的一种. 本节称其为 TD 算法, 4.4 节再具体介绍 Q 学习算法.

最优贝尔曼方程的右边是一个期望，我们可以对期望做蒙特卡洛方法近似. 当智能体执行动作 a_t 之后，环境通过状态转移函数 $p(s_{t+1}|s_t, a_t)$ 计算出新状态 s_{t+1}. 奖励 R_t 最多只依赖于 S_t、A_t、S_{t+1}，那么当我们观测到 s_t、a_t、s_{t+1} 时，则奖励 R_t 也被观测到，记作 r_t，于是，有了四元组

$$\big(s_t,\, a_t,\, r_t,\, s_{t+1}\big),$$

我们可以计算出

$$r_t + \gamma \cdot \max_{a \in \mathcal{A}} Q_\star\big(s_{t+1}, a\big).$$

它可以看作下面这项期望的蒙特卡洛方法近似:

$$\mathbb{E}_{S_{t+1} \sim p(\cdot|s_t, a_t)}\Big[R_t + \gamma \cdot \max_{A \in \mathcal{A}} Q_\star\big(S_{t+1}, A\big) \,\Big|\, S_t = s_t, A_t = a_t \Big].$$

由定理 4.1 和上述蒙特卡洛方法近似可得:

$$Q_\star\big(s_t, a_t\big) \ \approx \ r_t + \gamma \cdot \max_{a \in \mathcal{A}} Q_\star\big(s_{t+1}, a\big). \tag{4.3}$$

这是不是很像驾驶时间预测问题? 左边的 $Q_\star\big(s_t, a_t\big)$ 就像是模型预测 "北京到上海" 的总用时，r_t 像是实际观测到的 "北京到济南" 的用时，$\gamma \cdot \max_{a \in \mathcal{A}} Q_\star\big(s_{t+1}, a\big)$ 相当于模型预测剩余路程 "济南到上海" 的时间. 见图 4-4 中的类比.

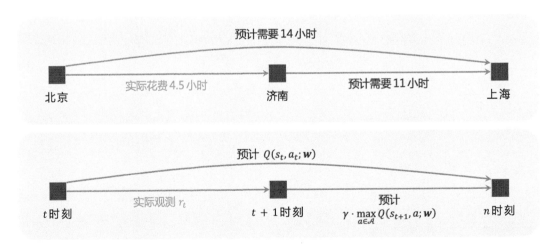

图 4-4 用 "驾车时间" 类比 DQN

把式 (4.3) 中的最优动作价值函数 $Q_\star(s, a)$ 替换成神经网络 $Q(s, a; \boldsymbol{w})$，得到:

$$\underbrace{Q\big(s_t, a_t;\, \boldsymbol{w}\big)}_{\text{预测 } \widehat{q}_t} \ \approx \ \underbrace{r_t + \gamma \cdot \max_{a \in \mathcal{A}} Q\big(s_{t+1}, a;\, \boldsymbol{w}\big)}_{\text{TD 目标 } \widehat{y}_t}.$$

左边的 $\hat{q}_t \triangleq Q(s_t, a_t; \boldsymbol{w})$ 是神经网络在 t 时刻做出的预测, 其中没有任何事实成分. 右边的 TD 目标 $\hat{y}_t$ 是神经网络在 $t+1$ 时刻做出的预测, 它部分基于真实观测到的奖励 r_t. $\hat{q}_t$ 和 $\hat{y}_t$ 都是对最优动作价值函数 $Q_\star(s_t, a_t)$ 的估计, 但是 $\hat{y}_t$ 部分基于事实, 因此比 $\hat{q}_t$ 更可信. 应当鼓励 $\hat{q}_t \triangleq Q(s_t, a_t; \boldsymbol{w})$ 接近 $\hat{y}_t$. 定义损失函数:

$$L(\boldsymbol{w}) = \frac{1}{2}\Big[Q(s_t, a_t; \boldsymbol{w}) - \hat{y}_t\Big]^2.$$

假装 $\hat{y}$ 是常数[1], 计算 L 关于 $\boldsymbol{w}$ 的梯度:

$$\nabla_{\boldsymbol{w}} L(\boldsymbol{w}) = \underbrace{(\hat{q}_t - \hat{y}_t)}_{\text{TD 误差 } \delta_t} \cdot \nabla_{\boldsymbol{w}} Q(s_t, a_t; \boldsymbol{w}).$$

做一步梯度下降, 可以让 $\hat{q}_t$ 更接近 $\hat{y}_t$:

$$\boxed{\boldsymbol{w} \leftarrow \boldsymbol{w} - \alpha \cdot \delta_t \cdot \nabla_{\boldsymbol{w}} Q(s_t, a_t; \boldsymbol{w}).}$$

上式[2]就是训练 DQN 的 TD 算法.

4.3.2 训练流程

首先总结一下 4.3.1 节算法推导的结论. 给定一个四元组 (s_t, a_t, r_t, s_{t+1}), 我们可以计算出 DQN 的预测值

$$\hat{q}_t = Q(s_t, a_t; \boldsymbol{w}),$$

以及 TD 目标和 TD 误差

$$\hat{y}_t = r_t + \gamma \cdot \max_{a \in \mathcal{A}} Q(s_{t+1}, a; \boldsymbol{w}) \qquad \text{和} \qquad \delta_t = \hat{q}_t - \hat{y}_t.$$

TD 算法用下式更新 DQN 的参数:

$$\boldsymbol{w} \leftarrow \boldsymbol{w} - \alpha \cdot \delta_t \cdot \nabla_{\boldsymbol{w}} Q(s_t, a_t; \boldsymbol{w}).$$

注意, 算法所需数据为四元组 (s_t, a_t, r_t, s_{t+1}), 与控制智能体运动的策略无关. 这就意味着可以用任何策略控制智能体与环境交互, 同时记录下算法运动轨迹, 作为训练数据. 因此, DQN 的训练可以分割成两个独立的部分: 收集训练数据和更新参数 $\boldsymbol{w}$.

---

[1] 实际上 $\hat{y}_t$ 依赖于 $\boldsymbol{w}$, 但是这里我们假装 $\hat{y}$ 是常数.
[2] 本书为特别重要的公式添加了方框样式, 后续章节也做了同样的处理, 不再说明.

1. 收集训练数据

我们可以用任意策略 π 控制智能体与环境交互，这时候 π 就叫作行为策略. 比较常用的行为策略是 ϵ-greedy 策略:

$$a_t = \begin{cases} \mathrm{argmax}_a\, Q(s_t, a; \boldsymbol{w}), & \text{以概率 } (1-\epsilon); \\ \text{均匀抽取 } \mathcal{A} \text{ 中的一个动作}, & \text{以概率 } \epsilon. \end{cases}$$

把智能体在一个回合中的轨迹记作:

$$s_1, a_1, r_1, \quad s_2, a_2, r_2, \quad \cdots, \quad s_n, a_n, r_n.$$

把一条轨迹划分成 n 个 (s_t, a_t, r_t, s_{t+1}) 这样的四元组，存入缓存，这个缓存叫作**经验回放缓存**（experience replay buffer）.

2. 更新参数 w

从经验回放缓存中随机取出一个四元组，记作 (s_j, a_j, r_j, s_{j+1}). 设 DQN 当前的参数为 $\boldsymbol{w}_{\mathrm{now}}$，执行下面的步骤对参数做一次更新，得到新的参数 $\boldsymbol{w}_{\mathrm{new}}$.

(1) 对 DQN 做正向传播，得到 Q 值:

$$\widehat{q}_j = Q(s_j, a_j; \boldsymbol{w}_{\mathrm{now}}) \qquad \text{和} \qquad \widehat{q}_{j+1} = \max_{a \in \mathcal{A}} Q(s_{j+1}, a; \boldsymbol{w}_{\mathrm{now}}).$$

(2) 计算 TD 目标和 TD 误差:

$$\widehat{y}_j = r_j + \gamma \cdot \widehat{q}_{j+1} \qquad \text{和} \qquad \delta_j = \widehat{q}_j - \widehat{y}_j.$$

(3) 对 DQN 做反向传播，得到梯度:

$$\boldsymbol{g}_j = \nabla_{\boldsymbol{w}}\, Q(s_j, a_j; \boldsymbol{w}_{\mathrm{now}}).$$

(4) 通过做梯度下降更新 DQN 的参数:

$$\boldsymbol{w}_{\mathrm{new}} \leftarrow \boldsymbol{w}_{\mathrm{now}} - \alpha \cdot \delta_j \cdot \boldsymbol{g}_j.$$

智能体收集数据、更新 DQN 参数可以同时进行. 可以在智能体每执行一个动作之后，对 w 做几次更新；也可以在每完成一个回合之后，对 w 做几次更新.

4.4   Q 学习算法

4.3 节我们学习了用 TD 算法训练 DQN，更准确地说，我们用的 TD 算法叫作 Q 学习（Q-learning）算法．TD 算法是一大类算法，常见的有 Q 学习和 SARSA．Q 学习的目的是学到最优动作价值函数 $Q_\star$，而 SARSA 的目的是学习动作价值函数 Q_π．下一章会介绍 SARSA 算法．

Q 学习是在 1989 年提出的，而 DQN 直到 2013 年才提出．从 DQN 的名字（深度 Q 网络）就能看出它与 Q 学习的联系，即 DQN 是神经网络形式的 Q 学习．而最初的 Q 学习都是以表格形式出现的．虽然表格形式的 Q 学习在当前实践中不常用，但还是建议读者有所了解．

4.4.1   表格形式的 Q 学习

假设状态空间 $\mathcal{S}$ 和动作空间 $\mathcal{A}$ 都是有限集合，即集合中元素数量有限.① 比如，$\mathcal{S}$ 中一共有 3 种状态，$\mathcal{A}$ 中一共有 4 种动作，那么最优动作价值函数 $Q_\star(s, a)$ 可以表示为一个 3×4 的表格，比如图 4-5 所示的表格．基于当前状态 s_t，做决策时使用的公式

$$a_t = \underset{a \in \mathcal{A}}{\operatorname{argmax}}\, Q_\star(s_t, a)$$

的意思是：找到 s_t 对应的行（3 行中的某一行），找到该行最大的价值，返回该元素对应的动作．举个例子，当前状态 s_t 是第 2 种状态，那么我们查看第 2 行，发现该行最大的价值是 210，对应第 4 种动作，那么应当执行的动作 a_t 就是第 4 种动作．

状态 / 动作	第 1 种动作	第 2 种动作	第 3 种动作	第 4 种动作
第 1 种状态	380	−95	20	173
第 2 种状态	−7	64	−195	210
第 3 种状态	152	72	413	−80

图 4-5   将最优动作价值函数 $Q_\star$ 表示成表格形式

该如何通过智能体的轨迹来学习这样一个表格呢？答案是用一个表格 $\widetilde{Q}$ 来近似 $Q_\star$．首先初始化 $\widetilde{Q}$，可以让它是全零的表格；然后用表格形式的 Q 学习算法更新 $\widetilde{Q}$，每次更新表格的一个元素；最终 $\widetilde{Q}$ 会收敛到 $Q_\star$．

4.4.2   算法推导

首先复习一下最优贝尔曼方程：

---

① 如果 $\mathcal{A}$ 是有限集合，而 $\mathcal{S}$ 是无限集合，那么我们可以用神经网络形式的 Q 学习，即 4.3 节讲的 DQN．如果 $\mathcal{A}$ 是无限集合，则问题属于连续控制，应当使用连续控制的方法，见第 10 章．

$$Q_\star(s_t, a_t) = \mathbb{E}_{S_{t+1} \sim p(\cdot|s_t, a_t)} \left[R_t + \gamma \cdot \max_{A \in \mathcal{A}} Q_\star(S_{t+1}, A) \,\middle|\, S_t = s_t, A_t = a_t \right].$$

我们对方程左右两边做近似.

- 方程左边的 $Q_\star(s_t, a_t)$ 可以近似成 $\widetilde{Q}(s_t, a_t)$. $\widetilde{Q}(s_t, a_t)$ 是表格在 t 时刻对 $Q_\star(s_t, a_t)$ 做出的估计.

- 方程右边的期望是关于下一时刻状态 S_{t+1} 求的. 给定当前状态 s_t, 智能体执行动作 a_t, 环境会给出奖励 r_t 和新的状态 s_{t+1}. 用观测到的 r_t 和 s_{t+1} 对期望做蒙特卡洛方法近似, 得到:

$$r_t + \gamma \cdot \max_{a \in \mathcal{A}} Q_\star(s_{t+1}, a). \tag{4.4}$$

- 进一步把式 (4.4) 中的 $Q_\star$ 近似成 $\widetilde{Q}$, 得到

$$\widehat{y}_t \triangleq r_t + \gamma \cdot \max_{a \in \mathcal{A}} \widetilde{Q}(s_{t+1}, a).$$

把它称作 TD 目标. 它是表格在 $t+1$ 时刻对 $Q_\star(s_t, a_t)$ 做出的估计.

$\widetilde{Q}(s_t, a_t)$ 和 $\widehat{y}_t$ 都是对最优动作价值函数 $Q_\star(s_t, a_t)$ 的估计. 由于 $\widehat{y}_t$ 部分基于真实观测到的奖励 r_t, 我们认为 $\widehat{y}_t$ 是更可靠的估计, 所以鼓励 $\widetilde{Q}(s_t, a_t)$ 更接近 $\widehat{y}_t$. 更新表格 $\widetilde{Q}$ 中 (s_t, a_t) 位置上的元素:

$$\widetilde{Q}(s_t, a_t) \leftarrow (1 - \alpha) \cdot \widetilde{Q}(s_t, a_t) + \alpha \cdot \widehat{y}_t.$$

这样可以使得 $\widetilde{Q}(s_t, a_t)$ 更接近 $\widehat{y}_t$. Q 学习的目的是让 $\widetilde{Q}$ 逐渐趋近于 $Q_\star$.

4.4.3 训练流程

1. 收集训练数据

这一部分跟 4.3.2 节讲解 TD 算法的内容很像, 毕竟 Q 学习是一种 TD 算法. Q 学习更新 $\widetilde{Q}$ 的公式不依赖于具体的策略. 我们可以用任意策略控制智能体与环境交互, 把得到的轨迹划分成 (s_t, a_t, r_t, s_{t+1}) 这样的四元组, 存入经验回放缓存. 比较常用的行为策略是 ϵ-greedy:

$$a_t = \begin{cases} \mathrm{argmax}_a \, \widetilde{Q}(s_t, a), & \text{以概率 } (1 - \epsilon); \\ \text{均匀抽取 } \mathcal{A} \text{ 中的一个动作}, & \text{以概率 } \epsilon. \end{cases}$$

事后用经验回放更新表格 $\widetilde{Q}$, 可以重复利用收集到的四元组.

2. 经验回放更新表格 $\widetilde{Q}$

随机从经验回放缓存中抽取一个四元组，记作 (s_j, a_j, r_j, s_{j+1}). 设当前表格为 $\widetilde{Q}_{\text{now}}$，更新表格中 (s_j, a_j) 位置上的元素，把更新之后的表格记作 $\widetilde{Q}_{\text{new}}$，步骤如下.

(1) 把表格 $\widetilde{Q}_{\text{now}}$ 中 (s_j, a_j) 位置上的元素记作：

$$\widehat{q}_j = \widetilde{Q}_{\text{now}}(s_j, a_j).$$

(2) 查看表格 $\widetilde{Q}_{\text{now}}$ 的第 s_{j+1} 行，把该行的最大值记作：

$$\widehat{q}_{j+1} = \max_a \widetilde{Q}_{\text{now}}(s_{j+1}, a).$$

(3) 计算 TD 目标和 TD 误差：

$$\widehat{y}_j = r_j + \gamma \cdot \widehat{q}_{j+1}, \qquad \delta_j = \widehat{q}_j - \widehat{y}_j.$$

(4) 更新表格中 (s_j, a_j) 位置上的元素：

$$\widetilde{Q}_{\text{new}}(s_j, a_j) \leftarrow \widetilde{Q}_{\text{now}}(s_j, a_j) - \alpha \cdot \delta_j.$$

收集经验与更新表格 $\widetilde{Q}$ 可以同时进行. 每当智能体执行一次动作，我们可以用经验回放对 $\widetilde{Q}$ 做几次更新；也可以每当完成一个回合，对 $\widetilde{Q}$ 做几次更新.

4.5 同策略与异策略

在强化学习中经常会遇到两个专业术语：**同策略**（on-policy）和**异策略**（off-policy）. 要理解同策略和异策略，我们要从**行为策略**（behavior policy）和**目标策略**（target policy）讲起.

在强化学习中，我们让智能体与环境交互，记录下观测到的状态、动作、奖励，用这些经验来学习一个策略函数. 在这一过程中，控制智能体与环境交互的策略被称作**行为策略**，其作用是收集经验，即观测的状态、动作、奖励.

我们知道，强化学习的目标是得到一个策略函数，用它来控制智能体. 这个策略函数就叫作**目标策略**. 在本章中，目标策略是一个确定性的策略，即用 DQN 控制智能体：

$$a_t = \underset{a}{\operatorname{argmax}} \, Q(s_t, a; \boldsymbol{w}).$$

行为策略和目标策略可以相同，也可以不同. 收集经验的行为策略和控制智能体的目标策略相同就称为同策略，后面的章节会介绍. 收集经验的行为策略和控制智能体的目标策略不同就称为异策略. 本章的 Q 学习算法用任意的行为策略收集 (s_t, a_t, r_t, s_{t+1}) 这样的四元组，然后用它们训练目标策略，即 DQN，因此 Q 学习和 DQN 都属于异策略. 同策略和异策略如图 4-6 和图 4-7 所示.

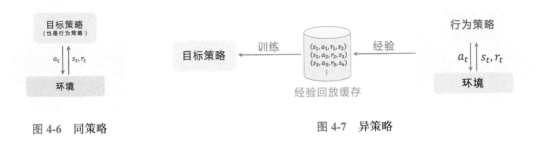

图 4-6　同策略　　　　　　　　　　　　图 4-7　异策略

由于 DQN 是异策略，行为策略可以不同于目标策略，因此可以用任意的行为策略收集经验，比如最常用的行为策略是 ϵ-greedy：

$$a_t = \begin{cases} \operatorname{argmax}_a Q(s_t, a; \boldsymbol{w}), & \text{以概率 } (1-\epsilon); \\ \text{均匀抽取 } \mathcal{A} \text{ 中的一个动作}, & \text{以概率 } \epsilon. \end{cases}$$

让行为策略带有随机性的好处是能探索更多没见过的状态. 在实验中，初始让 ϵ 比较大（比如 $\epsilon = 0.5$）；在训练过程中，让 ϵ 逐渐衰减，在几十万步之后衰减到较小的值（比如 $\epsilon = 0.01$），此后固定住 $\epsilon = 0.01$.

异策略的好处是可以用行为策略收集经验，把 (s_t, a_t, r_t, s_{t+1}) 这样的四元组记录到一个缓存里，事后反复利用这些经验去更新目标策略. 这个缓存称为**经验回放缓存**，而这种将智能体与环境交互的记录暂时保存，然后从中采样和学习的训练方式称为**经验回放**（experience replay）. 注意，经验回放只适用于异策略，不适用于同策略，其原因是收集经验时用的行为策略不同于想要训练出的目标策略.

相关文献

DQN 首先由 Mnih 等人在 2013 年提出 [1]，其训练用的算法与本章介绍的基本一致，这种简单的训练算法在实践中效果不佳. 这篇论文用 Atari 游戏评价 DQN 的表现，虽然其表现优于已有方法，但还是比人类的表现差一截. 作者在 2015 年又发表了 DQN 的改进版本 [2]，其主要改进在于使用"目标网络"（target network）. 改进版 DQN 在 Atari 游戏上的表现超越了人类玩家.

DQN 的本质是对最优动作价值函数 $Q_\star$ 的函数近似. 早在 1995 年和 1997 年发表的论文 [3,4] 就把函数近似用于价值学习中. 本章使用的 TD 算法叫作 Q 学习算法，它是由 Watkins 于 1989 年在其博士论文 [5] 中提出的. Watkins 和 Dayan 发表于 1992 年的论文 [6] 分析了 Q 学习的收敛.

1994 年发表的两篇论文 [7,8] 改进了 Q 学习算法的收敛分析. 训练 DQN 用到的经验回放是由 Lin 在 1993 年的博士论文 [9] 中提出的.

知识点小结

- DQN 是对最优动作价值函数 $Q_\star$ 的近似. DQN 的输入是当前状态 s_t, 输出是每个动作的 Q 值. DQN 要求动作空间 $\mathcal{A}$ 是离散集合, 集合中的元素数量有限. 如果动作空间 $\mathcal{A}$ 的大小是 k, 那么 DQN 的输出就是 k 维向量. DQN 可以用于做决策, 智能体执行 Q 值最大的动作.

- TD 算法的目的是让预测更接近实际观测. 以驾车问题为例, 如果使用 TD 算法, 无须完成整个旅程就能通过做梯度下降更新模型. 请读者理解并记忆 TD 目标、TD 误差的定义, 它们将出现在所有介绍价值学习的章节中.

- Q 学习算法是 TD 算法的一种, 可以用于训练 DQN. Q 学习算法由最优贝尔曼方程推导出, 它属于异策略, 允许使用经验回放: 由任意行为策略收集经验, 存入经验回放缓存; 事后做经验回放, 用 TD 算法更新 DQN 参数.

- 如果状态空间 $\mathcal{S}$、动作空间 $\mathcal{A}$ 都是较小的有限离散集合, 那么可以用表格形式的 Q 学习算法学习 $Q_\star$. 如今表格形式的 Q 学习已经不常用.

- 请读者理解同策略、异策略、目标策略、行为策略这几个专业术语, 以及同策略与异策略的区别. 异策略的好处是允许使用经验回放, 因此可以反复利用过去收集的经验. 但这不意味着异策略一定优于同策略.

习题

4.1 DQN 是对 _____ 的近似.

    A. 动作价值函数 Q_π

    B. 最优动作价值函数 $Q_\star$

    C. 状态价值函数 V_π

    D. 最优状态价值函数 $V_\star$

    E. 策略函数 π

    F. 状态转移函数 p

4.2 设 $\mathcal{A} = \{上, 下, 左, 右\}$ 为动作空间, s_t 为当前状态, $Q_\star$ 为最优动作价值函数. 函数输出:

$$Q_\star(s_t, 上) = 930,$$
$$Q_\star(s_t, 下) = -60,$$

$$Q_\star(s_t, 左) = 120,$$
$$Q_\star(s_t, 右) = 321.$$

把 DQN 作为目标策略, 那么哪个动作会成为 a_t?

A. 上

B. 下

C. 4 种动作都有可能

4.3 DQN 的输出层用什么激活函数?

A. 不需要激活函数, 因为 Q 值可正可负, 没有取值范围

B. 用 sigmoid 激活函数, 因为 Q 值介于 0 和 1 之间

C. 用 ReLU 激活函数, 因为 Q 值非负

D. 用 softmax 激活函数, 因为 DQN 的输出是一个概率分布

4.4 设状态空间、动作空间的大小分别是 $|\mathcal{S}| = 3$、$|\mathcal{A}| = 4$. 如图 4-8 所示, 最优动作价值函数 $Q_\star$ 可以表示为表格形式. 设 s 为第 3 种状态, 那么 $\max_{a \in \mathcal{A}} Q_\star(s, a) = $ _____. 基于状态 s, 智能体应该执行动作 _____.

状态 / 动作	上	下	左	右
第 1 种状态	98	120	−55	780
第 2 种状态	15	−64	212	99
第 3 种状态	200	789	10	−60

图 4-8 将最优动作价值函数 $Q_\star$ 表示成表格形式

4.5 驾车按照路线"甲 → 乙 → 丙"行驶. 从甲地出发时, 模型预计需要行驶 20 小时, 实际行驶 6 小时到达乙地, 模型预计还需 12 小时才能到达丙地. 如果我们用 TD 算法更新模型, 那么 TD 目标 $\hat{y} = $ _____ 小时, TD 误差的绝对值 $|\delta| = $ _____ 小时.

4.6 同策略 _____ 使用经验回放. 异策略 _____ 使用经验回放.

A. 允许

B. 不允许

4.7 在训练的过程中, Q 学习用 _____ 控制智能体与环境交互.

A. 行为策略

B. 目标策略

第 5 章　SARSA 算法

上一章介绍了 Q 学习的表格形式和神经网络形式（即 DQN）. Q 学习是一种 TD 算法，其目标是学习最优动作价值函数 $Q_\star$. 本章介绍 SARSA，它也是一种 TD 算法，其目标是学习动作价值函数 $Q_\pi(s,a)$.

5.1 节介绍传统表格形式的 SARSA，适用于状态空间和动作空间皆为有限集合的场景. 5.2 节介绍神经网络形式的 SARSA，要求动作空间为有限集合，但允许状态空间为无限集合. 5.3 节介绍多步 TD 目标，它是对 SARSA 算法的一种改进. 5.4 节对比价值学习中用到的蒙特卡洛方法与自举方法.

5.1　表格形式的 SARSA

假设状态空间 $\mathcal{S}$ 和动作空间 $\mathcal{A}$ 都是有限集合，即集合中的元素数量有限. 比如，$\mathcal{S}$ 中一共有 3 种状态，$\mathcal{A}$ 中一共有 4 种动作，那么动作价值函数 $Q_\pi(s,a)$ 可以表示为一个 3×4 的表格，比如图 5-1 所示的表格. 该表格与一个策略函数 $\pi(a|s)$ 相关联，如果 π 发生变化，表格 Q_π 也会发生变化.

状态 / 动作	第 1 种动作	第 2 种动作	第 3 种动作	第 4 种动作
第 1 种状态	380	−95	20	173
第 2 种状态	−7	64	−195	210
第 3 种状态	152	72	413	−80

图 5-1　动作价值函数 Q_π 表示成表格形式

我们用表格 q 近似 Q_π. 该如何通过智能体与环境的交互来学习表格 q 呢？首先初始化 q，可以让它是全零的表格. 然后用表格形式的 SARSA 算法更新 q，每次更新表格的一个元素. 最终 q 收敛到 Q_π.

5.1.1　算法推导

SARSA 算法由下面的贝尔曼方程推导出：

$$Q_\pi(s_t, a_t) = \mathbb{E}_{S_{t+1}, A_{t+1}}\Big[R_t + \gamma \cdot Q_\pi\big(S_{t+1}, A_{t+1}\big) \,\Big|\, S_t = s_t, A_t = a_t\Big].$$

贝尔曼方程的证明见附录 A. 我们对贝尔曼方程左右两边做近似.

- 方程左边的 $Q_\pi(s_t, a_t)$ 可以近似成 $q(s_t, a_t)$. $q(s_t, a_t)$ 是表格在 t 时刻对 $Q_\pi(s_t, a_t)$ 做出的估计.
- 方程右边的期望是关于下一时刻状态 S_{t+1} 和动作 A_{t+1} 求的. 给定当前状态 s_t, 智能体执行动作 a_t, 环境会给出奖励 r_t 和新的状态 s_{t+1}. 然后基于 s_{t+1} 做随机抽样, 得到新的动作

$$\tilde{a}_{t+1} \sim \pi\big(\cdot \,\big|\, s_{t+1}\big).$$

用观测到的 r_t、s_{t+1} 和计算出的 $\tilde{a}_{t+1}$ 对期望做蒙特卡洛方法近似, 得到

$$r_t + \gamma \cdot Q_\pi\big(s_{t+1}, \tilde{a}_{t+1}\big). \tag{5.1}$$

- 进一步把式 (5.1) 中的 Q_π 近似成 q, 得到

$$\boxed{\widehat{y}_t \triangleq r_t + \gamma \cdot q\big(s_{t+1}, \tilde{a}_{t+1}\big).}$$

把它称作 TD 目标. 它是表格在 $t+1$ 时刻对 $Q_\pi(s_t, a_t)$ 做出的估计.

$q(s_t, a_t)$ 和 $\widehat{y}_t$ 都是对动作价值 $Q_\pi(s_t, a_t)$ 的估计. 由于 $\widehat{y}_t$ 部分基于真实观测到的奖励 r_t, 我们认为 $\widehat{y}_t$ 是更可靠的估计, 所以鼓励 $q(s_t, a_t)$ 趋近 $\widehat{y}_t$. 更新表格 (s_t, a_t) 位置上的元素:

$$\boxed{q\big(s_t, a_t\big) \leftarrow (1-\alpha) \cdot q\big(s_t, a_t\big) + \alpha \cdot \widehat{y}_t.}$$

这样可以使得 $q(s_t, a_t)$ 更接近 $\widehat{y}_t$.

SARSA 是 state-action-reward-state-action 的缩写, 原因是它用到了这个五元组: $(s_t, a_t, r_t, s_{t+1}, \tilde{a}_{t+1})$. SARSA 算法学到的 q 依赖于策略 π, 因为五元组中的 $\tilde{a}_{t+1}$ 是根据 $\pi(\cdot \,|\, s_{t+1})$ 抽样得到的.

5.1.2 训练流程

设当前表格为 q_{now}, 当前策略为 π_{now}. 每一轮更新表格中的一个元素, 把更新之后的表格记作 q_{new}, 步骤如下.

(1) 观测到当前状态 s_t, 根据当前策略做抽样: $a_t \sim \pi_{\text{now}}(\cdot \,|\, s_t)$.

(2) 把表格 q_{now} 中 (s_t, a_t) 位置上的元素记作:

$$\widehat{q}_t = q_{\text{now}}\big(s_t, a_t\big).$$

(3) 智能体执行动作 a_t 之后，观测到奖励 r_t 和新的状态 s_{t+1}.

(4) 根据当前策略做抽样：$\tilde{a}_{t+1} \sim \pi_{\text{now}}(\cdot \,|\, s_{t+1})$. 注意，$\tilde{a}_{t+1}$ 只是假想的动作，智能体不予执行.

(5) 把表格 q_{now} 中第 $(s_{t+1}, \tilde{a}_{t+1})$ 位置上的元素记作：

$$\widehat{q}_{t+1} \;=\; q_{\text{now}}\big(s_{t+1}, \tilde{a}_{t+1}\big).$$

(6) 计算 TD 目标和 TD 误差：

$$\widehat{y}_t \;=\; r_t + \gamma \cdot \widehat{q}_{t+1}, \qquad \delta_t \;=\; \widehat{q}_t - \widehat{y}_t.$$

(7) 更新表格中 (s_t, a_t) 位置上的元素：

$$q_{\text{new}}\big(s_t, a_t\big) \;\leftarrow\; q_{\text{now}}\big(s_t, a_t\big) - \alpha \cdot \delta_t.$$

(8) 用某种算法更新策略函数. 注意，该算法与 SARSA 算法无关.

5.1.3 Q 学习与 SARSA 的对比

Q 学习不依赖于 π，因此属于**异策略**，可以用经验回放；而 SARSA 依赖于 π，因此属于**同策略**，不能用经验回放. 两种算法的对比如图 5-2 所示.

学习类型	与 Q 的关系	策略类型	是否可用经验回放
Q 学习	近似 $Q_\star$	异策略	可以使用
SARSA	近似 Q_π	同策略	不能使用

图 5-2 Q 学习与 SARSA 的对比

Q 学习的目标是学到表格 $\tilde{Q}$，作为最优动作价值函数 $Q_\star$ 的近似. 因为 $Q_\star$ 与 π 无关，所以在理想情况下，不论收集经验用的行为策略 π 是什么，都不影响 Q 学习得到的最优动作价值函数. 因此，Q 学习属于异策略，允许行为策略区别于目标策略. Q 学习允许使用经验回放，可以重复利用过时的经验.

SARSA 算法的目标是学到表格 q，作为动作价值函数 Q_π 的近似. Q_π 与一个策略 π 相对应，用不同的策略 π，对应的 Q_π 就会不同. 策略 π 越好，Q_π 的值越大. 经验回放缓存里的经验 (s_j, a_j, r_j, s_{j+1}) 是过时的行为策略 π_{old} 收集到的，与当前策略 π_{now} 及其对应的价值 $Q_{\pi_{\text{now}}}$ 不对应. 想要学习 Q_π 的话，必须用当前策略 π_{now} 收集到的经验，而不能用过时的 π_{old} 收集到的经验. 这就是 SARSA 不能用经验回放的原因.

5.2 神经网络形式的 SARSA

5.2.1 价值网络

如果状态空间 $\mathcal{S}$ 是无限集合，那么我们无法用一张表格表示 Q_π，否则表格的行数是无穷大. 一种可行的方案是用一个神经网络 $q(s,a;\boldsymbol{w})$ 来近似 $Q_\pi(s,a)$，理想情况下

$$q(s,a;\boldsymbol{w}) = Q_\pi(s,a), \qquad \forall s \in \mathcal{S}, a \in \mathcal{A}.$$

神经网络 $q(s,a;\boldsymbol{w})$ 被称为**价值网络**（value network），其中的 $\boldsymbol{w}$ 表示神经网络中可训练的参数. 神经网络的结构是人预先设定的（比如有多少层，每一层的宽度是多少），而参数 $\boldsymbol{w}$ 需要通过智能体与环境的交互来学习：首先随机初始化 $\boldsymbol{w}$，然后用 SARSA 算法更新 $\boldsymbol{w}$.

神经网络的结构如图 5-3 所示. 价值网络的输入是状态 s，如果 s 是矩阵或张量，那么可以用卷积神经网络处理它；如果 s 是向量，那么可以用全连接层处理. 价值网络的输出是每个动作的价值. 动作空间 $\mathcal{A}$ 中有多少种动作，价值网络的输出就是多少维的向量，向量的每个元素对应一个动作. 举个例子，动作空间是 $\mathcal{A} = \{$左,右,上$\}$，价值网络的输出是

$$q(s,\text{左};\boldsymbol{w}) = 219,$$
$$q(s,\text{右};\boldsymbol{w}) = -73,$$
$$q(s,\text{上};\boldsymbol{w}) = 580.$$

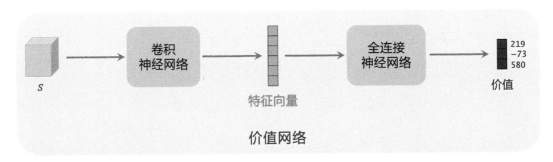

图 5-3 价值网络 $q(s,a;\boldsymbol{w})$ 的结构. 输入是状态 s，输出是每个动作的价值

5.2.2 算法推导

给定当前状态 s_t，智能体执行动作 a_t，环境会给出奖励 r_t 和新的状态 s_{t+1}. 然后基于 s_{t+1} 做随机抽样，得到新的动作 $\tilde{a}_{t+1} \sim \pi(\cdot \mid s_{t+1})$. 定义 TD 目标：

$$\widehat{y}_t \triangleq r_t + \gamma \cdot q(s_{t+1}, \tilde{a}_{t+1}; \boldsymbol{w}).$$

我们鼓励 $q(s_t, a_t; \boldsymbol{w})$ 接近 TD 目标 $\widehat{y}_t$, 所以定义损失函数:

$$L(\boldsymbol{w}) \triangleq \frac{1}{2}\Big[q\big(s_t, a_t; \boldsymbol{w}\big) - \widehat{y}_t\Big]^2.$$

损失函数的变量是 $\boldsymbol{w}$, 而 $\widehat{y}_t$ 被视为常数(实际上 $\widehat{y}_t$ 也依赖于参数 $\boldsymbol{w}$, 但忽略这一点). 设 $\widehat{q}_t = q(s_t, a_t; \boldsymbol{w})$, 损失函数关于 $\boldsymbol{w}$ 的梯度是:

$$\nabla_{\boldsymbol{w}} L(\boldsymbol{w}) = \underbrace{(\widehat{q}_t - \widehat{y}_t)}_{\text{TD 误差 } \delta_t} \cdot \nabla_{\boldsymbol{w}} q\big(s_t, a_t; \boldsymbol{w}\big).$$

通过做一次梯度下降更新 $\boldsymbol{w}$:

$$\boxed{\ \boldsymbol{w} \leftarrow \boldsymbol{w} - \alpha \cdot \delta_t \cdot \nabla_{\boldsymbol{w}} q\big(s_t, a_t; \boldsymbol{w}\big).\ }$$

这样可以使得 $q(s_t, a_t; \boldsymbol{w})$ 更接近 $\widehat{y}_t$. 此处的 α 是学习率, 需要手动调整.

5.2.3 训练流程

设当前价值网络的参数为 $\boldsymbol{w}_{\text{now}}$, 当前策略为 π_{now}. 每一轮训练用五元组 $(s_t, a_t, r_t, s_{t+1}, \tilde{a}_{t+1})$ 对价值网络参数做一次更新. 训练的具体步骤如下.

(1) 观测到当前状态 s_t, 根据当前策略做抽样: $a_t \sim \pi_{\text{now}}(\cdot \,|\, s_t)$.

(2) 用价值网络计算 (s_t, a_t) 的价值:

$$\widehat{q}_t = q\big(s_t, a_t; \boldsymbol{w}_{\text{now}}\big).$$

(3) 智能体执行动作 a_t 之后, 观测到奖励 r_t 和新的状态 s_{t+1}.

(4) 根据当前策略做抽样: $\tilde{a}_{t+1} \sim \pi_{\text{now}}(\cdot \,|\, s_{t+1})$. 注意, $\tilde{a}_{t+1}$ 只是假想的动作, 智能体不予执行.

(5) 用价值网络计算 $(s_{t+1}, \tilde{a}_{t+1})$ 的价值:

$$\widehat{q}_{t+1} = q\big(s_{t+1}, \tilde{a}_{t+1}; \boldsymbol{w}_{\text{now}}\big).$$

(6) 计算 TD 目标和 TD 误差:

$$\widehat{y}_t = r_t + \gamma \cdot \widehat{q}_{t+1}, \qquad \delta_t = \widehat{q}_t - \widehat{y}_t.$$

(7) 对价值网络 q 做反向传播, 计算 q 关于 $\boldsymbol{w}$ 的梯度: $\nabla_{\boldsymbol{w}} q(s_t, a_t; \boldsymbol{w}_{\text{now}})$.

(8) 更新价值网络参数:

$$\boldsymbol{w}_{\text{new}} \leftarrow \boldsymbol{w}_{\text{now}} - \alpha \cdot \delta_t \cdot \nabla_{\boldsymbol{w}} q\big(s_t, a_t; \boldsymbol{w}_{\text{now}}\big).$$

(9) 用某种算法更新策略函数. 注意, 该算法与 SARSA 算法无关.

虽然传统的强化学习用 Q_π 作为确定性的策略控制智能体, 但是现在 Q_π 通常用于评价策略的好坏, 而非用于控制智能体. Q_π 常与策略函数 π 结合使用, 被称作 actor-critic (演员—评委) 方法. 策略函数 π 控制智能体, 因此被看作 "演员"; 而 Q_π 评价 π 的表现, 帮助改进 π, 因此 Q_π 被看作 "评委". actor-critic 通常用 SARSA 训练 "评委" Q_π. 后面介绍策略学习的章节会详细介绍 actor-critic 方法.

5.3 多步 TD 目标

首先回顾一下 SARSA 算法. 给定五元组 $(s_t, a_t, r_t, s_{t+1}, a_{t+1})$, SARSA 计算 TD 目标:

$$\widehat{y}_t = r_t + \gamma \cdot q(s_{t+1}, a_{t+1}; \boldsymbol{w}).$$

上式中只用到一个奖励 r_t, 这样得到的 $\widehat{y}_t$ 叫作单步 TD 目标. 多步 TD 目标用 m 个奖励, 可以视作单步 TD 目标的推广. 下面我们推导多步 TD 目标.

5.3.1 算法推导

设一个回合的长度为 n. 根据定义, t 时刻的回报 U_t 是 t 时刻之后的所有奖励的加权和:

$$U_t = R_t + \gamma R_{t+1} + \gamma^2 R_{t+2} + \cdots + \gamma^{n-t} R_n.$$

同理, $t+m$ 时刻的回报可以写成:

$$U_{t+m} = R_{t+m} + \gamma R_{t+m+1} + \gamma^2 R_{t+m+2} + \cdots + \gamma^{n-t-m} R_n.$$

下面我们推导两个回报的关系. 把 U_t 写成:

$$
\begin{aligned}
U_t &= \left(R_t + \gamma R_{t+1} + \cdots + \gamma^{m-1} R_{t+m-1} \right) + \left(\gamma^m R_{t+m} + \cdots + \gamma^{n-t} R_n \right) \\
&= \left(\sum_{i=0}^{m-1} \gamma^i R_{t+i} \right) + \gamma^m \underbrace{\left(R_{t+m} + \gamma R_{t+m+1} + \cdots + \gamma^{n-t-m} R_n \right)}_{\text{等于 } U_{t+m}}.
\end{aligned}
$$

因此, 回报可以写成这种形式:

$$U_t = \left(\sum_{i=0}^{m-1} \gamma^i R_{t+i} \right) + \gamma^m U_{t+m}. \tag{5.2}$$

动作价值函数 $Q_\pi(s_t, a_t)$ 是回报 U_t 的期望, 而 $Q_\pi(s_{t+m}, a_{t+m})$ 是回报 U_{t+m} 的期望. 利用式 (5.2), 再按照贝尔曼方程的证明 (见附录 A), 不难得出下面的定理.

定理 5.1

设 R_k 是 S_k、A_k、S_{k+1} 的函数，$\forall k = 1, \cdots, n$，那么

$$\underbrace{Q_\pi(s_t, a_t)}_{U_t \text{ 的期望}} = \mathbb{E}\left[\left(\sum_{i=0}^{m-1} \gamma^i R_{t+i}\right) + \gamma^m \cdot \underbrace{Q_\pi(S_{t+m}, A_{t+m})}_{U_{t+m} \text{ 的期望}} \,\middle|\, S_t = s_t, A_t = a_t\right].$$

上式中的期望是关于随机变量 $S_{t+1}, A_{t+1}, \cdots, S_{t+m}, A_{t+m}$ 求的.

【注意】回报 U_t 的随机性来自 t 到 n 时刻的状态和动作：

$$S_t, A_t, \quad S_{t+1}, A_{t+1}, \cdots, S_{t+m}, A_{t+m}, \quad S_{t+m+1}, A_{t+m+1}, \cdots, S_n, A_n.$$

定理中把 $S_t = s_t$ 和 $A_t = a_t$ 看作观测值，用期望消掉 $S_{t+1}, A_{t+1}, \cdots, S_{t+m}, A_{t+m}$，而 $Q_\pi(S_{t+m}, A_{t+m})$ 则消掉了剩余的随机变量 $S_{t+m+1}, A_{t+m+1}, \cdots, S_n, A_n$.

5.3.2 多步 TD 目标的原理

我们对定理 5.1 中的期望做蒙特卡洛方法近似，然后再用价值网络 $q(s, a; \boldsymbol{w})$ 近似动作价值函数 $Q_\pi(s, a)$. 具体做法如下.

- 在 t 时刻，价值网络做出预测 $\hat{q}_t = q(s_t, a_t; \boldsymbol{w})$，它是对 $Q_\pi(s_t, a_t)$ 的估计.
- 已知当前状态 s_t，用策略 π 控制智能体与环境交互 m 次，得到轨迹

$$r_t, \quad s_{t+1}, a_{t+1}, r_{t+1}, \quad \cdots, \quad s_{t+m-1}, a_{t+m-1}, r_{t+m-1}, \quad s_{t+m}, a_{t+m}.$$

在 $t+m$ 时刻，用观测到的轨迹对定理 5.1 中的期望做蒙特卡洛方法近似，把近似的结果记作：

$$\left(\sum_{i=0}^{m-1} \gamma^i r_{t+i}\right) + \gamma^m \cdot Q_\pi(s_{t+m}, a_{t+m}).$$

- 进一步用 $q(s_{t+m}, a_{t+m}; \boldsymbol{w})$ 近似 $Q_\pi(s_{t+m}, a_{t+m})$，得到：

$$\hat{y}_t \triangleq \left(\sum_{i=0}^{m-1} \gamma^i r_{t+i}\right) + \gamma^m \cdot q(s_{t+m}, a_{t+m}; \boldsymbol{w}).$$

把 $\hat{y}_t$ 称作 m 步 TD 目标.

$\hat{q}_t = q(s_t, a_t; \boldsymbol{w})$ 和 $\hat{y}_t$ 分别是价值网络在 t 时刻和 $t+m$ 时刻做出的预测，两者都是对 $Q_\pi(s_t, a_t)$ 的估计值. $\hat{q}_t$ 是纯粹的预测，而 $\hat{y}_t$ 则基于 m 组实际观测，因此 $\hat{y}_t$ 比 $\hat{q}_t$ 更可靠. 我们鼓励 $\hat{q}_t$ 接

近 $\widehat{y}_t$. 设损失函数为

$$L(\boldsymbol{w}) \triangleq \frac{1}{2}\Big[q\big(s_t, a_t; \boldsymbol{w}\big) - \widehat{y}_t\Big]^2. \tag{5.3}$$

通过做一步梯度下降更新价值网络参数 $\boldsymbol{w}$：

$$\boldsymbol{w} \leftarrow \boldsymbol{w} - \alpha \cdot \Big(\widehat{q}_t - \widehat{y}_t\Big) \cdot \nabla_{\boldsymbol{w}} q\big(s_t, a_t; \boldsymbol{w}\big).$$

5.3.3 训练流程

设当前价值网络的参数为 $\boldsymbol{w}_{\mathrm{now}}$，当前策略为 π_{now}. 执行以下步骤更新价值网络和策略.

(1) 用策略网络 π_{now} 控制智能体与环境交互，完成一个回合，得到轨迹：

$$s_1, a_1, r_1, \ \ s_2, a_2, r_2, \ \cdots, \ \ s_n, a_n, r_n.$$

(2) 对于所有的 $t = 1, \cdots, n - m$，计算

$$\widehat{q}_t = q\big(s_t, a_t; \boldsymbol{w}_{\mathrm{now}}\big).$$

(3) 对于所有的 $t = 1, \cdots, n - m$，计算多步 TD 目标和 TD 误差：

$$\widehat{y}_t = \sum_{i=0}^{m-1} \gamma^i r_{t+i} + \gamma^m \widehat{q}_{t+m}, \qquad \delta_t = \widehat{q}_t - \widehat{y}_t.$$

(4) 对于所有的 $t = 1, \cdots, n - m$，对价值网络 q 做反向传播，计算 q 关于 $\boldsymbol{w}$ 的梯度：

$$\nabla_{\boldsymbol{w}} q\big(s_t, a_t; \boldsymbol{w}_{\mathrm{now}}\big).$$

(5) 更新价值网络参数：

$$\boldsymbol{w}_{\mathrm{new}} \leftarrow \boldsymbol{w}_{\mathrm{now}} - \alpha \cdot \sum_{t=1}^{n-m} \delta_t \cdot \nabla_{\boldsymbol{w}} q\big(s_t, a_t; \boldsymbol{w}_{\mathrm{now}}\big).$$

(6) 用某种算法更新策略函数 π. 注意，该算法与 SARSA 算法无关.

5.4 蒙特卡洛方法与自举

5.3 节介绍了多步 TD 目标. 单步 TD 目标、回报是多步 TD 目标的两个特例. 如图 5-4 所示，如果设 $m = 1$，那么多步 TD 目标变成单步 TD 目标；如果设 $m = n - t + 1$，那么多步 TD 目标变成实际观测到的回报 u_t.

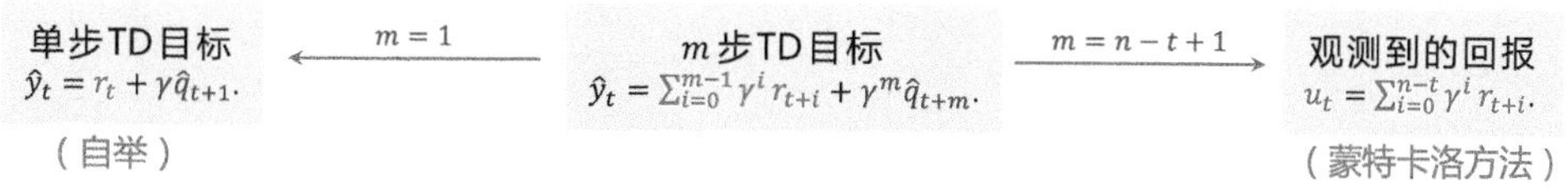

图 5-4 单步 TD 目标、多步 TD 目标、回报的关系

5.4.1 蒙特卡洛方法

训练价值网络 $q(s, a; \boldsymbol{w})$ 的时候，我们可以将一个回合进行到底，观测到所有的奖励 $r_1, \cdots, r_n$，然后计算回报 $u_t = \sum_{i=0}^{n-t} \gamma^i r_{t+i}$. 以 u_t 作为目标，鼓励价值网络 $q(s_t, a_t; \boldsymbol{w})$ 接近 u_t. 定义损失函数：

$$L(\boldsymbol{w}) = \frac{1}{2} \left[q(s_t, a_t; \boldsymbol{w}) - u_t \right]^2.$$

然后通过做一次梯度下降更新 $\boldsymbol{w}$：

$$\boldsymbol{w} \leftarrow \boldsymbol{w} - \alpha \cdot \nabla_{\boldsymbol{w}} L(\boldsymbol{w}),$$

这样可以让价值网络的预测 $q(s_t, a_t; \boldsymbol{w})$ 更接近 u_t. 这种训练价值网络的方法不是 TD.

在强化学习中，训练价值网络的时候以 u_t 作为目标，这种方式被称作"**蒙特卡洛方法**". 原因是这样的，动作价值函数可以写作 $Q_\pi(s_t, a_t) = \mathbb{E}[U_t | S_t = s_t, A_t = a_t]$，而我们用实际观测值 u_t 去近似期望，这就是典型的蒙特卡洛方法近似.

蒙特卡洛方法的好处是**无偏性**. u_t 是 $Q_\pi(s_t, a_t)$ 的无偏估计. 由于 u_t 的无偏性，以 u_t 作为目标训练价值网络，得到的价值网络也是无偏的.

蒙特卡洛方法的坏处是**方差大**. 随机变量 U_t 依赖于 $S_{t+1}, A_{t+1}, \cdots, S_n, A_n$ 这些随机变量，其中的不确定性很大. 观测值 u_t 虽然是 U_t 的无偏估计，但可能实际上离 $\mathbb{E}[U_t]$ 很远. 因此，以 u_t 作为目标训练价值网络，收敛会很慢.

5.4.2 自举

在介绍价值学习的自举之前，先解释一下什么叫自举. 大家可能经常在强化学习和统计学的文章里见到 bootstrapping 这个词. 它的字面意思是"拔自己的鞋带，把自己举起来"，所以 bootstrapping 翻译成"自举"，即自己把自己举起来. 自举听起来很荒谬，即使你"力拔山兮气盖世"，也没办法拔自己的鞋带，把自己举起来. 虽然自举乍看起来不现实，但是在统计和机器学习里是可以做到的，而且非常常用.

在强化学习中，"自举"的意思是"用一个估算去更新同类的估算"，类似于"自己把自己举起来". SARSA 使用的单步 TD 目标定义为：

$$\widehat{y}_t \; = \; r_t \; + \; \underbrace{\gamma \cdot q\big(s_{t+1}, a_{t+1}; \boldsymbol{w}\big)}_{\text{价值网络做出的估计}}.$$

SARSA 鼓励 $q(s_t, a_t; \boldsymbol{w})$ 接近 $\widehat{y}_t$，所以定义损失函数:

$$L(\boldsymbol{w}) \; = \; \frac{1}{2}\Big[\underbrace{q\big(s_t, a_t; \boldsymbol{w}\big) - \widehat{y}_t}_{\text{让价值网络拟合 } \widehat{y}_t}\Big]^2.$$

TD 目标 $\widehat{y}_t$ 的一部分是价值网络做出的估计 $\gamma \cdot q(s_{t+1}, a_{t+1}; \boldsymbol{w})$，然后 SARSA 让 $q(s_t, a_t; \boldsymbol{w})$ 去拟合 $\widehat{y}_t$. 这就是用价值网络自身做出的估计去更新价值网络自身，属于"自举".[①]

自举的好处是**方差小**. 单步 TD 目标的随机性只来自 S_{t+1} 和 A_{t+1}，而回报 U_t 的随机性来自 $S_{t+1}, A_{t+1}, \cdots, S_n, A_n$. 很显然，单步 TD 目标的随机性较小，因此方差较小. 用自举训练价值网络，收敛比较快.

自举的坏处是**有偏差**. 价值网络 $q(s, a; \boldsymbol{w})$ 是对动作价值 $Q_\pi(s, a)$ 的近似. 最理想的情况下，$q(s, a; \boldsymbol{w}) = Q_\pi(s, a)$，$\forall s, a$. 假如碰巧 $q(s_{j+1}, a_{j+1}; \boldsymbol{w})$ 低估（或高估）了真实价值 $Q_\pi(s_{j+1}, a_{j+1})$，则会发生下面的情况:

$$q\big(s_{j+1}, a_{j+1}; \boldsymbol{w}\big) \quad \text{低估（或高估）} \quad Q_\pi\big(s_{j+1}, a_{j+1}\big)$$
$$\implies \quad \widehat{y}_j \qquad\qquad \text{低估（或高估）} \quad Q_\pi\big(s_j, a_j\big)$$
$$\implies \quad q\big(s_j, a_j; \boldsymbol{w}\big) \quad \text{低估（或高估）} \quad Q_\pi\big(s_j, a_j\big).$$

也就是说，自举会让偏差从 (s_{t+1}, a_{t+1}) 传播到 (s_t, a_t). 6.2 节会详细讨论自举造成的偏差以及解决方案.

5.4.3 蒙特卡洛方法和自举的对比

通过前面两节的学习，我们已经对蒙特卡洛方法和自举比较了解了，下面我们对比总结一下两者.

在价值学习中，用实际观测的回报 u_t 作为目标的方法称为蒙特卡洛方法，即图 5-5 中的蓝色的箱形图. u_t 是 $Q_\pi(s_t, a_t)$ 的无偏估计，即 U_t 的期望等于 $Q_\pi(s_t, a_t)$. 但是它的方差很大，也就是说实际观测到的 u_t 可能离 $Q_\pi(s_t, a_t)$ 很远.

用单步 TD 目标 $\widehat{y}_t$ 作为目标的方法称为自举，即图 5-5 中的红色的箱形图. 自举的好处是方差小，$\widehat{y}_t$ 不会偏离期望太远. 但是 $\widehat{y}_t$ 往往是有偏的，它的期望往往不等于 $Q_\pi(s_t, a_t)$. 用自举训练出的价值网络往往有系统性的偏差（低估或者高估）. 实践中，自举通常比蒙特卡洛方法收

[①] 严格地说，TD 目标 $\widehat{y}_t$ 中既有自举的成分，也有蒙特卡洛方法的成分. TD 目标中的 $\gamma \cdot q(s_{t+1}, a_{t+1}; \boldsymbol{w})$ 是自举，因为它拿价值网络自身的估计作为目标；r_t 是实际观测值，它是对 $\mathbb{E}[R_t]$ 的蒙特卡洛方法近似.

敛得更快，这就是为什么训练 DQN 和价值网络通常用 TD 算法.

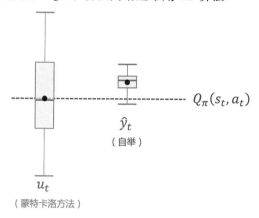

$$Q_\pi(s_t, a_t)$$

$\widehat{y}_t$
（自举）

u_t
（蒙特卡洛方法）

图 5-5 u_t 和 $\widehat{y}_t$ 的箱形图（boxplot）示意

多步 TD 目标 $\widehat{y}_t = \left(\sum_{i=0}^{m-1} \gamma^i r_{t+i}\right) + \gamma^m \cdot q(s_{t+m}, a_{t+m}; \boldsymbol{w})$ 介于蒙特卡洛方法和自举之间. 多步 TD 目标中蒙特卡洛方法成分的占比很大，其中的 $\sum_{i=0}^{m-1} \gamma^i r_{t+i}$ 基于 m 个实际观测到的奖励. 多步 TD 目标也有自举的成分，其中的 $\gamma^m \cdot q(s_{t+m}, a_{t+m}; \boldsymbol{w})$ 是用价值网络自身算出来的. 如果把 m 设置得比较好，方差和偏差之间可以达到较好的平衡，使得多步 TD 目标优于单步 TD 目标，也优于回报 u_t.

○   ○   ○

相关文献

Q 学习算法由 Watkins 在 1989 年所写的博士论文 [5] 中率先提出. Watkins 和 Dayan 发表于 1992 年的论文 [6] 分析了 Q 学习的收敛. 1994 年发表的论文 [7,8] 改进了 Q 学习算法的收敛分析.

SARSA 算法比 Q 学习提出得晚. SARSA 由 Rummery 和 Niranjan 于 1994 年率先提出 [10]，但名字不叫 SARSA. SARSA 的名字是 Sutton 在 1996 年起的 [11].

多步 TD 目标也是由 Watkins 在 1989 年所写的博士论文 [5] 中提出的. Sutton 和 Barto 的书 [12] 对多步 TD 目标做了详细介绍和分析. 近年来有不少论文 [13-15] 表明多步 TD 目标非常有用.

知识点小结

- SARSA 和 Q 学习都属于 TD 算法，但是两者有所区别. 前者的目的是学习动作价值函数 Q_π，而后者的目的是学习最优动作价值函数 $Q_\star$. 前者是同策略，而后者是异策略. 前者不能用经验回放，而后者可以用经验回放.

- 价值网络 $q(s, a; \boldsymbol{w})$ 是对动作价值函数 $Q_\pi(s, a)$ 的近似. 可以用 SARSA 算法学习价值网络.

- 多步 TD 目标是对单步 TD 目标的推广. 多步 TD 目标可以平衡蒙特卡洛方法和自举, 取得比单步 TD 目标更好的效果.

习题

5.1 SARSA 算法学习的价值网络 $q(s, a; \boldsymbol{w})$ 是对 _____ 的近似.

    A. 动作价值函数 Q_π

    B. 最优动作价值函数 $Q_\star$

    C. 状态价值函数 V_π

    D. 最优状态价值函数 $V_\star$

5.2 在训练价值网络 $q(s, a; \boldsymbol{w})$ 的过程中, 策略函数 π 会对学到的价值网络有很大影响. 请解释其中的原因.

5.3 单步 TD 目标和多步 TD 目标的定义分别是:

$$\begin{aligned} \widehat{y}_t &= r_{t+1} + \gamma \cdot q\big(s_{t+1}, a_{t+1}; \boldsymbol{w}\big), \\ \widehat{y}_t &= \sum_{i=0}^{m-1} \gamma^i r_{t+i} + \gamma^m \cdot q\big(s_{t+m}, a_{t+m}; \boldsymbol{w}\big). \end{aligned}$$

请解释为什么用多步 TD 目标产生的偏差较小.

第 6 章 价值学习高级技巧

第 4 章介绍了 DQN，并且用 Q 学习算法训练 DQN. 如果读者使用第 4 章所讲的原始的 Q 学习算法，那么训练出来的 DQN 效果会很不理想. 想要提升 DQN 的表现，需要用本章要讲的高级技巧. 文献中已经有充分的实验结果表明这些高级技巧对 DQN 非常有效，而且这些技巧互不冲突，可以一起使用. 有些技巧并不局限于 DQN，而是可以应用于多种价值学习和策略学习方法.

6.1 节、6.2 节介绍两种方法来改进 Q 学习算法. 6.1 节介绍经验回放和优先经验回放. 6.2 节讨论 DQN 的高估问题以及解决方案——目标网络和双 Q 学习算法.

6.3 节、6.4 节介绍两种方法来改进 DQN 的神经网络结构（注意，不是对 Q 学习算法的改进）. 6.3 节介绍对决网络，它把动作价值分解成状态价值与优势. 6.4 节介绍噪声网络，它往神经网络的参数中加入随机噪声，鼓励探索.

6.1 经验回放

首先回顾一下我们在 4.5 节引入的经验回放和经验回放缓存的基本概念. **经验回放**（experience replay）是强化学习中一个重要技巧，可以大幅提升强化学习的表现. 经验回放的意思是把智能体与环境交互的记录（即经验）存储到一个缓存里，事后反复利用这些经验训练智能体. 这个缓存称为**经验回放缓存**（experience replay buffer），如图 6-1 所示.

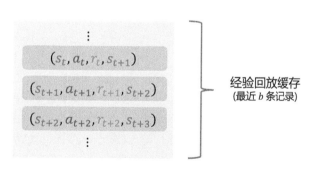

图 6-1　经验回放缓存

具体来说，把智能体的轨迹划分成 (s_t, a_t, r_t, s_{t+1}) 这样的四元组，存入一个缓存. 缓存的大小（记作 b）需要人为指定. 缓存中只保留最近 b 条数据；当缓存存满之后，删除最旧的数据. 缓存的大小 b 是个需要调整的超参数，它会影响训练的结果，通常设置 b 为 $10^5 \sim 10^6$.

在实践中，要等回放缓存中有足够多的四元组时，才开始做经验回放更新 DQN. 根据一篇论文[15] 的实验分析，如果将 DQN 应用于 Atari 游戏，最好是在收集到 20 万条四元组时才开始做经验回放更新 DQN；如果用更好的 Rainbow DQN，收集到 8 万条四元组时就可以开始更新 DQN. 在回放缓存中的四元组数量不够的时候，DQN 只与环境交互，而不去更新 DQN 参数，否则实验效果不好.

6.1.1 经验回放的优点

经验回放的一个好处是打破了序列的相关性. 训练 DQN 的时候，每次我们用一个四元组对 DQN 的参数做一次更新，我们希望相邻两次使用的四元组是独立的. 然而当智能体收集经验的时候，相邻两个四元组 (s_t, a_t, r_t, s_{t+1}) 和 $(s_{t+1}, a_{t+1}, r_{t+1}, s_{t+2})$ 有很强的相关性. 依次使用这些强关联的四元组训练 DQN，效果往往会很差. 而经验回放每次从缓存里随机抽取一个四元组，用来对 DQN 参数做一次更新. 这样随机抽到的四元组相互之间是独立的，消除了相关性.

经验回放的另一个好处是可以重复利用收集到的经验，而不是用一次就丢弃，这样就能用更少的样本数量达到同样的效果. 重复利用经验和不重复利用经验的收敛曲线通常如图 6-2 所示，其中，横轴是样本数量，纵轴是平均回报.

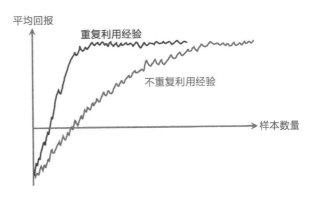

图 6-2 收敛曲线示意图

【注意】在阅读文献的时候请注意"样本数量"（sample complexity）与"更新次数"的区别. 样本数量是指智能体从环境中获取的奖励 r 的数量. 而一次更新的意思是从经验回放缓存里取出一个或多个四元组，用来对参数 w 做一次更新. 通常来说，样本数量更重要，因为在实际应用中收集经验比较困难. 比如，在机器人的应用中，需要在现实世界做一次实验才能收集到一条经验，花费的时间和金钱远多于做一次计算. 相对而言，更新次数不是那么重要，它只会影响训练时的计算量.

6.1.2 经验回放的局限性

需要注意，并非所有强化学习方法都允许重复使用过去的经验. 经验回放缓存里的数据全都是用**行为策略**控制智能体收集到的. 在收集经验的同时，我们也在不断地改进策略. 策略的变化导致收集经验时用的行为策略是过时的，不同于当前我们想要更新的策略——**目标策略**.

也就是说，经验回放缓存中的经验通常是过时的行为策略收集的，而我们真正想要学习的目标策略不同于过时的行为策略.

我们在 4.5 节学习了同策略与异策略. 我们知道，有些强化学习方法允许行为策略不同于目标策略（即异策略），比如 Q 学习、确定性策略梯度（DPG）. 由于它们允许行为策略不同于目标策略，因此可以重复利用过时的行为策略收集到的经验. **经验回放适用于异策略.**

有些强化学习方法要求行为策略与目标策略必须相同（即同策略），比如 SARSA、REINFORCE、A2C. 它们要求经验必须是当前的目标策略收集到的，而不能使用过时的经验. **经验回放不适用于同策略.**

6.1.3 优先经验回放

优先经验回放（prioritized experience replay）是一种特殊的经验回放方法. 它比普通的经验回放效果更好：收敛更快，收敛时的平均回报也更高. 依然用前面提到的例子来解释一下. 假设经验回放缓存里有 b 个四元组，普通经验回放每次均匀抽样得到一个样本——四元组 (s_j, a_j, r_j, s_{j+1})，用它来更新 DQN 的参数. 优先经验回放给每个四元组一个权重，然后根据权重做非均匀随机抽样. 如果 DQN 对 (s_j, a_j) 的价值判断不准确，即 $Q(s_j, a_j; \boldsymbol{w})$ 离 $Q_\star(s_j, a_j)$ 较远，则四元组 (s_j, a_j, r_j, s_{j+1}) 应当有较高的权重.

为什么样本的重要性会有所不同呢？设想你用强化学习训练一辆无人车，经验回放缓存中的样本绝大多数是车辆正常行驶的情形，只有极少数样本是意外情况，比如旁边车辆强行变道、行人横穿马路、封路要求绕行，缓存中样本的重要性显然是不同的. 绝大多数样本是车辆正常行驶，而且这种情形很容易处理，出错的可能性非常小. 意外情况的样本非常少，但是又极其重要，处理不好就会车毁人亡. 所以这些样本应当有更高的权重，受到更多关注. 也就是说，这两种样本不应该同等对待.

如何自动判断哪些样本更重要呢？举个例子，自动驾驶中的意外情况数量少而且难以处理，导致 DQN 的预测 $Q(s_j, a_j; \boldsymbol{w})$ 严重偏离真实价值 $Q_\star(s_j, a_j)$. 因此，要是 $|Q(s_j, a_j; \boldsymbol{w}) - Q_\star(s_j, a_j)|$ 较大，则应该给样本 (s_j, a_j, r_j, s_{j+1}) 设置较高的权重. 然而实际上我们不知道 $Q_\star$，因此无从得知 $|Q(s_j, a_j; \boldsymbol{w}) - Q_\star(s_j, a_j)|$. 不妨把它替换成 TD 误差. 回忆一下，TD 误差的定义是：

$$\delta_j \triangleq Q(s_j, a_j; \boldsymbol{w}_{\text{now}}) - \underbrace{\left[r_t + \gamma \cdot \max_{a \in \mathcal{A}} Q(s_{j+1}, a; \boldsymbol{w}_{\text{now}}) \right]}_{\text{即 TD 目标}}.$$

如果 TD 误差的绝对值 $|\delta_j|$ 大，说明 DQN 对 (s_j, a_j) 的真实价值的评估不准确，那么应该给 (s_j, a_j, r_j, s_{j+1}) 设置较高的权重.

优先经验回放对缓存里的样本做非均匀抽样. 四元组 (s_j, a_j, r_j, s_{j+1}) 的权重是 TD 误差的

绝对值 $|\delta_j|$. 有两种方式设置抽样概率. 一种抽样方式是:

$$p_j \;\propto\; |\delta_j| + \epsilon,$$

此处的 ϵ 是个很小的数, 它的作用是防止抽样概率接近零, 即用于保证所有样本都以非零的概率被抽到. 另一种抽样方式先对 $|\delta_j|$ 做降序排列, 然后计算

$$p_j \;\propto\; \frac{1}{\text{rank}(j)},$$

此处的 $\text{rank}(j)$ 是 $|\delta_j|$ 的序号. 大的 $|\delta_j|$ 的序号小, 小的 $|\delta_j|$ 的序号大. 这两种方式的原理是一样的, $|\delta_j|$ 大的样本被抽样到的概率大.

优先经验回放做非均匀抽样, 四元组 (s_j, a_j, r_j, s_{j+1}) 被抽到的概率是 p_j. 抽样是非均匀的, 不同的样本有不同的抽样概率, 这样会导致 DQN 的预测有偏差. 我们应该相应地调整学习率, 抵消不同抽样概率造成的偏差. TD 算法用 "随机梯度下降" 来更新参数:

$$\boldsymbol{w}_{\text{new}} \;\leftarrow\; \boldsymbol{w}_{\text{now}} - \alpha \cdot \boldsymbol{g},$$

此处的 α 是学习率, $\boldsymbol{g}$ 是损失函数关于 $\boldsymbol{w}$ 的梯度. 如果做均匀抽样, 那么所有样本有相同的学习率 α. 如果做非均匀抽样, 应该根据抽样概率来调整学习率 α. 如果一条样本被抽样的概率大, 那么它的学习率就应该比较小. 可以这样设置学习率:

$$\alpha_j \;=\; \frac{\alpha}{(b \cdot p_j)^{\beta}},$$

此处的 b 是经验回放缓存中样本的总数, $\beta \in (0,1)$ 是个需要调整的超参数[①].

【注意】均匀抽样是一种特例, 即所有抽样概率都相等: $p_1 = \cdots = p_b = \frac{1}{b}$. 在这种情况下, 有 $(b \cdot p_j)^{\beta} = 1$, 因此学习率都相同: $\alpha_1 = \cdots = \alpha_b = \alpha$.

【注意】读者可能会提出下面的问题. 如果样本 (s_j, a_j, r_j, s_{j+1}) 很重要, 它被抽到的概率 p_j 很大, 可是它的学习率却很小. 当 $\beta = 1$ 时, 如果抽样概率 p_j 变大 10 倍, 则学习率 α_j 减小为原来的 1/10. 抽样概率、学习率两者岂不是抵消了, 那么优先经验回放有什么意义呢? 大抽样概率、小学习率两者其实并没有抵消, 因为下面两种方式并不等价:

● 设置学习率为 α, 使用样本 (s_j, a_j, r_j, s_{j+1}) 计算一次梯度, 更新一次参数 $\boldsymbol{w}$;
● 设置学习率为 $\frac{\alpha}{10}$, 使用样本 (s_j, a_j, r_j, s_{j+1}) 计算十次梯度, 更新十次参数 $\boldsymbol{w}$.

乍看起来两种方式区别不大, 但其实第二种方式对样本的利用更高效, 它的缺点是计算量大了 10 倍, 所以只用于重要的样本.

---

① 论文里建议一开始让 β 比较小, 最终增长到 1.

优先经验回放缓存如图 6-3 所示. 设 b 为缓存大小, 需要手动调整. 如果样本 (即四元组) 的数量超过了 b, 那么要删除最旧的样本. 缓存里记录了四元组、TD 误差、抽样概率以及学习率. 注意, 其中的 TD 误差 δ_j 是用很多步之前过时的 DQN 参数计算出来的:

$$\delta_j = Q(s_j, a_j; \boldsymbol{w}_{\text{old}}) - \left[r_t + \gamma \cdot \max_{a \in \mathcal{A}} Q(s_{j+1}, a; \boldsymbol{w}_{\text{old}}) \right].$$

做经验回放的时候, 每次取出一个四元组, 用它计算新的 TD 误差:

$$\delta_j' = Q(s_j, a_j; \boldsymbol{w}_{\text{now}}) - \left[r_t + \gamma \cdot \max_{a \in \mathcal{A}} Q(s_{j+1}, a; \boldsymbol{w}_{\text{now}}) \right],$$

然后用它更新 DQN 的参数. 与此同时, 用这个新的 δ_j' 取代缓存中旧的 δ_j.

序号	四元组	TD误差	抽样概率	学习率
$\vdots$	$\vdots$	$\vdots$	$\vdots$	$\vdots$
$j-1$	$(s_{j-1}, a_{j-1}, r_{j-1}, s_j)$	δ_{j-1}	$p_{j-1} \propto |\delta_{j-1}| + \epsilon$	$\alpha \cdot (b \cdot p_{j-1})^{-\beta}$
j	(s_j, a_j, r_j, s_{j+1})	δ_j	$p_j \propto |\delta_j| + \epsilon$	$\alpha \cdot (b \cdot p_j)^{-\beta}$
$j+1$	$(s_{j+1}, a_{j+1}, r_{j+1}, s_{j+2})$	δ_{j+1}	$p_{j+1} \propto |\delta_{j+1}| + \epsilon$	$\alpha \cdot (b \cdot p_{j+1})^{-\beta}$
$\vdots$	$\vdots$	$\vdots$	$\vdots$	$\vdots$

图 6-3 优先经验回放缓存

6.2 高估问题及解决方法

Q 学习算法有一个缺陷: 用它训练出来的 DQN 会高估真实的价值, 而且高估通常是非均匀的. 这个缺陷导致 DQN 的表现很差. 高估问题并不是 DQN 模型的缺陷, 而是 Q 学习算法的缺陷. Q 学习产生高估的原因有两个: 第一, 自举导致偏差传播; 第二, 最大化导致 TD 目标高估真实价值. 为了缓解高估, 需要从上述两个原因下手, 改进 Q 学习算法. 双 Q 学习算法是一种有效的改进, 可以大幅缓解高估及其危害.

6.2.1 自举导致偏差传播

回顾一下, 在强化学习中, 自举的意思是 "用一个估算去更新同类的估算", 类似于 "自己把自己举起来". 我们在 5.4 节讨论过 SARSA 算法中的自举. 下面回顾训练 DQN 用的 Q 学习算法, 研究其中的自举. 算法每次从经验回放缓存中抽取一个四元组 (s_j, a_j, r_j, s_{j+1}), 然后执行以下步骤, 对 DQN 的参数做一轮更新.

(1) 计算 TD 目标:

$$\widehat{y}_j \;=\; r_j + \gamma \cdot \underbrace{\max_{a_{j+1} \in \mathcal{A}} Q\big(s_{j+1}, a_{j+1}; \boldsymbol{w}_{\text{now}}\big)}_{\text{DQN 自己做出的估计}}.$$

(2) 定义损失函数:

$$L\big(\boldsymbol{w}\big) \;=\; \frac{1}{2}\Big[\, \underbrace{Q\big(s_j, a_j; \boldsymbol{w}\big) - \widehat{y}_j}_{\text{让 DQN 拟合 } \widehat{y}_j} \,\Big]^2.$$

(3) 把 $\widehat{y}_j$ 看作常数, 做一次梯度下降更新参数:

$$\boldsymbol{w}_{\text{new}} \;\leftarrow\; \boldsymbol{w}_{\text{now}} - \alpha \cdot \nabla_{\boldsymbol{w}} L\big(\boldsymbol{w}_{\text{now}}\big).$$

第 (1) 步中的 TD 目标 $\widehat{y}_j$ 部分基于 DQN 自己做出的估计. 第 (2) 步让 DQN 去拟合 $\widehat{y}_j$. 这就意味着我们用 DQN 自身做出的估计去更新 DQN 自身, 这属于自举.

自举对 DQN 的训练有什么影响呢? $Q(s, a; \boldsymbol{w})$ 是对价值 $Q_\star(s, a)$ 的近似, 最理想的情况下, $Q(s, a; \boldsymbol{w}) = Q_\star(s, a), \forall s, a$. 假如碰巧 $Q(s_{j+1}, a_{j+1}; \boldsymbol{w})$ 低估 (或高估) 真实价值 $Q_\star(s_{j+1}, a_{j+1})$, 则会发生下面的情况:

$$
\begin{aligned}
& Q\big(s_{j+1}, a_{j+1}; \boldsymbol{w}\big) \quad \text{低估（或高估）} \quad Q_\star\big(s_{j+1}, a_{j+1}\big) \\
\Longrightarrow \quad & \qquad \widehat{y}_j \qquad\quad \text{低估（或高估）} \quad Q_\star\big(s_j, a_j\big) \\
\Longrightarrow \quad & Q\big(s_j, a_j; \boldsymbol{w}\big) \quad\ \text{低估（或高估）} \quad Q_\star\big(s_j, a_j\big).
\end{aligned}
$$

> **结论 6.1 自举导致偏差传播**
>
> 如果 $Q(s_{j+1}, a_{j+1}; \boldsymbol{w})$ 是对真实价值 $Q_\star(s_{j+1}, a_{j+1})$ 的低估 (或高估), 就会导致 $Q(s_j, a_j; \boldsymbol{w})$ 低估 (或高估) 价值 $Q_\star(s_j, a_j)$. 也就是说, 低估 (或高估) 从 (s_{j+1}, a_{j+1}) 传播到 (s_j, a_j), 导致更多的价值被低估 (或高估).

6.2.2 最大化导致高估

首先用数学解释为什么最大化会导致高估. 设 $x_1, \cdots, x_d$ 为任意 d 个实数, 往其中加入任意均值为零的随机噪声, 得到 $Z_1, \cdots, Z_d$, 它们是随机变量, 随机性来源于随机噪声. 很容易证明均值为零的随机噪声不会影响均值:

$$\mathbb{E}\Big[\, \text{mean}\,\big(Z_1, \cdots, Z_d\big) \Big] \;=\; \text{mean}\,\big(x_1, \cdots, x_d\big).$$

用稍微复杂一点儿的证明，可以得到：

$$\mathbb{E}\left[\max\left(Z_1,\cdots,Z_d\right)\right] \geqslant \max\left(x_1,\cdots,x_d\right).$$

上式中的期望是关于噪声求的. 这个不等式意味着先加入均值为零的噪声，然后求最大值，会产生高估.

假设对于所有的动作 $a\in\mathcal{A}$ 和状态 $s\in\mathcal{S}$，DQN 的输出是真实价值 $Q_\star(s,a)$ 加上均值为零的随机噪声 ϵ：

$$Q(s,a;\boldsymbol{w}) = Q_\star(s,a)+\epsilon.$$

显然，$Q(s,a;\boldsymbol{w})$ 是对真实价值 $Q_\star(s,a)$ 的无偏估计. 然而有如下不等式：

$$\mathbb{E}_\epsilon\left[\max_{a\in\mathcal{A}} Q(s,a;\boldsymbol{w})\right] \geqslant \max_{a\in\mathcal{A}} Q_\star(s,a).$$

上式说明哪怕 DQN 是对真实价值的无偏估计，但是如果求最大化，DQN 就会高估真实价值. 复习一下，TD 目标是这样算出来的：

$$\widehat{y}_j = r_j + \gamma\cdot\underbrace{\max_{a\in\mathcal{A}} Q\left(s_{j+1},a;\boldsymbol{w}\right)}_{\text{高估 }\max_{a\in\mathcal{A}}Q_\star(s_{j+1},a)}.$$

上式说明 TD 目标 $\widehat{y}_j$ 通常是对真实价值 $Q_\star(s_j,a_j)$ 的高估. TD 算法鼓励 $Q(s_j,a_j;\boldsymbol{w})$ 接近 TD 目标 $\widehat{y}_j$，这会导致 $Q(s_j,a_j;\boldsymbol{w})$ 高估真实价值 $Q_\star(s_j,a_j)$.

结论 6.2 最大化导致高估

即使 DQN 是对真实价值 $Q_\star$ 的无偏估计，只要 DQN 不恒等于 $Q_\star$，TD 目标就会高估真实价值. TD 目标是高估的，而 Q 学习算法鼓励 DQN 预测接近 TD 目标，因此 DQN 会出现高估.

6.2.3 高估的危害

我们为什么要避免高估？高估真的有害吗？如果高估是均匀的，则高估没有危害，否则就会有危害. 举个例子，动作空间是 $\mathcal{A}=\{左,右,上\}$，给定当前状态 s，每个动作有一个真实价值：

$$Q_\star(s,左) = 200,\quad Q_\star(s,右) = 100,\quad Q_\star(s,上) = 230.$$

智能体应当选择动作"上"，因为"上"的价值最高. 假如高估是均匀的，所有的价值都被高估了 100：

$$Q(s,左;\boldsymbol{w}) = 300,\quad Q(s,右;\boldsymbol{w}) = 200,\quad Q(s,上;\boldsymbol{w}) = 330.$$

那么动作"上"仍然有最大的价值，智能体会选择"上". 这个例子说明，只要所有动作价值被同等高估，高估本身就不是问题.

但实践中，所有动作价值会被同等高估吗？每当取出一个四元组 (s, a, r, s') 用来更新一次 DQN，就很有可能加重 DQN 对 $Q_\star(s, a)$ 的高估. 对于同一个状态 s，三种组合 $(s, 左)$、$(s, 右)$、$(s, 上)$ 出现在经验回放缓存中的频率不同，所以三种动作被高估的程度不同. 假如动作价值被高估的程度不同，比如

$$Q(s, 左; \boldsymbol{w}) = 280, \qquad Q(s, 右; \boldsymbol{w}) = 300, \qquad Q(s, 上; \boldsymbol{w}) = 260,$$

那么智能体做出的决策就是向右走，因为"右"的价值貌似最高. 但实际上"右"是最差的动作，它的实际价值低于其余两个动作.

综上所述，用 Q 学习算法训练 DQN 总会导致 DQN 高估真实价值. 对于多数的 $s \in \mathcal{S}$ 和 $a \in \mathcal{A}$，有这样的不等式：

$$Q(s, a; \boldsymbol{w}) > Q_\star(s, a).$$

高估本身不是问题，真正的麻烦在于 DQN 的高估往往是非均匀的. 如果 DQN 有非均匀的高估，那么用它做出的决策是不可靠的. 我们已经分析过导致高估的原因.

- TD 算法属于"自举"，即用 DQN 的估计值去更新 DQN 自己. 自举会导致偏差传播. 如果 $Q(s_{j+1}, a_{j+1}; \boldsymbol{w})$ 是对 $Q_\star(s_{j+1}, a_{j+1})$ 的高估，那么高估会传播到 (s_j, a_j)，让 $Q(s_j, a_j; \boldsymbol{w})$ 高估 $Q_\star(s_j, a_j)$. 自举导致 DQN 的高估从一个二元组 (s, a) 传播到更多的二元组.
- TD 目标 $\widehat{y}$ 中包含一项最大化，这会导致 TD 目标高估真实价值 $Q_\star$. Q 学习算法鼓励 DQN 的预测接近 TD 目标，因此 DQN 会高估 $Q_\star$.

找到了高估产生的原因，就可以想办法解决问题. **想要避免 DQN 的高估，要么切断自举，要么避免最大化**. 注意，高估并不是 DQN 自身的属性，而纯粹是算法造成的. 想要避免高估，就要用更好的算法替代原始的 Q 学习算法.

6.2.4 使用目标网络

上文已经讨论论过，切断"自举"可以避免偏差传播，从而缓解 DQN 的高估. 回顾一下，Q 学习算法这样计算 TD 目标：

$$\widehat{y}_j = r_j + \gamma \cdot \underbrace{\max_{a \in \mathcal{A}} Q(s_{j+1}, a; \boldsymbol{w})}_{\text{DQN 做出的估计}},$$

然后通过做梯度下降更新 $\boldsymbol{w}$，使得 $Q(s_j, a_j; \boldsymbol{w})$ 更接近 $\widehat{y}_j$. 想要切断自举，可以用另一个神经网络计算 TD 目标，而不是 DQN 自己计算 TD 目标，我们把这个神经网络称作**目标网络**（target network), 记作:

$$Q(s, a; \boldsymbol{w}^-).$$

它的神经网络结构与 DQN 完全相同, 但是参数 $\boldsymbol{w}^-$ 不同于 $\boldsymbol{w}$.

使用目标网络的话, Q 学习算法用下面的方式实现. 每次随机从经验回放缓存中取一个四元组, 记作 (s_j, a_j, r_j, s_{j+1}). 设 DQN 和目标网络当前的参数分别为 $\boldsymbol{w}_{\text{now}}$ 和 $\boldsymbol{w}_{\text{now}}^-$, 执行下面的步骤对参数做一次更新:

(1) 对 DQN 做正向传播, 得到:

$$\widehat{q}_j = Q(s_j, a_j; \boldsymbol{w}_{\text{now}}).$$

(2) 对目标网络做正向传播, 得到

$$\widehat{q_{j+1}^-} = \max_{a \in \mathcal{A}} Q(s_{j+1}, a; \boldsymbol{w}_{\text{now}}^-).$$

(3) 计算 TD 目标和 TD 误差:

$$\widehat{y}_j^- = r_j + \gamma \cdot \widehat{q_{j+1}^-} \quad \text{和} \quad \delta_j = \widehat{q}_j - \widehat{y}_j^-.$$

(4) 对 DQN 做反向传播, 得到梯度 $\nabla_{\boldsymbol{w}} Q(s_j, a_j; \boldsymbol{w}_{\text{now}})$.

(5) 通过做梯度下降更新 DQN 的参数:

$$\boldsymbol{w}_{\text{new}} \leftarrow \boldsymbol{w}_{\text{now}} - \alpha \cdot \delta_j \cdot \nabla_{\boldsymbol{w}} Q(s_j, a_j; \boldsymbol{w}_{\text{now}}).$$

(6) 设 $\tau \in (0, 1)$ 是需要手动调节的超参数. 做加权平均更新目标网络的参数:

$$\boldsymbol{w}_{\text{new}}^- \leftarrow \tau \cdot \boldsymbol{w}_{\text{new}} + (1 - \tau) \cdot \boldsymbol{w}_{\text{now}}^-.$$

如图 6-4 左图所示, 原始的 Q 学习算法用 DQN 计算 $\widehat{y}$, 然后用 $\widehat{y}$ 更新 DQN 自己, 造成自举. 如图 6-4 右图所示, 可以改用目标网络计算 $\widehat{y}$, 这样就避免了用 DQN 的估计更新 DQN 自己, 减轻自举造成的危害. 然而这种方法不能完全避免自举, 原因是目标网络的参数仍然与 DQN 相关.

图 6-4   对比原始的 Q 学习算法、使用目标网络的 Q 学习算法

6.2.5 双 Q 学习算法

造成 DQN 高估的原因不是 DQN 模型本身的缺陷，而是 Q 学习算法有不足之处：第一，自举造成偏差传播；第二，最大化造成 TD 目标的高估. 在 Q 学习算法中使用目标网络，可以缓解自举造成的偏差，但是无助于缓解最大化造成的高估. 本节介绍**双 Q 学习**（double Q-learning）算法，它在目标网络的基础上做了改进，可缓解最大化造成的高估.

【注意】本节介绍的双 Q 学习算法在文献中被称作 double DQN，缩写为 DDQN. 本书不采用 DDQN 这个名字，因为它比较有误导性. 双 Q 学习（即所谓的 DDQN）只是一种 **TD 算法**而已，它可以把 DQN 训练得更好. 双 Q 学习并没有用区别于 DQN 的**模型**. 本节中的模型只有一个，就是 DQN. 我们讨论的只是训练 DQN 的三种 TD 算法：原始的 Q 学习、用目标网络的 Q 学习以及双 Q 学习.

为了解释原始的 Q 学习、用目标网络的 Q 学习以及双 Q 学习三者的区别，我们再回顾一下 Q 学习算法中的 TD 目标：

$$\widehat{y}_j = r_j + \gamma \cdot \max_{a \in \mathcal{A}} Q(s_{j+1}, a; \boldsymbol{w}).$$

不妨把最大化拆成两步.

(1) **选择**——基于状态 s_{j+1}，选出一个动作使得 DQN 的输出最大化：

$$a^\star = \underset{a \in \mathcal{A}}{\operatorname{argmax}} \, Q(s_{j+1}, a; \boldsymbol{w}).$$

(2) **求值**——计算 $(s_{j+1}, a^\star)$ 的价值，从而算出 TD 目标：

$$\widehat{y}_j = r_j + Q(s_{j+1}, a^\star; \boldsymbol{w}).$$

以上是原始的 Q 学习算法，选择和求值都用 DQN. 6.2.4 节改进了 Q 学习，选择和求值都用目标网络.

$$\text{选择：} \quad a^- = \underset{a \in \mathcal{A}}{\operatorname{argmax}} \, Q(s_{j+1}, a; \boldsymbol{w}^-),$$
$$\text{求值：} \quad \widetilde{y}_j^- = r_j + Q(s_{j+1}, a^-; \boldsymbol{w}^-).$$

本节介绍**双 Q 学习**，第 (1) 步的选择用 DQN，第 (2) 步的求值用目标网络.

$$\text{选择：} \quad a^\star = \underset{a \in \mathcal{A}}{\operatorname{argmax}} \, Q(s_{j+1}, a; \boldsymbol{w}),$$
$$\text{求值：} \quad \widetilde{y}_j = r_j + Q(s_{j+1}, a^\star; \boldsymbol{w}^-).$$

为什么双 Q 学习可以缓解最大化造成的高估呢? 不难证明出以下不等式:

$$\underbrace{Q\big(s_{j+1}, a^{\star};\, \boldsymbol{w}^-\big)}_{\text{双 Q 学习}} \;\leqslant\; \underbrace{\max_{a\in\mathcal{A}} Q\big(s_{j+1}, a;\, \boldsymbol{w}^-\big)}_{\text{用目标网络的 Q 学习}}.$$

因此,

$$\underbrace{\widetilde{y_t}}_{\text{双 Q 学习}} \;\leqslant\; \underbrace{\widetilde{y_t^-}}_{\text{用目标网络的 Q 学习}}.$$

上式说明双 Q 学习得到的 TD 目标更小. 也就是说, 与用目标网络的 Q 学习相比, 双 Q 学习缓解了高估.

双 Q 学习算法的流程如下. 每次随机从经验回放缓存中取出一个四元组, 记作 (s_j, a_j, r_j, s_{j+1}). 设 DQN 和目标网络当前的参数分别为 $\boldsymbol{w}_{\text{now}}$ 和 $\boldsymbol{w}_{\text{now}}^-$, 执行下面的步骤对参数做一次更新.

(1) 对 DQN 做正向传播, 得到:

$$\widehat{q}_j \;=\; Q\big(s_j, a_j;\, \boldsymbol{w}_{\text{now}}\big).$$

(2) 选择:

$$a^{\star} \;=\; \operatorname*{argmax}_{a\in\mathcal{A}} Q\big(s_{j+1}, a;\, \boldsymbol{w}_{\text{now}}\big).$$

(3) 求值:

$$\widehat{q}_{j+1} \;=\; Q\big(s_{j+1}, a^{\star};\, \boldsymbol{w}_{\text{now}}^-\big).$$

(4) 计算 TD 目标和 TD 误差:

$$\widetilde{y}_j \;=\; r_j + \gamma \cdot \widehat{q}_{j+1} \qquad \text{和} \qquad \delta_j \;=\; \widehat{q}_j - \widetilde{y}_j.$$

(5) 对 DQN 做反向传播, 得到梯度 $\nabla_{\boldsymbol{w}} Q\big(s_j, a_j;\, \boldsymbol{w}_{\text{now}}\big)$.

(6) 做梯度下降更新 DQN 的参数:

$$\boldsymbol{w}_{\text{new}} \;\leftarrow\; \boldsymbol{w}_{\text{now}} - \alpha \cdot \delta_j \cdot \nabla_{\boldsymbol{w}} Q\big(s_j, a_j;\, \boldsymbol{w}_{\text{now}}\big).$$

(7) 设 $\tau \in (0, 1)$ 是需要手动调整的超参数. 做加权平均更新目标网络的参数:

$$\boldsymbol{w}_{\text{new}}^- \;\leftarrow\; \tau \cdot \boldsymbol{w}_{\text{new}} + (1 - \tau) \cdot \boldsymbol{w}_{\text{now}}^-.$$

6.2.6 总结

本节研究了 DQN 的高估问题以及解决方法. DQN 的高估不是 DQN 模型造成的, 不是 DQN 的本质属性, 而只是因为原始 Q 学习算法不好. Q 学习算法产生高估的原因有两个: 第一, 自举导致偏差从一个 (s, a) 二元组传播到更多的二元组; 第二, 最大化造成 TD 目标高估真实价值.

想要解决高估问题，就要从自举、最大化这两方面下手. 本节介绍了两种缓解高估的算法：使用目标网络和双 Q 学习. Q 学习算法与目标网络的结合可以缓解自举造成的偏差. 双 Q 学习基于目标网络的想法，进一步将 TD 目标的计算分解成选择和求值两步，缓解了最大化造成的高估. 图 6-5 总结了本节研究的三种算法.

学习类型	选择	求值	自举造成的偏差	最大化造成的高估
原始 Q 学习	DQN	DQN	严重	严重
Q 学习 + 目标网络	目标网络	目标网络	不严重	严重
双 Q 学习	DQN	目标网络	不严重	不严重

图 6-5　三种 TD 算法的对比

【注意】如果使用原始的 Q 学习算法，自举和最大化都会造成严重高估. 在实践中，应当尽量使用双 Q 学习，它是三种算法中最好的.

【注意】如果使用 SARSA 算法（比如在 actor-critic 中），自举的问题依然存在，但是不存在最大化造成高估这一问题. 对于 SARSA，只需要解决自举问题，所以应当将目标网络应用到 SARSA.

6.3　对决网络

本节介绍**对决网络**（dueling network），它是对 DQN 的神经网络结构的改进. 它的基本想法是将最优动作价值 $Q_\star$ 分解成最优状态价值 $V_\star$ 加最优优势 $D_\star$. 对决网络的训练与 DQN 完全相同，可以用 Q 学习算法或者双 Q 学习算法.

6.3.1　最优优势函数

在介绍对决网络之前，先复习一些基础知识. 动作价值函数 $Q_\pi(s,a)$ 是回报的期望：

$$Q_\pi(s,a) = \mathbb{E}\Big[U_t \,\Big|\, S_t = s, A_t = a\Big].$$

最优动作价值 $Q_\star$ 的定义是：

$$Q_\star(s,a) = \max_\pi Q_\pi(s,a), \qquad \forall\, s \in \mathcal{S},\, a \in \mathcal{A}.$$

状态价值函数 $V_\pi(s)$ 是 $Q_\pi(s,a)$ 关于 a 的期望:

$$V_\pi(s) = \mathbb{E}_{A \sim \pi}\Big[Q_\pi(s, A)\Big].$$

最优状态价值函数 $V_\star$ 的定义是:

$$V_\star(s) = \max_\pi V_\pi(s), \qquad \forall\, s \in \mathcal{S}.$$

最优优势函数(optimal advantage function)的定义是:

$$D_\star(s,a) \triangleq Q_\star(s,a) - V_\star(s).$$

通过数学推导,可以证明下面的定理.

定理 6.1

$$Q_\star(s,a) = V_\star(s) + D_\star(s,a) - \underbrace{\max_{a \in \mathcal{A}} D_\star(s,a)}_{\text{恒等于零}}, \qquad \forall\, s \in \mathcal{S},\, a \in \mathcal{A}.$$

6.3.2 对决网络的结构

与 DQN 一样,对决网络也是对最优动作价值函数 $Q_\star$ 的近似,二者的区别在于神经网络结构. 直观上,对决网络可以了解到哪些状态有价值或者没价值,而无须了解每个动作对每个状态的影响. 实践中,对决网络具有更好的效果. 由于对决网络与 DQN 都是对 $Q_\star$ 的近似,因此可以用完全相同的算法训练两种神经网络.

对决网络由两个神经网络组成. 一个神经网络记作 $D(s, a; \boldsymbol{w}^D)$,它是对最优优势函数 $D_\star(s, a)$ 的近似. 另一个神经网络记作 $V(s; \boldsymbol{w}^V)$,它是对最优状态价值函数 $V_\star(s)$ 的近似. 把定理 6.1 中的 $D_\star$ 和 $V_\star$ 替换成相应的神经网络,那么最优动作价值函数 $Q_\star$ 就近似成下面的神经网络:

$$Q(s, a; \boldsymbol{w}) \triangleq V(s; \boldsymbol{w}^V) + D(s, a; \boldsymbol{w}^D) - \max_{a \in \mathcal{A}} D(s, a; \boldsymbol{w}^D). \tag{6.1}$$

式 (6.1) 左边的 $Q(s, a; \boldsymbol{w})$ 就是对决网络,它是对最优动作价值函数 $Q_\star$ 的近似,它的参数记作 $\boldsymbol{w} \triangleq (\boldsymbol{w}^V; \boldsymbol{w}^D)$.

对决网络的结构如图 6-6 所示. 可以让两个神经网络 $D(s, a; \boldsymbol{w}^D)$ 与 $V(s; \boldsymbol{w}^V)$ 共享部分卷积层;这些卷积层把输入的状态 s 映射成特征向量,特征向量是"优势头"与"状态价值头"的输入. 优势头输出一个向量,向量的维度是动作空间的大小 $|\mathcal{A}|$,向量的每个元素对应一个动

作. 举个例子，动作空间是 $\mathcal{A} = \{左, 右, 上\}$，优势头的输出是三个值：

$$D\big(s, 左; \boldsymbol{w}^D\big) = -90, \qquad D\big(s, 右; \boldsymbol{w}^D\big) = -420, \qquad D\big(s, 上; \boldsymbol{w}^D\big) = 30.$$

状态价值头输出的是一个实数，比如

$$V\big(s; \boldsymbol{w}^V\big) = 300.$$

首先计算

$$\max_a D\big(s, a; \boldsymbol{w}^D\big) = \max\big\{ -90, -420, 30 \big\} = 30.$$

然后用式 (6.1) 计算出：

$$Q\big(s, 左; \boldsymbol{w}\big) = 180, \qquad Q\big(s, 右; \boldsymbol{w}\big) = -150, \qquad Q\big(s, 上; \boldsymbol{w}\big) = 300.$$

这样就得到了对决网络的最终输出.

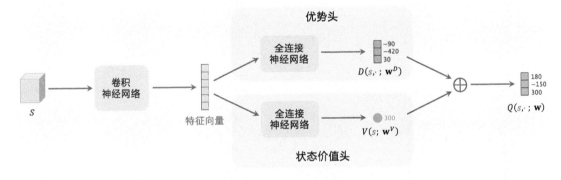

图 6-6 对决网络的结构. 输入是状态 s；红色的向量是每个动作的优势值；蓝色的标量是状态价值；最终输出的紫色向量是每个动作的动作价值

6.3.3 解决不唯一性

读者可能会有下面的疑问. 对决网络是由定理 6.1 推导出的，而定理中最后一项恒等于零：

$$\max_{a \in \mathcal{A}} D_\star\big(s, a\big) = 0, \qquad \forall\, s \in \mathcal{S}.$$

也就是说，可以把最优动作价值写成两种等价形式：

$$\begin{aligned}
Q_\star\big(s, a\big) &= V_\star\big(s\big) + D_\star\big(s, a\big) && \text{（第一种形式）}\\
&= V_\star\big(s\big) + D_\star\big(s, a\big) - \max_{a \in \mathcal{A}} D_\star\big(s, a\big). && \text{（第二种形式）}
\end{aligned}$$

之前我们根据第二种形式实现了对决网络，可否根据第一种形式，按照下面的方式实现对决网络呢？

$$Q(s, a; \boldsymbol{w}) = V(s; \boldsymbol{w}^V) + D(s, a; \boldsymbol{w}^D).$$

答案是"不可以"，因为这样会导致不唯一性．假如这样实现对决网络，那么 V 和 D 可以随意上下波动，比如一个增大 100，另一个减小 100：

$$
\begin{aligned}
V(s; \tilde{\boldsymbol{w}}^V) &\triangleq V(s; \boldsymbol{w}^V) + 100, \\
D(s, a; \tilde{\boldsymbol{w}}^D) &\triangleq D(s, a; \boldsymbol{w}^D) - 100.
\end{aligned}
$$

这样的上下波动不影响最终的输出：

$$V(s; \boldsymbol{w}^V) + D(s, a; \boldsymbol{w}^D) = V(s; \tilde{\boldsymbol{w}}^V) + D(s, a; \tilde{\boldsymbol{w}}^D).$$

这就意味着 V 和 D 的参数可以随意变化，却不会影响输出的 Q．我们不希望这种情况出现，因为这会导致训练过程中参数不稳定．

因此有必要在对决网络中加入 $\max_{a \in \mathcal{A}} D(s, a; \boldsymbol{w}^D)$ 这一项，它使得 V 和 D 不能随意上下波动．假如让 V 变大 100，让 D 变小 100，则对决网络的输出会增大 100，而非不变：

$$
\begin{aligned}
&V(s; \tilde{\boldsymbol{w}}^V) + D(s, a; \tilde{\boldsymbol{w}}^D) - \max_a D(s, a; \tilde{\boldsymbol{w}}^D) \\
=\, &V(s; \boldsymbol{w}^V) + D(s, a; \boldsymbol{w}^D) - \max_a D(s, a; \boldsymbol{w}^D) + 100.
\end{aligned}
$$

以上讨论了为什么 $\max_{a \in \mathcal{A}} D(s, a; \boldsymbol{w}^D)$ 这一项不能省略．

6.3.4 对决网络的实际实现

按照定理 6.1，对决网络应该定义成：

$$Q(s, a; \boldsymbol{w}) \triangleq V(s; \boldsymbol{w}^V) + D(s, a; \boldsymbol{w}^D) - \max_{a \in \mathcal{A}} D(s, a; \boldsymbol{w}^D).$$

前面提到，最右边的 max 项的目的是解决不唯一性．实际实现的时候，用 mean 代替 max 会有更好的效果．所以实际上会这样定义对决网络：

$$\boxed{Q(s, a; \boldsymbol{w}) \triangleq V(s; \boldsymbol{w}^V) + D(s, a; \boldsymbol{w}^D) - \operatorname*{mean}_{a \in \mathcal{A}} D(s, a; \boldsymbol{w}^D).}$$

对决网络与 DQN 都是对最优动作价值函数 $Q_\star$ 的近似，所以对决网络的训练和决策与 DQN 完全一样．比如可以这样训练对决网络：

- 用 ϵ-greedy 算法控制智能体，收集经验，把 (s_j, a_j, r_j, s_{j+1}) 这样的四元组存入经验回放缓存；

- 从缓存里随机抽取四元组，用双 Q 学习算法更新对决网络参数 $\boldsymbol{w} = (\boldsymbol{w}^D, \boldsymbol{w}^V)$.

完成训练之后，基于当前状态 s_t，让对决网络给所有动作打分，然后选择分数最高的动作：

$$a_t = \underset{a \in \mathcal{A}}{\operatorname{argmax}} \, Q(s_t, a; \boldsymbol{w}).$$

简而言之，怎样训练 DQN，就怎样训练对决网络；怎样用 DQN 做控制，就怎样用对决网络做控制. 如果一个技巧能改进 DQN 的训练，这个技巧也能改进对决网络的训练. 同理，因为 Q 学习算法导致 DQN 出现高估，所以 Q 学习算法也会导致对决网络出现高估.

6.4 噪声网络

本节介绍**噪声网络**（noisy net），这是一种非常简单的方法，可以显著提升 DQN 的表现. 噪声网络的应用不局限于 DQN，它可以用于几乎所有的深度强化学习方法.

6.4.1 噪声网络的原理

把神经网络中的参数 $\boldsymbol{w}$ 替换成 $\boldsymbol{\mu} + \boldsymbol{\sigma} \circ \boldsymbol{\xi}$，此处的 $\boldsymbol{\mu}$、$\boldsymbol{\sigma}$、$\boldsymbol{\xi}$ 的形状与 $\boldsymbol{w}$ 完全相同，如图 6-7 所示. $\boldsymbol{\mu}$、$\boldsymbol{\sigma}$ 分别表示均值和标准差，它们是神经网络的参数，需要从经验中学习. $\boldsymbol{\xi}$ 是随机噪声，它的每个元素独立从标准正态分布 $\mathcal{N}(0,1)$ 中随机抽取. 符号 "$\circ$" 表示逐项乘积. 如果 $\boldsymbol{w}$ 是向量，那么有

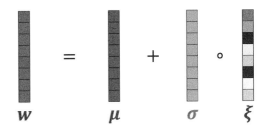

图 6-7 这个例子中，$\boldsymbol{w}$、$\boldsymbol{\mu}$、$\boldsymbol{\sigma}$、$\boldsymbol{\xi}$ 是形状相同的向量

$$w_i = \mu_i + \sigma_i \cdot \xi_i.$$

如果 $\boldsymbol{w}$ 是矩阵，那么有

$$w_{ij} = \mu_{ij} + \sigma_{ij} \cdot \xi_{ij}.$$

噪声的意思是参数 $\boldsymbol{w}$ 的每个元素 w_i 从均值为 μ_i、标准差为 σ_i 的正态分布中抽取.

举个例子，某一个全连接层记作：

$$\boldsymbol{z} = \operatorname{ReLU}(\boldsymbol{W}\boldsymbol{x} + \boldsymbol{b}).$$

上式中的向量 $\boldsymbol{x}$ 是输入，矩阵 $\boldsymbol{W}$ 和向量 $\boldsymbol{b}$ 是参数，ReLU 是激活函数，$\boldsymbol{z}$ 是这一层的输出. 噪声网络把这个全连接层替换成：

$$z = \text{ReLU}\left(\left(\boldsymbol{W}^{\mu}+\boldsymbol{W}^{\sigma}\circ\boldsymbol{W}^{\xi}\right)\boldsymbol{x} + \left(\boldsymbol{b}^{\mu}+\boldsymbol{b}^{\sigma}\circ\boldsymbol{b}^{\xi}\right)\right).$$

上式中的 $\boldsymbol{W}^{\mu}$、$\boldsymbol{W}^{\sigma}$、$\boldsymbol{b}^{\mu}$、$\boldsymbol{b}^{\sigma}$ 是参数,需要从经验中学习. 矩阵 $\boldsymbol{W}^{\xi}$ 和向量 $\boldsymbol{b}^{\xi}$ 的每个元素都是独立从 $\mathcal{N}(0,1)$ 中随机抽取的,表示噪声.

训练噪声网络的方法与训练标准的神经网络完全相同,都是做反向传播计算梯度,然后用梯度更新神经网络参数. 把损失函数记作 L,已知梯度 $\frac{\partial L}{\partial \boldsymbol{z}}$,可以用链式法则算出损失函数关于参数的梯度:

$$\frac{\partial L}{\partial \boldsymbol{W}^{\mu}} = \frac{\partial \boldsymbol{z}}{\partial \boldsymbol{W}^{\mu}}\cdot\frac{\partial L}{\partial \boldsymbol{z}}, \qquad\qquad \frac{\partial L}{\partial \boldsymbol{b}^{\mu}} = \frac{\partial \boldsymbol{z}}{\partial \boldsymbol{b}^{\mu}}\cdot\frac{\partial L}{\partial \boldsymbol{z}},$$

$$\frac{\partial L}{\partial \boldsymbol{W}^{\sigma}} = \frac{\partial \boldsymbol{z}}{\partial \boldsymbol{W}^{\sigma}}\cdot\frac{\partial L}{\partial \boldsymbol{z}}, \qquad\qquad \frac{\partial L}{\partial \boldsymbol{b}^{\sigma}} = \frac{\partial \boldsymbol{z}}{\partial \boldsymbol{b}^{\sigma}}\cdot\frac{\partial L}{\partial \boldsymbol{z}}.$$

然后可以做梯度下降更新参数 $\boldsymbol{W}^{\mu}$、$\boldsymbol{W}^{\sigma}$、$\boldsymbol{b}^{\mu}$、$\boldsymbol{b}^{\sigma}$.

6.4.2 噪声 DQN

噪声网络可以用于 DQN. 标准的 DQN 记作 $Q(s,a;\boldsymbol{w})$,其中的 $\boldsymbol{w}$ 表示参数. 把 $\boldsymbol{w}$ 替换成 $\boldsymbol{\mu}+\boldsymbol{\sigma}\circ\boldsymbol{\xi}$,得到噪声 DQN,记作:

$$\widetilde{Q}\big(s,a,\boldsymbol{\xi};\boldsymbol{\mu},\boldsymbol{\sigma}\big) \;\triangleq\; Q\big(s,a;\boldsymbol{\mu}+\boldsymbol{\sigma}\circ\boldsymbol{\xi}\big).$$

其中的 $\boldsymbol{\mu}$ 和 $\boldsymbol{\sigma}$ 是参数,一开始随机初始化,然后从经验中学习;而 $\boldsymbol{\xi}$ 是随机生成的,每个元素都从 $\mathcal{N}(0,1)$ 中抽取. 噪声 DQN 的参数数量比标准 DQN 多一倍.

1. 收集经验

DQN 属于异策略,我们用任意的行为策略控制智能体,收集经验,事后做经验回放更新参数. 在之前的章节中,我们用 ϵ-greedy 作为行为策略:

$$a_t = \begin{cases} \text{argmax}_{a\in\mathcal{A}}\, Q(s_t,a;\boldsymbol{w}), & \text{以概率 } (1-\epsilon); \\ \text{均匀抽取 } \mathcal{A} \text{ 中的一个动作}, & \text{以概率 } \epsilon. \end{cases}$$

ϵ-greedy 策略带有一定的随机性,可以让智能体尝试更多动作,探索更多状态. 而噪声 DQN 本身就带有随机性,可以鼓励探索,起到与 ϵ-greedy 策略相同的作用. 我们直接用

$$a_t = \underset{a\in\mathcal{A}}{\text{argmax}}\, \widetilde{Q}\big(s,a,\boldsymbol{\xi};\boldsymbol{\mu},\boldsymbol{\sigma}\big)$$

作为行为策略,效果比 ϵ-greedy 更好. 因为是异策略,每做一个决策,就要重新随机生成一个 $\boldsymbol{\xi}$.

2. Q 学习算法

训练的时候，每一轮从经验回放缓存中随机抽样出一个四元组，记作 (s_j, a_j, r_j, s_{j+1}). 从标准正态分布中抽样，得到 $\boldsymbol{\xi}'$ 的每一个元素. 计算 TD 目标:

$$\widehat{y}_j = r_j + \gamma \cdot \max_{a \in \mathcal{A}} \widetilde{Q}(s_{j+1}, a, \boldsymbol{\xi}'; \boldsymbol{\mu}, \boldsymbol{\sigma}).$$

把损失函数记作:

$$L(\boldsymbol{\mu}, \boldsymbol{\sigma}) = \frac{1}{2}\Big[\widetilde{Q}(s_j, a_j, \boldsymbol{\xi}; \boldsymbol{\mu}, \boldsymbol{\sigma}) - \widehat{y}_j\Big]^2,$$

其中的 $\boldsymbol{\xi}$ 也是随机生成的噪声，但是它与 $\boldsymbol{\xi}'$ 不同. 然后做梯度下降更新参数:

$$\boldsymbol{\mu} \leftarrow \boldsymbol{\mu} - \alpha_\mu \cdot \nabla_\mu L(\boldsymbol{\mu}, \boldsymbol{\sigma}), \qquad \boldsymbol{\sigma} \leftarrow \boldsymbol{\sigma} - \alpha_\sigma \cdot \nabla_\sigma L(\boldsymbol{\mu}, \boldsymbol{\sigma}).$$

上式中的 α_μ 和 α_σ 是学习率. 这样做梯度下降更新参数，可以让损失函数减小，让噪声 DQN 的预测更接近 TD 目标.

3. 做决策

做完训练之后，可以用噪声 DQN 做决策. 做决策的时候不再需要噪声，因此可以把参数 $\boldsymbol{\sigma}$ 设置成全零，只保留参数 $\boldsymbol{\mu}$. 这样一来，噪声 DQN 就变成标准的 DQN:

$$\underbrace{\widetilde{Q}(s, a, \boldsymbol{\xi}'; \boldsymbol{\mu}, \mathbf{0})}_{\text{噪声 DQN}} = \underbrace{Q(s, a; \boldsymbol{\mu})}_{\text{标准 DQN}}.$$

在训练的时候往 DQN 的参数中加入噪声，不仅有利于探索，还能增强健壮性. 健壮性的意思是即使参数被扰动，DQN 也能对动作价值 $Q_\star$ 做出可靠的估计. 为什么噪声可以让 DQN 有更强的健壮性呢?

假设在训练过程中不加入噪声，把学出的参数记作 $\boldsymbol{\mu}$. 当参数严格等于 $\boldsymbol{\mu}$ 的时候，DQN 可以对最优动作价值做出较为准确的估计. 但是对 $\boldsymbol{\mu}$ 做较小的扰动，就可能会让 DQN 的输出偏离很远，所谓"失之毫厘，谬以千里".

噪声 DQN 训练的过程中，参数带有噪声: $\boldsymbol{w} = \boldsymbol{\mu} + \boldsymbol{\sigma} \circ \boldsymbol{\xi}$. 训练迫使 DQN 在参数带噪声的情况下最小化 TD 误差，也就是迫使 DQN 容忍对参数的扰动. 训练出的 DQN 具有健壮性: 参数不严格等于 $\boldsymbol{\mu}$ 也没关系，只要参数在 $\boldsymbol{\mu}$ 的邻域内，DQN 做出的预测都应该比较合理. 用噪声 DQN，不会出现"失之毫厘，谬以千里".

6.4.3 训练流程

实际编程实现 DQN 的时候，需要全部用上本章介绍的 4 种技巧——优先经验回放、双 Q 学习、对决网络、噪声 DQN. 应该用**对决网络**的神经网络结构，而不是简单的 DQN 结构. 往对决网络的参数 w 中加入噪声，得到噪声 DQN，记作 $\widetilde{Q}(s, a, \boldsymbol{\xi}; \boldsymbol{\mu}, \boldsymbol{\sigma})$. 训练要用**双 Q 学习、优先经验回放**，而不是原始的 Q 学习. 双 Q 学习需要目标网络 $\widetilde{Q}(s, a, \boldsymbol{\xi}; \boldsymbol{\mu}^-, \boldsymbol{\sigma}^-)$ 计算 TD 目标. 它跟噪声 DQN 的结构相同，但是参数不同.

开始，随机初始化 $\boldsymbol{\mu}$、$\boldsymbol{\sigma}$，并且把它们赋值给目标网络参数：$\boldsymbol{\mu}^- \leftarrow \boldsymbol{\mu}$、$\boldsymbol{\sigma}^- \leftarrow \boldsymbol{\sigma}$；然后重复下面的步骤更新参数（把当前的参数记作 $\boldsymbol{\mu}_{\text{now}}$、$\boldsymbol{\sigma}_{\text{now}}$、$\boldsymbol{\mu}_{\text{now}}^-$、$\boldsymbol{\sigma}_{\text{now}}^-$）.

(1) 用优先经验回放，从缓存中抽取一个四元组，记作 (s_j, a_j, r_j, s_{j+1}).

(2) 用标准正态分布生成 $\boldsymbol{\xi}$. 对噪声 DQN 做正向传播，得到：

$$\widehat{q}_j = \widetilde{Q}(s_j, a_j, \boldsymbol{\xi}; \boldsymbol{\mu}_{\text{now}}, \boldsymbol{\sigma}_{\text{now}}).$$

(3) 用噪声 DQN 选出最优动作：

$$\tilde{a}_{j+1} = \underset{a \in \mathcal{A}}{\operatorname{argmax}}\, \widetilde{Q}(s_{j+1}, a, \boldsymbol{\xi}; \boldsymbol{\mu}_{\text{now}}, \boldsymbol{\sigma}_{\text{now}}).$$

(4) 用标准正态分布生成 $\boldsymbol{\xi}'$. 用目标网络计算价值：

$$\widehat{q}_{j+1}^- = \widetilde{Q}(s_{j+1}, \tilde{a}_{j+1}, \boldsymbol{\xi}'; \boldsymbol{\mu}_{\text{now}}^-, \boldsymbol{\sigma}_{\text{now}}^-).$$

(5) 计算 TD 目标和 TD 误差：

$$\widehat{y}_j^- = r_j + \gamma \cdot \widehat{q}_{j+1}^- \qquad \text{和} \qquad \delta_j = \widehat{q}_j - \widehat{y}_j^-.$$

(6) 设 α_μ 和 α_σ 为学习率. 做梯度下降更新噪声 DQN 的参数：

$$\begin{aligned}
\boldsymbol{\mu}_{\text{new}} &\leftarrow \boldsymbol{\mu}_{\text{now}} - \alpha_\mu \cdot \delta_j \cdot \nabla_{\boldsymbol{\mu}} \widetilde{Q}(s_j, a_j, \boldsymbol{\xi}; \boldsymbol{\mu}_{\text{now}}, \boldsymbol{\sigma}_{\text{now}}), \\
\boldsymbol{\sigma}_{\text{new}} &\leftarrow \boldsymbol{\sigma}_{\text{now}} - \alpha_\sigma \cdot \delta_j \cdot \nabla_{\boldsymbol{\sigma}} \widetilde{Q}(s_j, a_j, \boldsymbol{\xi}; \boldsymbol{\mu}_{\text{now}}, \boldsymbol{\sigma}_{\text{now}}).
\end{aligned}$$

(7) 设 $\tau \in (0, 1)$ 是需要手动调整的超参数. 做加权平均更新目标网络的参数：

$$\begin{aligned}
\boldsymbol{\mu}_{\text{new}}^- &\leftarrow \tau \cdot \boldsymbol{\mu}_{\text{new}} + (1 - \tau) \cdot \boldsymbol{\mu}_{\text{now}}^-, \\
\boldsymbol{\sigma}_{\text{new}}^- &\leftarrow \tau \cdot \boldsymbol{\sigma}_{\text{new}} + (1 - \tau) \cdot \boldsymbol{\sigma}_{\text{now}}^-.
\end{aligned}$$

○　　○　　○

相关文献

训练 DQN 用到的经验回放是由 Lin 在其 1993 年所写的博士论文 [9] 中提出的. 优先经验回放由 Schaul 等人于 2015 年发表的论文 [16] 中提出. 目标网络由 Mnih 等人于 2015 年发表的论文 [2] 中提出. 双 Q 学习由 van Hasselt 2010 年发表的论文 [17] 中提出. 双 Q 学习与 DQN 的结合被称为 Double DQN, 由 van Hasselt 等人于 2010 年发表的论文 [18] 中提出. 对决网络由 Wang 等人于 2016 年发表的论文 [19] 中提出. 噪声网络由 Fortunato 等人于 2018 年发表的论文 [20] 中提出.

Hessel 等人在 2018 年发表的论文 [15] 中将优先经验回放、双 Q 学习、对决网络、噪声网络、多步 TD 目标等方法结合, 改进 DQN, 把该组合称为 Rainbow. 有充分的实验证实这些高级技巧的有效性. 此外, Rainbow 还用到了 distributional learning [21], 这种技巧也非常有用.

知识点小结

- 经验回放可以用于异策略算法. 经验回放有两个好处: 打破相邻两条经验的相关性、重复利用收集的经验.

- 优先经验回放是对经验回放的一种改进. 在做经验回放的时候, 从经验回放缓存中做加权随机抽样, TD 误差的绝对值大的经验被赋予较大的抽样概率、较小的学习率.

- Q 学习算法会造成 DQN 高估真实的价值. 高估的原因有两个: 第一, 最大化造成 TD 目标高估真实价值; 第二, 自举导致偏差传播. 高估并不是由 DQN 本身的缺陷造成的, 而是由于 Q 学习算法不够好. 双 Q 学习是对 Q 学习算法的改进, 可以有效缓解高估.

- 对决网络与 DQN 一样, 都是对最优动作价值函数 $Q_\star$ 的近似, 两者的唯一区别在于神经网络结构. 对决网络由两部分组成: $D(s, a; \boldsymbol{w}^D)$ 是对最优优势函数的近似, $V(s; \boldsymbol{w}^V)$ 是对最优状态价值函数的近似. 对决网络的训练与 DQN 完全相同.

- 噪声网络是一种特殊的神经网络结构, 即神经网络中的参数带有随机噪声. 噪声网络可以用于 DQN 等多种深度强化学习模型. 噪声网络中的噪声可以鼓励探索, 让智能体尝试不同的动作, 这有利于学到更好的策略.

习题

6.1 设置经验回放缓存的大小是 10^6. 当缓存中存满 10^6 条四元组的时候, 应该怎么办?

    A. 删除缓存中最旧的四元组

    B. 删除缓存中最新的四元组

C. 终止程序，停止强化学习

D. 继续运行程序，但是不再收集经验

6.2 我们设置 Q 学习的批大小为 128，设置经验回放缓存的大小是 10^6. 初始缓存是空的. 当缓存中四元组的数量超过某个阈值 k 的时候，开始做经验回放更新 DQN. 请问 k 该如何设置？

　　A. 设置 k 等于或略大于 128

　　B. 设置 k 远大于 128 但是小于 10^6

　　C. 设置 k 等于 10^6

6.3 在优先经验回放中，需要对四元组 $\{(s, a, r, s')\}$ 做非均匀抽样. 请问抽样的概率取决于什么？

　　A. TD 目标的绝对值 $|\hat{y}|$

　　B. TD 误差的绝对值 $|\delta|$

　　C. Q 值的绝对值 $|Q(s, a; \boldsymbol{w})|$

　　D. 奖励的绝对值 $|r|$

6.4 在优先经验回放中，如果一个四元组被抽样的概率较大，那么它的学习率 _____.

　　A. 较大

　　B. 较小

6.5 DQN 的高估问题是由 _____ 引起的.

　　A. DQN 网络结构的缺陷

　　B. Q 学习算法的缺陷

　　C. A 和 B 都对

6.6 训练 DQN 的时候使用目标网络的好处是缓解 _____.

　　A. 自举造成的偏差

　　B. 最大化造成的高估

　　C. A 和 B 都对

6.7 比起 Q 学习算法，双 Q 学习的优势在于缓解 _____.

　　A. 自举造成的偏差

　　B. 最大化造成的高估

　　C. A 和 B 都对

6.8 最优优势函数的定义是:

$$D_\star(s,a) \triangleq Q_\star(s,a) - V_\star(s).$$

$D_\star$ 的均值 $\text{mean}_{a \in \mathcal{A}} D_\star(s,a)$ _____. $D_\star$ 的最大值 $\max_{a \in \mathcal{A}} D_\star(s,a)$ _____. 请从下面选出最合适的选项填空.

A. 大于等于零

B. 小于等于零

C. 严格等于零

6.9 为什么对决网络的表现优于简单的 DQN?

A. 对决网络的神经网络结构更好

B. 训练对决网络的算法更好

C. A 和 B 都对

6.10 Rainbow 方法 [15] 是对 _____ 的改进.

A. deep Q network（DQN）

B. SARSA

C. policy gradient

D. deep deterministic policy gradient（DDPG）

6.11（多选）Rainbow 方法 [15] 使用了下面哪些技巧?

A. 优先经验回放

B. 双 Q 学习

C. 对决网络

D. 噪声网络

E. 多步 TD 目标

F. 蒙特卡洛树搜索（Monte Carlo tree search）

G. 注意力（attention）机制

H. advantage actor-critic（A2C）

I. twin delayed DDPG（TD3）

J. distributional learning

第三部分

策略学习

第 7 章　策略梯度方法

本章的内容是策略学习以及策略梯度. 策略学习的意思是通过求解一个优化问题, 学出最优策略函数或它的近似函数（比如策略网络）. 7.1 节描述策略网络. 7.2 节把策略学习描述成一个最大化问题. 7.3 节推导策略梯度定理. 7.4 节和 7.5 节用不同的方法近似策略梯度, 得到两种训练策略网络的方法——REINFORCE 和 actor-critic. 本章介绍的 REINFORCE 和 actor-critic 只是帮助大家理解算法, 在实际应用中的效果并不好. 因此, 不建议大家在实践中使用本章介绍的原始方法, 具体应该用什么方法, 我们下一章学习.

7.1　策略网络

本章假设动作空间是离散的, 比如 $\mathcal{A} = \{左, 右, 上\}$. 策略函数 π 是个条件概率质量函数:

$$\pi(a\,|\,s) \triangleq \mathbb{P}(A = a\,|\,S = s).$$

策略函数 π 的输入是状态 s 和动作 a, 输出是一个介于 0 和 1 之间的概率值. 举个例子, 把《超级马力欧兄弟》游戏当前屏幕上的画面作为 s, 策略函数会输出每个动作的概率值:

$$\pi(左\,|\,s) = 0.5,$$
$$\pi(右\,|\,s) = 0.2,$$
$$\pi(上\,|\,s) = 0.3.$$

如果有这样一个策略函数, 我们就可以拿它控制智能体. 每当观测到一个状态 s, 就用策略函数计算出每个动作的概率值, 然后做随机抽样, 得到一个动作 a, 让智能体执行 a.

怎么样才能得到这样一个策略函数呢？当前最有效的方法是用神经网络 $\pi(a\,|\,s; \boldsymbol{\theta})$ 近似策略函数 $\pi(a\,|\,s)$. 我们把这个神经网络 $\pi(a\,|\,s; \boldsymbol{\theta})$ 称为**策略网络**. $\boldsymbol{\theta}$ 表示神经网络的参数——一开始需要随机初始化, 随后利用收集的状态、动作、奖励来更新.

策略网络的结构如图 7-1 所示. 策略网络的输入是状态 s. 在 Atari 游戏、围棋等应用中, 状态是张量（比如图片）, 那么应该如图 7-1 所示用卷积神经网络处理输入. 在机器人控制等应用中, 状态 s 是向量, 它的元素是多个传感器的数值, 那么应该把卷积神经网络换成全连接神经网络. 策略网络输出层的激活函数是 softmax, 因此输出向量（记作 $\boldsymbol{f}$）的所有元素都是正数,而且相加等于 1. 动作空间 $\mathcal{A}$ 的大小是多少, 向量 f 的维度就是多少. 在《超级马力欧兄弟》的例子中, $\mathcal{A} = \{左, 右, 上\}$, 那么 f 就是 3 维的向量, 比如 $f = [0.2, 0.1, 0.7]$. f 描述了动作空间 $\mathcal{A}$ 中的离散概率分布, f 中的每个元素对应一个动作:

$$f_1 = \pi(左 \,|\, s) = 0.2,$$
$$f_2 = \pi(右 \,|\, s) = 0.1,$$
$$f_3 = \pi(上 \,|\, s) = 0.7.$$

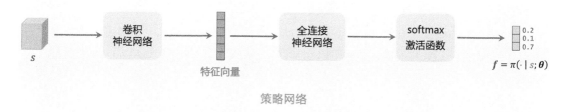

图 7-1 策略网络 $\pi(a|s; \theta)$ 的神经网络结构. 输入是状态 s, 输出是动作空间 $\mathcal{A}$ 中每个动作的概率值

7.2 策略学习的目标函数

在推导**策略学习**(policy-based reinforcement learning)的目标函数之前, 我们需要先复习一下回报和价值函数. 回报 U_t 是从 t 时刻开始的所有奖励之和, 它依赖于 t 时刻开始的所有状态和动作:

$$S_t, A_t, \ S_{t+1}, A_{t+1}, \ S_{t+2}, A_{t+2}, \ \cdots$$

在 t 时刻, U_t 是随机变量, 它的不确定性来自于未来未知的状态和动作. 动作价值函数的定义是:

$$Q_\pi(s_t, a_t) = \mathbb{E}\Big[U_t \,\Big|\, S_t = s_t, A_t = a_t\Big].$$

条件期望把 t 时刻状态 s_t 和动作 a_t 看作已知观测值, 把 $t+1$ 时刻后的状态和动作看作未知变量, 并消除这些变量. 状态价值函数的定义是:

$$V_\pi(s_t) = \mathbb{E}_{A_t \sim \pi(\cdot|s_t; \theta)}\Big[Q_\pi(s_t, A_t)\Big].$$

状态价值既依赖于当前状态 s_t, 也依赖于策略网络 π 的参数 θ.

- 当前状态 s_t 越好, 则 $V_\pi(s_t)$ 越大, 即回报 U_t 的期望越大. 例如, 在《超级马力欧兄弟》游戏中, 如果马力欧已经接近终点 (即当前状态 s_t 很好), 那么回报的期望就会很大.
- 策略网络 π 越好 (即参数 θ 越好), $V_\pi(s_t)$ 也会越大. 例如, 从同一起点出发打游戏, 高手 (好的策略) 的期望回报远高于初学者 (差的策略).

如果一个策略很好，那么状态价值 $V_\pi(S)$ 的均值应当很大．因此我们定义目标函数：

$$J(\boldsymbol{\theta}) = \mathbb{E}_S\Big[V_\pi(S)\Big].$$

这个目标函数排除了状态 S 的因素，只依赖于策略网络 π 的参数 $\boldsymbol{\theta}$——策略越好，则 $J(\boldsymbol{\theta})$ 越大．所以策略学习可以描述为这样一个优化问题：

$$\max_{\boldsymbol{\theta}}\ J(\boldsymbol{\theta}).$$

我们希望通过对策略网络参数 $\boldsymbol{\theta}$ 的更新，使得目标函数 $J(\boldsymbol{\theta})$ 越来越大，也就意味着策略网络越来越好．想要求解最大化问题，显然可以用梯度上升更新 $\boldsymbol{\theta}$，使得 $J(\boldsymbol{\theta})$ 增大．设当前策略网络的参数为 $\boldsymbol{\theta}_{\mathrm{now}}$，做梯度上升更新参数，得到新的参数 $\boldsymbol{\theta}_{\mathrm{new}}$：

$$\boldsymbol{\theta}_{\mathrm{new}} \leftarrow \boldsymbol{\theta}_{\mathrm{now}} + \beta \cdot \nabla_{\boldsymbol{\theta}} J(\boldsymbol{\theta}_{\mathrm{now}}).$$

此处的 β 是学习率，需要手动调整．上式就是训练策略网络的基本思路，其中的梯度

$$\nabla_{\boldsymbol{\theta}} J(\boldsymbol{\theta}_{\mathrm{now}}) \triangleq \left.\frac{\partial J(\boldsymbol{\theta})}{\partial \boldsymbol{\theta}}\right|_{\boldsymbol{\theta}=\boldsymbol{\theta}_{\mathrm{now}}}$$

称为**策略梯度**（policy gradient），可以写成下面定理中的期望形式．之后的算法推导都要基于这个定理，并对其中的期望做近似．

> **定理 7.1　策略梯度定理（不严谨的表述）**
>
> $$\frac{\partial J(\boldsymbol{\theta})}{\partial \boldsymbol{\theta}} = \mathbb{E}_S\left[\mathbb{E}_{A\sim\pi(\cdot|S;\boldsymbol{\theta})}\left[\frac{\partial \ln\pi(A|S;\boldsymbol{\theta})}{\partial \boldsymbol{\theta}} \cdot Q_\pi(S,A)\right]\right].$$

【注意】尽管大多数论文和图书使用这种表述，但是上面的策略梯度定理并不严谨．严格地讲，这个定理只有在"状态 S 服从马尔可夫链的稳态分布 $d(\cdot)$"这个假设下才成立．定理中的等号其实是不对的，期望前面应该有一项系数 $1 + \gamma + \cdots + \gamma^{n-1} = \frac{1-\gamma^n}{1-\gamma}$，其中 γ 是折扣率，n 是一个回合的长度．因此，策略梯度定理应该是：

$$\frac{\partial J(\boldsymbol{\theta})}{\partial \boldsymbol{\theta}} = \frac{1-\gamma^n}{1-\gamma} \cdot \mathbb{E}_{S\sim d(\cdot)}\left[\mathbb{E}_{A\sim\pi(\cdot|S;\boldsymbol{\theta})}\left[\frac{\partial \ln\pi(A|S;\boldsymbol{\theta})}{\partial \boldsymbol{\theta}} \cdot Q_\pi(S,A)\right]\right].$$

在实际应用中，系数 $\frac{1-\gamma^n}{1-\gamma}$ 无关紧要，可以忽略．其原因是做梯度上升的时候，系数 $\frac{1-\gamma^n}{1-\gamma}$ 会被学习率 β 吸收．

7.3 策略梯度定理

策略梯度定理是策略学习的关键所在. 本节的内容是证明策略梯度定理. 尽管本节涉及数学较多, 但还是建议读者认真读完. 学完 7.3.1 节, 大家可以理解策略梯度定理的简化推导. 7.3.2 节展示的是策略梯度定理的严格证明. 由于严格证明较为复杂, 大多数教材不涉及, 因此本书也不要求读者掌握, 除非你从事强化学习科研工作.

7.3.1 简化证明

把策略网络 $\pi(a\,|\,s;\boldsymbol{\theta})$ 看作动作的概率质量函数 (或概率密度函数). 状态价值函数 $V_\pi(s)$ 可以写成:

$$
\begin{aligned}
V_\pi(s) &= \mathbb{E}_{A\sim\pi(\cdot|s;\boldsymbol{\theta})}\Big[Q_\pi\big(s,A\big)\Big] \\
&= \sum_{a\in\mathcal{A}}\pi\big(a\,|\,s;\boldsymbol{\theta}\big)\cdot Q_\pi\big(s,a\big).
\end{aligned}
$$

状态价值 $V_\pi(s)$ 关于 $\boldsymbol{\theta}$ 的梯度可以写作:

$$
\begin{aligned}
\frac{\partial V_\pi(s)}{\partial \boldsymbol{\theta}} &= \frac{\partial}{\partial \boldsymbol{\theta}}\sum_{a\in\mathcal{A}}\pi\big(a\,|\,s;\boldsymbol{\theta}\big)\cdot Q_\pi\big(s,a\big) \\
&= \sum_{a\in\mathcal{A}}\frac{\partial \pi(a|s;\boldsymbol{\theta})\cdot Q_\pi\big(s,a\big)}{\partial \boldsymbol{\theta}}.
\end{aligned}
\tag{7.1}
$$

上面的第二个等式把求导放入连加里面, 等式成立的原因是求导的对象 $\boldsymbol{\theta}$ 与连加的对象 a 不同. 回忆一下链式法则: 设 $z = f(x)\cdot g(x)$, 那么

$$
\frac{\partial z}{\partial x} = \frac{\partial f(x)}{\partial x}\cdot g(x) + f(x)\cdot\frac{\partial g(x)}{\partial x}.
$$

应用链式法则, 式 (7.1) 中的梯度可以写作:

$$
\begin{aligned}
\frac{\partial V_\pi(s)}{\partial \boldsymbol{\theta}} &= \sum_{a\in\mathcal{A}}\frac{\partial \pi(a|s;\boldsymbol{\theta})}{\partial \boldsymbol{\theta}}\cdot Q_\pi\big(s,a\big) + \sum_{a\in\mathcal{A}}\pi\big(a\,|\,s;\boldsymbol{\theta}\big)\cdot\frac{\partial Q_\pi\big(s,a\big)}{\partial \boldsymbol{\theta}} \\
&= \sum_{a\in\mathcal{A}}\frac{\partial \pi(a|s;\boldsymbol{\theta})}{\partial \boldsymbol{\theta}}\cdot Q_\pi\big(s,a\big) + \underbrace{\mathbb{E}_{A\sim\pi(\cdot|s;\theta)}\left[\frac{\partial Q_\pi\big(s,A\big)}{\partial \boldsymbol{\theta}}\right]}_{\text{设为}\,x}.
\end{aligned}
$$

上式最右边一项 x 非常复杂, 此处不具体分析了. 由上式可得:

$$
\frac{\partial V_\pi(s)}{\partial \boldsymbol{\theta}} = \sum_{A\in\mathcal{A}}\frac{\partial \pi(A|S;\boldsymbol{\theta})}{\partial \boldsymbol{\theta}}\cdot Q_\pi\big(S,A\big) + x
$$

$$
= \sum_{A \in \mathcal{A}} \pi(A \,|\, S; \boldsymbol{\theta}) \cdot \underbrace{\frac{1}{\pi(A \,|\, S; \boldsymbol{\theta})} \cdot \frac{\partial \pi(A \,|\, S; \boldsymbol{\theta})}{\partial \boldsymbol{\theta}}}_{\text{等于 } \partial \ln \pi(A \,|\, S; \boldsymbol{\theta}) \,/\, \partial \boldsymbol{\theta}} \cdot Q_\pi(S, A) \,+\, x.
$$

上面第二个等式成立的原因是添加的两个红色项相乘等于一. 上式中用下花括号标出的项等于
$\frac{\partial \ln \pi(A \,|\, S; \boldsymbol{\theta})}{\partial \boldsymbol{\theta}}$. 由此可得

$$
\begin{aligned}
\frac{\partial V_\pi(s)}{\partial \boldsymbol{\theta}} &= \sum_{A \in \mathcal{A}} \pi(A \,|\, S; \boldsymbol{\theta}) \cdot \frac{\partial \ln \pi(A \,|\, S; \boldsymbol{\theta})}{\partial \boldsymbol{\theta}} \cdot Q_\pi(S, A) \,+\, x \\
&= \mathbb{E}_{A \sim \pi(\cdot \,|\, S; \boldsymbol{\theta})} \left[\frac{\partial \ln \pi(A \,|\, S; \boldsymbol{\theta})}{\partial \boldsymbol{\theta}} \cdot Q_\pi(S, A) \right] \,+\, x.
\end{aligned} \tag{7.2}
$$

式 (7.2) 中用红色标出的 $\pi(A|S; \boldsymbol{\theta})$ 被看作概率质量函数,因此连加可以写成期望的形式. 由目
标函数的定义 $J(\boldsymbol{\theta}) = \mathbb{E}_S[V_\pi(S)]$ 可得

$$
\begin{aligned}
\frac{\partial J(\boldsymbol{\theta})}{\partial \boldsymbol{\theta}} &= \mathbb{E}_S \left[\frac{\partial V_\pi(S)}{\partial \boldsymbol{\theta}} \right] \\
&= \mathbb{E}_S \left[\mathbb{E}_{A \sim \pi(\cdot \,|\, S; \boldsymbol{\theta})} \left[\frac{\partial \ln \pi(A \,|\, S; \boldsymbol{\theta})}{\partial \boldsymbol{\theta}} \cdot Q_\pi(S, A) \right] \right] \,+\, \mathbb{E}_S[x].
\end{aligned}
$$

简化证明通常忽略 x,于是得到定理 7.1. 在 7.3.2 节中,我们给出严格的证明. 除非读者对强化
学习的数学推导很感兴趣,否则没必要掌握.

7.3.2 严格证明

本节给出策略梯度定理的严格数学证明. 首先证明几个引理,然后用引理证明策略梯度定
理. 引理 7.2 分析梯度 $\frac{\partial V_\pi(s)}{\partial \boldsymbol{\theta}}$,并把它递归地表示为 $\frac{\partial V_\pi(S')}{\partial \boldsymbol{\theta}}$ 的期望,其中 S' 是下一时刻的状态.

引理 7.2 递归公式

$$
\frac{\partial V_\pi(s)}{\partial \boldsymbol{\theta}} = \mathbb{E}_{A \sim \pi(\cdot|s; \boldsymbol{\theta})} \left[\frac{\partial \ln \pi(A|s; \boldsymbol{\theta})}{\partial \boldsymbol{\theta}} \cdot Q_\pi(s, A) \,+\, \gamma \cdot \mathbb{E}_{S' \sim p(\cdot|s, A)} \left[\frac{\partial V_\pi(S')}{\partial \boldsymbol{\theta}} \right] \right].
$$
♡

证明 设奖励 R 和新状态 S' 是在智能体执行动作 A 之后由环境给出的. 新状态 S' 的概率质
量函数是状态转移函数 $p(S'|S, A)$. 设奖励 R 是 S、A、S' 三者的函数,因此可以将其记为
$R(S, A, S')$. 由贝尔曼方程可得:

$$
\begin{aligned}
Q_\pi(s, a) &= \mathbb{E}_{S' \sim p(\cdot|s, a)} \left[R(s, a, S') + \gamma \cdot V_\pi(s') \right] \\
&= \sum_{s' \in \mathcal{S}} p(s'|s, a) \cdot \left[R(s, a, s') + \gamma \cdot V_\pi(s') \right]
\end{aligned}
$$

$$= \sum_{s' \in \mathcal{S}} p(s'|s,a) \cdot R(s,a,s') + \gamma \cdot \sum_{s' \in \mathcal{S}} p(s'|s,a) \cdot V_\pi(s'). \tag{7.3}$$

在观测到 s、a、s' 之后, $p(s'|s,a)$ 和 $R(s,a,s')$ 都与策略网络 π 无关, 因此

$$\frac{\partial}{\partial \boldsymbol{\theta}}\Big[p(s'\,|\,s,a) \cdot R(s,a,s')\Big] = 0. \tag{7.4}$$

由式 (7.3) 与式 (7.4) 可得:

$$\begin{aligned}
\frac{\partial Q_\pi(s,a)}{\partial \boldsymbol{\theta}} &= \sum_{s' \in \mathcal{S}} \underbrace{\frac{\partial}{\partial \boldsymbol{\theta}}\Big[p(s'\,|\,s,a) \cdot R(s,a,s')\Big]}_{\text{等于零}} + \gamma \cdot \sum_{s' \in \mathcal{S}} \frac{\partial}{\partial \boldsymbol{\theta}}\Big[p(s'\,|\,s,a) \cdot V_\pi(s')\Big] \\
&= \gamma \cdot \sum_{s' \in \mathcal{S}} p(s'\,|\,s,a) \cdot \frac{\partial V_\pi(s')}{\partial \boldsymbol{\theta}} \\
&= \gamma \cdot \mathbb{E}_{S' \sim p(\cdot|s,a)}\left[\frac{\partial V_\pi(S')}{\partial \boldsymbol{\theta}}\right]. \tag{7.5}
\end{aligned}$$

由 7.3.1 节的式 (7.2) 可得:

$$\begin{aligned}
&\frac{\partial V_\pi(s)}{\partial \boldsymbol{\theta}} \\
&= \mathbb{E}_{A \sim \pi(\cdot|S;\boldsymbol{\theta})}\left[\frac{\partial \ln \pi(A|S;\boldsymbol{\theta})}{\partial \boldsymbol{\theta}} \cdot Q_\pi(S,A)\right] + \mathbb{E}_{A \sim \pi(\cdot|S;\boldsymbol{\theta})}\left[\frac{\partial Q_\pi(s,a)}{\partial \boldsymbol{\theta}}\right]. \tag{7.6}
\end{aligned}$$

结合式 (7.5) 和式 (7.6) 可得引理 7.2. $\qquad \square$

引理 7.3 策略梯度的连加形式

设 $\boldsymbol{g}(s,a;\boldsymbol{\theta}) \triangleq Q_\pi(s,a) \cdot \frac{\partial \ln \pi(a|s;\boldsymbol{\theta})}{\partial \boldsymbol{\theta}}$, 设一个回合在第 n 步之后结束, 那么

$$\begin{aligned}
\frac{\partial J(\boldsymbol{\theta})}{\partial \boldsymbol{\theta}} &= \mathbb{E}_{S_1,A_1}\Big[\boldsymbol{g}(S_1,A_1;\boldsymbol{\theta})\Big] \\
&\quad + \gamma \cdot \mathbb{E}_{S_1,A_1,S_2,A_2}\Big[\boldsymbol{g}(S_2,A_2;\boldsymbol{\theta})\Big] \\
&\quad + \gamma^2 \cdot \mathbb{E}_{S_1,A_1,S_2,A_2,S_3,A_3}\Big[\boldsymbol{g}(S_3,A_3;\boldsymbol{\theta})\Big] \\
&\quad + \cdots \\
&\quad + \gamma^{n-1} \cdot \mathbb{E}_{S_1,A_1,S_2,A_2,S_3,A_3,\cdots,S_n,A_n}\Big[\boldsymbol{g}(S_n,A_n;\boldsymbol{\theta})\Big].
\end{aligned}$$

$\heartsuit$

证明 设 S、A 分别为当前状态和动作, S' 为下一个状态. 引理 7.2 证明了下面的结论:

$$\frac{\partial V_\pi(S)}{\partial \boldsymbol{\theta}} = \mathbb{E}_A\left[\underbrace{\frac{\partial \ln \pi(A|S;\boldsymbol{\theta})}{\partial \boldsymbol{\theta}} \cdot Q_\pi(S,A)}_{\text{定义为 } \boldsymbol{g}(S,A;\boldsymbol{\theta})} + \gamma \cdot \mathbb{E}_{S'}\left[\frac{\partial V_\pi(S')}{\partial \boldsymbol{\theta}}\right]\right].$$

这样我们可以把 $\frac{\partial V_\pi(S_1)}{\partial \boldsymbol{\theta}}$ 写成递归的形式:

$$\frac{\partial V_\pi(S_1)}{\partial \boldsymbol{\theta}} = \mathbb{E}_{A_1}\Big[\boldsymbol{g}(S_1, A_1; \boldsymbol{\theta})\Big] + \gamma \cdot \mathbb{E}_{A_1,S_2}\left[\frac{\partial V_\pi(S_2)}{\partial \boldsymbol{\theta}}\right]. \tag{7.7}$$

同理, $\frac{\partial V_\pi(S_2)}{\partial \boldsymbol{\theta}}$ 可以写成:

$$\frac{\partial V_\pi(S_2)}{\partial \boldsymbol{\theta}} = \mathbb{E}_{A_2}\Big[\boldsymbol{g}(S_2, A_2; \boldsymbol{\theta})\Big] + \gamma \cdot \mathbb{E}_{A_2,S_3}\left[\frac{\partial V_\pi(S_3)}{\partial \boldsymbol{\theta}}\right]. \tag{7.8}$$

把式 (7.8) 插入式 (7.7), 得到

$$\begin{aligned}\frac{\partial V_\pi(S_1)}{\partial \boldsymbol{\theta}} = \; & \mathbb{E}_{A_1}\Big[\boldsymbol{g}(S_1, A_1; \boldsymbol{\theta})\Big] \\ & + \gamma \cdot \mathbb{E}_{A_1,S_2,A_2}\Big[\boldsymbol{g}(S_2, A_2; \boldsymbol{\theta})\Big] \\ & + \gamma^2 \cdot \mathbb{E}_{A_1,S_2,A_2,S_3}\left[\frac{\partial V_\pi(S_3)}{\partial \boldsymbol{\theta}}\right].\end{aligned}$$

按照这种规律递归下去, 可得:

$$\begin{aligned}\frac{\partial V_\pi(S_1)}{\partial \boldsymbol{\theta}} = \; & \mathbb{E}_{A_1}\Big[\boldsymbol{g}(S_1, A_1; \boldsymbol{\theta})\Big] \\ & + \gamma \cdot \mathbb{E}_{A_1,S_2,A_2}\Big[\boldsymbol{g}(S_2, A_2; \boldsymbol{\theta})\Big] \\ & + \gamma^2 \cdot \mathbb{E}_{A_1,S_2,A_2,S_3,A_3}\Big[\boldsymbol{g}(S_3, A_3; \boldsymbol{\theta})\Big] \\ & + \cdots \\ & + \gamma^{n-1} \cdot \mathbb{E}_{A_1,S_2,A_2,S_3,A_3,\cdots,S_n,A_n}\Big[\boldsymbol{g}(S_n, A_n; \boldsymbol{\theta})\Big] \\ & + \gamma^n \cdot \mathbb{E}_{A_1,S_2,A_2,S_3,A_3,\cdots,S_n,A_n,S_{n+1}}\underbrace{\left[\frac{\partial V_\pi(S_{n+1})}{\partial \boldsymbol{\theta}}\right]}_{\text{等于零}}.\end{aligned}$$

上式中最后一项等于零, 原因是回合在 n 时刻后结束, 而 $n+1$ 时刻之后没有奖励, 所以 $n+1$ 时刻的回报和价值都是零. 最后, 由上式和

$$\frac{\partial J(\boldsymbol{\theta})}{\partial \boldsymbol{\theta}} = \mathbb{E}_{S_1}\left[\frac{\partial V_\pi(S_1)}{\partial \boldsymbol{\theta}}\right]$$

可得引理 7.3. $\qquad\qquad\qquad\qquad\qquad\qquad\qquad\qquad\qquad\qquad\qquad\qquad\qquad\square$

稳态分布

想要严格证明策略梯度定理, 需要用到马尔可夫链 (Markov chain) 的稳态分布 (stationary distribution). 设状态 s' 是这样得到的: $s \to a \to s'$. 回忆一下, 状态转移函数 $p(s'|s, a)$ 是一个概率质量函数. 设 $d(s)$ 是状态 s 的概率质量函数, 那么状态 s' 的边缘分布是

$$\tilde{d}(s') \;=\; \sum_{s\in\mathcal{S}}\sum_{a\in\mathcal{A}} p(s'|s,a)\cdot\pi(a|s;\boldsymbol{\theta})\cdot d(s).$$

如果 $\tilde{d}(\cdot)$ 与 $d(\cdot)$ 是相同的概率质量函数，即 $d'(s)=d(s)\forall s\in\mathcal{S}$，则意味着马尔可夫链达到稳态，而 $d(\cdot)$ 就是达到稳态时的概率质量函数.

引理 7.4

设 $d(\cdot)$ 是马尔可夫链稳态时的概率质量（密度）函数，那么对于任意函数 $f(S')$，有

$$\mathbb{E}_{S\sim d(\cdot)}\Big[\mathbb{E}_{A\sim\pi(\cdot|S;\boldsymbol{\theta})}\big[\mathbb{E}_{S'\sim p(\cdot|s,A)}\big[f(S')\big]\big]\Big] \;=\; \mathbb{E}_{S'\sim d(\cdot)}\big[f(S')\big].$$

证明 把引理中的期望写成连加的形式：

$$\mathbb{E}_{S\sim d(\cdot)}\Big[\mathbb{E}_{A\sim\pi(\cdot|S;\boldsymbol{\theta})}\big[\mathbb{E}_{S'\sim p(\cdot|s,A)}\big[f(S')\big]\big]\Big]$$
$$= \sum_{s\in\mathcal{S}} d(s)\sum_{a\in\mathcal{A}}\pi(a|s;\boldsymbol{\theta})\sum_{s'\in\mathcal{S}} p(s'|s,a)\cdot f(s')$$
$$= \sum_{s'\in\mathcal{S}} f(s')\underbrace{\sum_{s\in\mathcal{S}}\sum_{a\in\mathcal{A}} p(s'|s,a)\cdot\pi(a|s;\boldsymbol{\theta})\cdot d(s)}_{\text{等于 } d(s')}.$$

上面等式最右边标出的项等于 $d(s')$，这是根据稳态分布的定义得到的. 于是有

$$\mathbb{E}_{S\sim d(\cdot)}\Big[\mathbb{E}_{A\sim\pi(\cdot|S;\boldsymbol{\theta})}\big[\mathbb{E}_{S'\sim p(\cdot|s,A)}\big[f(S')\big]\big]\Big] = \sum_{s'\in\mathcal{S}} f(s')\cdot d(s')$$
$$= \mathbb{E}_{S'\sim d(\cdot)}\big[f(S')\big].$$

由此可得引理 7.4. $\qquad\square$

定理 7.5 策略梯度定理（严谨的表述）

设目标函数为 $J(\boldsymbol{\theta})=\mathbb{E}_{S\sim d(\cdot)}\big[V_\pi(S)\big]$，设 $d(s)$ 为马尔可夫链稳态分布的概率质量（密度）函数，那么

$$\frac{\partial J(\boldsymbol{\theta})}{\partial\boldsymbol{\theta}} = \big(1+\gamma+\gamma^2+\cdots+\gamma^{n-1}\big)\cdot\mathbb{E}_{S\sim d(\cdot)}\Big[\mathbb{E}_{A\sim\pi(\cdot|S;\boldsymbol{\theta})}\Big[\frac{\partial\ln\pi(A|S;\boldsymbol{\theta})}{\partial\boldsymbol{\theta}}\cdot Q_\pi(S,A)\Big]\Big].$$

证明 设初始状态 S_1 服从马尔可夫链的稳态分布，它的概率质量函数是 $d(S_1)$. 对于所有的 $t=1,\cdots,n$，动作 A_t 根据策略网络抽样得到：

$$A_t \sim \pi(\cdot\,|\,S_t;\boldsymbol{\theta}),$$

新的状态 S_{t+1} 根据状态转移函数抽样得到：

$$S_{t+1} \sim p(\,\cdot\,|\,S_t, A_t).$$

对于任意函数 f，反复应用引理 7.4 可得：

$$\mathbb{E}_{S_1 \sim d}\Big\{ \mathbb{E}_{A_1 \sim \pi, S_2 \sim p}\Big\{ \mathbb{E}_{A_2, S_3, A_3, S_4, \cdots, A_{t-1}, S_t}\Big[f(S_t) \Big] \Big\} \Big\}$$

$$= \mathbb{E}_{S_2 \sim d}\Big\{ \mathbb{E}_{A_2, S_3, A_3, S_4, \cdots, A_{t-1}, S_t}\Big[f(S_t) \Big] \Big\} \qquad (\text{由引理 7.4 得出})$$

$$= \mathbb{E}_{S_2 \sim d}\Big\{ \mathbb{E}_{A_2 \sim \pi, S_3 \sim p}\Big\{ \mathbb{E}_{A_3, S_4, A_4, S_5, \cdots, A_{t-1}, S_t}\Big[f(S_t) \Big] \Big\} \Big\}$$

$$= \mathbb{E}_{S_3 \sim d}\Big\{ \mathbb{E}_{A_3, S_4, A_4, S_5, \cdots, A_{t-1}, S_t}\Big[f(S_t) \Big] \Big\} \qquad (\text{由引理 7.4 得出})$$

$$\vdots$$

$$= \mathbb{E}_{S_{t-1} \sim d}\Big\{ \mathbb{E}_{A_{t-1} \sim \pi, S_t \sim p}\Big\{ f(S_t) \Big\} \Big\}$$

$$= \mathbb{E}_{S_t \sim d}\Big\{ f(S_t) \Big\}. \qquad (\text{由引理 7.4 得出})$$

设 $g(s, a; \boldsymbol{\theta}) \triangleq Q_\pi(s, a) \cdot \frac{\partial \ln \pi(a|s; \boldsymbol{\theta})}{\partial \boldsymbol{\theta}}$．设一个回合在第 n 步之后结束．由引理 7.3 与上式可得：

$$
\begin{aligned}
\frac{\partial J(\boldsymbol{\theta})}{\partial \boldsymbol{\theta}} =\; & \mathbb{E}_{S_1, A_1}\Big[g(S_1, A_1; \boldsymbol{\theta}) \Big] \\
& + \gamma \cdot \mathbb{E}_{S_1, A_1, S_2, A_2}\Big[g(S_2, A_2; \boldsymbol{\theta}) \Big] \\
& + \gamma^2 \cdot \mathbb{E}_{S_1, A_1, S_2, A_2, S_3, A_3}\Big[g(S_3, A_3; \boldsymbol{\theta}) \Big] \\
& + \cdots \\
& + \gamma^{n-1} \cdot \mathbb{E}_{S_1, A_1, S_2, A_2, S_3, A_3, \cdots, S_n, A_n}\Big[g(S_n, A_n; \boldsymbol{\theta}) \Big] \Big] \\
=\; & \mathbb{E}_{S_1 \sim d(\cdot)}\Big\{ \mathbb{E}_{A_1 \sim \pi(\cdot|S_1; \boldsymbol{\theta})}\Big[g(S_1, A_1; \boldsymbol{\theta}) \Big] \Big\} \\
& + \gamma \cdot \mathbb{E}_{S_2 \sim d(\cdot)}\Big\{ \mathbb{E}_{A_2 \sim \pi(\cdot|S_2; \boldsymbol{\theta})}\Big[g(S_2, A_2; \boldsymbol{\theta}) \Big] \Big\} \\
& + \gamma^2 \cdot \mathbb{E}_{S_3 \sim d(\cdot)}\Big\{ \mathbb{E}_{A_3 \sim \pi(\cdot|S_3; \boldsymbol{\theta})}\Big[g(S_3, A_3; \boldsymbol{\theta}) \Big] \Big\} \\
& + \cdots \\
& + \gamma^{n-1} \cdot \mathbb{E}_{S_n \sim d(\cdot)}\Big\{ \mathbb{E}_{A_n \sim \pi(\cdot|S_n; \boldsymbol{\theta})}\Big[g(S_n, A_n; \boldsymbol{\theta}) \Big] \Big\} \\
=\; & \Big(1 + \gamma + \gamma^2 + \cdots + \gamma^{n-1} \Big) \cdot \mathbb{E}_{S \sim d(\cdot)}\Big\{ \mathbb{E}_{A \sim \pi(\cdot|S; \boldsymbol{\theta})}\Big[g(S, A; \boldsymbol{\theta}) \Big] \Big\}.
\end{aligned}
$$

由此可得定理 7.5. $\qquad\qquad$ □

7.3.3 近似策略梯度

先复习一下前两节的内容．策略学习可以表述为如下优化问题：

$$\max_{\boldsymbol{\theta}}\Big\{ J(\boldsymbol{\theta}) \triangleq \mathbb{E}_S\Big[V_\pi(S) \Big] \Big\}.$$

求解这个最大化问题最简单的算法就是梯度上升:

$$\boldsymbol{\theta} \;\leftarrow\; \boldsymbol{\theta} + \beta \cdot \nabla_{\boldsymbol{\theta}} J(\boldsymbol{\theta}).$$

其中的 $\nabla_{\boldsymbol{\theta}} J(\boldsymbol{\theta})$ 是策略梯度. 策略梯度定理证明:

$$\nabla_{\boldsymbol{\theta}} J(\boldsymbol{\theta}) \;=\; \mathbb{E}_S\Big[\, \mathbb{E}_{A \sim \pi(\cdot \mid S; \boldsymbol{\theta})}\big[\, Q_\pi(S, A) \,\cdot\, \nabla_{\boldsymbol{\theta}} \ln \pi(A \mid S; \boldsymbol{\theta})\,\big]\,\Big].$$

解析求出这个期望是不可能的, 因为我们并不知道状态 S 的概率密度函数; 即使知道, 能够通过连加或者定积分求出期望, 我们也不愿意这样做, 因为连加或者定积分的计算量非常大.

回忆一下, 第 2 章介绍了期望的蒙特卡洛方法近似, 可以用于近似策略梯度. 每次从环境中观测到一个状态 s(它相当于随机变量 S 的观测值), 然后根据当前的策略网络(其参数必须是最新的)随机抽样得出一个动作:

$$a \;\sim\; \pi(\,\cdot \mid s; \boldsymbol{\theta}).$$

计算随机梯度:

$$\boxed{\;\boldsymbol{g}(s, a; \boldsymbol{\theta}) \;\triangleq\; Q_\pi(s, a) \,\cdot\, \nabla_{\boldsymbol{\theta}} \ln \pi(a \mid s; \boldsymbol{\theta}).\;}$$

很显然, $\boldsymbol{g}(s, a; \boldsymbol{\theta})$ 是策略梯度 $\nabla_{\boldsymbol{\theta}} J(\boldsymbol{\theta})$ 的无偏估计:

$$\nabla_{\boldsymbol{\theta}} J(\boldsymbol{\theta}) \;=\; \mathbb{E}_S\Big[\, \mathbb{E}_{A \sim \pi(\cdot \mid S; \boldsymbol{\theta})}\big[\, \boldsymbol{g}(S, A; \boldsymbol{\theta})\,\big]\,\Big].$$

于是我们得到下面的结论:

> **结论 7.1**
>
> 随机梯度 $\boldsymbol{g}(s, a; \boldsymbol{\theta}) \triangleq Q_\pi(s, a) \cdot \nabla_{\boldsymbol{\theta}} \ln \pi(a|s; \boldsymbol{\theta})$ 是策略梯度 $\nabla_{\boldsymbol{\theta}} J(\boldsymbol{\theta})$ 的无偏估计. ♣

应用上述结论, 我们可以做随机梯度上升来更新 $\boldsymbol{\theta}$, 使得目标函数 $J(\boldsymbol{\theta})$ 逐渐增长:

$$\boldsymbol{\theta} \;\leftarrow\; \boldsymbol{\theta} + \beta \cdot \boldsymbol{g}(s, a; \boldsymbol{\theta}).$$

此处的 β 是学习率, 需要手动调整. 但是这种方法仍然不可行, 计算不出 $\boldsymbol{g}(s, a; \boldsymbol{\theta})$, 原因是我们不知道动作价值函数 $Q_\pi(s, a)$. 在后面两节中, 我们用两种方法对 $Q_\pi(s, a)$ 做近似: 一种方法是 REINFORCE, 用实际观测的回报 u 近似 $Q_\pi(s, a)$; 另一种方法是 actor-critic, 用神经网络 $q(s, a; \boldsymbol{w})$ 近似 $Q_\pi(s, a)$.

7.4 REINFORCE

策略梯度方法用 $\nabla_{\boldsymbol{\theta}} J(\boldsymbol{\theta})$ 的近似来更新策略网络参数 $\boldsymbol{\theta}$, 从而增大目标函数. 7.3 节中, 我

们推导出了策略梯度 $\nabla_{\boldsymbol{\theta}} J(\boldsymbol{\theta})$ 的无偏估计,即下面的随机梯度:

$$\boxed{g(s,a;\boldsymbol{\theta}) \triangleq Q_\pi(s,a) \cdot \nabla_{\boldsymbol{\theta}} \ln \pi(a\,|\,s;\boldsymbol{\theta}).}$$

但是其中的动作价值函数 Q_π 是未知的,这就导致无法直接计算 $g(s,a;\boldsymbol{\theta})$. REINFORCE 进一步用蒙特卡洛方法近似 Q_π,把它替换成回报 u.

7.4.1 简化推导

设一个回合有 n 步,其中的奖励记作 $R_1,\cdots,R_n$. 回忆一下,t 时刻的折扣回报定义为:

$$U_t = \sum_{k=t}^{n} \gamma^{k-t} \cdot R_k.$$

而动作价值定义为 U_t 的条件期望:

$$Q_\pi(s_t,a_t) = \mathbb{E}\Big[U_t\,\Big|\,S_t=s_t, A_t=a_t\Big].$$

我们可以用蒙特卡洛方法近似上面的条件期望. 从时刻 t 开始,智能体完成一个回合,观测到全部奖励 $r_t,\cdots,r_n$,然后可以计算出 $u_t = \sum_{k=t}^{n} \gamma^{k-t} \cdot r_k$. 因为 u_t 是随机变量 U_t 的观测值,所以 u_t 是上式中期望的蒙特卡洛方法近似. 在实践中,可以用 u_t 代替 $Q_\pi(s_t,a_t)$,那么随机梯度 $g(s_t,a_t;\boldsymbol{\theta})$ 可以近似成

$$\boxed{\tilde{g}(s_t,a_t;\boldsymbol{\theta}) = u_t \cdot \nabla_{\boldsymbol{\theta}} \ln \pi(a_t\,|\,s_t;\boldsymbol{\theta}).}$$

$\tilde{g}$ 是 g 的无偏估计,所以也是策略梯度 $\nabla_{\boldsymbol{\theta}} J(\boldsymbol{\theta})$ 的无偏估计. $\tilde{g}$ 也是一种随机梯度.

我们可以用反向传播计算出 $\ln \pi$ 关于 $\boldsymbol{\theta}$ 的梯度,而且可以实际观测到 u_t,于是我们可以实际计算出随机梯度 $\tilde{g}$ 的值. 有了随机梯度的值,我们就可以做随机梯度上升更新策略网络参数 $\boldsymbol{\theta}$:

$$\boldsymbol{\theta} \leftarrow \boldsymbol{\theta} + \beta \cdot \tilde{g}(s_t,a_t;\boldsymbol{\theta}). \tag{7.9}$$

根据上述推导,我们得到了训练策略网络的算法,即 REINFORCE.

7.4.2 训练流程

当前策略网络的参数是 $\boldsymbol{\theta}_{\text{now}}$. REINFORCE 执行下面的步骤对策略网络的参数做一次更新.

(1) 用策略网络 $\boldsymbol{\theta}_{\text{now}}$ 控制智能体从头开始一个回合,得到一条轨迹:

$$s_1,a_1,r_1, \quad s_2,a_2,r_2, \quad \cdots, \quad s_n,a_n,r_n.$$

(2) 计算所有的回报：

$$u_t = \sum_{k=t}^{n} \gamma^{k-t} \cdot r_k, \qquad \forall\, t = 1, \cdots, n.$$

(3) 用 $\{(s_t, a_t)\}_{t=1}^{n}$ 作为数据，做反向传播计算：

$$\nabla_{\boldsymbol{\theta}} \ln \pi\big(a_t \,\big|\, s_t;\, \boldsymbol{\theta}_{\text{now}}\big), \qquad \forall\, t = 1, \cdots, n.$$

(4) 做随机梯度上升更新策略网络参数：

$$\boldsymbol{\theta}_{\text{new}} \;\leftarrow\; \boldsymbol{\theta}_{\text{now}} \,+\, \beta \cdot \sum_{t=1}^{n} \gamma^{t-1} \cdot \underbrace{u_t \cdot \nabla_{\boldsymbol{\theta}} \ln \pi\big(a_t \,\big|\, s_t;\, \boldsymbol{\theta}_{\text{now}}\big)}_{\text{即随机梯度 } \tilde{\boldsymbol{g}}(s_t, a_t; \boldsymbol{\theta}_{\text{now}})}.$$

【注意】在算法的最后一步中，随机梯度前面乘以系数 γ^{t-1}. 读者可能会好奇，为什么需要这个系数呢？原因是这样的：前面 REINFORCE 的推导是简化的，按照我们简化的推导，不应该乘以系数 γ^{t-1}. 7.4.3 节做严格的数学推导，得出的 REINFORCE 算法需要系数 γ^{t-1}.

【注意】REINFORCE 属于同策略，要求行为策略与目标策略相同，两者都必须是策略网络 $\pi(a|s; \boldsymbol{\theta}_{\text{now}})$，其中 $\boldsymbol{\theta}_{\text{now}}$ 是策略网络当前的参数. 所以经验回放不适用于 REINFORCE.

7.4.3 严格推导

我们在 7.4.1 节对策略梯度做近似，推导出了 REINFORCE 算法. 这种推导是简化过的，以便帮助读者理解 REINFORCE 算法，实际上并不严谨. 本节做严格的数学推导，对策略梯度做近似，得出真正的 REINFORCE 算法. 对数学证明不感兴趣的读者可以跳过本节.

根据定义，$\boldsymbol{g}(s, a; \boldsymbol{\theta}) \triangleq Q_\pi(s, a) \cdot \nabla_{\boldsymbol{\theta}} \ln \pi(a \,|\, s; \boldsymbol{\theta})$. 引理 7.3 把策略梯度 $\nabla_{\boldsymbol{\theta}} J(\boldsymbol{\theta})$ 表示成期望的连加：

$$
\begin{aligned}
\nabla_{\boldsymbol{\theta}} J(\boldsymbol{\theta}) \;=\;& \mathbb{E}_{S_1, A_1}\Big[\boldsymbol{g}(S_1, A_1; \boldsymbol{\theta})\Big] \\
&+ \gamma \cdot \mathbb{E}_{S_1, A_1, S_2, A_2}\Big[\boldsymbol{g}(S_2, A_2; \boldsymbol{\theta})\Big] \\
&+ \gamma^2 \cdot \mathbb{E}_{S_1, A_1, S_2, A_2, S_3, A_3}\Big[\boldsymbol{g}(S_3, A_3; \boldsymbol{\theta})\Big] \\
&+ \cdots \\
&+ \gamma^{n-1} \cdot \mathbb{E}_{S_1, A_1, S_2, A_2, S_3, A_3, \cdots, S_n, A_n}\Big[\boldsymbol{g}(S_n, A_n; \boldsymbol{\theta})\Big].
\end{aligned}
\tag{7.10}
$$

我们可以对期望做蒙特卡洛方法近似. 首先观测到第一个状态 $S_1 = s_1$，然后用最新的策略网

络 $\pi(a|s;\boldsymbol{\theta}_{\text{now}})$ 控制智能体与环境交互, 观测到轨迹:

$$s_1, a_1, r_1, \quad s_2, a_2, r_2, \quad \cdots, \quad s_n, a_n, r_n.$$

对式 (7.10) 中的期望做蒙特卡洛方法近似, 得到:

$$\nabla_{\boldsymbol{\theta}} J(\boldsymbol{\theta}_{\text{now}}) \quad \approx \quad \boldsymbol{g}(s_1, a_1; \boldsymbol{\theta}_{\text{now}}) + \gamma \cdot \boldsymbol{g}(s_2, a_2; \boldsymbol{\theta}_{\text{now}}) + \cdots + \gamma^{n-1} \cdot \boldsymbol{g}(s_n, a_n; \boldsymbol{\theta}_{\text{now}}).$$

进一步把 $\boldsymbol{g}(s_t, a_t; \boldsymbol{\theta}_{\text{now}}) \triangleq Q_\pi(s_t, a_t) \cdot \nabla_{\boldsymbol{\theta}} \ln \pi(a_t \,|\, s_t; \boldsymbol{\theta}_{\text{now}})$ 中的 $Q_\pi(s_t, a_t)$ 替换成 u_t, 那么 $\boldsymbol{g}(s_t, a_t; \boldsymbol{\theta}_{\text{now}})$ 就近似为:

$$\boldsymbol{g}(s_t, a_t; \boldsymbol{\theta}_{\text{now}}) \quad \approx \quad u_t \cdot \nabla_{\boldsymbol{\theta}} \ln \pi(a_t \,|\, s_t; \boldsymbol{\theta}_{\text{now}}).$$

经过上述两次近似, 策略梯度近似为下面的随机梯度:

$$\nabla_{\boldsymbol{\theta}} J(\boldsymbol{\theta}_{\text{now}}) \quad \approx \quad \sum_{t=1}^{n} \gamma^{t-1} \cdot u_t \cdot \nabla_{\boldsymbol{\theta}} \ln \pi(a_t | s_t; \boldsymbol{\theta}_{\text{now}}).$$

这样就得到了 REINFORCE 算法的随机梯度上升公式:

$$\boldsymbol{\theta}_{\text{new}} \quad \leftarrow \quad \boldsymbol{\theta}_{\text{now}} + \beta \cdot \sum_{t=1}^{n} \gamma^{t-1} \cdot u_t \cdot \nabla_{\boldsymbol{\theta}} \ln \pi(a_t \,|\, s_t; \boldsymbol{\theta}_{\text{now}}).$$

7.5 actor-critic

策略梯度方法用策略梯度 $\nabla_{\boldsymbol{\theta}} J(\boldsymbol{\theta})$ 更新策略网络参数 $\boldsymbol{\theta}$, 从而增大目标函数. 7.2 节推导出了策略梯度 $\nabla_{\boldsymbol{\theta}} J(\boldsymbol{\theta})$ 的无偏估计, 即下面的随机梯度:

$$\boxed{\boldsymbol{g}(s, a; \boldsymbol{\theta}) \quad \triangleq \quad Q_\pi(s, a) \cdot \nabla_{\boldsymbol{\theta}} \ln \pi(a \,|\, s; \boldsymbol{\theta}).}$$

但是其中的动作价值函数 Q_π 是未知的, 导致无法直接计算 $\boldsymbol{g}(s, a; \boldsymbol{\theta})$. 7.4 节的 REINFORCE 用实际观测的回报近似 Q_π, 本节的 actor-critic 方法用神经网络近似 Q_π.

7.5.1 价值网络

actor-critic 方法用一个神经网络近似动作价值函数 $Q_\pi(s, a)$, 这个神经网络叫作 "价值网络", 记为 $q(s, a; \boldsymbol{w})$, 其中的 $\boldsymbol{w}$ 表示神经网络中可训练的参数. 价值网络的输入是状态 s, 输出是每个动作的价值. 动作空间 $\mathcal{A}$ 中有多少种动作, 价值网络的输出就是多少维的向量, 向量的每个元素对应一个动作. 举个例子, 动作空间是: $\mathcal{A} = \{左, 右, 上\}$, 价值网络的输出是:

$$q(s, 左; \boldsymbol{w}) = 219,$$

$$q(s, 右; \boldsymbol{w}) = -73,$$
$$q(s, 上; \boldsymbol{w}) = 580.$$

神经网络的结构如图 7-2 所示.

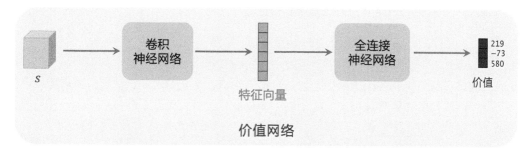

图 7-2 价值网络 $q(s, a; \boldsymbol{w})$ 的结构. 输入是状态 s, 输出是每个动作的价值

虽然价值网络 $q(s, a; \boldsymbol{w})$ 与之前学的 DQN 结构相同, 但是两者的意义不同, 训练算法也不同.

- 价值网络是对动作价值函数 $Q_\pi(s, a)$ 的近似, 而 DQN 是对最优动作价值函数 $Q_\star(s, a)$ 的近似.
- 对价值网络的训练使用的是 SARSA 算法, 它属于同策略, 不能用经验回放. 对 DQN 的训练使用的是 Q 学习算法, 它属于异策略, 可以用经验回放.

7.5.2 算法推导

actor-critic 翻译成 "演员—评委" 方法. 策略网络 $\pi(a|s; \boldsymbol{\theta})$ 相当于演员, 它基于状态 s 做出动作 a. 价值网络 $q(s, a; \boldsymbol{w})$ 相当于评委, 它给演员的表现打分, 评价在状态 s 的情况下做出动作 a 的好坏程度. 策略网络 (演员) 和价值网络 (评委) 的关系如图 7-3 所示.

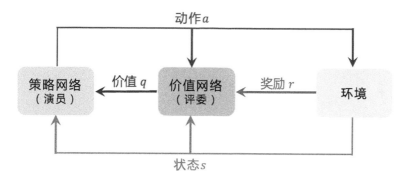

图 7-3 actor-critic 方法中策略网络 (演员) 和价值网络 (评委) 的关系图

读者可能会对图 7-3 感到不解：为什么不直接把奖励 R 反馈给策略网络（演员），而要用价值网络（评委）这样一个中介呢？原因是这样的：策略学习的目标函数 $J(\boldsymbol{\theta})$ 是回报 U 的期望，而不是奖励 R 的期望（注意回报 U 和奖励 R 的区别）。虽然能观测到当前的奖励 R，但是它对策略网络毫无意义——训练策略网络（演员）需要的是回报 U，而不是奖励 R。价值网络（评委）能够估算出回报 U 的期望，因此能帮助训练策略网络（演员）。

1. 训练策略网络（演员）

策略网络（演员）想要改进自己，但是自己不知道什么样的表演算更好，所以需要价值网络（评委）的帮助。在演员做出动作 a 之后，评委会打出一个分数 $\hat{q} \triangleq q(s, a; \boldsymbol{w})$，并把分数反馈给演员，帮助演员做出改进。演员利用当前状态 s、自己的动作 a 以及评委的打分 $\hat{q}$，计算近似策略梯度，然后更新自己的参数 $\boldsymbol{\theta}$（相当于改变自己的表演）。通过这种方式，演员的表现越来越受评委的好评，于是获得的评分 $\hat{q}$ 越来越高。

训练策略网络的基本想法是用策略梯度 $\nabla_{\boldsymbol{\theta}} J(\boldsymbol{\theta})$ 的近似来更新参数 $\boldsymbol{\theta}$。之前我们推导过策略梯度的无偏估计：

$$\boldsymbol{g}(s, a; \boldsymbol{\theta}) \triangleq Q_\pi(s, a) \cdot \nabla_{\boldsymbol{\theta}} \ln \pi(a \mid s; \boldsymbol{\theta}).$$

价值网络 $q(s, a; \boldsymbol{w})$ 是对动作价值函数 $Q_\pi(s, a)$ 的近似，所以把上式中的 Q_π 替换成价值网络，得到近似策略梯度：

$$\hat{\boldsymbol{g}}(s, a; \boldsymbol{\theta}) \triangleq \underbrace{q(s, a; \boldsymbol{w})}_{\text{评委的打分}} \cdot \nabla_{\boldsymbol{\theta}} \ln \pi(a \mid s; \boldsymbol{\theta}). \tag{7.11}$$

最后做梯度上升更新策略网络的参数：

$$\boldsymbol{\theta} \leftarrow \boldsymbol{\theta} + \beta \cdot \hat{\boldsymbol{g}}(s, a; \boldsymbol{\theta}). \tag{7.12}$$

【注意】用上述方式更新参数之后，评委打出的分数会越来越高，原因如下所述。

状态价值函数 $V_\pi(s)$ 可以近似为：

$$v(s; \boldsymbol{\theta}) = \mathbb{E}_{A \sim \pi(\cdot \mid s; \boldsymbol{\theta})} \Big[q(s, A; \boldsymbol{w}) \Big].$$

因此可以将 $v(s; \boldsymbol{\theta})$ 看作评委打分的均值。不难证明，式 (7.11) 中定义的近似策略梯度 $\hat{\boldsymbol{g}}(s, a; \boldsymbol{\theta})$ 的期望等于 $v(s; \boldsymbol{\theta})$ 关于 $\boldsymbol{\theta}$ 的梯度：

$$\nabla_{\boldsymbol{\theta}} v(s; \boldsymbol{\theta}) = \mathbb{E}_{A \sim \pi(\cdot | s; \boldsymbol{\theta})} \Big[\widehat{\boldsymbol{g}}(s, A; \boldsymbol{\theta}) \Big].$$

因此,用式 (7.12) 中的梯度上升更新 $\boldsymbol{\theta}$,会让 $v(s; \boldsymbol{\theta})$ 变大,也就是让评委打分的均值更高.

2. 训练价值网络(评委)

通过以上分析,我们不难发现上述训练策略网络(演员)的方法可能不会真正让演员表现得更好,只是让演员迎合评委的喜好而已. 因此,评委的水平也很重要,只有当评委的打分 $\widehat{q}$ 真正反映动作价值 Q_{π},演员的水平才能真正提高. 初始,价值网络的参数 $\boldsymbol{w}$ 是随机的,也就是说评委的打分是瞎猜. 可以用 SARSA 算法更新 $\boldsymbol{w}$,提高评委的水平. 每次从环境中观测到一个奖励 r,把 r 看作真相,用 r 来校准评委的打分.

5.1 节推导过 SARSA 算法,现在我们再回顾一下. 在 t 时刻,价值网络输出

$$\widehat{q}_t = q(s_t, a_t; \boldsymbol{w}),$$

它是对动作价值函数 $Q_{\pi}(s_t, a_t)$ 的估计. 在 $t+1$ 时刻,实际观测到 r_t, s_{t+1}, a_{t+1},于是可以计算 TD 目标:

$$\widehat{y}_t \triangleq r_t + \gamma \cdot q(s_{t+1}, a_{t+1}; \boldsymbol{w}),$$

它也是对动作价值函数 $Q_{\pi}(s_t, a_t)$ 的估计. 由于 $\widehat{y}_t$ 部分基于实际观测到的奖励 r_t,我们认为 $\widehat{y}_t$ 比 $q(s_t, a_t; \boldsymbol{w})$ 更接近事实真相,所以把 $\widehat{y}_t$ 固定住,鼓励 $q(s_t, a_t; \boldsymbol{w})$ 去接近 $\widehat{y}_t$. SARSA 算法更新价值网络参数 $\boldsymbol{w}$ 的具体做法如下.

定义损失函数:

$$L(\boldsymbol{w}) \triangleq \frac{1}{2} \Big[q(s_t, a_t; \boldsymbol{w}) - \widehat{y}_t \Big]^2.$$

设 $\widehat{q}_t \triangleq q(s_t, a_t; \boldsymbol{w})$. 损失函数的梯度是:

$$\nabla_{\boldsymbol{w}} L(\boldsymbol{w}) = \underbrace{(\widehat{q}_t - \widehat{y}_t)}_{\text{TD 误差 } \delta_t} \cdot \nabla_{\boldsymbol{w}} q(s_t, a_t; \boldsymbol{w}).$$

做一轮梯度下降更新 $\boldsymbol{w}$:

$$\boldsymbol{w} \leftarrow \boldsymbol{w} - \alpha \cdot \nabla_{\boldsymbol{w}} L(\boldsymbol{w}).$$

这样更新 $\boldsymbol{w}$ 可以让 $q(s_t, a_t; \boldsymbol{w})$ 更接近 $\widehat{y}_t$. 可以这样理解 SARSA:用观测到的奖励 r_t 来"校准"评委的打分 $q(s_t, a_t; \boldsymbol{w})$.

7.5.3 训练流程

下面概括 actor-critic 的训练流程. 设当前策略网络参数是 $\boldsymbol{\theta}_{\text{now}}$, 价值网络参数是 $\boldsymbol{w}_{\text{now}}$. 执行下面的步骤, 将参数更新成 $\boldsymbol{\theta}_{\text{new}}$ 和 $\boldsymbol{w}_{\text{new}}$.

(1) 观测到当前状态 s_t, 根据策略网络做决策: $a_t \sim \pi(\cdot \mid s_t; \boldsymbol{\theta}_{\text{now}})$, 并让智能体执行动作 a_t.

(2) 从环境中观测到奖励 r_t 和新的状态 s_{t+1}.

(3) 根据策略网络做决策: $\tilde{a}_{t+1} \sim \pi(\cdot \mid s_{t+1}; \boldsymbol{\theta}_{\text{now}})$, 但不让智能体执行动作 $\tilde{a}_{t+1}$.

(4) 让价值网络打分:

$$\widehat{q}_t = q(s_t, a_t; \boldsymbol{w}_{\text{now}}) \qquad \text{和} \qquad \widehat{q}_{t+1} = q(s_{t+1}, \tilde{a}_{t+1}; \boldsymbol{w}_{\text{now}}).$$

(5) 计算 TD 目标和 TD 误差:

$$\widehat{y}_t = r_t + \gamma \cdot \widehat{q}_{t+1} \qquad \text{和} \qquad \delta_t = \widehat{q}_t - \widehat{y}_t.$$

(6) 更新价值网络:

$$\boldsymbol{w}_{\text{new}} \leftarrow \boldsymbol{w}_{\text{now}} - \alpha \cdot \delta_t \cdot \nabla_{\boldsymbol{w}} q(s_t, a_t; \boldsymbol{w}_{\text{now}}).$$

(7) 更新策略网络:

$$\boldsymbol{\theta}_{\text{new}} \leftarrow \boldsymbol{\theta}_{\text{now}} + \beta \cdot \widehat{q}_t \cdot \nabla_{\boldsymbol{\theta}} \ln \pi(a_t \mid s_t; \boldsymbol{\theta}_{\text{now}}).$$

7.5.4 用目标网络改进训练

6.2 节讨论了 Q 学习中的自举及其危害, 以及用目标网络缓解自举造成的偏差. SARSA 算法中也存在自举——用价值网络自己的估值 $\widehat{q}_{t+1}$ 去更新价值网络自己; 我们同样可以用目标网络计算 TD 目标, 从而缓解偏差. 把目标网络记作 $q(s, a; \boldsymbol{w}^-)$, 它的结构与价值网络相同, 但是参数不同. 使用目标网络计算 TD 目标, 那么 actor-critic 的训练就变成了如下流程.

(1) 观测到当前状态 s_t, 根据策略网络做决策: $a_t \sim \pi(\cdot \mid s_t; \boldsymbol{\theta}_{\text{now}})$, 并让智能体执行动作 a_t.

(2) 从环境中观测到奖励 r_t 和新的状态 s_{t+1}.

(3) 根据策略网络做决策: $\tilde{a}_{t+1} \sim \pi(\cdot \mid s_{t+1}; \boldsymbol{\theta}_{\text{now}})$, 但是不让智能体执行动作 $\tilde{a}_{t+1}$.

(4) 让价值网络给 (s_t, a_t) 打分:

$$\widehat{q}_t = q(s_t, a_t; \boldsymbol{w}_{\text{now}}).$$

(5) 让目标网络给 $(s_{t+1}, \tilde{a}_{t+1})$ 打分:

$$\widehat{q}_{t+1}^- = q(s_{t+1}, \tilde{a}_{t+1}; \boldsymbol{w}_{\text{now}}^-).$$

(6) 计算 TD 目标和 TD 误差:

$$\widehat{y_t^-} \;=\; r_t + \gamma \cdot \widehat{q_{t+1}} \qquad 和 \qquad \delta_t \;=\; \widehat{q}_t - \widehat{y_t^-}.$$

(7) 更新价值网络:

$$\boldsymbol{w}_{\text{new}} \;\leftarrow\; \boldsymbol{w}_{\text{now}} - \alpha \cdot \delta_t \cdot \nabla_{\boldsymbol{w}} q\big(s_t, a_t; \, \boldsymbol{w}_{\text{now}}\big).$$

(8) 更新策略网络:

$$\boldsymbol{\theta}_{\text{new}} \;\leftarrow\; \boldsymbol{\theta}_{\text{now}} + \beta \cdot \widehat{q}_t \cdot \nabla_{\boldsymbol{\theta}} \ln \pi\big(a_t \,\big|\, s_t; \, \boldsymbol{\theta}_{\text{now}}\big).$$

(9) 设 $\tau \in (0,1)$ 是需要手动调整的超参数. 做加权平均更新目标网络的参数:

$$\boldsymbol{w}_{\text{new}}^- \;\leftarrow\; \tau \cdot \boldsymbol{w}_{\text{new}} + \big(1-\tau\big) \cdot \boldsymbol{w}_{\text{now}}^-.$$

○   ○   ○

相关文献

REINFORCE 由 Williams 在 1987 年提出 [22,23]. actor-critic 由 Barto 等人在 1983 年提出 [24]. 很多论文 [25-29] 分析过 actor-critic 的收敛. 策略梯度定理由 Marbach 和 Tsitsiklis 于 1999 年发表的论文 [30] 和 Sutton 等人于 2000 年发表的论文 [31] 独立提出.

知识点小结

- 可以用神经网络 $\pi(a|s; \boldsymbol{\theta})$ 近似策略函数. 策略学习的目标函数是 $J(\boldsymbol{\theta}) = \mathbb{E}_S[V_\pi(S)]$, 它的值越大, 意味着策略越好.

- 策略梯度指的是 $J(\boldsymbol{\theta})$ 关于策略网络参数 $\boldsymbol{\theta}$ 的梯度. 策略梯度定理将策略梯度表示成

$$\boldsymbol{g}\big(s,a;\boldsymbol{\theta}\big) \;\triangleq\; Q_\pi\big(s,a\big) \;\cdot\; \nabla_{\boldsymbol{\theta}} \ln \pi\big(a \,\big|\, s; \, \boldsymbol{\theta}\big)$$

的期望.

- REINFORCE 算法用实际观测的回报 u 近似 $Q_\pi(s,a)$, 从而把 $\boldsymbol{g}(s,a;\boldsymbol{\theta})$ 近似成:

$$\tilde{\boldsymbol{g}}\big(s,a;\boldsymbol{\theta}\big) \;\triangleq\; u \;\cdot\; \nabla_{\boldsymbol{\theta}} \ln \pi\big(a \,\big|\, s; \, \boldsymbol{\theta}\big).$$

REINFORCE 算法做梯度上升更新策略网络: $\boldsymbol{\theta} \leftarrow \boldsymbol{\theta} + \beta \cdot \tilde{\boldsymbol{g}}(s,a;\boldsymbol{\theta})$.

- actor-critic 用价值网络 $q(s,a;\boldsymbol{w})$ 近似 $Q_\pi(s,a)$, 从而把 $\boldsymbol{g}(s,a;\boldsymbol{\theta})$ 近似成:

$$\widehat{\boldsymbol{g}}\big(s,a;\boldsymbol{\theta}\big) \;\triangleq\; q(s,a;\boldsymbol{w}) \;\cdot\; \nabla_{\boldsymbol{\theta}} \ln \pi\big(a \,\big|\, s; \, \boldsymbol{\theta}\big).$$

actor-critic 用 SARSA 算法更新价值网络 q, 用梯度上升更新策略网络: $\boldsymbol{\theta} \leftarrow \boldsymbol{\theta} + \beta \cdot \widehat{\boldsymbol{g}}(s,a;\boldsymbol{\theta})$.

习题

7.1 把策略网络记作 $\pi(a|s;\boldsymbol{\theta})$. 请计算：$\sum_{a\in\mathcal{A}}\left|\pi(a|s;\boldsymbol{\theta})\right| = $ _____.

7.2 为什么策略网络输出层用 softmax 做激活函数?

7.3 状态价值函数 $V_\pi(s_t)$ 依赖于未来的状态 $s_{t+1}, s_{t+1}, \cdots$.

    A. 上述说法正确

    B. 上述说法错误

7.4 设 $\ln x$ 为 x 的自然对数. 它的导数是 $\frac{\mathrm{d}\ln x}{\mathrm{d}\,x} = $ _____.

    A. x^2

    B. x

    C. $\frac{1}{x}$

    D. $\ln x$

    E. e^x

7.5 REINFORCE 的原理是用蒙特卡洛方法近似策略梯度 $\frac{\partial J(\boldsymbol{\theta})}{\partial \boldsymbol{\theta}}$. 请你总结一下 REINFORCE 做了哪些近似.

7.6 在 actor-critic 的训练中使用目标网络，目的在于 _____.

    A. 缓解价值网络的偏差

    B. 缓解策略网络的偏差

第 8 章　带基线的策略梯度方法

上一章我们推导出了策略梯度，并介绍了两种策略梯度方法——REINFORCE 和 actor-critic. 虽然它们在理论上是正确的，但是在实践中效果并不理想. 本章介绍带基线的策略梯度，它可以大幅提升策略梯度方法的表现. 使用基线之后，REINFORCE 变成了带基线的 REINFORCE，actor-critic 变成了 advantage actor-critic（A2C）.

8.1　策略梯度中的基线

首先回顾上一章的内容. 策略学习通过最大化目标函数 $J(\boldsymbol{\theta}) = \mathbb{E}_S[V_\pi(S)]$，训练出策略网络 $\pi(a|s;\boldsymbol{\theta})$. 可以用策略梯度 $\nabla_{\boldsymbol{\theta}} J(\boldsymbol{\theta})$ 来更新参数 $\boldsymbol{\theta}$：

$$\boldsymbol{\theta}_{\text{new}} \leftarrow \boldsymbol{\theta}_{\text{now}} + \beta \cdot \nabla_{\boldsymbol{\theta}} J(\boldsymbol{\theta}_{\text{now}}).$$

策略梯度定理证明：

$$\boxed{\nabla_{\boldsymbol{\theta}} J(\boldsymbol{\theta}) = \mathbb{E}_S\left[\mathbb{E}_{A \sim \pi(\cdot|S;\boldsymbol{\theta})}\left[Q_\pi(S, A) \cdot \nabla_{\boldsymbol{\theta}} \ln \pi(A \,|\, S; \boldsymbol{\theta}) \right] \right].} \tag{8.1}$$

上一章中，我们对策略梯度 $\nabla_{\boldsymbol{\theta}} J(\boldsymbol{\theta})$ 做近似，推导出 REINFORCE 和 actor-critic，这两种方法的区别在于具体如何做近似.

8.1.1　基线的引入

基于策略梯度公式（式 (8.1)）得出的 REINFORCE 和 actor-critic 方法在实践中效果通常不好. 只需对式 (8.1) 做一个微小的改动，就能大幅提升效果：把 b 作为动作价值函数 $Q_\pi(S, A)$ 的**基线**（baseline），用 $Q_\pi(S, A) - b$ 替换 Q_π. 设 b 是任意函数，只要不依赖于动作 A 就可以，例如，b 可以是状态价值函数 $V_\pi(S)$.

定理 8.1 说明 b 的取值不影响策略梯度的正确性. 不论是让 $b = 0$ 还是让 $b = V_\pi(S)$，对期望的结果毫无影响，期望的结果都会等于 $\nabla_{\boldsymbol{\theta}} J(\boldsymbol{\theta})$. 其原因在于

$$\mathbb{E}_S\left[\mathbb{E}_{A \sim \pi(\cdot|S;\boldsymbol{\theta})}\left[b \cdot \nabla_{\boldsymbol{\theta}} \ln \pi(A|S; \boldsymbol{\theta}) \right] \right] = 0.$$

定理的证明见 8.4 节，建议对数学感兴趣的读者阅读.

> **定理 8.1 带基线的策略梯度定理**
>
> 设 b 是任意函数，但是 b 不能依赖于 A. 把 b 作为动作价值函数 $Q_\pi(S, A)$ 的基线，对策略梯度没有影响：
>
> $$\nabla_{\boldsymbol{\theta}} J(\boldsymbol{\theta}) = \mathbb{E}_S\left[\mathbb{E}_{A \sim \pi(\cdot|S;\boldsymbol{\theta})}\left[\left(Q_\pi(S, A) - b\right) \cdot \nabla_{\boldsymbol{\theta}} \ln \pi(A|S; \boldsymbol{\theta})\right]\right].$$
>
> ♡

定理中的策略梯度表示成了期望的形式，我们对期望做蒙特卡洛方法近似. 从环境中观测到一个状态 s，然后根据策略网络抽样得到 $a \sim \pi(\cdot|s;\boldsymbol{\theta})$，那么策略梯度 $\nabla_{\boldsymbol{\theta}} J(\boldsymbol{\theta})$ 可以近似为下面的随机梯度：

$$\boxed{\boldsymbol{g}_b(s, a; \boldsymbol{\theta}) = \left[Q_\pi(s, a) - b\right] \cdot \nabla_{\boldsymbol{\theta}} \ln \pi(a|s; \boldsymbol{\theta}).}$$

不论 b 的取值是 0 还是 $V_\pi(s)$，得到的随机梯度 $\boldsymbol{g}_b(s, a; \boldsymbol{\theta})$ 都是 $\nabla_{\boldsymbol{\theta}} J(\boldsymbol{\theta})$ 的无偏估计：

$$\text{Bias} = \mathbb{E}_{S,A}\left[\boldsymbol{g}_b(S, A; \boldsymbol{\theta})\right] - \nabla_{\boldsymbol{\theta}} J(\boldsymbol{\theta}) = \mathbf{0}.$$

虽然 b 的取值对 $\mathbb{E}_{S,A}\left[\boldsymbol{g}_b(S, A; \boldsymbol{\theta})\right]$ 毫无影响，但是 b 对随机梯度 $\boldsymbol{g}_b(s, a; \boldsymbol{\theta})$ 是有影响的. 用不同的 b，得到的方差

$$\text{Var} = \mathbb{E}_{S,A}\left[\left\|\boldsymbol{g}_b(S, A; \boldsymbol{\theta}) - \nabla_{\boldsymbol{\theta}} J(\boldsymbol{\theta})\right\|^2\right]$$

会有所不同. 如果 b 很接近 $Q_\pi(s, a)$ 关于 a 的均值，那么方差会比较小. 因此，$b = V_\pi(s)$ 是很好的基线.

8.1.2 基线的直观解释

策略梯度公式（式 (8.1)）期望中的 $Q_\pi(S, A) \cdot \nabla_{\boldsymbol{\theta}} \ln \pi(A|S; \boldsymbol{\theta})$ 的意义是什么呢？以图 8-1 中的左图为例. 给定状态 s_t 和动作空间 $\mathcal{A} = \{左, 右, 上\}$，动作价值函数给每个动作打分：

$$Q_\pi(s_t, 左) = 80, \qquad Q_\pi(s_t, 右) = -20, \qquad Q_\pi(s_t, 上) = 180,$$

这些分值会乘到梯度 $\nabla_{\boldsymbol{\theta}} \ln \pi(A|S; \boldsymbol{\theta})$ 上. 在做完梯度上升之后，新的策略会倾向于分值高的动作.

- 动作价值 $Q_\pi(s_t, 上) = 180$ 很大，说明基于状态 s_t 选择动作"上"是很好的决策. 让梯度 $\nabla_{\boldsymbol{\theta}} \ln \pi(上|s_t; \boldsymbol{\theta})$ 乘以大的系数 $Q_\pi(s_t, 上) = 180$，那么做梯度上升更新 $\boldsymbol{\theta}$ 之后，会让 $\pi(上|s_t; \boldsymbol{\theta})$ 变大，在状态 s_t 的情况下更倾向于动作"上".

- 相反，$Q_\pi(s_t, 右) = -20$ 说明基于状态 s_t 选择动作"右"是糟糕的决策. 让梯度 $\nabla_{\boldsymbol{\theta}} \ln \pi(右 \mid s_t; \boldsymbol{\theta})$ 乘以负的系数 $Q_\pi(s_t, 右) = -20$，那么做梯度上升更新 $\boldsymbol{\theta}$ 之后，会让 $\pi(右 \mid s_t; \boldsymbol{\theta})$ 变小，在状态 s_t 的情况下选择动作"右"的概率更小.

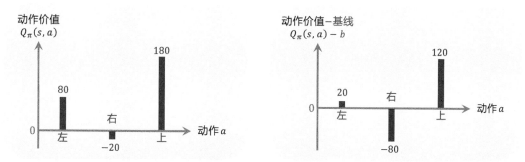

图 8-1　动作空间是 $\mathcal{A} = \{左, 右, 上\}$. 左图纵轴表示动作价值 $Q_\pi(s, a)$. 右图纵轴表示动作价值减去基线 $Q_\pi(s, a) - b$，其中基线 $b = 60$

　　根据上述分析，我们在乎的是动作价值 $Q_\pi(s_t, 左)$、$Q_\pi(s_t, 右)$、$Q_\pi(s_t, 上)$ 三者的相对大小，而非绝对大小. 如果三者都减去 $b = 60$，那么三者的相对大小不变：动作"上"仍然是最好的，动作"右"仍然是最差的，如图 8-1 中的右图所示. 因此

$$\left[Q_\pi(s_t, a_t) - b \right] \cdot \nabla_{\boldsymbol{\theta}} \ln \pi(A \mid S; \boldsymbol{\theta})$$

依然能指导 $\boldsymbol{\theta}$ 做调整，使得 $\pi(上 \mid s_t; \boldsymbol{\theta})$ 变大，而 $\pi(右 \mid s_t; \boldsymbol{\theta})$ 变小.

8.2　带基线的 REINFORCE 算法

　　8.1 节推导出了带基线的策略梯度，并且对策略梯度做了蒙特卡洛方法近似. 本节中，我们使用状态价值 $V_\pi(s)$ 作为基线，得到策略梯度的一个无偏估计：

$$\boldsymbol{g}(s, a; \boldsymbol{\theta}) = \left[Q_\pi(s, a) - V_\pi(s) \right] \cdot \nabla_{\boldsymbol{\theta}} \ln \pi(a \mid s; \boldsymbol{\theta}).$$

我们在 7.4 节中学过 REINFORCE，它使用实际观测的回报 u 来代替动作价值 $Q_\pi(s, a)$. 此处我们同样用 u 代替 $Q_\pi(s, a)$. 此外，我们还用一个神经网络 $v(s; \boldsymbol{w})$ 来近似状态价值函数 $V_\pi(s)$. 这样一来，$\boldsymbol{g}(s, a; \boldsymbol{\theta})$ 就被近似成了：

$$\tilde{\boldsymbol{g}}(s, a; \boldsymbol{\theta}) = \left[u - v(s; \boldsymbol{w}) \right] \cdot \nabla_{\boldsymbol{\theta}} \ln \pi(a \mid s; \boldsymbol{\theta}).$$

可以用 $\tilde{g}(s,a;\boldsymbol{\theta})$ 作为策略梯度 $\nabla_{\boldsymbol{\theta}} J(\boldsymbol{\theta})$ 的近似, 更新策略网络参数:

$$\boldsymbol{\theta} \leftarrow \boldsymbol{\theta} + \beta \cdot \tilde{g}(s,a;\boldsymbol{\theta})$$

8.2.1 策略网络和价值网络

带基线的 REINFORCE 需要两个神经网络: 策略网络 $\pi(a|s;\boldsymbol{\theta})$ 和价值网络 $v(s;\boldsymbol{w})$, 神经网络结构如图 8-2 和图 8-3 所示. 策略网络与之前的章节一样: 输入是状态 s, 输出是一个向量, 每个元素表示一个动作的概率.

图 8-2 策略网络 $\pi(a|s;\boldsymbol{\theta})$ 的结构. 输入是状态 s, 输出是动作空间中每个动作的概率值. 举个例子, 动作空间是 $\mathcal{A} = \{左, 右, 上\}$, 策略网络的输出是三个概率值: $\pi(左|s;\boldsymbol{\theta}) = 0.2$, $\pi(右|s;\boldsymbol{\theta}) = 0.1$, $\pi(上|s;\boldsymbol{\theta}) = 0.7$

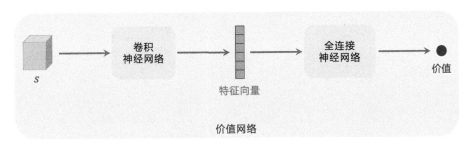

图 8-3 价值网络 $v(s;\boldsymbol{w})$ 的结构. 输入是状态 s, 输出是状态的价值

此处的价值网络 $v(s;\boldsymbol{w})$ 与之前使用的价值网络 $q(s,a;\boldsymbol{w})$ 区别较大. 此处的 $v(s;\boldsymbol{w})$ 是对状态价值 V_π 的近似, 而非对动作价值 Q_π 的近似. $v(s;\boldsymbol{w})$ 的输入是状态 s, 输出是一个实数, 作为基线. 策略网络和价值网络的输入都是状态 s, 因此可以让这两个神经网络共享卷积神经网络的参数, 这是编程实现中常用的技巧.

虽然带基线的 REINFORCE 有一个策略网络和一个价值网络, 但是这种方法不是 actor-critic. 价值网络没有起到"评委"的作用, 只是作为基线而已, 目的在于减小方差, 加速收敛. 真正帮助策略网络 (演员) 改进参数 $\boldsymbol{\theta}$ (演员的演技) 的不是价值网络, 而是实际观测到的回报 u.

8.2.2 算法推导

训练策略网络的方法是近似的策略梯度上升. 从 t 时刻开始, 智能体完成一个回合, 观测到全部奖励 $r_t, r_{t+1}, \cdots, r_n$, 然后计算回报 $u_t = \sum_{k=t}^{n} \gamma^{k-t} \cdot r_k$. 让价值网络做出预测 $\widehat{v}_t = v(s_t; \boldsymbol{w})$, 作为基线. 这样就得到了带基线的策略梯度:

$$\tilde{\boldsymbol{g}}(s_t, a_t; \boldsymbol{\theta}) = (u_t - \widehat{v}_t) \cdot \nabla_{\boldsymbol{\theta}} \ln \pi(a_t \,|\, s_t; \boldsymbol{\theta}).$$

它是策略梯度 $\nabla_{\boldsymbol{\theta}} J(\boldsymbol{\theta})$ 的近似. 最后做梯度上升更新 $\boldsymbol{\theta}$:

$$\boldsymbol{\theta} \leftarrow \boldsymbol{\theta} + \beta \cdot \tilde{\boldsymbol{g}}(s_t, a_t; \boldsymbol{\theta}).$$

这样可以让目标函数 $J(\boldsymbol{\theta})$ 逐渐增大.

训练价值网络的方法是回归. 回忆一下, 状态价值是回报的期望:

$$V_\pi(s_t) = \mathbb{E}[U_t \,|\, S_t = s_t],$$

期望消掉了动作 $A_t, A_{t+1}, \cdots, A_n$ 和状态 $S_{t+1}, \cdots, S_n$. 训练价值网络的目的是让 $v(s_t; \boldsymbol{w})$ 拟合 $V_\pi(s_t)$, 即拟合 u_t 的期望. 定义损失函数:

$$L(\boldsymbol{w}) = \frac{1}{2n} \sum_{t=1}^{n} [v(s_t; \boldsymbol{w}) - u_t]^2.$$

设 $\widehat{v}_t = v(s_t; \boldsymbol{w})$. 损失函数的梯度是:

$$\nabla_{\boldsymbol{w}} L(\boldsymbol{w}) = \frac{1}{n} \sum_{t=1}^{n} (\widehat{v}_t - u_t) \cdot \nabla_{\boldsymbol{w}} v(s_t; \boldsymbol{w}).$$

做一次梯度下降更新 $\boldsymbol{w}$:

$$\boldsymbol{w} \leftarrow \boldsymbol{w} - \alpha \cdot \nabla_{\boldsymbol{w}} L(\boldsymbol{w}).$$

8.2.3 训练流程

当前策略网络的参数是 $\boldsymbol{\theta}_{\text{now}}$, 价值网络的参数是 $\boldsymbol{w}_{\text{now}}$. 执行下面的步骤, 对参数做一轮更新.

(1) 用策略网络 $\boldsymbol{\theta}_{\text{now}}$ 控制智能体从头开始一个回合, 得到一条轨迹:

$$s_1, a_1, r_1, \quad s_2, a_2, r_2, \quad \cdots, \quad s_n, a_n, r_n.$$

(2) 计算所有的回报:

$$u_t = \sum_{k=t}^{n} \gamma^{k-t} \cdot r_k, \qquad \forall\, t = 1, \cdots, n.$$

(3) 让价值网络做预测：

$$\widehat{v}_t = v(s_t; \boldsymbol{w}_{\text{now}}), \qquad \forall\, t = 1, \cdots, n.$$

(4) 计算误差 $\delta_t = \widehat{v}_t - u_t$, $\forall\, t = 1, \cdots, n$.

(5) 用 $\{s_t\}_{t=1}^n$ 作为价值网络输入，做反向传播计算：

$$\nabla_{\boldsymbol{w}}\, v(s_t; \boldsymbol{w}_{\text{now}}), \qquad \forall\, t = 1, \cdots, n.$$

(6) 更新价值网络参数：

$$\boldsymbol{w}_{\text{new}} \;\leftarrow\; \boldsymbol{w}_{\text{now}} - \alpha \cdot \sum_{t=1}^{n} \delta_t \cdot \nabla_{\boldsymbol{w}}\, v(s_t; \boldsymbol{w}_{\text{now}}).$$

(7) 用 $\{(s_t, a_t)\}_{t=1}^n$ 作为数据，做反向传播计算：

$$\nabla_{\boldsymbol{\theta}} \ln \pi(a_t \,|\, s_t;\, \boldsymbol{\theta}_{\text{now}}), \qquad \forall\, t = 1, \cdots, n.$$

(8) 做随机梯度上升更新策略网络参数：

$$\boldsymbol{\theta}_{\text{new}} \;\leftarrow\; \boldsymbol{\theta}_{\text{now}} - \beta \cdot \sum_{t=1}^{n} \gamma^{t-1} \cdot \underbrace{\delta_t \cdot \nabla_{\boldsymbol{\theta}} \ln \pi(a_t \,|\, s_t;\, \boldsymbol{\theta}_{\text{now}})}_{\text{负的近似梯度 } -\tilde{\boldsymbol{g}}(s_t, a_t; \boldsymbol{\theta}_{\text{now}})}.$$

8.3 advantage actor-critic

之前我们推导出了带基线的策略梯度，并且对策略梯度做了蒙特卡洛方法近似，得到策略梯度的一个无偏估计：

$$\boldsymbol{g}(s, a;\, \boldsymbol{\theta}) \;=\; \Big[\, \underbrace{Q_\pi(s, a) - V_\pi(s)}_{\text{优势函数}} \,\Big] \cdot \nabla_{\boldsymbol{\theta}} \ln \pi(a \,|\, s;\, \boldsymbol{\theta}). \tag{8.2}$$

式 (8.2) 中的 $Q_\pi - V_\pi$ 称为**优势函数**（advantage function）. 因此，基于该式得到的 actor-critic 方法被称为 advantage actor-critic（A2C）.

A2C 属于 actor-critic 方法，有一个策略网络 $\pi(a|s; \boldsymbol{\theta})$，相当于演员，用于控制智能体运动；还有一个价值网络 $v(s; \boldsymbol{w})$，相当于评委，其评分可以帮助策略网络（演员）改进演技. 这两个神经网络的结构与 8.2 节中的完全相同，但是本节用不同的方法训练它们.

8.3.1 算法推导

1. 训练价值网络

训练价值网络 $v(s; \boldsymbol{w})$ 的算法是从贝尔曼方程中来的:

$$V_\pi(s_t) = \mathbb{E}_{A_t \sim \pi(\cdot|s_t; \boldsymbol{\theta})} \Big[\mathbb{E}_{S_{t+1} \sim p(\cdot|s_t, A_t)} \Big[R_t + \gamma \cdot V_\pi(S_{t+1}) \Big] \Big].$$

我们对贝尔曼方程左右两边做近似.

- 方程左边的 $V_\pi(s_t)$ 可以近似成 $v(s_t; \boldsymbol{w})$. $v(s_t; \boldsymbol{w})$ 是价值网络在 t 时刻对 $V_\pi(s_t)$ 的估计.
- 方程右边的期望是关于当前时刻动作 A_t 与下一时刻状态 S_{t+1} 求的. 给定当前状态 s_t, 智能体执行动作 a_t, 环境会给出奖励 r_t 和新的状态 s_{t+1}. 用观测到的 r_t、s_{t+1} 对期望做蒙特卡洛方法近似, 得到:

$$r_t + \gamma \cdot V_\pi(s_{t+1}). \tag{8.3}$$

- 进一步把式 (8.3) 中的 $V_\pi(s_{t+1})$ 近似成 $v(s_{t+1}; \boldsymbol{w})$, 得到:

$$\boxed{\widehat{y}_t \triangleq r_t + \gamma \cdot v(s_{t+1}; \boldsymbol{w}).}$$

我们把它称作 TD 目标. 它是价值网络在 $t+1$ 时刻对 $V_\pi(s_t)$ 的估计.

$v(s_t; \boldsymbol{w})$ 和 $\widehat{y}_t$ 都是对状态价值 $V_\pi(s_t)$ 的估计. 由于 $\widehat{y}_t$ 部分基于真实观测到的奖励 r_t, 因此我们认为 $\widehat{y}_t$ 比 $v(s_t; \boldsymbol{w})$ 更可靠. 所以把 $\widehat{y}_t$ 固定住, 更新 $\boldsymbol{w}$, 使得 $v(s_t; \boldsymbol{w})$ 更接近 $\widehat{y}_t$.

更新价值网络参数 $\boldsymbol{w}$ 的具体方法如下. 定义损失函数:

$$L(\boldsymbol{w}) \triangleq \frac{1}{2} \Big[v(s_t; \boldsymbol{w}) - \widehat{y}_t \Big]^2.$$

设 $\widehat{v}_t \triangleq v(s_t; \boldsymbol{w})$. 损失函数的梯度是:

$$\nabla_{\boldsymbol{w}} L(\boldsymbol{w}) = \underbrace{(\widehat{v}_t - \widehat{y}_t)}_{\text{TD 误差 } \delta_t} \cdot \nabla_{\boldsymbol{w}} v(s_t; \boldsymbol{w}).$$

定义 TD 误差为 $\delta_t \triangleq \widehat{v}_t - \widehat{y}_t$. 做一轮梯度下降更新 $\boldsymbol{w}$:

$$\boxed{\boldsymbol{w} \leftarrow \boldsymbol{w} - \alpha \cdot \delta_t \cdot \nabla_{\boldsymbol{w}} v(s_t; \boldsymbol{w}).}$$

这样可以让价值网络的预测 $v(s_t; \boldsymbol{w})$ 更接近 $\widehat{y}_t$.

2. 训练策略网络

A2C 从式 (8.2) 出发，对 $g(s, a; \boldsymbol{\theta})$ 做近似，记作 $\tilde{g}$，然后用 $\tilde{g}$ 更新策略网络参数 $\boldsymbol{\theta}$. 下面我们做数学推导. 回忆一下贝尔曼方程：

$$Q_\pi\big(s_t, a_t\big) = \mathbb{E}_{S_{t+1} \sim p(\cdot | s_t, a_t)}\Big[R_t + \gamma \cdot V_\pi\big(S_{t+1}\big) \Big].$$

把近似策略梯度 $g(s_t, a_t; \boldsymbol{\theta})$ 中的 $Q_\pi(s_t, a_t)$ 替换成上面的期望，得到：

$$
\begin{aligned}
g\big(s_t, a_t; \boldsymbol{\theta}\big) &= \Big[Q_\pi\big(s_t, a_t\big) - V_\pi\big(s_t\big) \Big] \cdot \nabla_{\boldsymbol{\theta}} \ln \pi\big(a_t \,|\, s_t; \boldsymbol{\theta}\big) \\
&= \Big[\mathbb{E}_{S_{t+1}}\Big[R_t + \gamma \cdot V_\pi\big(S_{t+1}\big) \Big] - V_\pi\big(s_t\big) \Big] \cdot \nabla_{\boldsymbol{\theta}} \ln \pi\big(a_t \,|\, s_t; \boldsymbol{\theta}\big).
\end{aligned}
$$

当智能体执行动作 a_t 之后，环境给出新的状态 s_{t+1} 和奖励 r_t；利用 s_{t+1} 和 r_t 对上面的期望做蒙特卡洛方法近似，得到：

$$g\big(s_t, a_t; \boldsymbol{\theta}\big) \approx \Big[r_t + \gamma \cdot V_\pi\big(s_{t+1}\big) - V_\pi\big(s_t\big) \Big] \cdot \nabla_{\boldsymbol{\theta}} \ln \pi\big(a_t \,|\, s_t; \boldsymbol{\theta}\big).$$

进一步把状态价值函数 $V_\pi(s)$ 替换成价值网络 $v(s; \boldsymbol{w})$，得到：

$$\tilde{g}\big(s_t, a_t; \boldsymbol{\theta}\big) \triangleq \Big[\underbrace{r_t + \gamma \cdot v\big(s_{t+1}; \boldsymbol{w}\big)}_{\text{TD 目标 } \widehat{y}_t} - v\big(s_t; \boldsymbol{w}\big) \Big] \cdot \nabla_{\boldsymbol{\theta}} \ln \pi\big(a_t \,|\, s_t; \boldsymbol{\theta}\big).$$

前面定义了 TD 目标和 TD 误差：

$$\widehat{y}_t \triangleq r_t + \gamma \cdot v\big(s_{t+1}; \boldsymbol{w}\big) \qquad \text{和} \qquad \delta_t \triangleq v\big(s_t; \boldsymbol{w}\big) - \widehat{y}_t.$$

因此，可以把 $\tilde{g}$ 写成：

$$\boxed{\tilde{g}\big(s_t, a_t; \boldsymbol{\theta}\big) \triangleq -\delta_t \cdot \nabla_{\boldsymbol{\theta}} \ln \pi\big(a_t \,|\, s_t; \boldsymbol{\theta}\big).}$$

$\tilde{g}$ 是 g 的近似，所以也是策略梯度 $\nabla_{\boldsymbol{\theta}} J(\boldsymbol{\theta})$ 的近似. 用 $\tilde{g}$ 更新策略网络参数 $\boldsymbol{\theta}$：

$$\boldsymbol{\theta} \leftarrow \boldsymbol{\theta} + \beta \cdot \tilde{g}\big(s_t, a_t; \boldsymbol{\theta}\big).$$

这样可以让目标函数 $J(\boldsymbol{\theta})$ 变大.

3. 策略网络与价值网络的关系

A2C 中策略网络（演员）和价值网络（评委）的关系如图 8-4 所示. 智能体由策略网络 π 控制，与环境交互，并收集状态、动作、奖励. 策略网络（演员）基于状态 s_t 做出动作 a_t. 价值网络（评委）基于 s_t、s_{t+1}、r_t 算出 TD 误差 δ_t. 策略网络（演员）依靠 δ_t 来判断自己动作的好坏，从而改进自己（优化参数 θ）.

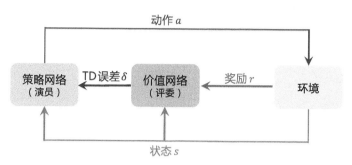

图 8-4　A2C 中策略网络（演员）和价值网络（评委）的关系图

读者可能会有疑问：价值网络 v 只知道两个状态 s_t、s_{t+1}，而并不知道动作 a_t，那么它为什么能评价 a_t 的好坏呢？价值网络 v 告诉策略网络 π 的唯一信息是 δ_t. 回顾一下 δ_t 的定义：

$$-\delta_t \;=\; \underbrace{r_t + \gamma \cdot v\big(s_{t+1}; \boldsymbol{w}\big)}_{\text{TD 目标 } \widehat{y}_t} - \underbrace{v\big(s_t; \boldsymbol{w}\big)}_{\text{基线}}.$$

基线 $v(s_t; \boldsymbol{w})$ 是价值网络在 t 时刻对 $\mathbb{E}[U_t]$ 的估计，此时智能体尚未执行动作 a_t. 而 TD 目标 $\widehat{y}_t$ 是价值网络在 $t+1$ 时刻对 $\mathbb{E}[U_t]$ 的估计，此时智能体已经执行动作 a_t.

- 如果 $\widehat{y}_t > v(s_t; \boldsymbol{w})$，说明动作 a_t 很好，使得奖励 r_t 超出预期，或者新的状态 s_{t+1} 比预期好. 这种情况下应该更新 θ，使得 $\pi(a_t|s_t; \theta)$ 变大.
- 如果 $\widehat{y}_t < v(s_t; \boldsymbol{w})$，说明动作 a_t 不好，导致奖励 r_t 不及预期，或者新的状态 s_{t+1} 比预期差. 这种情况下应该更新 θ，使得 $\pi(a_t|s_t; \theta)$ 减小.

综上所述，δ_t 中虽然不包含动作 a_t，但是 δ_t 可以间接反映出动作 a_t 的好坏，可以帮助策略网络（演员）实现改进.

8.3.2　训练流程

下面概括 A2C 的训练流程. 设当前策略网络参数是 θ_{now}，价值网络参数是 $\boldsymbol{w}_{\text{now}}$. 执行下面的步骤，将参数更新成 θ_{new} 和 $\boldsymbol{w}_{\text{new}}$.

(1) 观测到当前状态 s_t，根据策略网络做决策：$a_t \sim \pi(\cdot \,|\, s_t; \theta_{\text{now}})$，并让智能体执行动作 a_t.
(2) 从环境中观测到奖励 r_t 和新的状态 s_{t+1}.
(3) 让价值网络打分：

$$\widehat{v}_t \;=\; v\big(s_t; \boldsymbol{w}_{\text{now}}\big) \qquad \text{和} \qquad \widehat{v}_{t+1} \;=\; v\big(s_{t+1}; \boldsymbol{w}_{\text{now}}\big).$$

(4) 计算 TD 目标和 TD 误差:

$$\widehat{y}_t \ = \ r_t + \gamma \cdot \widehat{v}_{t+1} \qquad \text{和} \qquad \delta_t \ = \ \widehat{v}_t - \widehat{y}_t.$$

(5) 更新价值网络:

$$\boldsymbol{w}_{\text{new}} \ \leftarrow \ \boldsymbol{w}_{\text{now}} - \alpha \cdot \delta_t \cdot \nabla_{\boldsymbol{w}} v\big(s_t; \boldsymbol{w}_{\text{now}}\big).$$

(6) 更新策略网络:

$$\boldsymbol{\theta}_{\text{new}} \ \leftarrow \ \boldsymbol{\theta}_{\text{now}} - \beta \cdot \delta_t \cdot \nabla_{\boldsymbol{\theta}} \ln \pi\big(a_t \,|\, s_t; \boldsymbol{\theta}_{\text{now}}\big).$$

【注意】此处训练策略网络和价值网络的方法属于**同策略**,要求行为策略与目标策略相同,都是最新的策略网络 $\pi(a|s; \boldsymbol{\theta}_{\text{now}})$. 这里不能使用经验回放,因为经验回放缓存中的数据是用旧的策略网络 $\pi(a|s; \boldsymbol{\theta}_{\text{old}})$ 获取的,不能在当前重复利用.

8.3.3 用目标网络改进训练

上述训练价值网络的算法存在自举——用价值网络自己的估计 $\widehat{v}_{t+1}$ 去更新价值网络自己. 为了缓解自举造成的偏差,可以使用目标网络计算 TD 目标. 把目标网络记作 $v(s; \boldsymbol{w}^-)$,它与价值网络的结构相同,但是参数不同. 使用目标网络计算 TD 目标,那么 A2C 的训练就变成了下面这样.

(1) 观测到当前状态 s_t,根据策略网络做决策:$a_t \sim \pi(\cdot \,|\, s_t; \boldsymbol{\theta}_{\text{now}})$,并让智能体执行动作 a_t.

(2) 从环境中观测到奖励 r_t 和新的状态 s_{t+1}.

(3) 让价值网络给 s_t 打分:

$$\widehat{v}_t \ = \ v\big(s_t; \boldsymbol{w}_{\text{now}}\big).$$

(4) 让目标网络给 s_{t+1} 打分:

$$\widetilde{v_{t+1}} \ = \ v\big(s_{t+1}; \boldsymbol{w}_{\text{now}}^-\big).$$

(5) 计算 TD 目标和 TD 误差:

$$\widetilde{y_t} \ = \ r_t + \gamma \cdot \widetilde{v_{t+1}} \qquad \text{和} \qquad \delta_t \ = \ \widehat{v}_t - \widetilde{y_t}.$$

(6) 更新价值网络:

$$\boldsymbol{w}_{\text{new}} \ \leftarrow \ \boldsymbol{w}_{\text{now}} - \alpha \cdot \delta_t \cdot \nabla_{\boldsymbol{w}} v\big(s_t; \boldsymbol{w}_{\text{now}}\big).$$

(7) 更新策略网络:

$$\boldsymbol{\theta}_{\text{new}} \ \leftarrow \ \boldsymbol{\theta}_{\text{now}} - \beta \cdot \delta_t \cdot \nabla_{\boldsymbol{\theta}} \ln \pi\big(a_t \,|\, s_t; \boldsymbol{\theta}_{\text{now}}\big).$$

(8) 设 $\tau \in (0,1)$ 是需要手动调整的超参数. 做加权平均更新目标网络的参数:

$$\boldsymbol{w}_{\text{new}}^{-} \leftarrow \tau \cdot \boldsymbol{w}_{\text{new}} + (1-\tau) \cdot \boldsymbol{w}_{\text{now}}^{-}.$$

8.4 证明带基线的策略梯度定理

本节证明带基线的策略梯度定理 8.1. 结合定理 7.1 与引理 8.2, 即可证明定理 8.1.

引理 8.2

设 b 是任意函数, b 不依赖于 A, 那么对于任意的 s, 有

$$\mathbb{E}_{A\sim\pi(\cdot|s;\boldsymbol{\theta})}\left[b \cdot \frac{\partial \ln \pi(A|s;\boldsymbol{\theta})}{\partial \boldsymbol{\theta}}\right] = 0.$$

♡

证明 由于基线 b 不依赖于动作 A, 因此可以把 b 提取到期望外面:

$$
\begin{aligned}
\mathbb{E}_{A\sim\pi(\cdot|s;\boldsymbol{\theta})}\left[b \cdot \frac{\partial \ln \pi(A|s;\boldsymbol{\theta})}{\partial \boldsymbol{\theta}}\right] &= b \cdot \mathbb{E}_{A\sim\pi(\cdot|s;\boldsymbol{\theta})}\left[\frac{\partial \ln \pi(A|s;\boldsymbol{\theta})}{\partial \boldsymbol{\theta}}\right] \\
&= b \cdot \sum_{a\in\mathcal{A}} \pi(a\,|\,s;\boldsymbol{\theta}) \cdot \frac{\partial \ln \pi(a|s;\boldsymbol{\theta})}{\partial \boldsymbol{\theta}} \\
&= b \cdot \sum_{a\in\mathcal{A}} \pi(a\,|\,s;\boldsymbol{\theta}) \cdot \frac{1}{\pi(a|s;\boldsymbol{\theta})} \cdot \frac{\partial \pi(a|s;\boldsymbol{\theta})}{\partial \boldsymbol{\theta}} \\
&= b \cdot \sum_{a\in\mathcal{A}} \frac{\partial \pi(a|s;\boldsymbol{\theta})}{\partial \boldsymbol{\theta}}.
\end{aligned}
$$

上式最右边的连加是关于 a 求的, 而偏导是关于 $\boldsymbol{\theta}$ 求的, 因此可以把连加放入偏导内部:

$$\mathbb{E}_{A\sim\pi(\cdot|s;\boldsymbol{\theta})}\left[b \cdot \frac{\partial \ln \pi(A|s;\boldsymbol{\theta})}{\partial \boldsymbol{\theta}}\right] = b \cdot \frac{\partial}{\partial \boldsymbol{\theta}} \underbrace{\sum_{a\in\mathcal{A}} \pi(a|s;\boldsymbol{\theta})}_{\text{恒等于}1}.$$

因此

$$\mathbb{E}_{A\sim\pi(\cdot|s;\boldsymbol{\theta})}\left[b \cdot \frac{\partial \ln \pi(A|s;\boldsymbol{\theta})}{\partial \boldsymbol{\theta}}\right] = b \cdot \frac{\partial 1}{\partial \boldsymbol{\theta}} = 0.$$

$\square$

知识点小结

- 在策略梯度中加入基线可以减小方差，显著提升实验效果. 实践中常用 $b = V_\pi(s)$ 作为基线.

- 可以用基线来改进 REINFORCE 算法. 价值网络 $v(s; \boldsymbol{w})$ 近似状态价值函数 $V_\pi(s)$，把 $v(s; \boldsymbol{w})$ 作为基线. 用策略梯度上升来更新策略网络 $\pi(a|s; \boldsymbol{\theta})$，用蒙特卡洛方法（而非自举）来更新价值网络 $v(s; \boldsymbol{w})$.

- 可以用基线来改进 actor-critic，得到的方法叫作 advantage actor-critic（A2C），它也有一个策略网络 $\pi(a|s; \boldsymbol{\theta})$ 和一个价值网络 $v(s; \boldsymbol{\theta})$. 用策略梯度上升来更新策略网络，用 TD 算法来更新价值网络.

习题

8.1 是否可以用最优动作价值函数 $Q_\star(s, a)$ 作为基线?

    A. 可以，因为 $Q_\star$ 不依赖于动作

    B. 不行，因为 $Q_\star$ 依赖于动作

8.2 带基线的 REINFORCE 算法属于 actor-critic.

    A. 上述说法正确，因为算法同时训练策略网络 π 和价值网络 v

    B. 上述说法错误，因为真正帮助训练策略网络 π 的是观测到的回报 u，而价值网络 v 仅仅起到基线的作用

第 9 章　策略学习高级技巧

本章介绍策略学习的高级技巧. 9.1 节介绍置信域策略优化，它是一种策略学习方法，可以代替策略梯度方法. 9.2 节介绍熵正则，可以用在所有的策略学习方法中.

9.1　置信域策略优化

置信域策略优化（trust region policy optimization，TRPO）是一种策略学习方法，跟以前学的策略梯度有很多相似之处. 跟策略梯度方法相比，TRPO 有两个优势：第一，表现更稳定，收敛曲线不会剧烈波动，而且对学习率不敏感；第二，用更少的经验（即智能体收集到的状态、动作、奖励）就能达到与策略梯度方法相同的表现.

学习 TRPO 的关键在于理解置信域方法. 置信域方法不是提出 TRPO 的论文提出的，而是数值最优化领域中的一类经典算法，历史至少可以追溯到 1970 年. 提出 TRPO 的论文的贡献在于巧妙地把置信域方法应用到强化学习中，取得了非常好的效果.

本节内容包括：9.1.1 节介绍置信域方法，9.1.2 节回顾策略学习，9.1.3 节推导 TRPO，9.1.4 节讲解 TRPO 的算法流程.

9.1.1　置信域方法

有这样一个优化问题：$\max_\theta J(\theta)$. 这里的 $J(\theta)$ 是目标函数，θ 是优化变量. 求解这个优化问题的目的是找到一个变量 θ 使得目标函数 $J(\theta)$ 取得最大值. 有各种各样的优化算法用于解决这个问题. 几乎所有的数值优化算法都做了这样的迭代：

$$\theta_{\text{new}} \leftarrow \text{Update}\Big(\text{Data}; \theta_{\text{now}}\Big).$$

此处的 θ_{now} 和 θ_{new} 分别是优化变量当前的值和新的值. 不同算法的区别在于具体怎样利用数据更新优化变量.

置信域方法用到一个概念——**置信域**. 下面介绍置信域. 给定变量当前的值 θ_{now}，用 $\mathcal{N}(\theta_{\text{now}})$ 表示 θ_{now} 的一个邻域. 举个例子：

$$\mathcal{N}(\theta_{\text{now}}) = \Big\{ \theta \,\Big|\, \|\theta - \theta_{\text{now}}\|_2 \leqslant \Delta \Big\}. \tag{9.1}$$

这个例子中，集合 $\mathcal{N}(\boldsymbol{\theta}_{\text{now}})$ 是以 $\boldsymbol{\theta}_{\text{now}}$ 为球心、以 Δ 为半径的球，如图 9-1 所示. 球中的点都足够接近 $\boldsymbol{\theta}_{\text{now}}$.

半径 = Δ

$\boldsymbol{\theta}_{\text{now}}$

图 9-1　式 (9.1) 中的邻域 $\mathcal{N}(\boldsymbol{\theta}_{\text{now}})$

置信域方法需要构造一个函数 $L(\boldsymbol{\theta} \,|\, \boldsymbol{\theta}_{\text{now}})$，如果这个函数满足条件：

$$L(\boldsymbol{\theta} \,|\, \boldsymbol{\theta}_{\text{now}}) \text{ 很接近 } J(\boldsymbol{\theta}), \qquad \forall\, \boldsymbol{\theta} \in \mathcal{N}(\boldsymbol{\theta}_{\text{now}}),$$

那么集合 $\mathcal{N}(\boldsymbol{\theta}_{\text{now}})$ 就被称作**置信域**. 顾名思义，在 $\boldsymbol{\theta}_{\text{now}}$ 的邻域中，我们可以信任 $L(\boldsymbol{\theta} \,|\, \boldsymbol{\theta}_{\text{now}})$，用它替代目标函数 $J(\boldsymbol{\theta})$.

图 9-2 用一个一元函数的例子解释 $J(\boldsymbol{\theta})$ 和 $L(\boldsymbol{\theta} \,|\, \boldsymbol{\theta}_{\text{now}})$ 的关系，其中横轴是优化变量 $\boldsymbol{\theta}$，纵轴是函数值. 如图 9-2a 所示，函数 $L(\boldsymbol{\theta} \,|\, \boldsymbol{\theta}_{\text{now}})$ 未必在整个定义域内都接近 $J(\boldsymbol{\theta})$，而只是在 $\boldsymbol{\theta}_{\text{now}}$ 的领域里接近 $J(\boldsymbol{\theta})$. $\boldsymbol{\theta}_{\text{now}}$ 的邻域就叫作置信域.

通常来说，J 是个很复杂的函数，我们甚至可能不知道 J 的解析表达式（比如 J 是某个函数的期望）. 而人为构造出的函数 L 相对简单，比如 L 是 J 的蒙特卡洛方法近似，或者是 J 在 $\boldsymbol{\theta}_{\text{now}}$ 这个点的二阶泰勒展开. 既然可以信任 L，那么不妨用 L 代替复杂的函数 J，然后将 L 最大化，这样比直接优化 J 要容易得多. 这就是**置信域方法**的思想. 具体来说，置信域方法一直重复下面这两个步骤，当无法让 J 的值增大的时候终止算法.

第一步——做近似：给定 $\boldsymbol{\theta}_{\text{now}}$，构造函数 $L(\boldsymbol{\theta} \,|\, \boldsymbol{\theta}_{\text{now}})$，使得对于所有的 $\boldsymbol{\theta} \in \mathcal{N}(\boldsymbol{\theta}_{\text{now}})$，函数值 $L(\boldsymbol{\theta} \,|\, \boldsymbol{\theta}_{\text{now}})$ 与 $J(\boldsymbol{\theta})$ 足够接近. 图 9-2b 解释了这一步.

第二步——最大化：在置信域 $\mathcal{N}(\boldsymbol{\theta}_{\text{now}})$ 中寻找变量 $\boldsymbol{\theta}$ 的值，使得函数 L 的值最大化. 把找到的值记作

$$\boldsymbol{\theta}_{\text{new}} \;=\; \underset{\boldsymbol{\theta} \in \mathcal{N}(\boldsymbol{\theta}_{\text{now}})}{\operatorname{argmax}} \; L(\boldsymbol{\theta} \,|\, \boldsymbol{\theta}_{\text{now}}).$$

图 9-2c 解释了这一步.

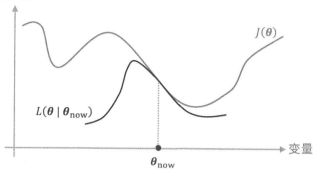

(a) 构造 $L(\boldsymbol{\theta} \mid \boldsymbol{\theta}_{\text{now}})$ 作为 $J(\boldsymbol{\theta})$ 在点 $\boldsymbol{\theta}_{\text{now}}$ 附近的近似

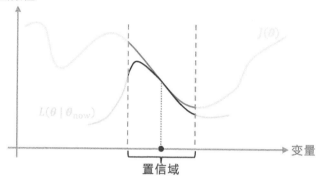

(b) L 在点 $\boldsymbol{\theta}_{\text{now}}$ 的邻域内接近 J，这个领域就叫置信域

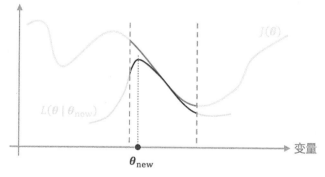

(c) 在置信域内寻找最大化 L 的解，记作 $\boldsymbol{\theta}_{\text{new}}$

图 9-2　用一元函数的例子解释置信域和置信域算法

置信域方法其实是一类算法框架,而非一个具体的算法. 有很多种方式可以实现置信域方法. 对于第一步,做近似的方法多种多样,比如蒙特卡洛方法、二阶泰勒展开. 对于第二步,需要解一个带约束的最大化问题,求解这个问题又需要单独的数值优化算法,比如梯度投影算法、拉格朗日法. 除此之外,置信域 $\mathcal{N}(\boldsymbol{\theta}_{\text{now}})$ 也有多种多样的选择,既可以是球,也可以是两个概率分布的 KL 散度,稍后会介绍.

9.1.2 策略学习的目标函数

首先复习策略学习的基础知识. 策略网络记作 $\pi(a|s;\boldsymbol{\theta})$,它是个概率质量函数. 动作价值函数记作 $Q_\pi(s,a)$,它是回报的期望. 状态价值函数记作

$$V_\pi(s) = \mathbb{E}_{A\sim\pi(\cdot|s;\theta)}\big[Q_\pi(s,A)\big] = \sum_{a\in\mathcal{A}}\pi(a|s;\boldsymbol{\theta})\cdot Q_\pi(s,a). \tag{9.2}$$

注意,$V_\pi(s)$ 依赖于策略网络 π,所以依赖于 π 的参数 $\boldsymbol{\theta}$. 策略学习的目标函数是

$$J(\boldsymbol{\theta}) = \mathbb{E}_S\big[V_\pi(S)\big]. \tag{9.3}$$

$J(\boldsymbol{\theta})$ 只依赖于 $\boldsymbol{\theta}$,不依赖于状态 S 和动作 A. 第 7 章介绍的策略梯度方法(包括 REINFORCE 和 actor-critic)用蒙特卡洛方法近似梯度 $\nabla_{\boldsymbol{\theta}}J(\boldsymbol{\theta})$,得到随机梯度,然后做随机梯度上升更新 $\boldsymbol{\theta}$,使得目标函数 $J(\boldsymbol{\theta})$ 增大.

下面我们把目标函数 $J(\boldsymbol{\theta})$ 变换成一种等价形式. 从式 (9.2) 出发,把状态价值写成

$$\begin{aligned} V_\pi(s) &= \sum_{a\in\mathcal{A}}\pi(a\,|\,s;\boldsymbol{\theta}_{\text{now}})\cdot\frac{\pi(a\,|\,s;\boldsymbol{\theta})}{\pi(a\,|\,s;\boldsymbol{\theta}_{\text{now}})}\cdot Q_\pi(s,a)\\ &= \mathbb{E}_{A\sim\pi(\cdot|s;\theta_{\text{now}})}\left[\frac{\pi(A\,|\,s;\boldsymbol{\theta})}{\pi(A\,|\,s;\boldsymbol{\theta}_{\text{now}})}\cdot Q_\pi(s,A)\right]. \end{aligned} \tag{9.4}$$

第一个等式显而易见,因为连加中的第一项可以消掉第二项的分母. 第二个等式把策略网络 $\pi(A|s;\boldsymbol{\theta}_{\text{now}})$ 看作动作 A 的概率质量函数,所以可以把连加写成期望. 由式 (9.3) 与式 (9.4) 可得定理 9.1. 定理 9.1 是 TRPO 的关键所在,甚至可以说 TRPO 就是从该式推导出的.

> **定理 9.1 目标函数的等价形式**
>
> 目标函数 $J(\boldsymbol{\theta})$ 可以等价写成:
>
> $$J(\boldsymbol{\theta}) = \mathbb{E}_S\left[\mathbb{E}_{A\sim\pi(\cdot|S;\theta_{\text{now}})}\left[\frac{\pi(A\,|\,S;\boldsymbol{\theta})}{\pi(A\,|\,S;\boldsymbol{\theta}_{\text{now}})}\cdot Q_\pi(S,A)\right]\right].$$
>
> 上面 Q_π 中的 π 指的是 $\pi(A\,|\,S;\boldsymbol{\theta})$. ♡

上式中的期望是关于状态 S 和动作 A 求的. 状态 S 的概率密度函数只有环境知道,而我

们并不知道，但是我们可以从环境中获取 S 的观测值。动作 A 的概率质量函数是策略网络 $\pi(A \mid S; \boldsymbol{\theta}_{\text{now}})$。注意，策略网络的参数是旧的值 $\boldsymbol{\theta}_{\text{now}}$。

9.1.3 算法推导

介绍完数值优化的基础和价值学习的基础，终于可以开始推导 TRPO 了。TRPO 是置信域方法在策略学习中的应用，所以它也遵循置信域方法的框架：重复做**近似**和**最大化**这两个步骤，直到算法收敛。收敛指的是无法增大目标函数 $J(\boldsymbol{\theta})$，即无法增大期望回报。

1. 第一步——做近似

我们从定理 9.1 出发。该定理把目标函数 $J(\boldsymbol{\theta})$ 写成了期望的形式。我们无法直接算出期望，无法得到 $J(\boldsymbol{\theta})$ 的解析表达式，因为只有环境知道状态 S 的概率密度函数，而我们不知道。我们可以对期望做蒙特卡洛方法近似，从而把函数 J 近似成函数 L。用策略网络 $\pi(A \mid S; \boldsymbol{\theta}_{\text{now}})$ 控制智能体跟环境交互，从头到尾完成一个回合，观测到一条轨迹：

$$s_1, a_1, r_1, \ s_2, a_2, r_2, \ \cdots, \ s_n, a_n, r_n.$$

状态 $\{s_t\}_{t=1}^n$ 都是从环境中观测到的，其中的动作 $\{a_t\}_{t=1}^n$ 都是根据策略网络 $\pi(\cdot \mid s_t; \boldsymbol{\theta}_{\text{now}})$ 抽取的样本。所以

$$\frac{\pi(a_t \mid s_t; \boldsymbol{\theta})}{\pi(a_t \mid s_t; \boldsymbol{\theta}_{\text{now}})} \cdot Q_\pi(s_t, a_t) \tag{9.5}$$

是对定理 9.1 中期望的无偏估计。我们观测到了 n 组状态和动作，于是应该对式 (9.5) 求平均，把得到的均值记作

$$L(\boldsymbol{\theta} \mid \boldsymbol{\theta}_{\text{now}}) = \frac{1}{n} \sum_{t=1}^n \underbrace{\frac{\pi(a_t \mid s_t; \boldsymbol{\theta})}{\pi(a_t \mid s_t; \boldsymbol{\theta}_{\text{now}})} \cdot Q_\pi(s_t, a_t)}_{\text{定理 9.1 中期望的无偏估计}}. \tag{9.6}$$

既然连加里每一项都是期望的无偏估计，那么 n 项的均值 L 也是无偏估计，所以可以用 L 作为目标函数 J 的蒙特卡洛方法近似。

式 (9.6) 中的 $L(\boldsymbol{\theta} \mid \boldsymbol{\theta}_{\text{now}})$ 是对目标函数 $J(\boldsymbol{\theta})$ 的近似。可惜我们还无法直接对 L 进行最大化，原因是我们不知道动作价值 $Q_\pi(s_t, a_t)$。解决方法是做两次近似：

$$Q_\pi(s_t, a_t) \ \implies \ Q_{\pi_{\text{old}}}(s_t, a_t) \ \implies \ u_t.$$

式中 Q_π 中的策略是 $\pi(a_t \mid s_t; \boldsymbol{\theta})$，而 $Q_{\pi_{\text{old}}}$ 中的策略是旧策略 $\pi(a_t \mid s_t; \boldsymbol{\theta}_{\text{now}})$。我们用旧策略 $\pi(a_t \mid s_t; \boldsymbol{\theta}_{\text{now}})$ 生成轨迹 $\{(s_j, a_j, r_j, s_{j+1})\}_{j=1}^n$，所以折扣回报

$$u_t = r_t + \gamma \cdot r_{t+1} + \gamma^2 \cdot r_{t+2} + \cdots + \gamma^{n-t} \cdot r_n$$

是对 $Q_{\pi_{\text{old}}}$ 的近似, 而未必是对 Q_π 的近似. 仅当 $\boldsymbol{\theta}$ 接近 $\boldsymbol{\theta}_{\text{now}}$ 的时候, u_t 才是 Q_π 的有效近似. 这就是为什么要强调置信域, 即 $\boldsymbol{\theta}$ 在 $\boldsymbol{\theta}_{\text{now}}$ 的邻域中.

用 u_t 替代 $Q_\pi(s_t, a_t)$, 那么式 (9.6) 中的 $L(\boldsymbol{\theta} \,|\, \boldsymbol{\theta}_{\text{now}})$ 变成了

$$
\tilde{L}(\boldsymbol{\theta} \,|\, \boldsymbol{\theta}_{\text{now}}) \;=\; \frac{1}{n} \sum_{t=1}^{n} \frac{\pi(a_t \,|\, s_t;\, \boldsymbol{\theta})}{\pi(a_t \,|\, s_t;\, \boldsymbol{\theta}_{\text{now}})} \cdot u_t. \tag{9.7}
$$

总结一下, 我们把目标函数 J 近似成 L, 然后又把 L 近似成 $\tilde{L}$. 在第二次近似中, 我们需要假设 $\boldsymbol{\theta}$ 接近 $\boldsymbol{\theta}_{\text{now}}$.

2. 第二步——最大化

TRPO 把式 (9.7) 中的 $\tilde{L}(\boldsymbol{\theta} \,|\, \boldsymbol{\theta}_{\text{now}})$ 作为对目标函数 $J(\boldsymbol{\theta})$ 的近似, 然后求解这个带约束的最大化问题:

$$
\max_{\boldsymbol{\theta}} \; \tilde{L}(\boldsymbol{\theta} \,|\, \boldsymbol{\theta}_{\text{now}}); \qquad \text{s.t.} \;\; \boldsymbol{\theta} \in \mathcal{N}(\boldsymbol{\theta}_{\text{now}}). \tag{9.8}
$$

式 (9.8) 中的 $\mathcal{N}(\boldsymbol{\theta}_{\text{now}})$ 是置信域, 即 $\boldsymbol{\theta}_{\text{now}}$ 的一个邻域. 该用什么样的置信域呢?

- 一种方法是用以 $\boldsymbol{\theta}_{\text{now}}$ 为球心、以 Δ 为半径的球作为置信域. 这样的话, 式 (9.8) 就变成

$$
\max_{\boldsymbol{\theta}} \; \tilde{L}(\boldsymbol{\theta} \,|\, \boldsymbol{\theta}_{\text{now}}); \qquad \text{s.t.} \;\; \big\| \boldsymbol{\theta} - \boldsymbol{\theta}_{\text{now}} \big\|_2 \leqslant \Delta. \tag{9.9}
$$

- 另一种方法是用 KL 散度衡量两个概率质量函数——$\pi(\cdot\,|\,s_i;\, \boldsymbol{\theta}_{\text{now}})$ 和 $\pi(\cdot\,|\,s_i;\, \boldsymbol{\theta})$——的距离. 两个概率质量函数的区别越大, 它们的 KL 散度就越大. 反过来, $\boldsymbol{\theta}$ 越接近 $\boldsymbol{\theta}_{\text{now}}$, 两个概率质量函数就越接近. 用 KL 散度的话, 式 (9.8) 就变成

$$
\max_{\boldsymbol{\theta}} \; \tilde{L}(\boldsymbol{\theta} \,|\, \boldsymbol{\theta}_{\text{now}}); \qquad \text{s.t.} \;\; \frac{1}{t} \sum_{i=1}^{t} \text{KL}\Big[\pi\big(\,\cdot\,|\,s_i;\, \boldsymbol{\theta}_{\text{now}}\big) \,\Big\|\, \pi\big(\,\cdot\,|\,s_i;\, \boldsymbol{\theta}\big) \Big] \leqslant \Delta. \tag{9.10}
$$

用球作为置信域的好处是, 置信域是简单的形状, 求解最大化问题比较容易, 但是这样做的实际效果不如用 KL 散度.

TRPO 的第二步, 即最大化, 需要求解带约束的最大化问题式 (9.9) 或者式 (9.10). 注意, 这种问题的求解并不容易, 简单的梯度上升算法并不能解带约束的最大化问题. 数值优化教材通常会介绍带约束问题的求解, 有兴趣的话可自行阅读, 这里就不详细解释如何求解式 (9.9) 或者式 (9.10) 了. 读者可以这样看待优化问题: 只要能把一个优化问题的目标函数和约束条件解析地写出来, 通常就能找到解决这个问题的数值算法.

9.1.4 训练流程

在本节的最后，我们总结一下用 TRPO 训练策略网络的流程. TRPO 需要重复做**近似**和**最大化**这两个步骤.

(1) **做近似**——构造函数 $\tilde{L}$ 来近似目标函数 $J(\boldsymbol{\theta})$.

    (a) 设当前策略网络参数是 $\boldsymbol{\theta}_{\text{now}}$. 用策略网络 $\pi(a\,|\,s;\boldsymbol{\theta}_{\text{now}})$ 控制智能体与环境交互，玩完一局游戏，记录下轨迹:

$$s_1, a_1, r_1, \ \ s_2, a_2, r_2, \ \cdots, \ \ s_n, a_n, r_n.$$

    (b) 对于所有的 $t = 1, \cdots, n$，计算折扣回报 $u_t = \sum_{k=t}^{n} \gamma^{k-t} \cdot r_k$.

    (c) 得出近似函数:

$$\tilde{L}(\boldsymbol{\theta}\,|\,\boldsymbol{\theta}_{\text{now}}) \;=\; \frac{1}{n}\sum_{t=1}^{n} \frac{\pi(a_t\,|\,s_t;\boldsymbol{\theta})}{\pi(a_t\,|\,s_t;\boldsymbol{\theta}_{\text{now}})} \cdot u_t.$$

(2) **最大化**——用某种数值算法求解带约束的最大化问题:

$$\boldsymbol{\theta}_{\text{new}} \;=\; \underset{\boldsymbol{\theta}}{\arg\max}\ \tilde{L}(\boldsymbol{\theta}\,|\,\boldsymbol{\theta}_{\text{now}}); \qquad \text{s.t.} \ \ \left\|\boldsymbol{\theta} - \boldsymbol{\theta}_{\text{now}}\right\|_2 \leqslant \Delta.$$

此处的约束条件是二范数距离. 可以把它替换成 KL 散度，即式 (9.10).

TRPO 中有两个超参数需要调整: 一个是置信域的半径 Δ，另一个是求解最大化问题的数值算法的学习率. 通常来说，Δ 在算法的运行过程中要逐渐缩小. TRPO 虽然需要调参，但是对超参数的设置并不敏感. 即使超参数设置得不够好，TRPO 的表现也不会太差. 相比之下，策略梯度算法对超参数更敏感.

TRPO 算法真正实现起来并不容易，主要难点在于第二步——**最大化**. 不建议读者自己去实现 TRPO.

9.2 策略学习中的熵正则

策略学习的目标是学出一个策略网络 $\pi(a|s;\boldsymbol{\theta})$ 用于控制智能体. 每当智能体观测到当前状态 s，策略网络输出一个概率分布，智能体就依据概率分布抽样一个动作并执行. 举个例子，在《超级马力欧兄弟》游戏中，动作空间是 $\mathcal{A} = \{\text{左},\text{右},\text{上}\}$. 基于当前状态 s，策略网络的输出是

$$p_1 \;=\; \pi\big(\text{左}\,|\,s;\boldsymbol{\theta}\big) \;=\; 0.03,$$
$$p_2 \;=\; \pi\big(\text{右}\,|\,s;\boldsymbol{\theta}\big) \;=\; 0.96,$$
$$p_3 \;=\; \pi\big(\text{上}\,|\,s;\boldsymbol{\theta}\big) \;=\; 0.01.$$

那么马力欧做的动作可能是左、右、上三者中的任何一个，概率分别是 0.03、0.96、0.01. 概率集中在"向右"的动作上，接近确定性的决策. 确定性大的好处是不容易选中很差的动作，比较安全，但也有缺点. 假如策略网络的输出总是这样确定性很大的概率分布，那么智能体就会安于现状，不去尝试没做过的动作，不去探索更多的状态，也就无法找到更好的策略.

我们希望策略网络的输出的概率不要集中在一个动作上，至少要给其他动作一些非零的概率，让这些动作能被探索到. 可以用熵来衡量概率分布的不确定性. 对于上述离散概率分布 $\boldsymbol{p} = [p_1, p_2, p_3]$，熵等于

$$\text{Entropy}(\boldsymbol{p}) = -\sum_{i=1}^{3} p_i \cdot \ln p_i.$$

熵小说明概率质量很集中，熵大说明随机性很大，见图 9-3 的解释.

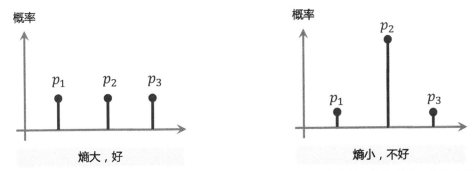

图 9-3　两张图分别描述了两个离散概率分布. 左边的概率比较均匀，这种情况的熵很大. 右边的概率集中在 p_2 上，这种情况的熵较小

带熵正则的策略梯度

我们希望策略网络输出的概率分布的熵不要太小. 不妨把熵作为正则项，放到策略学习的目标函数中. 策略网络的输出是维度等于 $|\mathcal{A}|$ 的向量，它表示定义在动作空间中的离散概率分布. 这个概率分布的熵定义为

$$H(s; \boldsymbol{\theta}) \triangleq \text{Entropy}\Big[\pi(\,\cdot\mid s; \boldsymbol{\theta})\Big] = -\sum_{a \in \mathcal{A}} \pi(a \mid s; \boldsymbol{\theta}) \cdot \ln \pi(a \mid s; \boldsymbol{\theta}). \quad (9.11)$$

熵 $H(s; \boldsymbol{\theta})$ 只依赖于状态 s 与策略网络参数 $\boldsymbol{\theta}$. 我们希望对于大多数的状态 s，熵会比较大，也就是让 $\mathbb{E}_S[H(S; \boldsymbol{\theta})]$ 比较大.

回忆一下，$V_\pi(s)$ 是状态价值函数，衡量在状态 s 的情况下，策略网络 π 表现的好坏程度. 策略学习的目标函数是 $J(\boldsymbol{\theta}) = \mathbb{E}_S[V_\pi(S)]$，其目的是寻找参数 $\boldsymbol{\theta}$，使得 $J(\boldsymbol{\theta})$ 最大化. 同时，我们还希望让熵比较大，所以把熵作为正则项，放到目标函数里. 使用熵正则的策略学习可以写作如下最大化问题：

$$\max_{\theta} \ J(\boldsymbol{\theta}) + \lambda \cdot \mathbb{E}_S\big[H(S; \boldsymbol{\theta})\big]. \tag{9.12}$$

此处的 λ 是个超参数, 需要手动调整.

优化

带熵正则的最大化问题式 (9.12) 可以用各种方法求解, 比如策略梯度方法（包括 REIN-FORCE 和 actor-critic）、TRPO 等. 此处只讲解策略梯度方法. 式 (9.12) 中目标函数关于 $\boldsymbol{\theta}$ 的梯度是

$$\boldsymbol{g}(\boldsymbol{\theta}) \ \triangleq \ \nabla_{\boldsymbol{\theta}}\Big[J(\boldsymbol{\theta}) + \lambda \cdot \mathbb{E}_S\big[H(S; \boldsymbol{\theta})\big]\Big].$$

观测到状态 s, 按照策略网络做随机抽样, 得到动作 $a \sim \pi(\cdot\,|\,s; \boldsymbol{\theta})$, 那么

$$\tilde{\boldsymbol{g}}(s, a; \boldsymbol{\theta}) \ \triangleq \ \Big[Q_\pi(s, a) - \lambda \cdot \ln \pi(a\,|\,s; \boldsymbol{\theta}) - \lambda\Big] \cdot \nabla_{\boldsymbol{\theta}} \ln \pi(a\,|\,s; \boldsymbol{\theta})$$

是梯度 $\boldsymbol{g}(\boldsymbol{\theta})$ 的无偏估计（见定理 9.2）. 因此可以用 $\tilde{\boldsymbol{g}}(s, a; \boldsymbol{\theta})$ 更新策略网络的参数:

$$\boldsymbol{\theta} \ \leftarrow \ \boldsymbol{\theta} + \beta \cdot \tilde{\boldsymbol{g}}(s, a; \boldsymbol{\theta}).$$

此处的 β 是学习率.

定理 9.2 带熵正则的策略梯度

$$\nabla_{\boldsymbol{\theta}}\Big[J(\boldsymbol{\theta}) + \lambda \cdot \mathbb{E}_S\big[H(S; \boldsymbol{\theta})\big]\Big] \ = \ \mathbb{E}_S\Big[\mathbb{E}_{A \sim \pi(\cdot|s;\theta)}\big[\tilde{\boldsymbol{g}}(S, A; \boldsymbol{\theta})\big]\Big].$$

♡

证明 首先推导熵 $H(S; \boldsymbol{\theta})$ 关于 $\boldsymbol{\theta}$ 的梯度. 由式 (9.11) 中 $H(S; \boldsymbol{\theta})$ 的定义可得

$$\frac{\partial H(s; \boldsymbol{\theta})}{\partial \boldsymbol{\theta}} \ = \ -\sum_{a \in \mathcal{A}} \frac{\partial \big[\pi(a|s; \boldsymbol{\theta}) \cdot \ln \pi(a|s; \boldsymbol{\theta})\big]}{\partial \boldsymbol{\theta}}$$

$$= \ -\sum_{a \in \mathcal{A}} \left[\ln \pi(a|s; \boldsymbol{\theta}) \cdot \frac{\partial \pi(a|s; \boldsymbol{\theta})}{\partial \boldsymbol{\theta}} + \pi(a|s; \boldsymbol{\theta}) \cdot \frac{\partial \ln \pi(a|s; \boldsymbol{\theta})}{\partial \boldsymbol{\theta}}\right].$$

第二个等式由链式法则得到. 由于 $\frac{\partial \pi(a|s;\theta)}{\partial \theta} = \pi(a|s; \theta) \cdot \frac{\partial \ln \pi(a|s;\theta)}{\partial \theta}$, 因此上式可以写成

$$\frac{\partial H(s; \boldsymbol{\theta})}{\partial \boldsymbol{\theta}} \ = \ -\sum_{a \in \mathcal{A}} \left[\ln \pi(a|s; \boldsymbol{\theta}) \cdot \pi(a|s; \boldsymbol{\theta}) \cdot \frac{\partial \ln \pi(a|s; \boldsymbol{\theta})}{\partial \boldsymbol{\theta}} + \pi(a|s; \boldsymbol{\theta}) \cdot \frac{\partial \ln \pi(a|s; \boldsymbol{\theta})}{\partial \boldsymbol{\theta}}\right]$$

$$= \ -\sum_{a \in \mathcal{A}} \pi(a|s; \boldsymbol{\theta}) \cdot \Big[\ln \pi(a|s; \boldsymbol{\theta}) + 1\Big] \cdot \frac{\partial \ln \pi(a|s; \boldsymbol{\theta})}{\partial \boldsymbol{\theta}}$$

$$= -\mathbb{E}_{A\sim\pi(\cdot|s;\boldsymbol{\theta})}\left[\left[\ln\pi(A|s;\boldsymbol{\theta})+1\right]\cdot\frac{\partial\ln\pi(A|s;\boldsymbol{\theta})}{\partial\boldsymbol{\theta}}\right]. \tag{9.13}$$

应用第 7 章推导的策略梯度定理,可以把 $J(\boldsymbol{\theta})$ 关于 $\boldsymbol{\theta}$ 的梯度写作

$$\frac{\partial J(\boldsymbol{\theta})}{\partial\boldsymbol{\theta}} = \mathbb{E}_S\left\{\mathbb{E}_{A\sim\pi(\cdot|S;\boldsymbol{\theta})}\left[Q_\pi(S,A)\cdot\frac{\partial\ln\pi(A|S;\boldsymbol{\theta})}{\partial\boldsymbol{\theta}}\right]\right\}. \tag{9.14}$$

由式 (9.13) 与式 (9.14) 可得

$$\frac{\partial}{\partial\boldsymbol{\theta}}\left[J(\boldsymbol{\theta})+\lambda\cdot\mathbb{E}_S\big[H(S;\boldsymbol{\theta})\big]\right]$$
$$= \mathbb{E}_S\left\{\mathbb{E}_{A\sim\pi(\cdot|S;\boldsymbol{\theta})}\left[\left(Q_\pi(S,A)-\lambda\cdot\ln\pi(A|S;\boldsymbol{\theta})-\lambda\right)\cdot\frac{\partial\ln\pi(A|S;\boldsymbol{\theta})}{\partial\boldsymbol{\theta}}\right]\right\}$$
$$= \mathbb{E}_S\left\{\mathbb{E}_{A\sim\pi(\cdot|S;\boldsymbol{\theta})}\left[\tilde{\boldsymbol{g}}\big(S,A;\boldsymbol{\theta}\big)\right]\right\}.$$

上面第二个等式由 $\tilde{g}$ 的定义得到. $\qquad\square$

○　　○　　○

相关文献

TRPO 由 Schulman 等人在 2015 年提出 [32]. TRPO 是置信域方法在强化学习中的成功应用. 置信域是经典的数值优化算法,对此感兴趣的读者可以阅读相关教材 [33,34]. TRPO 每一轮循环都需要求解带约束的最大化问题,这类问题的求解可以参考相关教材 [35,36].

熵正则是策略学习中常见的方法,在很多论文 [13, 37-41] 中有使用. 虽然熵正则能鼓励探索,但是增大决策的不确定性是有风险的:很差的动作可能也有非零的概率. 一个好的办法是用 Tsallis Entropy [42] 做正则化,让离散概率具有稀疏性,每次决策只给少部分动作非零的概率,"过滤掉"很差的动作. 有兴趣的读者可以阅读相关论文 [43-45].

知识点小结

- 置信域方法指的是一大类数值优化算法,通常用于求解非凸问题. 对于一个最大化问题,算法重复两个步骤——做近似、最大化,直到算法收敛.

- 置信域策略优化(TRPO)是一种置信域算法,它的目标是最大化目标函数 $J(\boldsymbol{\theta})=\mathbb{E}_S[V_\pi(S)]$. 与策略梯度算法相比,TRPO 的优势在于更稳定以及用更少的样本即可达到收敛.

- 策略学习中常用熵正则这种技巧,即鼓励策略网络输出的概率分布有较大的熵. 熵越大,概率分布越均匀;熵越小,概率质量越集中在少数动作上.

第 10 章　连续控制

本书前面的内容全部都是关于离散控制的，即动作空间是一个离散的集合，比如《超级马力欧兄弟》中的动作空间 $\mathcal{A} = \{左, 右, 上\}$ 就是离散集合. 本章的内容是关于连续控制的，即动作空间是一个连续集合，比如汽车的转向 $\mathcal{A} = [-40°, 40°]$ 就是连续集合. 如果把连续动作空间离散化，那么离散控制的方法就能直接解决连续控制问题.

本章的主要内容如下：10.1 节讨论如何用离散化方法解决连续控制问题. 10.2 节详细讲解深度确定性策略梯度（DDPG）方法，它是目前最常用的连续控制方法. 10.3 节深入分析 DDPG，并引出 10.4 节的双延迟深度确定性策略梯度（TD3）方法，它是对确定性策略梯度方法的改进，在实践中效果更佳. 10.5 节介绍适用于连续控制问题的随机性策略网络.

10.1　连续空间的离散化

考虑这样一个问题：我们需要控制一只机械手臂完成某些任务，目标是获取奖励. 机械手臂有两个关节，分别可以在 $[0°, 360°]$ 与 $[0°, 180°]$ 的范围内转动. 这个问题的自由度是 $d = 2$，动作是二维向量，动作空间是连续集合 $\mathcal{A} = [0, 360] \times [0, 180]$.

此前我们学过的强化学习方法全部都是针对离散动作空间的，不能直接解决上述连续控制问题. 想把此前学过的离散控制方法应用到连续控制问题上，必须对连续动作空间做离散化（网格化），比如把连续集合 $\mathcal{A} = [0, 360] \times [0, 180]$ 变成离散集合 $\mathcal{A}' = \{0, 20, 40, \cdots, 360\} \times \{0, 20, 40, \cdots, 180\}$，如图 10-1 所示.

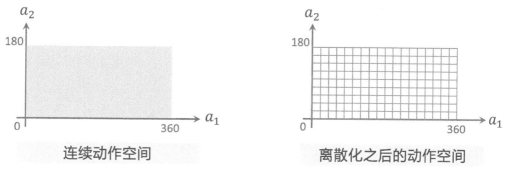

图 10-1　对连续动作空间 $\mathcal{A} = [0, 360] \times [0, 180]$ 做离散化（网格化）

对动作空间做离散化之后，就可以应用之前学过的方法训练 DQN 或者策略网络，用于控制机械手臂．可是用离散化解决连续控制问题有个缺点．把自由度记作 d，d 越高，网格上的点就越多，而且数量随着 d 呈指数级增长，会造成维度灾难．动作空间的大小即网格上点的数量．如果动作空间太大，DQN 和策略网络的训练都会变得很困难，强化学习的结果会不好．上述离散化方法只适用于自由度 d 很低的情况；如果 d 不是很低，就应该使用连续控制方法．接下来介绍几种连续控制的方法．

10.2 深度确定性策略梯度

深度确定性策略梯度（deep deterministic policy gradient，DDPG）是当前最常用的连续控制方法．顾名思义，"深度"说明它使用深度神经网络，"确定性"说明它的输出是确定性的动作，"策略梯度"说明它用策略梯度学习策略网络．

DDPG 属于一种 actor-critic 方法，它有一个策略网络（演员）和一个价值网络（评委）．策略网络控制智能体做运动，它基于状态 s 做出动作 $\boldsymbol{a}$[①]．价值网络不控制智能体，只是基于状态 s 给动作 $\boldsymbol{a}$ 打分，从而指导策略网络做出改进．图 10-2 描述了两个神经网络的关系．

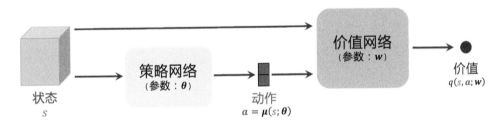

图 10-2　DDPG 方法的示意图．策略网络 $\boldsymbol{\mu}(s;\boldsymbol{\theta})$ 的输入是状态 s，输出是动作 $\boldsymbol{a}$（d 维向量）．价值网络 $q(s,\boldsymbol{a};\boldsymbol{w})$ 的输入是状态 s 和动作 $\boldsymbol{a}$，输出是价值（实数）

10.2.1 策略网络和价值网络

DDPG 的**策略网络**不同于前面章节的策略网络．在之前的章节里，策略网络 $\pi(a|s;\boldsymbol{\theta})$ 是一个概率质量函数，它输出的是概率值．本节的确定性策略网络 $\boldsymbol{\mu}(s;\boldsymbol{\theta})$ 的输出是 d 维向量 $\boldsymbol{a}$，作为动作．两种策略网络一个是随机的，一个是确定性的．

- 之前章节中的策略网络 $\pi(a|s;\boldsymbol{\theta})$ 带有随机性：给定状态 s，策略网络输出的是离散动作空间 $\mathcal{A}$ 中的概率分布，$\mathcal{A}$ 中的每个元素（动作）都有一个概率值．智能体依据概率分布随机从 $\mathcal{A}$ 中抽取一个动作并执行．

[①] 本节中，动作 a 是一个 d 维向量，而不是离散集合中的一个元素．因此本节用粗体 $\boldsymbol{a}$ 表示动作的观测值．

- 本节的确定性策略网络没有随机性：对于确定的状态 s，策略网络 $\boldsymbol{\mu}$ 输出的动作 $\boldsymbol{a}$ 是确定的．动作 $\boldsymbol{a}$ 直接是 $\boldsymbol{\mu}$ 的输出，而非随机抽样得到的．

确定性策略网络 $\boldsymbol{\mu}$ 的结构如图 10-3 所示．如果输入的状态 s 是个矩阵或者张量（例如图片、视频），那么 $\boldsymbol{\mu}$ 就由若干卷积层、全连接层等组成．确定性策略可以看作随机性策略的一个特例．确定性策略 $\boldsymbol{\mu}(s;\boldsymbol{\theta})$ 的输出是 d 维向量，它的第 i 个元素记作 $\widehat{\mu}_i = \big[\boldsymbol{\mu}(s;\boldsymbol{\theta})\big]_i$．定义下面这个随机性策略：

$$\pi(\boldsymbol{a}|s;\boldsymbol{\theta},\boldsymbol{\sigma}) = \prod_{i=1}^{d} \frac{1}{\sqrt{6.28}\sigma_i} \cdot \exp\left(-\frac{\big[a_i - \widehat{\mu}_i\big]^2}{2\sigma_i^2}\right). \tag{10.1}$$

这个随机性策略是均值为 $\boldsymbol{\mu}(s;\boldsymbol{\theta})$、协方差矩阵为 $\mathrm{diag}(\sigma_1,\cdots,\sigma_d)$ 的多元正态分布．本节的确定性策略可以看作上述随机性策略在 $\boldsymbol{\sigma} = [\sigma_1,\cdots,\sigma_d]$ 为全零向量时的特例．

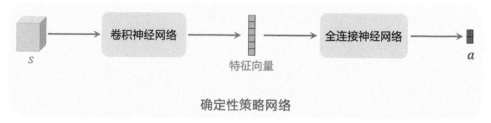

确定性策略网络

图 10-3 确定性策略网络 $\boldsymbol{\mu}(s;\boldsymbol{\theta})$ 的结构．它的输入是状态 s，输出是动作 $\boldsymbol{a}$，神经网络参数是 $\boldsymbol{\theta}$

本节的**价值网络** $q(s,\boldsymbol{a};\boldsymbol{w})$ 是对动作价值函数 $Q_\pi(s,\boldsymbol{a})$ 的近似．价值网络的结构如图 10-4 所示．价值网络的输入是状态 s 和动作 $\boldsymbol{a}$，输出的价值 $\widehat{q} = q(s,\boldsymbol{a};\boldsymbol{w})$ 是个实数，可以反映动作的好坏：动作 $\boldsymbol{a}$ 越好，则价值 $\widehat{q}$ 就越大，所以价值网络可以评价策略网络的表现．在训练过程中，价值网络帮助训练策略网络；在训练结束之后，价值网络就被丢弃，由策略网络控制智能体．

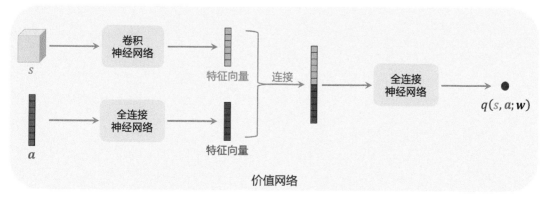

价值网络

图 10-4 价值网络 $q(s,\boldsymbol{a};\boldsymbol{w})$ 的结构．输入是状态 s 和动作 $\boldsymbol{a}$，输出是预估价值（实数），神经网络参数是 $\boldsymbol{w}$

10.2.2 算法推导

1. 用行为策略收集经验

本节的确定性策略网络属于异策略方法，即行为策略可以不同于目标策略。目标策略即确定性策略网络 $\boldsymbol{\mu}(s; \boldsymbol{\theta}_{\text{now}})$，其中 $\boldsymbol{\theta}_{\text{now}}$ 是策略网络最新的参数。行为策略可以是任意的，比如

$$\boldsymbol{a} = \boldsymbol{\mu}(s; \boldsymbol{\theta}_{\text{old}}) + \boldsymbol{\epsilon}.$$

上式的意思是行为策略可以用过时的策略网络参数，而且可以往动作中加入噪声 $\boldsymbol{\epsilon} \in \mathbb{R}^d$。异策略的好处是可以把**收集经验**与**训练神经网络**分割开；把收集到的经验存入经验回放缓存，在训练的时候重复利用收集到的经验，如图 10-5 所示。

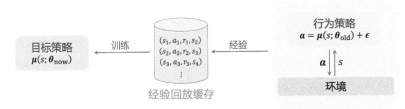

图 10-5 DPG 属于异策略，分别进行收集经验与更新策略

用行为策略控制智能体与环境交互，把智能体的轨迹整理成 $(s_t, \boldsymbol{a}_t, r_t, s_{t+1})$ 这样的四元组，存入经验回放缓存。训练的时候，随机从缓存中抽取一个四元组，记作 $(s_j, \boldsymbol{a}_j, r_j, s_{j+1})$。在训练策略网络 $\boldsymbol{\mu}(s; \boldsymbol{\theta})$ 的时候，只用到状态 s_j。在训练价值网络 $q(s, \boldsymbol{a}; \boldsymbol{w})$ 的时候，要用到四元组中全部四个元素：$s_j, \boldsymbol{a}_j, r_j, s_{j+1}$。

2. 训练策略网络

首先通俗解释训练策略网络的原理。如图 10-6 所示，给定状态 s，策略网络输出一个动作 $\boldsymbol{a} = \boldsymbol{\mu}(s; \boldsymbol{\theta})$，然后价值网络会给 $\boldsymbol{a}$ 打一个分数：$\widehat{q} = q(s, \boldsymbol{a}; \boldsymbol{w})$。参数 $\boldsymbol{\theta}$ 影响 $\boldsymbol{a}$，从而影响 $\widehat{q}$。分数 $\widehat{q}$ 可以反映 $\boldsymbol{\theta}$ 的好坏程度。训练策略网络的目标就是改进参数 $\boldsymbol{\theta}$，使 $\widehat{q}$ 变得更大。把策略网络看作演员，价值网络看作评委，训练演员（策略网络）的目的就是让他迎合评委（价值网络）的喜好，改进自己的表演技巧（即参数 $\boldsymbol{\theta}$），使得评委打分 $\widehat{q}$ 的均值更高。

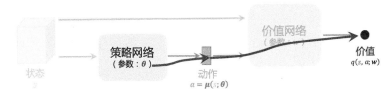

图 10-6 给定状态 s，策略网络的参数 $\boldsymbol{\theta}$ 会影响 $\boldsymbol{a}$，从而影响 $\widehat{q} = q(s, \boldsymbol{a}; \boldsymbol{w})$

根据以上解释，我们来推导目标函数. 如果当前状态是 s，那么价值网络的打分就是

$$q\big(s, \boldsymbol{\mu}(s; \boldsymbol{\theta}); \boldsymbol{w}\big).$$

我们希望打分的期望尽量高，所以把目标函数定义为打分的期望：

$$J(\boldsymbol{\theta}) = \mathbb{E}_S\Big[q\big(S, \boldsymbol{\mu}(S; \boldsymbol{\theta}); \boldsymbol{w}\big)\Big].$$

关于状态 S 求期望消除了 S 的影响. 不管面对什么样的状态 S，策略网络（演员）都应该做出很好的动作，使得平均分 $J(\boldsymbol{\theta})$ 尽量高. 策略网络的学习可以建模成这样一个最大化问题：

$$\max_{\boldsymbol{\theta}} J(\boldsymbol{\theta}).$$

注意，这里我们只训练策略网络，所以最大化问题中的优化变量是策略网络的参数 $\boldsymbol{\theta}$，而价值网络的参数 $\boldsymbol{w}$ 被固定住了.

可以用梯度上升来增大 $J(\boldsymbol{\theta})$. 每次用随机变量 S 的一个观测值（记作 s_j）来计算梯度：

$$\boldsymbol{g}_j \triangleq \nabla_{\boldsymbol{\theta}} q\big(s_j, \boldsymbol{\mu}(s_j; \boldsymbol{\theta}); \boldsymbol{w}\big).$$

它是 $\nabla_{\boldsymbol{\theta}} J(\boldsymbol{\theta})$ 的无偏估计. $\boldsymbol{g}_j$ 叫作**确定性策略梯度**（deterministic policy gradient，DPG）.

可以用链式法则求出梯度 $\boldsymbol{g}_j$. 复习一下链式法则. 如果有这样的函数关系：$\theta \to a \to q$，那么 q 关于 θ 的导数可以写成

$$\frac{\partial q}{\partial \theta} = \frac{\partial a}{\partial \theta} \cdot \frac{\partial q}{\partial a}$$

价值网络的输出与 $\boldsymbol{\theta}$ 的函数关系如图 10-6 所示. 应用链式法则，我们得到下面的定理.

定理 10.1 确定性策略梯度

$$\nabla_{\boldsymbol{\theta}} q\big(s_j, \boldsymbol{\mu}(s_j; \boldsymbol{\theta}); \boldsymbol{w}\big) = \nabla_{\boldsymbol{\theta}} \boldsymbol{\mu}(s_j; \boldsymbol{\theta}) \cdot \nabla_{\boldsymbol{a}} q\big(s_j, \widehat{\boldsymbol{a}}_j; \boldsymbol{w}\big), \quad \text{其中} \ \ \widehat{\boldsymbol{a}}_j = \boldsymbol{\mu}(s_j; \boldsymbol{\theta}).$$

由此我们得到更新 $\boldsymbol{\theta}$ 的算法. 每次从经验回放缓存里随机抽取一个状态，记作 s_j. 计算 $\widehat{\boldsymbol{a}}_j = \boldsymbol{\mu}(s_j; \boldsymbol{\theta})$. 用梯度上升更新一次 $\boldsymbol{\theta}$：

$$\boxed{\boldsymbol{\theta} \leftarrow \boldsymbol{\theta} + \beta \cdot \nabla_{\boldsymbol{\theta}} \boldsymbol{\mu}(s_j; \boldsymbol{\theta}) \cdot \nabla_{\boldsymbol{a}} q\big(s_j, \widehat{\boldsymbol{a}}_j; \boldsymbol{w}\big).}$$

此处的 β 是学习率，需要手动调整. 这样做梯度上升，可以逐渐让目标函数 $J(\boldsymbol{\theta})$ 增大，也就是让评委给演员的平均打分更高.

3. 训练价值网络

首先通俗地解释训练价值网络的原理. 训练价值网络的目标是让价值网络 $q(s, \boldsymbol{a}; \boldsymbol{w})$ 的预测

越来越接近真实价值函数 $Q_\pi(s, a)$. 如果把价值网络看作评委，那么训练评委的目标就是让他的打分越来越准确. 每一轮训练都要用到一个实际观测的奖励 r，可以把 r 看作"真理"，用它来校准评委的打分.

训练价值网络要用 TD 算法. 这里的 TD 算法与之前学过的标准 actor-critic 类似，都是让价值网络去拟合 TD 目标. 每次从经验回放缓存中取出一个四元组 (s_j, a_j, r_j, s_{j+1})，用它更新一次参数 w. 首先让价值网络做预测：

$$\widehat{q}_j = q(s_j, a_j; w) \quad 和 \quad \widehat{q}_{j+1} = q(s_{j+1}, \mu(s_{j+1}; \theta); w).$$

然后计算 TD 目标 $\widehat{y}_j = r_j + \gamma \cdot \widehat{q}_{j+1}$. 定义损失函数

$$L(w) = \frac{1}{2}\Big[q(s_j, a_j; w) - \widehat{y}_j\Big]^2,$$

计算梯度

$$\nabla_w L(w) = \underbrace{(\widehat{q}_j - \widehat{y}_j)}_{\text{TD 误差 } \delta_j} \cdot \nabla_w q(s_j, a_j; w),$$

做一轮梯度下降更新参数 w：

$$w \leftarrow w - \alpha \cdot \nabla_w L(w).$$

这样可以让损失函数 $L(w)$ 减小，也就是让价值网络的预测 $\widehat{q}_j = q(s, a; w)$ 更接近 TD 目标 $\widehat{y}_j$. 上式中的 α 是学习率，需要手动调整.

4. 训练流程

可以同时对价值网络和策略网络做训练. 每次从经验回放缓存中抽取一个四元组，记作 (s_j, a_j, r_j, s_{j+1}). 把神经网络的当前参数记作 w_{now} 和 θ_{now}. 执行以下步骤更新策略网络和价值网络.

(1) 让策略网络做预测：

$$\widehat{a}_j = \mu(s_j; \theta_{\text{now}}) \quad 和 \quad \widehat{a}_{j+1} = \mu(s_{j+1}; \theta_{\text{now}}).$$

【注意】计算动作 $\widehat{a}_j$ 用的是当前的策略网络 $\mu(s_j; \theta_{\text{now}})$，用 $\widehat{a}_j$ 来更新 θ_{now}；而从经验回放缓存中抽取的 a_j 则是用过时的策略网络 $\mu(s_j; \theta_{\text{old}})$ 算出的，用 a_j 来更新 w_{now}. 请注意 $\widehat{a}_j$ 与 a_j 的区别.

(2) 让价值网络做预测：

$$\widehat{q}_j = q(s_j, a_j; w_{\text{now}}) \quad 和 \quad \widehat{q}_{j+1} = q(s_{j+1}, \widehat{a}_{j+1}; w_{\text{now}}).$$

(3) 计算 TD 目标和 TD 误差：

$$\widehat{y}_j = r_j + \gamma \cdot \widehat{q}_{j+1} \qquad \text{和} \qquad \delta_j = \widehat{q}_j - \widehat{y}_j.$$

(4) 更新价值网络：

$$\boldsymbol{w}_{\text{new}} \leftarrow \boldsymbol{w}_{\text{now}} - \alpha \cdot \delta_j \cdot \nabla_{\boldsymbol{w}} q(s_j, \boldsymbol{a}_j; \boldsymbol{w}_{\text{now}}).$$

(5) 更新策略网络：

$$\boldsymbol{\theta}_{\text{new}} \leftarrow \boldsymbol{\theta}_{\text{now}} + \beta \cdot \nabla_{\boldsymbol{\theta}} \boldsymbol{\mu}(s_j; \boldsymbol{\theta}_{\text{now}}) \cdot \nabla_{\boldsymbol{a}} q(s_j, \widehat{\boldsymbol{a}}_j; \boldsymbol{w}_{\text{now}}).$$

在实践中，上述算法的表现并不好，应当采用 10.4 节介绍的技巧训练策略网络和价值网络.

10.3 深入分析 DDPG

10.2 节介绍的 DDPG 是一种"四不像"的方法. 它乍看起来很像第 7 章中介绍的策略学习方法，因为它的目的是学习一个策略 $\boldsymbol{\mu}$，而价值网络 q 只起辅助作用. 然而 DDPG 又很像第 4 章中介绍的 DQN，两者都是异策略，而且都存在高估问题. 鉴于 DDPG 的重要性，下面我们深入分析它.

10.3.1 从策略学习的角度看待 DDPG

> **问题 10.1**
>
> DDPG 中有一个确定性策略网络 $\boldsymbol{\mu}(s; \boldsymbol{\theta})$ 和一个价值网络 $q(s, \boldsymbol{a}; \boldsymbol{w})$. 请问价值网络 $q(s, \boldsymbol{a}; \boldsymbol{w})$ 是对动作价值函数 $Q_\pi(s, \boldsymbol{a})$ 的近似，还是对最优动作价值函数 $Q_\star(s, \boldsymbol{a})$ 的近似？ ♣

答案是动作价值函数 $Q_\pi(s, \boldsymbol{a})$. 在 10.2 节 DDPG 的训练流程中，更新价值网络用到了 TD 目标：

$$\widehat{y}_j = r_j + \gamma \cdot q\Big(s_{j+1}, \boldsymbol{\mu}(s_{j+1}; \boldsymbol{\theta}_{\text{now}}); \boldsymbol{w}_{\text{now}}\Big).$$

很显然，当前的策略 $\boldsymbol{\mu}(s; \boldsymbol{\theta}_{\text{now}})$ 会直接影响价值网络 q. 策略不同，得到的价值网络 q 就不同.

虽然价值网络 $q(s, \boldsymbol{a}; \boldsymbol{w})$ 通常是对动作价值函数 $Q_\pi(s, \boldsymbol{a})$ 的近似，但是我们最终的目标是让 $q(s, \boldsymbol{a}; \boldsymbol{w})$ 趋近于最优动作价值函数 $Q_\star(s, \boldsymbol{a})$. 回忆一下，如果 π 是最优策略 $\pi^\star$，那么 $Q_\pi(s, \boldsymbol{a})$ 就等于 $Q_\star(s, \boldsymbol{a})$. 训练 DDPG 的目的是让 $\boldsymbol{\mu}(s; \boldsymbol{\theta})$ 趋近于最优策略 $\pi^\star$，那么理想情况下，$q(s, \boldsymbol{a}; \boldsymbol{w})$ 最终趋近于 $Q_\star(s, \boldsymbol{a})$.

> **问题 10.2**
>
> DDPG 的训练中有行为策略 $\boldsymbol{\mu}(s; \boldsymbol{\theta}_{\text{old}}) + \boldsymbol{\epsilon}$ 和目标策略 $\boldsymbol{\mu}(s; \boldsymbol{\theta}_{\text{now}})$. 价值网络 $q(s, \boldsymbol{a}; \boldsymbol{w})$ 近似于动作价值函数 $Q_\pi(s, \boldsymbol{a})$. 请问此处的 π 指的是行为策略还是目标策略? ♣

答案是目标策略 $\boldsymbol{\mu}(s; \boldsymbol{\theta}_{\text{now}})$, 因为目标策略对价值网络的影响很大. 在理想情况下, 行为策略对价值网络没有影响. 我们用 TD 算法训练价值网络, 该算法的目的是鼓励价值网络的预测趋近于 TD 目标. 理想情况下,

$$q\big(s_j, \boldsymbol{a}_j; \boldsymbol{w}\big) = \underbrace{r_j + \gamma \cdot Q\big(s_{j+1}, \boldsymbol{\mu}(s_{j+1}; \boldsymbol{\theta}_{\text{now}}); \boldsymbol{w}_{\text{now}}\big)}_{\text{TD 目标}}, \qquad \forall \big(s_j, \boldsymbol{a}_j, r_j, s_{j+1}\big).$$

在收集经验的过程中, 行为策略决定了如何基于 s_j 生成 $\boldsymbol{a}_j$, 然而这不重要. 我们只希望等式左边去拟合等式右边, 而不在乎 $\boldsymbol{a}_j$ 是如何生成的.

10.3.2 从价值学习的角度看待 DDPG

假如我们知道最优动作价值函数 $Q_\star(s, \boldsymbol{a}; \boldsymbol{w})$, 那么可以这样做决策: 给定当前状态 s_t, 选择最大化 Q 值的动作

$$\boldsymbol{a}_t = \underset{\boldsymbol{a} \in \mathcal{A}}{\operatorname{argmax}} \; Q_\star\big(s_t, \boldsymbol{a}\big).$$

DQN 记作 $Q(s, \boldsymbol{a}; \boldsymbol{w})$, 它是 $Q_\star(s, \boldsymbol{a}; \boldsymbol{w})$ 的函数近似. 训练 DQN 的目的是让 $Q(s, \boldsymbol{a}; \boldsymbol{w})$ 趋近 $Q_\star(s, \boldsymbol{a}; \boldsymbol{w})$, $\forall s \in \mathcal{S}$, $\boldsymbol{a} \in \mathcal{A}$. 在训练好 DQN 之后, 可以这样做决策:

$$\boldsymbol{a}_t = \underset{\boldsymbol{a} \in \mathcal{A}}{\operatorname{argmax}} \; Q\big(s_t, \boldsymbol{a}; \boldsymbol{w}\big).$$

如果动作空间 $\mathcal{A}$ 是离散集合, 那么上述最大化很容易实现. 可是如果 $\mathcal{A}$ 是连续集合, 则很难对 Q 求最大化.

可以把 DDPG 看作对最优动作价值函数 $Q_\star(s, \boldsymbol{a})$ 的另一种近似方式, 用于连续控制问题. 我们希望学到策略网络 $\boldsymbol{\mu}(s; \boldsymbol{\theta})$ 和价值网络 $q(s, \boldsymbol{a}; \boldsymbol{w})$, 使得

$$q\big(s, \boldsymbol{\mu}(s; \boldsymbol{\theta}); \boldsymbol{w}\big) \approx \max_{\boldsymbol{a} \in \mathcal{A}} Q_\star\big(s, \boldsymbol{a}\big), \qquad \forall s \in \mathcal{S}.$$

我们可以把 $\boldsymbol{\mu}$ 和 q 看作 $Q_\star$ 的近似分解, 而这种分解的目的在于方便做决策:

$$\boldsymbol{a}_t = \boldsymbol{\mu}\big(s_t; \boldsymbol{\theta}\big) \approx \underset{\boldsymbol{a} \in \mathcal{A}}{\operatorname{argmax}} \; Q_\star\big(s_t, \boldsymbol{a}\big).$$

10.3.3 DDPG 的高估问题

在 6.2 节中, 我们讨过 DQN 的高估问题: 如果用 Q 学习算法训练 DQN, 则 DQN 会高估真实最优价值函数 $Q_\star$. 把 DQN 记作 $Q(s, a; \boldsymbol{w})$. 如果用 Q 学习算法训练 DQN, 那么 TD 目标是

$$\widehat{y}_j = r_j + \gamma \cdot \max_{a \in \mathcal{A}} Q(s_{j+1}, a; \boldsymbol{w}).$$

6.2 节得出结论: 如果 $Q(s, a; \boldsymbol{w})$ 是最优动作价值函数 $Q_\star(s, a)$ 的无偏估计, 那么 $\widehat{y}_j$ 是对 $Q_\star(s_j, a_j)$ 的高估. 用 $\widehat{y}_j$ 作为目标去更新 DQN, 会导致 $Q(s_j, a_j; \boldsymbol{w})$ 高估 $Q_\star(s_j, a_j)$. 6.2 节的另一个结论是自举会导致高估传播, 造成高估越来越严重.

DDPG 也存在高估问题, 用 10.2 节的算法训练出的价值网络 $q(s, \boldsymbol{a}; \boldsymbol{w})$ 会高估真实动作价值 $Q_\pi(s, \boldsymbol{a})$. 造成 DDPG 高估的原因与 DQN 类似: 第一, TD 目标是对真实动作价值的高估; 第二, 自举导致高估传播. 下面具体分析这两个问题的原因; 如果读者不感兴趣, 只需要记住上述结论即可, 可以跳过下面的内容.

1. 最大化造成高估

在训练策略网络的时候, 我们希望策略网络计算出的动作 $\widehat{a} = \boldsymbol{\mu}(s; \boldsymbol{\theta})$ 能得到价值网络尽量高的评价, 也就是让 $q(s, \widehat{a}; \boldsymbol{w})$ 尽量大. 我们通过求解下面的优化模型来学习策略网络:

$$\boldsymbol{\theta}^\star = \operatorname*{argmax}_{\boldsymbol{\theta}} \mathbb{E}_S \Big[q\big(S, \widehat{A}; \boldsymbol{w}\big) \Big], \qquad \text{s.t.} \quad \widehat{A} = \boldsymbol{\mu}(S; \boldsymbol{\theta}).$$

上式的意思是 $\boldsymbol{\mu}(s; \boldsymbol{\theta}^\star)$ 是最优的确定性策略网络. 上式与下式的意义相同 (虽然不严格等价):

$$\boldsymbol{\mu}(s; \boldsymbol{\theta}^\star) = \operatorname*{argmax}_{\boldsymbol{a} \in \mathcal{A}} q(s, \boldsymbol{a}; \boldsymbol{w}), \qquad \forall s \in \mathcal{S}.$$

上式的意思也是 $\boldsymbol{\mu}(s; \boldsymbol{\theta}^\star)$ 是最优的确定性策略网络. 训练价值网络 q 时用的 TD 目标是

$$\begin{aligned}
\widehat{y}_j &= r_j + \gamma \cdot q\big(s_{j+1}, \boldsymbol{\mu}(s_{j+1}; \boldsymbol{\theta}); \boldsymbol{w}\big) \\
&\approx r_j + \gamma \cdot \max_{\boldsymbol{a}_{j+1}} q\big(s_{j+1}, \boldsymbol{a}_{j+1}; \boldsymbol{w}\big).
\end{aligned}$$

根据 6.2 节中的分析, 上式中的 max 会导致 $\widehat{y}_j$ 高估真实动作价值 $Q_\pi(s_j, a_j; \boldsymbol{w})$. 在训练 q 时, 我们把 $\widehat{y}_j$ 作为目标, 鼓励价值网络 $q(s_j, a_j; \boldsymbol{w})$ 接近 $\widehat{y}_j$, 这会导致 $q(s_j, a_j; \boldsymbol{w})$ 高估真实动作价值.

2. 自举造成偏差传播

我们在 6.2 节中讨论过自举造成偏差传播. TD 目标

$$\widehat{y}_j = r_j + \gamma \cdot q\big(s_{j+1}, \boldsymbol{\mu}(s_{j+1}; \boldsymbol{\theta}); \boldsymbol{w}\big)$$

是用价值网络算出来的, 而它又用于更新价值网络 q 本身, 这属于自举. 假如价值网络 $q(s_{j+1}, a_{j+1}; \theta)$ 高估了真实动作价值 $Q_\pi(s_{j+1}, a_{j+1})$, 那么 TD 目标 $\widehat{y}_j$ 则是对 $Q_\pi(s_j, a_j)$ 的高估, 这会导致 $q(s_j, a_j; w)$ 高估 $Q_\pi(s_j, a_j)$. 自举让高估从 (s_{j+1}, a_{j+1}) 传播到 (s_j, a_j).

10.4 双延迟深度确定性策略梯度

由于存在高估等问题, 因此 DDPG 实际运行的效果并不好. 本节介绍的**双延迟深度确定性策略梯度**（twin delayed deep deterministic policy gradient, TD3）可以大幅提升算法的表现, 把策略网络和价值网络训练得更好. 注意, 本节只是改进训练用的算法, 并不改变神经网络的结构.

10.4.1 高估问题的解决方案——目标网络

为了解决自举和最大化造成的高估, 我们需要使用目标网络计算 TD 目标 $\widehat{y}_j$. 训练中需要两个目标网络:

$$q(s, a; w^-) \quad \text{和} \quad \mu(s; \theta^-).$$

它们与价值网络、策略网络的结构完全相同, 但是参数不同. TD 目标是用目标网络计算的:

$$\widehat{y}_j = r_j + \gamma \cdot q(s_{j+1}, \widehat{a}_{j+1}; w^-), \quad \text{其中} \quad \widehat{a}_{j+1} = \mu(s_{j+1}; \theta^-).$$

把 $\widehat{y}_j$ 作为目标, 更新 w, 鼓励 $q(s_j, a_j; w)$ 接近 $\widehat{y}_j$. 4 个神经网络之间的关系如图 10-7 所示. 这种方法可以在一定程度上缓解高估, 但是实验表明高估仍然很严重.

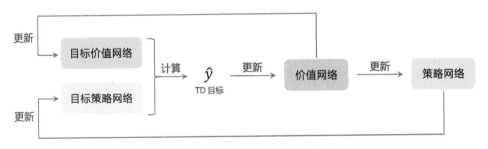

图 10-7   4 个神经网络之间的关系

10.4.2 高估问题的解决方案——截断双 Q 学习

截断双 Q 学习（clipped double Q-learning）可以更好地解决高估问题. 截断双 Q 学习使用两个价值网络和一个策略网络:

$$q(s, a; w_1), \qquad q(s, a; w_2), \qquad \mu(s; \theta).$$

三个神经网络各对应一个目标网络:

$$q(s, \boldsymbol{a}; \boldsymbol{w}_1^-), \qquad q(s, \boldsymbol{a}; \boldsymbol{w}_2^-), \qquad \boldsymbol{\mu}(s; \boldsymbol{\theta}^-).$$

用目标策略网络计算动作:

$$\widehat{\boldsymbol{a}}_{j+1}^- = \boldsymbol{\mu}(s_{j+1}; \boldsymbol{\theta}^-),$$

然后用两个目标价值网络计算:

$$
\begin{aligned}
\widehat{y}_{j,1} &= r_j + \gamma \cdot q(s_{j+1}, \widehat{\boldsymbol{a}}_{j+1}^-; \boldsymbol{w}_1^-), \\
\widehat{y}_{j,2} &= r_j + \gamma \cdot q(s_{j+1}, \widehat{\boldsymbol{a}}_{j+1}^-; \boldsymbol{w}_2^-).
\end{aligned}
$$

取较小者为 TD 目标:

$$\widehat{y}_j = \min\left\{ \widehat{y}_{j,1}, \, \widehat{y}_{j,2} \right\}.$$

截断双 Q 学习中的 6 个神经网络的关系如图 10-8 所示.

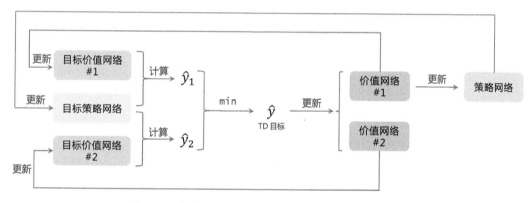

图 10-8　截断双 Q 学习算法中 6 个神经网络之间的关系

10.4.3　其他改进点

可以在截断双 Q 学习算法的基础上做两处小的改进,进一步提升算法的表现. 两处改进分别是往动作中加噪声,以及降低更新策略网络和目标网络的频率.

往动作中加噪声. 10.4.2 节中截断双 Q 学习用目标策略网络计算动作 $\widehat{\boldsymbol{a}}_{j+1}^- = \boldsymbol{\mu}(s_{j+1}; \boldsymbol{\theta}^-)$. 把这一步改成:

$$\widehat{\boldsymbol{a}}_{j+1}^- = \boldsymbol{\mu}(s_{j+1}; \boldsymbol{\theta}^-) + \boldsymbol{\xi}.$$

上式中的 $\boldsymbol{\xi}$ 表示噪声,它是随机生成的向量,它的每一个元素独立随机从**截断正态分布**(clipped normal distribution)中抽取. 把截断正态分布记作 $\mathcal{CN}(0, \sigma^2, -c, c)$,意思是均值为零、标准差为

σ 的正态分布, 但是变量落在区间 $[-c, c]$ 之外的概率为零. 正态分布与截断正态分布的对比如图 10-9 所示. 使用截断正态分布, 而非正态分布, 是为了防止噪声 $\boldsymbol{\xi}$ 过大. 使用截断, 保证噪声大小不会超过 $[-c, c]$ 的范围.

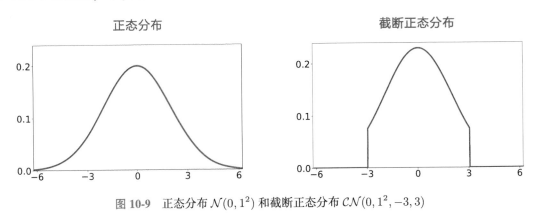

图 10-9 正态分布 $\mathcal{N}(0, 1^2)$ 和截断正态分布 $\mathcal{CN}(0, 1^2, -3, 3)$

降低更新策略网络和目标网络的频率. actor-critic 用价值网络来指导策略网络的更新. 如果价值网络 q 本身不可靠, 那么它 q 给动作打的分数就是不准确的, 无助于改进策略网络 $\boldsymbol{\mu}$. 在价值网络 q 还很差的时候就急于更新 $\boldsymbol{\mu}$, 非但不能改进 $\boldsymbol{\mu}$, 反而会由于 $\boldsymbol{\mu}$ 的变化导致 q 的训练不稳定.

实验表明, 应当让策略网络 $\boldsymbol{\mu}$ 以及三个目标网络的更新慢于价值网络 q. 传统的 actor-critic 的每一轮训练都对策略网络、价值网络, 以及目标网络做一次更新. 更好的方法是每一轮更新一次价值网络, 但是每隔 k 轮更新一次策略网络和三个目标网络. k 是超参数, 需要调整.

10.4.4 训练流程

前文介绍了三种技巧, 用于改进 DPG 的训练. 第一, 用截断双 Q 学习缓解价值网络的高估. 第二, 往目标策略网络中加噪声, 起到平滑作用. 第三, 降低策略网络和三个目标网络的更新频率. 使用这三种技巧的算法被称作 TD3.

TD3 与 DDPG 都属于异策略, 可以用任意的行为策略收集经验, 事后做经验回放训练策略网络和价值网络. 收集经验的方式与原始的训练算法相同, 用 $\boldsymbol{a}_t = \boldsymbol{\mu}(\boldsymbol{s}_t; \boldsymbol{\theta}) + \boldsymbol{\epsilon}$ 与环境交互, 把观测到的四元组 $(\boldsymbol{s}_t, \boldsymbol{a}_t, r_t, \boldsymbol{s}_{t+1})$ 存入经验回放缓存.

初始的时候, 策略网络和价值网络的参数都是随机的. 这样初始化目标网络的参数:

$$\boldsymbol{w}_1^- \leftarrow \boldsymbol{w}_1, \qquad \boldsymbol{w}_2^- \leftarrow \boldsymbol{w}_2, \qquad \boldsymbol{\theta}^- \leftarrow \boldsymbol{\theta}.$$

在训练策略网络和价值网络的时候, 每次从缓存中随机抽取一个四元组, 记作 $(\boldsymbol{s}_j, \boldsymbol{a}_j, r_j, \boldsymbol{s}_{j+1})$.

用下标 now 表示神经网络当前的参数，用下标 new 表示更新后的参数. 然后执行下面的步骤，更新价值网络、策略网络、目标网络.

(1) 让目标策略网络做预测：$\widehat{\boldsymbol{a}}_{j+1}^- = \boldsymbol{\mu}(s_{j+1}; \boldsymbol{\theta}_{\text{now}}^-) + \boldsymbol{\xi}$，其中向量 $\boldsymbol{\xi}$ 的每个元素都独立从截断正态分布 $\mathcal{CN}(0, \sigma^2, -c, c)$ 中抽取.

(2) 让两个目标价值网络做预测：
$$\widehat{q}_{1,j+1}^- = q(s_{j+1}, \widehat{\boldsymbol{a}}_{j+1}^-; \boldsymbol{w}_{1,\text{now}}^-) \quad 和 \quad \widehat{q}_{2,j+1}^- = q(s_{j+1}, \widehat{\boldsymbol{a}}_{j+1}^-; \boldsymbol{w}_{2,\text{now}}^-).$$

(3) 计算 TD 目标：
$$\widehat{y}_j = r_j + \gamma \cdot \min\left\{ \widehat{q}_{1,j+1}^-, \widehat{q}_{2,j+1}^- \right\}.$$

(4) 让两个价值网络做预测：
$$\widehat{q}_{1,j} = q(s_j, \boldsymbol{a}_j; \boldsymbol{w}_{1,\text{now}}) \quad 和 \quad \widehat{q}_{2,j} = q(s_j, \boldsymbol{a}_j; \boldsymbol{w}_{2,\text{now}}).$$

(5) 计算 TD 误差：
$$\delta_{1,j} = \widehat{q}_{1,j} - \widehat{y}_j \quad 和 \quad \delta_{2,j} = \widehat{q}_{2,j} - \widehat{y}_j.$$

(6) 更新价值网络：
$$\boldsymbol{w}_{1,\text{new}} \leftarrow \boldsymbol{w}_{1,\text{now}} - \alpha \cdot \delta_{1,j} \cdot \nabla_{\boldsymbol{w}} q(s_j, \boldsymbol{a}_j; \boldsymbol{w}_{1,\text{now}}),$$
$$\boldsymbol{w}_{2,\text{new}} \leftarrow \boldsymbol{w}_{2,\text{now}} - \alpha \cdot \delta_{2,j} \cdot \nabla_{\boldsymbol{w}} q(s_j, \boldsymbol{a}_j; \boldsymbol{w}_{2,\text{now}}).$$

(7) 每隔 k 轮更新一次策略网络和三个目标网络.
- 让策略网络做预测：$\widehat{\boldsymbol{a}}_j = \boldsymbol{\mu}(s_j; \boldsymbol{\theta})$. 然后更新策略网络：
$$\boldsymbol{\theta}_{\text{new}} \leftarrow \boldsymbol{\theta}_{\text{now}} + \beta \cdot \nabla_{\boldsymbol{\theta}} \boldsymbol{\mu}(s_j; \boldsymbol{\theta}_{\text{now}}) \cdot \nabla_{\boldsymbol{a}} q(s_j, \widehat{\boldsymbol{a}}_j; \boldsymbol{w}_{1,\text{now}}).$$
- 更新目标网络的参数：
$$\boldsymbol{\theta}_{\text{new}}^- \leftarrow \tau \boldsymbol{\theta}_{\text{new}} + (1-\tau) \boldsymbol{\theta}_{\text{now}}^-,$$
$$\boldsymbol{w}_{1,\text{new}}^- \leftarrow \tau \boldsymbol{w}_{1,\text{new}} + (1-\tau) \boldsymbol{w}_{1,\text{now}}^-,$$
$$\boldsymbol{w}_{2,\text{new}}^- \leftarrow \tau \boldsymbol{w}_{2,\text{new}} + (1-\tau) \boldsymbol{w}_{2,\text{now}}^-.$$

10.5 随机高斯策略

10.4 节用确定性策略网络解决连续控制问题. 本节用不同的方法做连续控制，本节的策略网络是随机的，它是随机正态分布（也叫高斯分布）.

10.5.1 基本思路

我们先研究最简单的情形：自由度等于 1，也就是说动作 a 是实数，动作空间 $\mathcal{A} \subset \mathbb{R}$. 把动作的均值记作 $\mu(s)$，标准差记作 $\sigma(s)$，它们都是状态 s 的函数. 用正态分布的概率密度函数作为策略函数：

$$\pi(a \mid s) = \frac{1}{\sqrt{6.28} \cdot \sigma(s)} \cdot \exp\left(-\frac{\left[a - \mu(s)\right]^2}{2 \cdot \sigma^2(s)}\right). \tag{10.2}$$

假如我们知道函数 $\mu(s)$ 和 $\sigma(s)$ 的解析表达式，可以这样做控制.

(1) 观测到当前状态 s，预测均值 $\widehat{\mu} = \mu(s)$ 和标准差 $\widehat{\sigma} = \sigma(s)$.

(2) 从正态分布中随机抽样：$a \sim \mathcal{N}(\widehat{\mu}, \widehat{\sigma}^2)$，然后智能体执行动作 a.

然而我们并不知道 $\mu(s)$ 和 $\sigma(s)$ 是怎样的函数. 一个很自然的想法是用神经网络来近似这两个函数. 把神经网络记作 $\mu(s; \boldsymbol{\theta})$ 和 $\sigma(s; \boldsymbol{\theta})$，其中 $\boldsymbol{\theta}$ 表示神经网络中的可训练参数. 但实践中最好不要直接近似标准差 σ，而是近似方差对数 $\ln \sigma^2$. 这是因为标准差 σ 必须非负，如果把 σ 作为优化变量，那么优化模型有约束条件，给求解造成困难. 方差对数 ρ 的取值范围是所有实数，因此不需要约束条件. 定义两个神经网络：

$$\mu(s; \boldsymbol{\theta}) \quad \text{和} \quad \rho(s; \boldsymbol{\theta}),$$

分别用于预测均值和方差对数. 可以按照图10-10来搭建神经网络. 神经网络的输入是状态 s，通常是向量、矩阵或者张量. 神经网络有两个输出头，分别记作 $\mu(s; \boldsymbol{\theta})$ 和 $\rho(s; \boldsymbol{\theta})$. 可以如下用神经网络做控制.

(1) 观测到当前状态 s，计算均值 $\widehat{\mu} = \mu(s; \boldsymbol{\theta})$，方差对数 $\widehat{\rho} = \rho(s; \boldsymbol{\theta})$，以及方差 $\widehat{\sigma}^2 = \exp(\widehat{\rho})$.

(2) 从正态分布中随机抽样：$a \sim \mathcal{N}(\widehat{\mu}, \widehat{\sigma}^2)$，然后智能体执行动作 a.

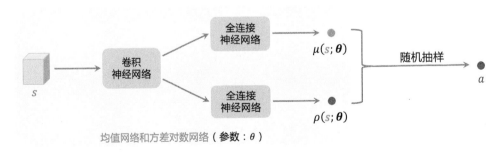

均值网络和方差对数网络（参数：θ）

图 10-10　高斯策略网络有两个头，一个输出均值 $\widehat{\mu}$，另一个输出方差对数 $\widehat{\rho}$

用神经网络近似均值和标准差之后，式 (10.2) 中的策略函数 $\pi(a|s)$ 变成了下面的策略网络：

$$\pi(a\,|\,s;\boldsymbol{\theta}) \;=\; \frac{1}{\sqrt{6.28\cdot\exp[\rho(s;\boldsymbol{\theta})]}}\cdot\exp\left(-\frac{\big[a-\mu(s;\boldsymbol{\theta})\big]^2}{2\cdot\exp[\rho(s;\boldsymbol{\theta})]}\right).$$

实际做控制的时候, 我们只需要神经网络 $\mu(s;\boldsymbol{\theta})$ 和 $\rho(s;\boldsymbol{\theta})$, 用不到真正的策略网络 $\pi(a|s;\boldsymbol{\theta})$.

10.5.2 随机高斯策略网络

10.5.1 节假设控制问题的自由度是 $d=1$, 也就是说动作 a 是标量. 实际问题中的自由度 d 往往大于 1, 那么动作 $\boldsymbol{a}$ 是 d 维向量. 对于这样的问题, 我们修改一下神经网络结构, 让两个输出 $\boldsymbol{\mu}(s;\boldsymbol{\theta})$ 和 $\boldsymbol{\rho}(s;\boldsymbol{\theta})$ 都为 d 维向量, 如图 10-11 所示.

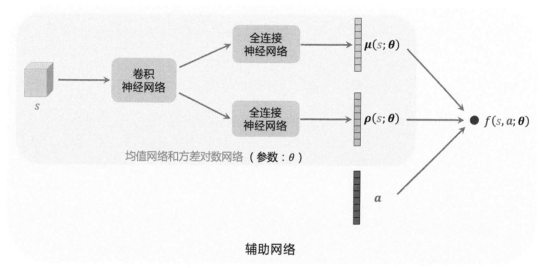

图 10-11 辅助网络的结构示意图. 辅助神经网络的输入是状态 s 与动作 $\boldsymbol{a}$, 输出是实数 $f(s,\boldsymbol{a};\boldsymbol{\theta})$

用标量 a_i 表示动作向量 $\boldsymbol{a}$ 的第 i 个元素, 用函数 $\mu_i(s;\boldsymbol{\theta})$ 和 $\rho_i(s;\boldsymbol{\theta})$ 分别表示 $\boldsymbol{\mu}(s;\boldsymbol{\theta})$ 和 $\boldsymbol{\rho}(s;\boldsymbol{\theta})$ 的第 i 个元素. 我们用下面这个特殊的多元正态分布的概率密度函数作为策略网络:

$$\pi(\boldsymbol{a}|s;\boldsymbol{\theta}) \;=\; \prod_{i=1}^{d}\frac{1}{\sqrt{6.28\cdot\exp[\rho_i(s;\boldsymbol{\theta})]}}\cdot\exp\left(-\frac{\big[a_i-\mu_i(s;\boldsymbol{\theta})\big]^2}{2\cdot\exp[\rho_i(s;\boldsymbol{\theta})]}\right).$$

做控制的时候只需要均值网络 $\boldsymbol{\mu}(s;\boldsymbol{\theta})$ 和方差对数网络 $\boldsymbol{\rho}(s;\boldsymbol{\theta})$, 不需要策略网络 $\pi(\boldsymbol{a}|s;\boldsymbol{\theta})$. 训练的时候也不需要 $\pi(\boldsymbol{a}|s;\boldsymbol{\theta})$, 而是要用**辅助网络** $f(s,\boldsymbol{a};\boldsymbol{\theta})$. 总而言之, 策略网络 π 只是帮助你理解本节的方法而已, 不会出现在实际算法中.

图 10-11 描述了辅助网络 $f(s,\boldsymbol{a};\boldsymbol{\theta})$ 与 $\boldsymbol{\mu}$、$\boldsymbol{\rho}$、$\boldsymbol{a}$ 的关系. 辅助网络的具体定义如下:

$$f(s, \boldsymbol{a}; \boldsymbol{\theta}) \; = \; -\frac{1}{2} \sum_{i=1}^{d} \left(\rho_i(s; \boldsymbol{\theta}) + \frac{[a_i - \mu_i(s; \boldsymbol{\theta})]^2}{\exp[\rho_i(s; \boldsymbol{\theta})]} \right).$$

它的可训练参数 $\boldsymbol{\theta}$ 都是从 $\boldsymbol{\mu}(s; \boldsymbol{\theta})$ 和 $\boldsymbol{\rho}(s; \boldsymbol{\theta})$ 中来的. 不难发现,辅助网络与策略网络有这样的关系:

$$f(s, \boldsymbol{a}; \boldsymbol{\theta}) \; = \; \ln \pi(\boldsymbol{a}|s; \boldsymbol{\theta}) + 常数. \tag{10.3}$$

10.5.3 策略梯度

回忆一下之前学过的内容. t 时刻的折扣回报记作随机变量

$$U_t \; = \; R_t + \gamma \cdot R_{t+1} + \gamma^2 \cdot R_{t+2} + \cdots + \gamma^{n-t} \cdot R_n.$$

动作价值函数 $Q_\pi(s_t, \boldsymbol{a}_t)$ 是对折扣回报 U_t 的条件期望. 前面的章节用蒙特卡洛方法对策略梯度做近似:

$$\boldsymbol{g} \; = \; Q_\pi(s, \boldsymbol{a}) \cdot \nabla_{\boldsymbol{\theta}} \ln \pi(\boldsymbol{a}|s; \boldsymbol{\theta}).$$

由式 (10.3) 可得

$$\boldsymbol{g} \; = \; Q_\pi(s, \boldsymbol{a}) \cdot \nabla_{\boldsymbol{\theta}} f(s, \boldsymbol{a}; \boldsymbol{\theta}). \tag{10.4}$$

有了策略梯度,就可以学习参数 $\boldsymbol{\theta}$. 训练的过程大致如下.

(1) 搭建均值网络 $\boldsymbol{\mu}(s; \boldsymbol{\theta})$、方差对数网络 $\boldsymbol{\rho}(s; \boldsymbol{\theta})$、辅助网络 $f(s, \boldsymbol{a}; \boldsymbol{\theta})$.

(2) 让智能体与环境交互,记录每一步的状态、动作、奖励,并更新参数 $\boldsymbol{\theta}$.

    (a) 观测到当前状态 s,计算均值、方差对数、方差:

$$\widehat{\boldsymbol{\mu}} \; = \; \boldsymbol{\mu}(s; \boldsymbol{\theta}), \qquad \widehat{\boldsymbol{\rho}} \; = \; \boldsymbol{\rho}(s; \boldsymbol{\theta}), \qquad \widehat{\boldsymbol{\sigma}}^2 \; = \; \exp(\widehat{\boldsymbol{\rho}}).$$

    此处的指数函数 $\exp(\cdot)$ 应用到向量的每一个元素上.

    (b) 设 $\widehat{\mu}_i$ 和 $\widehat{\sigma}_i$ 分别是 d 维向量 $\widehat{\boldsymbol{\mu}}$ 和 $\widehat{\boldsymbol{\sigma}}$ 的第 i 个元素. 从正态分布中抽样:

$$a_i \; \sim \; \mathcal{N}(\widehat{\mu}_i, \widehat{\sigma}_i^2), \qquad \forall\, i = 1, \cdots, d.$$

    把得到的动作记作 $\boldsymbol{a} = [a_1, \cdots, a_d]$.

    (c) 近似计算动作价值: $\widehat{q} \approx Q_\pi(s, \boldsymbol{a})$.

    (d) 用反向传播计算出辅助网络关于参数 $\boldsymbol{\theta}$ 的梯度: $\nabla_{\boldsymbol{\theta}} f(s, \boldsymbol{a}; \boldsymbol{\theta})$.

    (e) 用策略梯度上升更新参数:

$$\boldsymbol{\theta} \; \leftarrow \; \boldsymbol{\theta} + \beta \cdot \widehat{q} \cdot \nabla_{\boldsymbol{\theta}} f(s, \boldsymbol{a}; \boldsymbol{\theta}).$$

    此处的 β 是学习率.

但是算法中有一个问题没解决：我们并不知道动作价值 $Q_\pi(s, \boldsymbol{a})$. 有两种办法近似 $Q_\pi(s, \boldsymbol{a})$：REINFORCE 用实际观测的折扣回报代替 $Q_\pi(s, \boldsymbol{a})$，actor-critic 用价值网络近似 Q_π. 后面两小节具体讲解这两种算法.

10.5.4 用 REINFORCE 学习参数

REINFORCE 用实际观测的折扣回报 $u_t = \sum_{k=t}^n \gamma^{k-t} \cdot r_k$ 代替动作价值 $Q_\pi(s_t, \boldsymbol{a}_t)$. 道理是这样的. 动作价值是回报的期望：

$$Q_\pi(s_t, \boldsymbol{a}_t) = \mathbb{E}\big[U_t \,\big|\, S_t = s_t, A_t = \boldsymbol{a}_t\big].$$

随机变量 U_t 的一个实际观测值 u_t 是蒙特卡洛方法得到的近似. 这样一来，式 (10.4) 中的策略梯度就能近似成

$$\boldsymbol{g} \approx u_t \cdot \nabla_{\boldsymbol{\theta}} f(s, \boldsymbol{a}; \boldsymbol{\theta}).$$

在搭建好均值网络 $\boldsymbol{\mu}(s; \boldsymbol{\theta})$、方差对数网络 $\boldsymbol{\rho}(s; \boldsymbol{\theta})$、辅助网络 $f(s, \boldsymbol{a}; \boldsymbol{\theta})$ 之后，我们用 REINFORCE 更新参数 $\boldsymbol{\theta}$. 设当前参数为 $\boldsymbol{\theta}_{\text{now}}$. REINFORCE 重复以下步骤，直到收敛.

(1) 用 $\boldsymbol{\mu}(s; \boldsymbol{\theta}_{\text{now}})$ 和 $\boldsymbol{\rho}(s; \boldsymbol{\theta}_{\text{now}})$ 控制智能体与环境交互，完成一局游戏，得到一条轨迹：

$$s_1, \boldsymbol{a}_1, r_1, \quad s_2, \boldsymbol{a}_2, r_2, \quad \cdots, \quad s_n, \boldsymbol{a}_n, r_n.$$

(2) 计算所有的回报：

$$u_t = \sum_{k=t}^T \gamma^{k-t} \cdot r_k, \qquad \forall\, t = 1, \cdots, n.$$

(3) 对辅助网络做反向传播，得到所有的梯度：

$$\nabla_{\boldsymbol{\theta}} f(s_t, \boldsymbol{a}_t; \boldsymbol{\theta}_{\text{now}}), \qquad \forall\, t = 1, \cdots, n.$$

(4) 用策略梯度上升更新参数：

$$\boldsymbol{\theta}_{\text{new}} \leftarrow \boldsymbol{\theta}_{\text{now}} + \beta \cdot \sum_{t=1}^n \gamma^{t-1} \cdot u_t \cdot \nabla_{\boldsymbol{\theta}} f(s_t, \boldsymbol{a}_t; \boldsymbol{\theta}_{\text{now}}).$$

上述算法是标准的 REINFORCE，效果不如使用基线的 REINFORCE. 读者可以参考 8.2 节的内容，把状态价值作为基线，改进上述算法. REINFORCE 算法属于同策略，不能使用经验回放.

10.5.5 用 actor-critic 学习参数

actor-critic 需要搭建一个价值网络 $q(s, \boldsymbol{a}; \boldsymbol{w})$，用于近似动作价值函数 $Q_\pi(s, \boldsymbol{a})$. 价值网络的

结构如图 10-12 所示. 此外, 还需要一个目标价值网络 $q(s, a; w^-)$. 二者的网络结构相同, 但是参数不同.

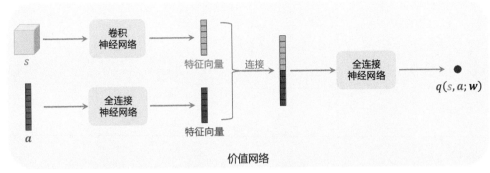

图 10-12 价值网络 $q(s, a; w)$ 的结构. 输入是状态 s 和动作 a, 输出是实数

在搭建好均值网络 μ、方差对数网络 ρ、辅助网络 f、价值网络 q 之后, 我们用 SARSA 算法更新价值网络参数 w, 用近似策略梯度更新控制器参数 θ. 设当前参数为 w_{now} 和 θ_{now}. 重复以下步骤更新价值网络参数、控制器参数, 直到收敛.

(1) 实际观测到当前状态 s_t, 用控制器算出均值 $\mu(s_t; \theta_{\text{now}})$ 和方差对数 $\rho(s_t; \theta_{\text{now}})$, 然后随机抽样得到动作 a_t. 智能体执行动作 a_t, 观测到奖励 r_t 与新的状态 s_{t+1}.

(2) 计算均值 $\mu(s_{t+1}; \theta_{\text{now}})$ 和方差对数 $\rho(s_{t+1}; \theta_{\text{now}})$, 然后随机抽样得到动作 $\tilde{a}_{t+1}$. 这个动作只是假想动作, 智能体不予执行.

(3) 用价值网络计算出

$$\hat{q}_t = q(s_t, a_t; w_{\text{now}}).$$

(4) 用目标网络计算出

$$\hat{q}_{t+1} = q(s_{t+1}, \tilde{a}_{t+1}; w_{\text{now}}^-).$$

(5) 计算 TD 目标和 TD 误差:

$$\hat{y}_t = r_t + \gamma \cdot \hat{q}_{t+1}, \qquad \delta_t = \hat{q}_t - \hat{y}_t.$$

(6) 更新价值网络的参数:

$$w_{\text{new}} \leftarrow w_{\text{now}} - \alpha \cdot \delta_t \cdot \nabla_w q(s_t, a_t; w_{\text{now}}).$$

(7) 更新策略网络参数:

$$\theta_{\text{new}} \leftarrow \theta_{\text{now}} + \beta \cdot \hat{q}_t \cdot \nabla_\theta f(s_t, a_t; \theta_{\text{now}}).$$

(8) 更新目标网络参数:

$$w_{\text{new}}^- \leftarrow \tau \cdot w_{\text{new}} + (1 - \tau) \cdot w_{\text{now}}^-.$$

算法中的 α、β、τ 都是超参数, 需要手动调整. 上述算法是标准的 actor-critic, 效果不如 A2C. 读者可以参考 8.3 节的内容, 用 A2C 改进上述算法.

○　　　○　　　○

相关文献

确定性策略梯度（DPG）方法由 David Silver 等人在 2014 年提出 [46]. 随后同一批作者把相似的想法与深度学习结合起来, 提出深度确定性策略梯度（DDPG）, 文章 [47] 在 2016 年发表. 这两篇论文使得 DPG 方法流行起来. 但值得注意的是, 相似的想法在更早的论文 [48,49] 中就提出了.

2018 年发表的一篇论文 [50] 提出三种对 DPG 的改进方法, 并将改进的算法命名为 TD3. 2017 年发表的一篇论文 [40] 提出了 soft actor-critic（SAC）, 也可以解决连续控制问题.

Degris 等人在 2012 年发表的论文 [51] 中使用正态分布的概率密度函数作为策略函数, 并且用线性函数近似均值和方差对数. 类似的连续控制方法最早由 Williams 在 1987 年和 1992 年提出 [22,23].

知识点小结

- 离散控制问题的动作空间 $\mathcal{A}$ 是个有限的离散集合, 连续控制问题的动作空间 $\mathcal{A}$ 是个连续集合. 如果想将 DQN 等离散控制方法应用到连续控制问题上, 可以对连续动作空间做离散化, 但这只适用于自由度较低的问题.

- 可以用确定性策略网络 $a = \mu(s; \theta)$ 做连续控制. 网络的输入是状态 s, 输出是动作 a, 其中 a 是向量, 大小等于问题的自由度.

- 确定性策略梯度（DPG）借助价值网络 $q(s, a; w)$ 训练确定性策略网络. DPG 属于异策略, 用行为策略收集经验, 做经验回放更新策略网络和价值网络.

- DPG 与 DQN 有很多相似之处, 而且它们的训练都存在高估等问题. TD3 使用三种技巧改进 DPG: 截断双 Q 学习, 往动作中加噪声, 以及降低更新策略网络和目标网络的频率.

- 可以用随机高斯策略做连续控制. 用两个神经网络分别近似高斯分布的均值和方差对数, 并用策略梯度更新两个神经网络的参数.

第 11 章　对状态的不完全观测

在很多应用中，智能体只能部分观测到当前环境的状态，这会给决策造成困难. 本章内容分为三节，分别介绍不完全观测问题、循环神经网络（RNN）、用 RNN 作为策略网络解决不完全观测问题.

11.1　不完全观测问题

前面章节中的 DQN $Q(s,a;\boldsymbol{w})$，策略网络 $\pi(a|s;\boldsymbol{\theta})$、$\boldsymbol{\mu}(s;\boldsymbol{\theta})$，价值网络 $q(s,a;\boldsymbol{w})$、$v(s;\boldsymbol{w})$ 都需要把当前状态 s 作为输入. 之前我们一直假设可以完全观测到状态 s；在围棋、象棋、五子棋等游戏中，棋盘上当前的格局就是完整的状态，符合完全观测的假设. 但是在很多实际应用中，完全观测假设往往不符合实际. 比如在《星际争霸》《英雄联盟》等电子游戏中，屏幕上当前的画面并不能完整反映出游戏的状态，因为观测只是地图的一小部分，甚至最近的 100 帧也无法反映游戏真实的状态.

把 t 时刻的状态记作 s_t，把观测记作 o_t. 观测 o_t 可以是当前游戏屏幕上的画面，也可以是最近的 100 帧画面. 我们无法用 $\pi(a_t|s_t;\boldsymbol{\theta})$ 做决策，因为我们不知道 s_t. 最简单的解决办法就是用当前观测 o_t 代替状态 s_t，用 $\pi(a_t|o_t;\boldsymbol{\theta})$ 做决策. 同理，对于 DQN 和价值网络，也用 o_t 代替 s_t. 虽然这种方法简单可行，但是效果恐怕不好.

图 11-1 中的例子是让智能体走迷宫. 图 11-1a 中的智能体可以完整观测到迷宫 s，这种问题最容易解决. 图 11-1b 中的智能体只能观测到自身附近一小块区域 o_t，这属于不完全观测问题，比较难解决. 如果仅仅靠当前观测 o_t 做决策，智能体做出的决策是非常盲目的，很难走出迷宫. 如图 11-1c 所示，一种更合理的办法是让智能体记住过去的观测，这样的话对状态的观测会越来越完整，做出的决策会更合理.

对于不完全观测的强化学习问题，应当记忆过去的观测，用所有已知的信息做决策. 这正是人类解决不完全观测问题的方式. 对于《星际争霸》、扑克牌、麻将等不完全观测的游戏，人类玩家也需要记忆；人类玩家的决策不仅依赖于当前时刻的观测 o_t，而且依赖于过去所有的观测 $o_1,\cdots,o_{t-1}$. 把从初始到 t 时刻为止的所有观测记作

$$\boldsymbol{o}_{1:t} = \begin{bmatrix} o_1, o_2, \cdots, o_t \end{bmatrix},$$

可以用 $o_{1:t}$ 代替状态 s，作为策略网络的输入，那么策略网络就记作

$$\pi(a_t \mid o_{1:t}; \boldsymbol{\theta}).$$

该如何实现这样一个策略网络呢？请注意，$o_{1:t}$ 的大小是变化的．如果 $o_1, \cdots, o_t$ 都是 $d \times 1$ 的向量，那么 $o_{1:t}$ 是 $d \times t$ 的矩阵或 $dt \times 1$ 的向量，并且随 t 增大．卷积层和全连接层都要求输入大小固定，因此不能简单地用卷积层和全连接层实现策略网络．一种可行的办法是将卷积层、全连接层与循环层结合，这样就能处理不固定长度的输入了．

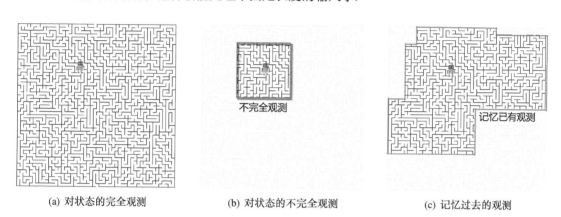

(a) 对状态的完全观测　　　　　(b) 对状态的不完全观测　　　　　(c) 记忆过去的观测

图 11-1　在迷宫问题中，智能体可能知道迷宫的整体格局，也可能仅仅知道自己附近的格局

11.2　循环神经网络

循环神经网络（recurrent neural network, RNN）是一类神经网络的总称，由**循环层**（recurrent layer）和其他种类的层组成．循环层的作用是把一个序列（比如时间序列、文本、语音）映射到一个特征向量．设向量 $x_1, \cdots, x_n$ 是一个序列，对于所有的 $t = 1, \cdots, n$，循环层把 $[x_1, \cdots, x_t]$ 映射到特征向量 h_t．依次把 $x_1, \cdots, x_n$ 输入循环层，会得到

$$
\begin{aligned}
(x_1) &\implies h_1, \\
(x_1, x_2) &\implies h_2, \\
(x_1, x_2, x_3) &\implies h_3, \\
&\;\;\vdots \\
(x_1, x_2, x_3, \cdots, x_{n-1}) &\implies h_{n-1}, \\
(x_1, x_2, x_3, \cdots, x_{n-1}, x_n) &\implies h_n.
\end{aligned}
$$

RNN 的好处是不论输入序列的长度 t 是多少，从序列中提取的特征向量 h_t 的大小是固定的．请特别注意，h_t 并非只依赖 x_t 这一个向量，而是依赖 $[x_1, \cdots, x_t]$；理想情况下，h_t 记住了

$[x_1, \cdots, x_t]$ 中的主要信息. 例如 h_3 是 $[x_1, x_2, x_3]$ 的概要, 而非 x_3 这一个向量的概要.

举个例子, 用户给商品写的评论由 n 个字组成 (不同的评论有不同的 n), 我们想要判断评论是正面的还是负面的, 这是个二分类问题. 用**词嵌入** (word embedding) 把每个字映射到一个向量, 得到 $x_1, \cdots, x_n$, 把它们依次输入循环层. 循环层依次输出 $h_1, \cdots, h_n$. 我们只需要用 h_n, 因为它是从全部输入 $x_1, \cdots, x_n$ 中提取的特征; 可以忽略 $h_1, \cdots, h_{n-1}$. 最后, 二分类器把 h_n 作为输入, 输出一个介于 0 和 1 之间的数 $\hat{p}$, 0 代表负面, 1 代表正面. 图 11-2 描述了神经网络的结构.

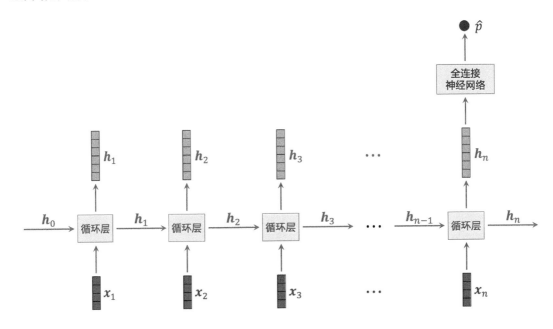

图 11-2 输入是序列 $x_1, \cdots, x_t$. 向量 h_t 是从所有 t 个输入中提取的特征, 可以把它看作输入序列的一个概要. 把 h_t 输入全连接层 (带 sigmoid 激活函数), 得到分类结果 $\hat{p}$

循环层的种类有很多, 常见的包括简单循环层、LSTM、GRU. 本书只介绍简单循环层. LSTM、GRU 是对简单循环层的改进, 虽然结构更复杂, 效果更好, 但是它们的原理与简单循环层基本相同. 读者只需要理解简单循环层就足够了. 用 TensorFlow、PyTorch 或 Keras 编程实现的话, 几种循环层的使用方法完全相同 (唯一区别是函数名).

简单循环层的输入记作 $x_1, \cdots, x_n \in \mathbb{R}^{d_{\text{in}}}$, 输出记作 $h_1, \cdots, h_n \in \mathbb{R}^{d_{\text{out}}}$. 循环层的参数是矩阵 $W \in \mathbb{R}^{d_{\text{out}} \times (d_{\text{in}} + d_{\text{out}})}$ 和向量 $b \in \mathbb{R}^{d_{\text{out}}}$. 循环层的输出是这样计算出来的: 从 $t = 1, \cdots, n$, 依次计算

$$h_t = \tanh\left(W\left[h_{t-1}; x_t\right] + b\right).$$

图 11-3 解释了上式. 注意, 不论输入序列长度 n 是多少, 简单循环层的参数只有 W 和 b. 式中

的 tanh 是双曲正切函数, 如图 11-4 所示. tanh 是标量函数, 如果输入是向量, 那么 tanh 应用到向量的每一个元素上. 对于 $d \times 1$ 的向量 $\boldsymbol{z}$, 有

$$\tanh(\boldsymbol{z}) = \left[\ \tanh(z_1),\ \tanh(z_2),\ \cdots,\ \tanh(z_d)\ \right]^{\mathrm{T}}.$$

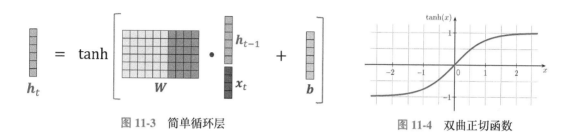

图 11-3 简单循环层   图 11-4 双曲正切函数

11.3 基于 RNN 的策略网络

在不完全观测的设定下, 我们希望策略网络能利用所有已经收集的观测 $\boldsymbol{o}_{1:t} = [o_1, \cdots, o_t]$ 做决策. 定义策略网络为

$$\boldsymbol{f}_t = \pi(a_t \mid \boldsymbol{o}_{1:t}; \boldsymbol{\theta}),$$

结构如图 11-5 所示. 在 t 时刻, 观测到 o_t, 用卷积神经网络提取特征, 得到向量 $\boldsymbol{x}_t$. 循环层把 $\boldsymbol{x}_t$ 作为输入, 然后输出 $\boldsymbol{h}_t$. $\boldsymbol{h}_t$ 是从 $\boldsymbol{x}_1, \cdots, \boldsymbol{x}_t$ 中提取出的特征, 是所有观测 $\boldsymbol{o}_{1:t} = [o_1, \cdots, o_t]$ 的一个概要. 全连接神经网络 (输出层激活函数是 softmax) 把 $\boldsymbol{h}_t$ 作为输入, 输出向量 $\boldsymbol{f}_t$, 作为 t 时刻决策的依据. $\boldsymbol{f}_t$ 的维度是动作空间的大小 $|\mathcal{A}|$, 它的每个元素对应一个动作, 表示选择该动作的概率.

对于不完全观测问题, 我们可以类似地搭建 DQN 和价值网络. DQN 可以定义为

$$Q(\boldsymbol{o}_{1:t}, a_t; \boldsymbol{w}).$$

价值网络可以定义为

$$q(\boldsymbol{o}_{1:t}, a_t; \boldsymbol{w}) \qquad 或 \qquad v(\boldsymbol{o}_{1:t}; \boldsymbol{w}).$$

这些神经网络与图 11-5 中策略网络的区别仅在于全连接神经网络的结构而已, 它们使用的卷积神经网络、循环层与图 11-5 中的相同.

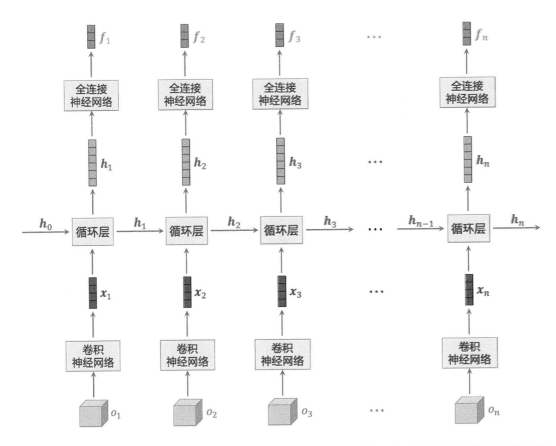

图 11-5 基于 RNN 的策略网络. 图中所有全连接神经网络都有相同的参数,所有循环层都有相同的参数,所有卷积层都有相同的参数

相关文献

RNN 是一类很重要的神经网络. 学术界认为最早的 RNN 是 Hopfield network[52],尽管它跟我们今天用的 RNN 很不一样. 现在最常用的 RNN 包括 LSTM[53] 和 GRU[54]. 注意力机制由 2015 年发表的一篇论文[55] 提出,将注意力机制与 RNN 结合,可以大幅提升 RNN 在机器翻译任务上的表现. 注意力机制显然可以用于本章介绍的 RNN 策略网络,但是这样会大幅增加计算量.

2015 年发表的一篇论文[56] 首先将 RNN 应用于深度强化学习,把 RNN 与 DQN 相结合,得到的方法叫作 DRQN. 在此之后,RNN 成为解决不完全观测问题的一种标准技巧,可见相关论文[57-59].

知识点小结

- 在强化学习的很多应用中，智能体无法完整观测到环境当前的状态 s_t. 我们把观测记作 o_t，以区别于完整的状态. 仅仅基于当前观测 o_t 做决策，效果会不理想.

- 一种合理的解决方案是记忆过去的状态，基于历史上全部的观测 $o_1, \cdots, o_t$ 做决策. 常用循环神经网络（RNN）作为策略函数，做出的决策依赖于历史上全部的观测.

习题

11.1（多选）图 11-6 中是一个循环神经网络. 改变下面哪些值会影响 p_3?

    A. $\boldsymbol{h}_0$

    B. $\boldsymbol{x}_1$

    C. p_2

    D. $\boldsymbol{h}_3$

    E. $\boldsymbol{x}_4$

    F. $\boldsymbol{h}_5$

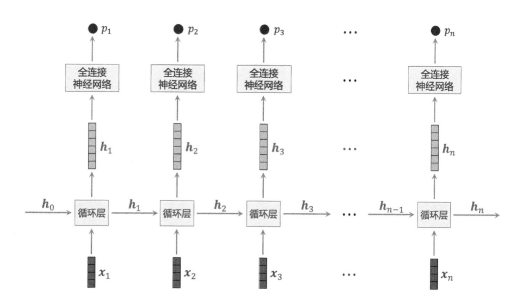

图 11-6 输入是序列 $\boldsymbol{x}_1, \cdots, \boldsymbol{x}_n$. 图中的全连接层都共享参数

11.2 图 11-6 中是一个简单循环神经网络. 用下式更新 h:

$$h_t = \tanh\left(W\left[h_{t-1}; x_t\right] + b\right).$$

设 x_i 和 h_i 分别是 $d_1 \times 1$ 和 $d_2 \times 1$ 的向量, 请问, 循环层中有多少需要学习的参数?

11.3 本章介绍的简单循环神经网络在很长的序列上会出现遗忘问题, 即最后一个状态记不住较早的输入. 以下哪种方法**不能**缓解遗忘问题?

    A. 注意力机制

    B. 用 LSTM 代替简单循环神经网络

    C. 用双向 RNN 代替简单循环神经网络

    D. 在更大的数据集上做预训练

第 12 章　模仿学习

模仿学习（imitation learning）不是强化学习，而是强化学习的一种替代品．两者的目的相同：都是学习策略网络，从而控制智能体．两者的原理不同：前者向人类专家学习，目标是让策略网络做出的决策与人类专家相同；而后者利用环境反馈的奖励改进策略，目标是让累计奖励（即回报）最大化．

本章内容分为三节，分别介绍三种常见的模仿学习方法：行为克隆、逆向强化学习和生成判别模仿学习．行为克隆不需要让智能体与环境交互，因此学习的"成本"很低．而逆向强化学习、生成判别模仿学习则需要让智能体与环境交互．

12.1　行为克隆

行为克隆（behavior cloning）是最简单的模仿学习，其目的是模仿人的动作，学出一个随机性策略网络 $\pi(a|s;\boldsymbol{\theta})$ 或者确定性策略网络 $\boldsymbol{\mu}(s;\boldsymbol{\theta})$．虽然行为克隆的目的与强化学习中的策略学习类似，但其本质是监督学习（分类或者回归），而不是强化学习．行为克隆通过模仿人类专家的动作来学习策略，而强化学习则是从奖励中学习策略．

模仿学习需要一个事先准备好的数据集，由 (状态,动作) 这样的二元组构成，记作

$$\mathcal{X} = \Big\{ (s_1, a_1), \cdots, (s_n, a_n) \Big\},$$

其中 s_j 是一个状态，而对应的 a_j 是人类专家基于状态 s_j 做出的动作．可以把 s_j 和 a_j 分别视作监督学习中的输入和标签．

12.1.1　连续控制问题

连续控制的意思是动作空间 $\mathcal{A}$ 是连续集合，比如 $\mathcal{A} = [0, 360] \times [0, 180]$．我们搭建类似于图 12-1 的确定性策略网络，记作 $\boldsymbol{\mu}(s;\boldsymbol{\theta})$．输入是状态 s，输出是动作向量 $\boldsymbol{a}$，它的维度 d 是控制问题的自由度．

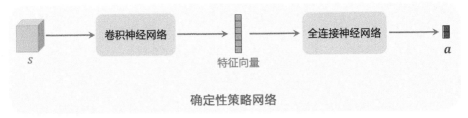

图 12-1 确定性策略网络 $\mu(s; \boldsymbol{\theta})$ 的结构. 输入是状态 s, 输出是动作 $\boldsymbol{a}$

行为克隆用回归的方法训练确定性策略网络. 训练集 $\mathcal{X}$ 中的二元组 $(s, \boldsymbol{a})$ 的意思是基于状态 s, 人做出动作 $\boldsymbol{a}$. 行为克隆鼓励策略网络的决策 $\mu(s; \boldsymbol{\theta})$ 接近人类专家做出的动作 $\boldsymbol{a}$. 定义损失函数:

$$L(s, \boldsymbol{a}; \boldsymbol{\theta}) \triangleq \frac{1}{2} \Big[\mu(s; \boldsymbol{\theta}) - \boldsymbol{a} \Big]^2.$$

损失函数越小, 策略网络的决策就越接近人的动作. 用梯度更新 $\boldsymbol{\theta}$:

$$\boldsymbol{\theta} \leftarrow \boldsymbol{\theta} - \beta \cdot \nabla_{\boldsymbol{\theta}} L(s, \boldsymbol{a}; \boldsymbol{\theta}),$$

这样可以让 $\mu(s; \boldsymbol{\theta})$ 更接近 $\boldsymbol{a}$.

训练流程

给定数据集 $\mathcal{X} = \{(s_j, \boldsymbol{a}_j)\}_{j=1}^{n}$. 重复下面的随机梯度下降, 直到算法收敛.

(1) 从序号 $\{1, \cdots, n\}$ 中做均匀随机抽样, 把抽到的序号记作 j.

(2) 设当前策略网络的参数为 $\boldsymbol{\theta}_{\text{now}}$. 把 s_j、$\boldsymbol{a}_j$ 作为输入, 做反向传播计算梯度, 然后用梯度更新 $\boldsymbol{\theta}$:

$$\boldsymbol{\theta}_{\text{new}} \leftarrow \boldsymbol{\theta}_{\text{now}} - \beta \cdot \nabla_{\boldsymbol{\theta}} L(s_j, \boldsymbol{a}_j; \boldsymbol{\theta}_{\text{now}}).$$

12.1.2 离散控制问题

离散控制的意思是动作空间 $\mathcal{A}$ 是离散集合, 例如 $\mathcal{A} = \{左, 右, 上\}$. 我们搭建类似于图 12-2 的策略网络, 记作 $\pi(a|s; \boldsymbol{\theta})$. 输入是状态 s, 输出记作向量 $\boldsymbol{f}$. $\boldsymbol{f}$ 的维度是 $|\mathcal{A}|$, 它的每个元素对应一个动作, 表示选择该动作的概率值. 比如给定状态 s, 策略网络输出

$$f_1 = \pi\big(左 \,\big|\, s; \boldsymbol{\theta}\big) = 0.2,$$
$$f_2 = \pi\big(右 \,\big|\, s; \boldsymbol{\theta}\big) = 0.1,$$
$$f_3 = \pi\big(上 \,\big|\, s; \boldsymbol{\theta}\big) = 0.7.$$

也就是说策略网络输出向量 $\boldsymbol{f} = [0.2, 0.1, 0.7]^{\text{T}}$.

图 12-2 策略网络 $\pi(a|s;\boldsymbol{\theta})$ 的神经网络结构

行为克隆把策略网络 $\pi(a|s;\boldsymbol{\theta})$ 看作一个多类别分类器，用监督学习的方法训练这个分类器；把训练集 $\mathcal{X}$ 中的动作 a 看作类别标签，用于训练分类器. 需要对类别标签 a 做 one-hot 编码，得到 $|\mathcal{A}|$ 维的向量，记作粗体字母 $\bar{\boldsymbol{a}}$. 例如 $\mathcal{A} = \{$左, 右, 上$\}$，那么动作的 one-hot 编码就是

$$a = 左 \quad \Longrightarrow \quad \bar{\boldsymbol{a}} = [\,1;\,0;\,0\,],$$
$$a = 右 \quad \Longrightarrow \quad \bar{\boldsymbol{a}} = [\,0;\,1;\,0\,],$$
$$a = 上 \quad \Longrightarrow \quad \bar{\boldsymbol{a}} = [\,0;\,0;\,1\,].$$

向量 $\bar{\boldsymbol{a}}$ 与 $\boldsymbol{f}$ 都可以看作离散的概率分布，可以用交叉熵衡量两个分布的区别. 交叉熵的定义是

$$H\big(\bar{\boldsymbol{a}},\,\boldsymbol{f}\big) \triangleq -\sum_{i=1}^{|\mathcal{A}|} \bar{a}_i \cdot \ln f_i.$$

向量 $\bar{\boldsymbol{a}}$ 与 $\boldsymbol{f}$ 越接近，它们的交叉熵越小. 用交叉熵作为损失函数：

$$H\Big[\bar{\boldsymbol{a}},\,\pi(\cdot\,|\,s;\,\boldsymbol{\theta})\Big],$$

用梯度更新参数 $\boldsymbol{\theta}$：

$$\boldsymbol{\theta} \;\leftarrow\; \boldsymbol{\theta} - \beta \cdot \nabla_{\boldsymbol{\theta}} H\Big[\bar{\boldsymbol{a}},\,\pi(\cdot\,|\,s;\,\boldsymbol{\theta})\Big].$$

这样可以使交叉熵减小，也就是说使策略网络做出的决策 $\boldsymbol{f}$ 更接近人的动作 $\bar{\boldsymbol{a}}$.

训练流程

给定数据集 $\mathcal{X} = \{(s_j, a_j)\}_{j=1}^{n}$，对所有的 a_j 做 one-hot 编码，将其变成向量 $\bar{\boldsymbol{a}}_j$. 重复下面的随机梯度下降，直到算法收敛.

(1) 从序号 $\{1, \cdots, n\}$ 中做均匀随机抽样，把抽到的序号记作 j.

(2) 设当前策略网络的参数是 $\boldsymbol{\theta}_{\text{now}}$. 把 s_j、$\bar{\boldsymbol{a}}_j$ 作为输入，做反向传播计算梯度，然后用梯度更新 $\boldsymbol{\theta}$：

$$\boldsymbol{\theta}_{\text{new}} \;\leftarrow\; \boldsymbol{\theta}_{\text{now}} - \beta \cdot \nabla_{\boldsymbol{\theta}} H\Big[\bar{\boldsymbol{a}}_j,\,\pi(\cdot\,|\,s_j;\,\boldsymbol{\theta}_{\text{now}})\Big].$$

12.1.3 行为克隆与强化学习的对比

行为克隆不是强化学习. 强化学习让智能体与环境交互, 用环境反馈的奖励指导策略网络做出改进, 目的是最大化回报的期望. 行为克隆不需要与环境交互, 而是利用事先准备好的数据集, 用人类的动作指导策略网络做改进, 目的是让策略网络的决策更像人类的决策. 行为克隆的本质是监督学习 (分类或者回归), 而不是强化学习.

行为克隆训练出的策略网络通常效果不佳. 人类不会探索奇怪的状态和动作, 因此数据集上的状态和动作缺乏多样性. 在数据集上做完行为克隆之后, 智能体面对真实的环境, 可能会遇到陌生的状态, 此时做出的决策可能会很糟糕. 行为克隆存在 "错误累加" 的缺陷. 假如当前的动作 a_t 不够好, 那么下一时刻的状态 s_{t+1} 可能会比较罕见, 于是下一个动作 a_{t+1} 会很差; 这又导致状态 s_{t+2} 非常奇怪, 使得动作 a_{t+2} 更糟糕. 如图 12-3 所示, 行为克隆训练出的策略常会进入这种恶性循环.

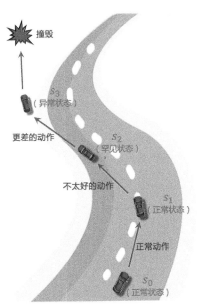

图 12-3　行为克隆会出现错误累加的问题. 一旦做出不好的决策, 就会进入罕见的状态, 接下来的决策会更糟糕, 进入恶性循环

强化学习的效果通常优于行为克隆. 如果用强化学习, 那么智能体探索过各种各样的状态, 尝试过各种各样的动作, 就知道在面对各种状态时应该做什么决策. 这就比使用行为克隆的智能体有更多的 "人生经验", 因此表现会更好. 强化学习在围棋、电子游戏上的表现可以远超顶级人类玩家, 而行为克隆却很难超越人类高手.

强化学习的一个缺点是需要与环境交互, 需要探索, 而且会改变环境. 举个例子, 假如把强化学习应用到手术机器人上，从随机初始化开始训练策略网络，至少要致死、致残几万个病人才能训练好策略网络. 假如把强化学习应用到无人车上，从随机初始化开始训练策略网络，至少要撞毁几万辆无人车才能训练好策略网络. 假如把强化学习应用到广告投放上，那么从初始化到训练好策略网络期间需要做探索，投放的广告会很随机，从而严重降低广告收入. 如果在真实物理世界中应用强化学习，要考虑初始化和探索带来的成本.

行为克隆的优势在于离线训练，可以避免与真实环境的交互，不会对环境产生影响. 假如用行为克隆训练手术机器人，只需要把人类医生的观测和动作记录下来，离线训练手术机器人，而不需要真的在病人身上做实验. 虽然行为克隆效果不如强化学习，但是它的成本低. 可以先用行为克隆初始化策略网络（而不是随机初始化），然后再进行强化学习，这样可以减少对物理世界的有害影响.

12.2　逆向强化学习

逆向强化学习（inverse reinforcement learning，IRL）非常有名，但是今天已经不常用了. 12.3 节介绍的生成判别模仿学习更简单，效果更好. 本节只简单介绍 IRL 的主要思想，而不深入讲解其数学原理.

12.2.1　IRL 的基本设定

第一，IRL 假设智能体可以与环境交互[①]，环境会根据智能体的动作更新状态，但是不会给出奖励. 智能体与环境交互的轨迹是这样的：

$$s_1, a_1, \quad s_2, a_2, \quad s_3, a_3, \quad \cdots, \quad s_n, a_n.$$

这种设定非常符合物理世界的实际情况. 比如人类驾驶汽车，与物理环境交互，并根据观测做出决策，就能得到上式中的轨迹，而轨迹中没有奖励. 是不是汽车驾驶问题中没有奖励呢？其实是有的. 避免碰撞、遵守交通规则、尽快到达目的地，这些操作背后都隐含了奖励，只是环境不会直接把奖励告诉我们而已. 把奖励看作 (s_t, a_t) 的函数，记作 $R^\star(s_t, a_t)$.

第二，IRL 假设我们可以把人类专家的策略 $\pi^\star(a|s)$ 作为一个黑箱调用. 黑箱的意思是我们不知道策略的解析表达式，但是可以使用黑箱策略控制智能体与环境交互，生成轨迹. IRL 假设人类学习策略 $\pi^\star$ 的方式与强化学习相同，都是最大化回报（即累计奖励）的期望，即

$$\pi^\star = \max_\pi \mathbb{E}_{S_t, A_t, \cdots, S_n, A_n} \left[\sum_{k=t}^n \gamma^{k-t} \cdot R^\star(S_k, A_k) \right]. \tag{12.1}$$

因为 $\pi^\star$ 与奖励函数 $R^\star(s, a)$ 密切相关，所以可以从 $\pi^\star$ 反推出 $R^\star(s, a)$.

[①] 注意，12.1 节的行为克隆无须智能体与环境交互.

12.2.2 IRL 的基本思想

IRL 的目的是学到一个策略网络 $\pi(a|s; \theta)$，用来模仿人类专家的黑箱策略 $\pi^\star(a|s)$. 如图 12-4 所示，IRL 首先从 $\pi^\star(a|s)$ 中学习其隐含的奖励函数 $R^\star$，然后利用奖励函数进行强化学习，得到策略网络的参数 θ. 我们用神经网络 $R(s, a; \rho)$ 来近似奖励函数 $R^\star$. 神经网络 R 的输入是 s 和 a，输出是实数；我们需要学习它的参数 ρ.

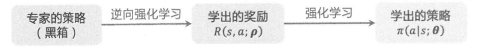

图 12-4　这种方法被称作**学徒学习**（apprenticeship learning），也可以不严谨地称作逆向强化学习

12.2.3 从黑箱策略反推奖励

假设人类专家的黑箱策略 $\pi^\star(a|s)$ 满足式 (12.1)，即 $\pi^\star$ 是应对奖励函数 $R^\star$ 的最优策略. 对于不同的奖励函数 $R^\star$，则会有不同的 $\pi^\star(a|s)$. 是否能由 $\pi^\star$ 的决策反推出 $R^\star$ 呢？举个例子，图 12-5 是走格子的游戏，动作空间是 $\mathcal{A} = \{上, 下, 左, 右\}$. 图 12-5a 和图 12-5b 表示两局游戏的状态，蓝色的箭头表示 $\pi^\star$ 做出的决策. 请读者仔细观察，尝试推断游戏的奖励函数 $R^\star$.

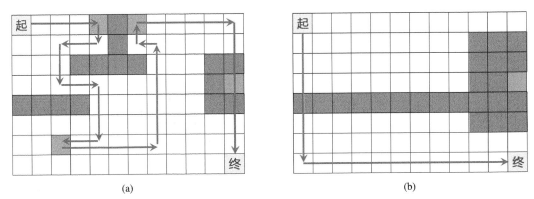

(a)　　　　　　　　　　　　　(b)

图 12-5　左右两张图表示走格子游戏的两个状态，图中蓝色箭头表示智能体的轨迹

既然蓝色箭头是最优策略做出的决策，那么沿着蓝色箭头走，可以最大化回报. 我们不难做出以下推断.

- 到达绿色格子有正奖励 r_+，原因是智能体尽量通过绿色格子. 到达绿色格子的奖励只能被收集一次，否则智能体会反复回到绿色格子.
- 到达红色格子有负奖励 $-r_-$，因为智能体尽量避开红色格子. 左图中智能体穿越两个红色格子去收集绿色奖励，说明 $r_+ \gtrsim 2r_-$. 右图中智能体没有穿越 4 个红格子去收集绿色奖励，而是穿越一个红格子，说明 $r_+ \lesssim 3r_-$.

- 到达终点有正奖励 r_*，因为智能体会尽力走到终点. 由于右图中的智能体穿过红色格子，说明 $r_* > r_-$.

- 智能体尽量走最短路线，说明每走一步，有一个负奖励 $-r_\to$. 但是 $r_\to$ 比较小，否则智能体不会绕路去收集绿色奖励.

注意，从智能体的轨迹中，只能大致推断出奖励函数，但是不可能推断出奖励 r_+、$-r_-$、r_*、$r_\to$ 具体的大小. 把 4 个奖励的数值同时乘以 10，根据新的奖励训练策略，最终学出的最优策略跟原来相同；这说明最优策略对应的奖励函数是不唯一的.

具体该如何学习奖励函数 $R(s,a;\boldsymbol{\rho})$ 呢？因为我们用 $R(s,a;\boldsymbol{\rho})$ 来训练策略网络 $\pi(a|s;\boldsymbol{\theta})$，所以 $\pi(a|s;\boldsymbol{\theta})$ 依赖于 $\boldsymbol{\rho}$. IRL 的目标是让 $\pi(a|s;\boldsymbol{\theta})$ 尽量接近人类专家的策略 $\pi^\star(a|s)$，因此要寻找参数 $\boldsymbol{\rho}$ 使得学到的 $\pi(a|s;\boldsymbol{\theta})$ 最接近 $\pi^\star(a|s)$. 学习 $\boldsymbol{\rho}$ 的方法有很多种，本书不具体介绍，有兴趣的读者可以阅读相关文献.

12.2.4 用奖励函数训练策略网络

假设我们已经学到了奖励函数 $R(s,a;\boldsymbol{\rho})$，那么就可以用它来训练一个策略网络. 用策略网络 $\pi(a|s;\boldsymbol{\theta}_{\text{now}})$ 控制智能体与环境交互，每次得到这样一条轨迹：

$$s_1, a_1, \quad s_2, a_2, \quad s_3, a_3, \quad \cdots, \quad s_n, a_n,$$

轨迹中没有奖励. 比如用策略网络控制无人车，得到的就是这样一条没有奖励的轨迹. 好在我们已经从人类专家身上学到了奖励函数 $R(s,a;\boldsymbol{\rho})$，可以用 R 算出奖励：

$$\widehat{r}_t = R(s_t, a_t; \boldsymbol{\rho}), \qquad \forall t = 1, \cdots, n.$$

可以用任意策略学习方法更新策略网络参数 $\boldsymbol{\theta}$，比如用 REINFORCE：

$$\boldsymbol{\theta}_{\text{new}} \leftarrow \boldsymbol{\theta}_{\text{now}} + \beta \cdot \sum_{t=1}^{n} \gamma^{t-1} \cdot \widehat{u}_t \cdot \nabla_{\boldsymbol{\theta}} \ln \pi(a|s; \boldsymbol{\theta}_{\text{now}}).$$

上式中的 $\widehat{u}_t \triangleq \sum_{k=t}^{n} \gamma^{k-t} \cdot \widehat{r}_k$ 是近似回报.

12.3 生成判别模仿学习

生成判别模仿学习（generative adversarial imitation learning，GAIL）需要让智能体与环境交互，但是无法从环境获得奖励. GAIL 还需要收集人类专家的决策记录（即很多条轨迹）. GAIL

的目标是学习一个策略网络，使得判别器无法区分一条轨迹是策略网络的决策还是人类专家的决策.

12.3.1　生成判别网络

GAIL 的设计基于**生成判别网络**（generative adversarial network，GAN）. 本节简单介绍 GAN 的基础知识. **生成器**（generator）和**判别器**（discriminator）各是一个神经网络. 生成器负责生成假的样本，而判别器负责判定一个样本是真是假. 举个例子，在人脸数据集上训练生成器和判别器，那么生成器的目标是生成假的人脸图片，骗过判别器；而判别器的目标是判断一张图片是真实的还是生成的. 理想情况下，当训练结束的时候，判别器的分类准确率是 50%，意味着生成器的输出几乎可以以假乱真.

生成器（如图 12-6 所示）记作 $x = G(s; \theta)$，其中 θ 是参数. 它的输入是向量 s，向量的每一个元素从均匀分布 $\mathcal{U}(-1, 1)$ 或标准正态分布 $\mathcal{N}(0, 1)$ 中抽取. 生成器的输出是数据（比如图片）x. 生成器通常是一个深度神经网络，其中可能包含**卷积**（convolution）层、**反卷积**（transposed convolution）层、**上采样**（upsampling）层、**全连接**（dense）层等. 生成器的具体实现取决于具体的问题.

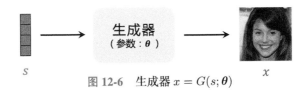

图 12-6　生成器 $x = G(s; \theta)$

判别器（如图 12-7 所示）记作 $\widehat{p} = D(x; \phi)$，其中 ϕ 是参数. 它的输入是图片 x；输出 $\widehat{p}$ 是一个 0 到 1 的概率值，0 表示"假"，1 表示"真". 判别器的功能是二分类器，实现方法很简单. 判别器主要由卷积层、**池化**（pooling）层、全连接层等组成.

图 12-7　判别器 $\widehat{p} = D(x; \phi)$

1. 训练生成器

将生成器与判别器相连，如图 12-8 所示. 固定住判别器的参数，只更新生成器的参数 θ，使得生成的图片 $x = G(s; \theta)$ 在判别器的"眼里"更像真的. 对于任意一个随机生成的向量 s，应该改变 θ，使得判别器的输出 $\widehat{p} = D(x; \phi)$ 尽量接近 1. 可以用交叉熵作为损失函数：

$$E(s; \boldsymbol{\theta}) \;=\; \ln\left[1 - \underbrace{D(x; \boldsymbol{\phi})}_{\text{越大越好}}\right]; \qquad \text{s.t. } x = G(s; \boldsymbol{\theta}).$$

判别器的输出 $\hat{p} = D(x; \boldsymbol{\phi})$ 是一个 0 到 1 的数. $\hat{p}$ 越接近 1, 则损失函数 $E(s; \boldsymbol{\theta}) = \ln(1 - \hat{p})$ 越小. 在训练生成器参数 $\boldsymbol{\theta}$ 的时候, 我们希望 $\hat{p}$ 尽量接近 1, 所以应当更新 $\boldsymbol{\theta}$ 使得 $E(s; \boldsymbol{\theta})$ 减小. 做一次梯度下降, 更新 $\boldsymbol{\theta}$:

$$\boldsymbol{\theta} \;\leftarrow\; \boldsymbol{\theta} - \beta \cdot \nabla_{\boldsymbol{\theta}} E(s; \boldsymbol{\theta}).$$

此处的 β 是学习率, 需要用户手动调整.

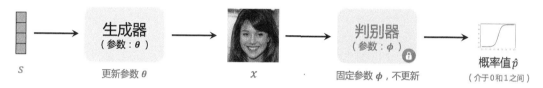

图 12-8　训练生成器 $G(s; \boldsymbol{\theta})$

2. 训练判别器

判别器的本质是个二分类器, 它的输出值 $\hat{p} = D(x; \boldsymbol{\phi})$ 表示对真伪的预测: $\hat{p}$ 接近 1 表示 "真", $\hat{p}$ 接近 0 表示 "假". 判别器的训练如图 12-9 所示. 从真实数据集中抽取一个样本, 记作 x^{real}; 再随机生成一个向量 s, 用生成器生成 $x^{\mathrm{fake}} = G(s; \boldsymbol{\theta})$. 训练判别器的目标是改进参数 $\boldsymbol{\phi}$, 让 $D(x^{\mathrm{real}}; \boldsymbol{\phi})$ 更接近 1（真）, 让 $D(x^{\mathrm{fake}}; \boldsymbol{\phi})$ 更接近 0（假）. 也就是说让判别器的分类结果更准确, 更方便区分真实图片和生成的假图片. 可以用交叉熵作为损失函数:

$$F\left(x^{\mathrm{real}}, x^{\mathrm{fake}}; \boldsymbol{\phi}\right) \;=\; \ln\left[1 - \underbrace{D\left(x^{\mathrm{real}}; \boldsymbol{\phi}\right)}_{\text{越大越好}}\right] + \ln \underbrace{D\left(x^{\mathrm{fake}}; \boldsymbol{\phi}\right)}_{\text{越小越好}}.$$

判别器的判断越准确, 则损失函数 $F\left(x^{\mathrm{real}}, x^{\mathrm{fake}}; \boldsymbol{\phi}\right)$ 越小. 为什么呢?

- 判别器越相信 x^{real} 为真, 则 $D(x^{\mathrm{real}}; \boldsymbol{\phi})$ 越大, 那么上式中 $\ln[1 - D(x^{\mathrm{real}}; \boldsymbol{\phi})]$ 越小.
- 判别器越相信 x^{fake} 为假, 则 $D(x^{\mathrm{fake}}; \boldsymbol{\phi})$ 越小, 那么上式中 $\ln D(x^{\mathrm{fake}}; \boldsymbol{\phi})$ 越小.

为了减小损失函数 F, 可以做一次梯度下降, 更新判别器参数 $\boldsymbol{\phi}$:

$$\boldsymbol{\phi} \;\leftarrow\; \boldsymbol{\phi} - \eta \cdot \nabla_{\boldsymbol{\phi}} F\left(x^{\mathrm{real}}, x^{\mathrm{fake}}; \boldsymbol{\phi}\right).$$

此处的 η 是学习率, 需要用户手动调整.

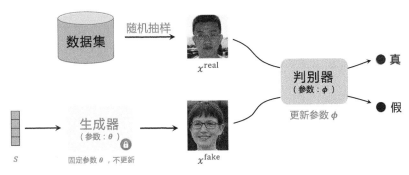

图 12-9 训练判别器 $D(x; \phi)$

3. 小批量随机梯度下降

上述训练生成器和判别器的方式其实是随机梯度下降（SGD），每次只用一个样本. 实践中，不妨每次用一个批（batch）的样本，比如用 $b = 16$ 个，那么会计算出 b 个梯度. 用 b 个梯度的平均值去更新生成器和判别器，这种方式称为**小批量随机梯度下降**（mini-batch SGD）.

训练流程

实践中，要同时训练生成器和判别器，让两者同时进步.[①] 每一轮要更新一次生成器，更新一次判别器. 设当前生成器、判别器的参数分别为 $\boldsymbol{\theta}_{\text{now}}$ 和 ϕ_{now}.

(1) （从均匀分布或正态分布中）随机抽样 b 个向量：$s_1, \cdots, s_b$.
(2) 用生成器生成假样本：$x_j^{\text{fake}} = G(s_j; \boldsymbol{\theta}_{\text{now}}), \ \forall j = 1, \cdots, b$.
(3) 从训练集中随机抽样 b 个真样本：$x_1^{\text{real}}, \cdots, x_b^{\text{real}}$.
(4) 更新生成器 $G(s; \boldsymbol{\theta})$ 的参数.
    (a) 计算平均梯度：
$$\boldsymbol{g}_{\theta} \ = \ \frac{1}{b} \sum_{j=1}^{b} \nabla_{\boldsymbol{\theta}} E\left(s_j; \boldsymbol{\theta}_{\text{now}} \right).$$

    (b) 做梯度下降更新生成器参数：$\boldsymbol{\theta}_{\text{new}} \leftarrow \boldsymbol{\theta}_{\text{now}} - \beta \cdot \boldsymbol{g}_{\theta}$.
(5) 更新判别器 $D(x; \phi)$ 的参数.
    (a) 计算平均梯度：
$$\boldsymbol{g}_{\phi} \ = \ \frac{1}{b} \sum_{j=1}^{b} \nabla_{\phi} F\left(x_j^{\text{real}}, x_j^{\text{fake}}; \phi_{\text{now}} \right).$$

    (b) 做梯度下降更新判别器参数：$\phi_{\text{new}} \leftarrow \phi_{\text{now}} - \eta \cdot \boldsymbol{g}_{\phi}$.

---

① 不能让判别器比生成器进步快太多，否则训练会失败. 假如判别器的准确率是 100%，那么无论生成器的输出 x 是什么，总会被判别为"假". 因此，生成器就不知道什么样的 x 更像真的，从而无从改进.

12.3.2 GAIL 的生成器和判别器

1. 训练数据

GAIL 的训练数据是被模仿的对象（比如人类专家）操作智能体得到的轨迹，记作

$$\tau = [s_1, a_1, s_2, a_2, \cdots, s_m, a_m].$$

数据集中有 k 条轨迹，记作

$$\mathcal{X} = \{\tau^{(1)}, \tau^{(2)}, \cdots, \tau^{(k)}\}.$$

2. 生成器

12.3.1 节中 GAN 的生成器记作 $x = G(s; \boldsymbol{\theta})$，它的输入 s 是个随机抽取的向量，输出 x 是一个数据点（比如一张图片）. 本节中 GAIL 的生成器是策略网络 $\pi(a|s; \boldsymbol{\theta})$，如图 12-10 所示. 策略网络的输入是状态 s，输出是一个向量：

$$\boldsymbol{f} = \pi(\,\cdot\,|\,s; \boldsymbol{\theta}).$$

输出向量 $\boldsymbol{f}$ 的维度是动作空间的大小 $\mathcal{A}$，它的每个元素对应一个动作，表示执行该动作的概率. 给定初始状态 s_1，并让智能体与环境交互，可以得到一条轨迹：

$$\tau = [s_1, a_1, s_2, a_2, \cdots, s_n, a_n].$$

其中的动作是根据策略网络抽样得到的：$a_t \sim \pi(\cdot|s_t; \boldsymbol{\theta})$，$\forall t = 1, \cdots, n$. 下一时刻的状态是环境根据状态转移函数计算出来的：$s_{t+1} \sim p(\cdot|s_t, a_t)$，$\forall t = 1, \cdots, n$.

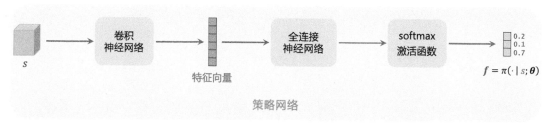

图 12-10 策略网络 $\pi(a|s; \boldsymbol{\theta})$ 的神经网络结构. 输入是状态 s，输出是动作空间 $\mathcal{A}$ 中每个动作的概率值

3. 判别器

GAIL 的判别器记作 $D(s, a; \phi)$，它的结构如图 12-11 所示. 判别器的输入是状态 s，输出是

一个向量:

$$\widehat{\boldsymbol{p}} = D\bigl(s, \cdot \,\big|\, \boldsymbol{\phi}\bigr).$$

输出向量 $\widehat{\boldsymbol{p}}$ 的维度是动作空间的大小 $\mathcal{A}$, 它的每个元素对应一个动作 a, 把一个元素记作

$$\widehat{p}_a = D\bigl(s, a; \boldsymbol{\phi}\bigr) \in (0, 1), \qquad \forall\, a \in \mathcal{A}.$$

$\widehat{p}_a$ 接近 1 表示 (s, a) 为 "真", 即动作 a 是人类专家做的. $\widehat{p}_a$ 接近 0 表示 (s, a) 为 "假", 即动作 a 是策略网络生成的.

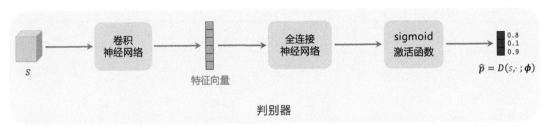

图 12-11 判别器 $D(s, a; \boldsymbol{\phi})$ 的神经网络结构. 输入是状态 s. 输出向量的维度等于 $|\mathcal{A}|$, 每个元素对应一个动作, 每个元素值都介于 0 和 1 之间

12.3.3 GAIL 的训练

训练的目的是让生成器 (即策略网络) 生成的轨迹与数据集中的轨迹 (即被模仿对象的轨迹) 一样好. 在训练结束的时候, 判别器无法区分生成的轨迹与数据集里的轨迹.

1. 训练生成器

设 $\boldsymbol{\theta}_{\text{now}}$ 是当前策略网络的参数. 用策略网络 $\pi(a|s; \boldsymbol{\theta}_{\text{now}})$ 控制智能体与环境交互, 得到一条轨迹:

$$\tau = [s_1, a_1, s_2, a_2, \cdots, s_n, a_n].$$

判别器可以评价 (s_t, a_t) 有多真实: $D(s_t, a_t; \boldsymbol{\phi})$ 越大, 说明 (s_t, a_t) 在判别器的眼里越真实. 把

$$u_t = \ln D\bigl(s_t, a_t; \boldsymbol{\phi}\bigr)$$

作为第 t 步的回报, u_t 越大, 则说明 (s_t, a_t) 越真实. 我们有这样一条轨迹:

$$s_1, a_1, u_1, \quad s_2, a_2, u_2, \quad \cdots, \quad s_n, a_n, u_n.$$

于是可以用 TRPO 来更新策略网络. 设当前策略网络的参数为 $\boldsymbol{\theta}_{\text{now}}$. 定义目标函数:

$$\tilde{L}(\boldsymbol{\theta} \,|\, \boldsymbol{\theta}_{\text{now}}) \;\triangleq\; \frac{1}{n} \sum_{t=1}^{n} \frac{\pi(a_t|s_t; \boldsymbol{\theta})}{\pi(a_t|s_t; \boldsymbol{\theta}_{\text{now}})} \cdot u_t.$$

求解下面带约束的最大化问题，得到新的参数：

$$\boldsymbol{\theta}_{\text{new}} \;=\; \underset{\boldsymbol{\theta}}{\arg\max} \; \tilde{L}(\boldsymbol{\theta} \,|\, \boldsymbol{\theta}_{\text{now}}); \qquad \text{s.t. } \text{dist}\,(\boldsymbol{\theta}_{\text{now}}, \boldsymbol{\theta}) \leqslant \Delta. \qquad (12.2)$$

此处的 dist 衡量 $\boldsymbol{\theta}_{\text{now}}$ 与 $\boldsymbol{\theta}$ 的区别，Δ 是一个需要调整的超参数．TRPO 的详细解释见 9.1 节．

2. 训练判别器

训练判别器的目的是让它能区分真的轨迹与生成的轨迹．从训练数据中均匀抽样一条轨迹，记作

$$\tau^{\text{real}} \;=\; \left[s_1^{\text{real}}, a_1^{\text{real}}, \cdots, s_m^{\text{real}}, a_m^{\text{real}}\right].$$

用策略网络控制智能体与环境交互，得到一条轨迹，记作

$$\tau^{\text{fake}} \;=\; \left[s_1^{\text{fake}}, a_1^{\text{fake}}, \cdots, s_n^{\text{fake}}, a_n^{\text{fake}}\right].$$

上式中的 m、n 分别是两条轨迹的长度．

在训练判别器的时候，要鼓励判别器做出准确的判断．我们希望判别器知道 $(s_t^{\text{real}}, a_t^{\text{real}})$ 是真的，所以应该鼓励 $D(s_t^{\text{real}}, a_t^{\text{real}}; \phi)$ 尽量大．我们希望判别器知道 $(s_t^{\text{fake}}, a_t^{\text{fake}})$ 是假的，所以应该鼓励 $D(s_t^{\text{fake}}, a_t^{\text{fake}}; \phi)$ 尽量小．定义损失函数

$$F(\tau^{\text{real}}, \tau^{\text{fake}}; \phi) \;=\; \underbrace{\frac{1}{m} \sum_{t=1}^{m} \ln\left[1 - D(s_t^{\text{real}}, a_t^{\text{real}}; \phi)\right]}_{D \text{ 的输出越大，这一项越小}} + \underbrace{\frac{1}{n} \sum_{t=1}^{n} \ln D(s_t^{\text{fake}}, a_t^{\text{fake}}; \phi)}_{D \text{ 的输出越小，这一项越小}}.$$

我们希望损失函数尽量小，也就是说判别器能区分真假轨迹．可以做梯度下降来更新参数 ϕ：

$$\phi \;\leftarrow\; \phi - \eta \cdot \nabla_{\phi} F(\tau^{\text{real}}, \tau^{\text{fake}}; \phi). \qquad (12.3)$$

这样可以让损失函数减小，让判别器更能区分真假轨迹．

3. 训练流程

每一轮训练更新一次生成器，更新一次判别器. 训练重复以下步骤，直到收敛. 设当前生成器和判别器的参数分别为 $\boldsymbol{\theta}_{\text{now}}$ 和 $\boldsymbol{\phi}_{\text{now}}$.

(1) 从训练集中均匀抽样一条轨迹，记作

$$\tau^{\text{real}} = \left[s_1^{\text{real}}, a_1^{\text{real}}, \cdots, s_m^{\text{real}}, a_m^{\text{real}} \right].$$

(2) 用策略网络 $\pi(a|s; \boldsymbol{\theta}_{\text{now}})$ 控制智能体与环境交互，得到一条轨迹，记作

$$\tau^{\text{fake}} = \left[s_1^{\text{fake}}, a_1^{\text{fake}}, \cdots, s_n^{\text{fake}}, a_n^{\text{fake}} \right].$$

(3) 用判别器评价策略网络的决策是否真实：

$$u_t = \ln D\left(s_t^{\text{fake}}, a_t^{\text{fake}}; \boldsymbol{\phi}_{\text{now}} \right), \qquad \forall\, t = 1, \cdots, n.$$

(4) 把 τ^{fake} 和 $u_1, \cdots, u_n$ 作为输入，用式 (12.2) 更新生成器（即策略网络）的参数，得到 $\boldsymbol{\theta}_{\text{new}}$.

(5) 把 τ^{real} 和 τ^{fake} 作为输入，用式 (12.3) 更新判别器的参数，得到 $\boldsymbol{\phi}_{\text{new}}$.

相关文献

行为克隆这个概念很早就出现在人工智能领域，比如 1995 年发表的论文 [60]、1997 年发表的论文 [61]. 2010 年发表的论文 [62,63] 研究了行为克隆的理论误差，指出行为克隆会让错误累加. 行为克隆也叫作 learning from demonstration（LfD）[64]. LfD 这个名字最早由 1997 年发表的一篇论文 [65] 提出.

逆向强化学习首先由 Ng 和 Russell 2000 年的论文 [66] 提出. 这个问题原本是指"从最优策略中推断出奖励函数". Abbeel 和 Ng 于 2004 年发表的论文 [67] 提出从人类专家的策略中反向学习出奖励函数，然后用奖励函数训练策略函数；这种方法被称作学徒学习. 本书 12.2 节的内容主要基于学徒学习的思想. 逆向强化学习的方法有很多种 [68-72].

生成判别模仿学习由 Ho 和 Ermon 在 2016 年提出 [73]，它主要基于生成判别网络. GAN 由 Goodfellow 等人在 2014 年提出 [74].

知识点小结

- 模仿学习的作用与强化学习相同，但它不是强化学习. 前者从专家的动作中学习策略，而后者从奖励中学习策略.

- 行为克隆是最简单的模仿学习，其本质是分类或回归. 行为克隆可以完全线下训练，无须与环境交互，因此训练的代价很小. 行为克隆存在错误累加的缺点，实践中的效果不如强化学习.

- 强化学习利用奖励学习策略，而逆向强化学习（IRL）从策略中反推奖励函数. IRL 适用于不知道奖励函数的控制问题，比如无人驾驶. 对于这种问题，可以先用 IRL 从人类专家的行为中学习奖励函数，再利用奖励函数进行强化学习，这种方法被称作学徒学习.

- 生成判别模仿学习（GAIL）借用 GAN 的思想，使用一个生成器和一个判别器. 生成器是策略函数，学习的目标是让生成的轨迹与人类专家的行为相似，使得判别器无法区分.

第四部分

多智能体
强化学习

第 13 章　并行计算

机器学习的实践中普遍使用并行计算，利用大量的计算资源（比如很多块 GPU）缩短训练所需时间，用几个小时就能完成原本需要很多天才能完成的训练．深度强化学习自然也不例外．可以用很多处理器同时收集经验、计算梯度，让原本需要很长时间的训练在较短的时间内完成．13.1 节以并行梯度下降为例讲解并行计算的基础知识．13.2 节重点介绍异步并行梯度下降算法．13.3 节介绍两种异步强化学习算法．

13.1　并行计算基础

本节以**并行梯度下降**（parallel gradient descent）为例讲解并行计算的基础知识，用 MapReduce 架构实现并行梯度下降，并且分析并行计算中的时间开销．

13.1.1　并行梯度下降

我们以最小二乘法为例讲解并行梯度下降的基本原理．把训练数据记作 $(\boldsymbol{x}_1, y_1), \cdots,$ $(\boldsymbol{x}_n, y_n) \in \mathbb{R}^d \times \mathbb{R}$．最小二乘法定义为

$$\min_{\boldsymbol{w}} \left\{ L(\boldsymbol{w}) \triangleq \frac{1}{2n} \sum_{j=1}^{n} \left(\boldsymbol{x}_j^{\mathrm{T}} \boldsymbol{w} - y_j \right)^2 \right\}.$$

这个优化问题的目标是寻找向量 $\boldsymbol{w}^\star \in \mathbb{R}^d$，使得对于所有的 j，预测值 $\boldsymbol{x}_j^{\mathrm{T}} \boldsymbol{w}^\star$ 都很接近 y_j．我们可以用梯度下降算法求解这个优化问题．重复梯度下降这个步骤，直到收敛：

$$\boldsymbol{w} \leftarrow \boldsymbol{w} - \eta \cdot \nabla_{\boldsymbol{w}} L(\boldsymbol{w}).$$

上式中的 η 是学习率．如果 η 的取值比较合理，那么梯度下降可以保证 $\boldsymbol{w}$ 收敛到最优解 $\boldsymbol{w}^\star$．目标函数 $L(\boldsymbol{w})$ 的梯度可以写作

$$\nabla_{\boldsymbol{w}} L(\boldsymbol{w}) = \frac{1}{n} \sum_{j=1}^{n} \boldsymbol{g}(\boldsymbol{x}_j, y_j; \boldsymbol{w}), \qquad \text{其中} \quad \boldsymbol{g}(\boldsymbol{x}_j, y_j; \boldsymbol{w}) \triangleq \left(\boldsymbol{x}_j^{\mathrm{T}} \boldsymbol{w} - y_j \right) \boldsymbol{x}_j \in \mathbb{R}^d.$$

由于 $\boldsymbol{x}_j$ 和 $\boldsymbol{w}$ 都是 d 维向量，因此计算一个 $\boldsymbol{g}(\boldsymbol{x}_j, y_j; \boldsymbol{w})$ 的时间复杂度是 $\mathcal{O}(d)$．因为计算梯度 $\nabla_{\boldsymbol{w}} L(\boldsymbol{w})$ 需要计算 $\boldsymbol{g}$ 函数 n 次，所以计算 $\nabla_{\boldsymbol{w}} L(\boldsymbol{w})$ 的时间复杂度是 $\mathcal{O}(nd)$．如果用 m 块处理

器做并行计算,那么理想情况下每块处理器的计算量是 $\mathcal{O}(\frac{nd}{m})$.

下面举一个简单的例子. 假设我们有两块处理器. 把梯度 $\nabla_{\boldsymbol{w}} L(\boldsymbol{w})$ 展开,得到

$$\nabla_{\boldsymbol{w}} L(\boldsymbol{w})$$
$$= \frac{1}{n} \Big[\underbrace{\boldsymbol{g}\big(\boldsymbol{x}_1, y_1; \boldsymbol{w}\big) + \cdots + \boldsymbol{g}\big(\boldsymbol{x}_{\frac{n}{2}}, y_{\frac{n}{2}}; \boldsymbol{w}\big)}_{\text{用一号处理器计算,把结果记作 } \tilde{\boldsymbol{g}}^1} + \underbrace{\boldsymbol{g}\big(\boldsymbol{x}_{\frac{n}{2}+1}, y_{\frac{n}{2}+1}; \boldsymbol{w}\big) + \cdots + \boldsymbol{g}\big(\boldsymbol{x}_n, y_n; \boldsymbol{w}\big)}_{\text{用二号处理器计算,把结果记作 } \tilde{\boldsymbol{g}}^2} \Big].$$

两块处理器各承担一半的计算量,分别输出 d 维向量 $\tilde{\boldsymbol{g}}^1$ 和 $\tilde{\boldsymbol{g}}^2$. 将两块处理器的结果汇总,得到梯度:

$$\nabla_{\boldsymbol{w}} L(\boldsymbol{w}) = \frac{1}{n} \big(\tilde{\boldsymbol{g}}^1 + \tilde{\boldsymbol{g}}^2 \big).$$

并行梯度下降中的"计算"非常简单,并行计算的复杂之处在于通信. 在一轮梯度下降开始之前,需要把最新的模型参数 $\boldsymbol{w}$ 发送给两块处理器,否则处理器无法计算梯度. 在两块处理器完成计算之后,需要进行通信,把结果 $\tilde{\boldsymbol{g}}^1$ 和 $\tilde{\boldsymbol{g}}^2$ 汇总到一块处理器上. 接下来我们讲解 MapReduce 架构并用它实现并行梯度下降.

13.1.2 MapReduce

并行计算需要在计算机集群上完成. 一个集群有很多处理器和内存条,它们被划分到多个**节点**(node)上. 一个节点上可以有多个处理器,处理器可以共享内存. 节点之间不能共享内存,即一个节点不能访问另一个节点的内存. 如果两个节点相连,它们可以通过计算机网络通信(比如 TCP/IP 协议).

为了协调节点的计算和通信,需要有相应的软件系统. MapReduce 是由 Google 开发的一种软件系统,用于大规模的数据分析和机器学习. MapReduce 原本是软件系统的名字,但是后来人们把类似的系统架构都称作 MapReduce. 除了 Google 自己的 MapReduce,比较有名的系统还有 Hadoop 和 Spark. MapReduce 属于 client-server 架构,有一个节点作为中央服务器,其余节点作为 worker,受服务器控制. 服务器用于协调整个系统,而计算主要由 worker 节点并行完成.

服务器可以与 worker 节点进行通信传输数据(但是 worker 节点之间不能相互通信). 一种通信方式是**广播**(broadcast),即服务器将同一条信息同时发送给所有 worker 节点,如图 13-1 所示. 比如做并行梯度下降的时候,服务器需要把更新过的参数 $\boldsymbol{w} \in \mathbb{R}^d$ 广播到所有 worker 节点. MapReduce 架构不允许服务器将一条信息只发送给 1 号节点,而将另一条信息只发送给 2 号节点. 服务器必须把相同的信息广播到所有节点.

每个节点都可以做计算. **映射**(map)操作让所有 worker 节点同时并行做计算,如图 13-2 所示. 如果我们要编程实现一个算法,需要自己定义一个函数,它可以让每个 worker 节点把各自的本地数据映射到一些输出值. 比如在做并行梯度下降的时候,定义函数 $\boldsymbol{g}$ 把三元组 $(\boldsymbol{x}_j, y_j, \boldsymbol{w})$

映射到向量

$$z_j = \left(x_j^{\mathrm{T}} w - y_j \right) x_j.$$

映射操作要求所有节点都要同时执行同一个函数，比如 $g(x_j, y_j, w)$，不能各自执行不同的函数.

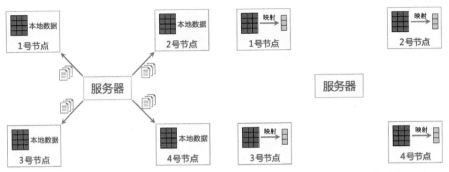

图 13-1 MapReduce 中的广播操作 　　　 图 13-2 MapReduce 中的映射操作

　　worker 节点可以向服务器发送信息，最常用的通信操作是**归约**（reduce）. 这种操作可以把 worker 节点上的数据做归并，并且传输到服务器上. 如图 13-3 所示，系统对 worker 节点输出的蓝色向量做归约. 如果执行 sum 归约函数，那么结果是 4 个蓝色向量的加和. 如果执行 mean 归约函数，那么结果是 4 个蓝色向量的均值. 如果执行 count 归约函数，那么结果是整数 4，即蓝色向量的数量.

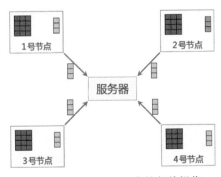

图 13-3 MapReduce 中的归约操作

13.1.3　用 MapReduce 实现并行梯度下降

1. 数据并发

　　为了使用 MapReduce 实现并行梯度下降，我们需要把数据集 $(x_1, y_1), \cdots, (x_n, y_n)$ 划分到

m 个 worker 节点上，每个节点上存一部分数据，如图 13-4 所示. 这种划分方式叫作**数据并发**（data parallelism）. 与之相对的是**模型并发**（model parallelism），即将模型参数 $\boldsymbol{w}$ 划分到 m 个 worker 节点上，每个节点有全部数据，但是只有一部分模型参数. 本书只介绍数据并发，不讨论模型并发.

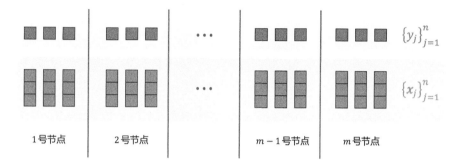

图 13-4 将数据集 $(\boldsymbol{x}_1, y_1), \cdots, (\boldsymbol{x}_n, y_n)$ 划分到 m 个 worker 节点上

2. 并行梯度下降的流程

用数据并发，设集合 $\mathcal{I}_1, \cdots, \mathcal{I}_m$ 是集合 $\{1, 2, \cdots, n\}$ 的划分，集合 $\mathcal{I}_k$ 包含 k 号 worker 节点上所有样本的序号. 并行梯度下降需要重复广播、映射、归约、更新参数这 4 个步骤，直到算法收敛，如图 13-5 所示.

(1) **广播**：服务器将当前的模型参数 $\boldsymbol{w}_{\mathrm{now}}$ 广播到 m 个 worker 节点. 这样一来，所有节点都知道 $\boldsymbol{w}_{\mathrm{now}}$.

(2) **映射**：这一步让 m 个 worker 节点做并行计算，用本地数据计算梯度. 需要在编程的时候定义这样一个映射函数：

$$\boldsymbol{g}(\boldsymbol{x}, y, \boldsymbol{w}) = (\boldsymbol{x}^{\mathrm{T}} \boldsymbol{w} - y) \boldsymbol{x}.$$

k 号 worker 节点做如下映射：

$$\boldsymbol{g} : (\boldsymbol{x}_j, y_j, \boldsymbol{w}_{\mathrm{now}}) \quad \mapsto \quad \boldsymbol{z}_j = (\boldsymbol{x}_j^{\mathrm{T}} \boldsymbol{w}_{\mathrm{now}} - y_j) \boldsymbol{x}_j, \qquad \forall j \in \mathcal{I}_k.$$

这样一来，k 号 worker 节点得到向量的集合 $\{\boldsymbol{z}_j\}_{j \in \mathcal{I}_k}$.

(3) **归约**：在做完映射之后，向量 $\boldsymbol{z}_1, \cdots, \boldsymbol{z}_n \in \mathbb{R}^d$ 分布式存储在 m 个 worker 节点上，每个节点有一个子集. 不难看出，目标函数 $L(\boldsymbol{w}) = \frac{1}{2n} \sum_{j=1}^{n} (\boldsymbol{x}_j^{\mathrm{T}} \boldsymbol{w} - y_j)^2$ 在 $\boldsymbol{w}_{\mathrm{now}}$ 处的梯度等于：

$$\nabla_{\boldsymbol{w}} L(\boldsymbol{w}_{\mathrm{now}}) = \frac{1}{n} \sum_{j=1}^{n} \boldsymbol{z}_j.$$

因此，我们应该使用 sum 归约函数. 每个 worker 节点首先会归约自己本地的 $\{z_j\}_{j\in\mathcal{I}_k}$，得到

$$\tilde{g}^k \triangleq \sum_{j\in\mathcal{I}_k} z_j, \qquad \forall\, k = 1,\cdots,m.$$

然后将 $\tilde{g}_k \in \mathbb{R}^d$ 发送给服务器，服务器对 $\tilde{g}^1,\cdots,\tilde{g}^k$ 求和，再除以 n，得到梯度：

$$\nabla_{\boldsymbol{w}} L(\boldsymbol{w}_{\text{now}}) \leftarrow \frac{1}{n}\sum_{k=1}^{m} \tilde{g}^k.$$

先在本地做归约，再进行通信，只需要传输 md 个浮点数；如果不先在本地归约，直接把所有的 $\{z_j\}_{j=1}^n$ 都发送给服务器，那么需要传输 nd 个浮点数，通信代价大得多.

(4) **更新参数**：最后，服务器在本地做梯度下降，更新模型参数，如下所示.

$$\boldsymbol{w}_{\text{new}} \leftarrow \boldsymbol{w}_{\text{now}} - \eta \cdot \nabla_{\boldsymbol{w}} L(\boldsymbol{w}_{\text{now}}).$$

这样就完成了一轮梯度下降，对参数做了一次更新.

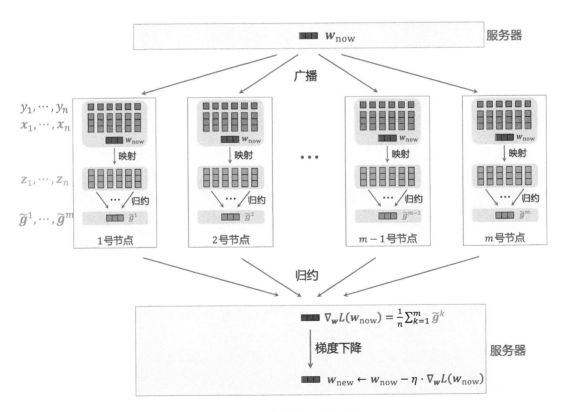

图 13-5　并行梯度下降的流程

13.1.4 并行计算的代价

在做实验对比的时候，可以用算法实际运行的时间来衡量其表现. 时间有两种定义，请读者注意区分.

(1) **钟表时间**（wall-clock time），也叫 elapsed real time，意思是程序实际运行的时间. 可以这样理解钟表时间：在程序开始运行的时候，记录墙上钟表的时刻；在程序结束的时候，再记录钟表的时刻；两者之差就是钟表时间.

(2) **处理器时间**（CPU time 或 GPU time）是所有处理器运行时间的总和. 比如使用 4 块 CPU 做并行计算，程序运行的钟表时间是 1 分钟，其间 CPU 没有空闲，那么系统的 CPU 时间等于 4 分钟.

处理器数量越多，每块处理器承担的计算量就越小，那么程序运行速度就会越快，所以并行计算可以让钟表时间更短. 在用多块处理器做并行计算的时候，因为总计算量没有减少，所以处理器时间不会更短.

通常用**加速比**（speedup ratio）衡量并行计算带来的速度提升. 加速比的计算公式如下：

$$\text{加速比} = \frac{\text{使用 1 个节点所需的钟表时间}}{\text{使用 } m \text{ 个节点所需的钟表时间}}.$$

通常来说，节点数量越多，算力越强，加速比就越大. 在实验报告中，通常需要把加速比绘制成一条曲线. 把节点数量设置为不同的值，比如 $m = 1, 2, 4, 8, 16, 32$，可以得到相应的加速比. 把 m 作为横轴，加速比作为纵轴，可以绘制加速比曲线，如图 13-6 所示.

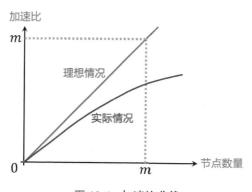

图 13-6　加速比曲线

在最理想的情况下，使用 m 个节点，每个节点承担 $\frac{1}{m}$ 的计算量，那么钟表时间会减少到原来的 $\frac{1}{m}$，即加速比等于 m. 图 13-6 中的蓝色直线是理想情况下的加速比，但实际的加速比往往是图中的红色曲线，即加速比小于 m，其原因是计算所需时间只占总的钟表时间的一部分. 通信等操作也要花费时间，导致加速比达不到 m. 下面分析并行计算中常见的时间开销.

通信复杂度（communication complexity）的意思是有多少比特或者浮点数在服务器与 worker 节点之间传输. 在并行梯度下降的例子中，每一轮梯度下降需要进行两次通信：服务器将模型参数 $w \in \mathbb{R}^d$ 广播给 m 个 worker 节点，worker 节点将计算出的梯度 $\tilde{g}^1, \cdots, \tilde{g}^m$ 发送给服务器. 因此每一轮梯度下降的通信复杂度都是 $\mathcal{O}(md)$. 很显然，通信复杂度越大，通信花的时间越长.

延迟（latency）是由计算机网络的硬件和软件系统决定的. 在进行通信的时候，需要把大的矩阵、向量拆分成小数据包，并通过计算机网络逐个传输. 即使数据包再小，从发送到接收也需要花费一定的时间，这个时间就是延迟. 通常来说，延迟与通信次数成正比，而跟通信复杂度关系不大.

通信时间主要由通信复杂度和延迟决定. 除非实际做实验测量，否则我们无法准确预估通信花费的钟表时间. 但不妨用下面的公式粗略估计通信时间：

$$通信时间 \approx \frac{通信复杂度}{带宽} + 延迟.$$

在并行计算中，通信时间不容忽视，它甚至有可能超过计算时间. 减少通信复杂度和通信次数是设计并行算法的关键. 只有让通信时间远少于计算时间，才能取得较高的加速比.

13.2 同步与异步

本节讨论同步算法和异步算法的区别，重点介绍异步并行梯度下降. 在机器学习中，异步算法的表现通常优于同步算法.

13.2.1 同步算法

13.1 节介绍的并行梯度下降算法属于**同步算法**（synchronous algorithm）. 如图 13-7 所示，在所有 worker 节点都完成映射的计算之后，系统才能执行归约通信. 这意味着即使有些节点先完成计算，也必须等待最慢节点（在水平方向上，计算条越短，计算就越快）；在等待期间，完成计算的节点处于空闲状态. 图 13-7 中黑色的竖线表示同步屏障，即所有节点都完成计算之后才能开始通信，当通信完成之后才能开始下一轮计算.

同步的代价

实际软硬件系统中存在负载不平衡、软硬件不稳定、I/O 速度不稳定等因素，因此 worker 节点会有先后、快慢之分，不会恰好在同一时刻完成任务. 同步要求每一轮都必须等待所有节点完成计算，这势必存在"滞后效应"，即任务所需时间取决于最慢的节点. 同步会造成很多节点处于空闲状态，无法有效利用集群的算力.

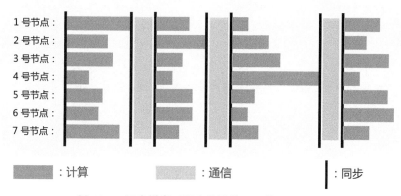

图 13-7　同步梯度下降中的计算、通信、同步

滞后效应（straggler effect）的意思是一个节点的速度远慢于其余节点，导致整个系统长时间处于空闲状态，等待最慢的节点．straggler 也叫 outlier，字面意思是"掉队者"．产生 straggler 的原因有很多种，比如在某个节点的硬件或软件出错之后，节点失效或者重启，导致计算时间多几倍．如果把 MapReduce 这样需要同步的系统部署到廉价、可靠性低的硬件上，滞后效应可能会很严重．

13.2.2　异步算法

如果把图 13-7 中的同步屏障去掉，得到的算法就叫作**异步算法**（asynchronous algorithm），如图 13-8 所示．在异步算法中，一个 worker 节点无须等待其余节点完成计算或通信．当一个 worker 节点完成计算时，它会立刻跟 server 通信，然后开始下一轮的计算．异步算法避免了等待，节点空闲的时间很短，因此系统的利用率很高．

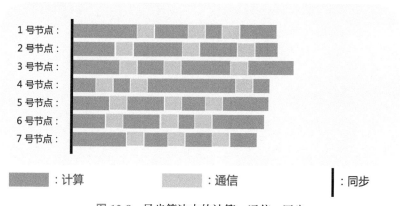

图 13-8　异步算法中的计算、通信、同步

下面介绍异步梯度下降算法. 我们仍然采用数据并发的方式, 即把数据集 $\{(\boldsymbol{x}_1, y_1), \cdots, (\boldsymbol{x}_n, y_n)\}$ 划分到 m 个 worker 节点上. 如图 13-9 所示, 服务器可以单独与某个 worker 节点通信: worker 节点把计算出的梯度发送给服务器, 服务器把最新的参数发送给这个 worker 节点. 如果想要编程实现异步算法, 可以用 message passing interface (MPI) 这样底层的库, 也可以借助 Ray 这样的框架. 用户需要做的工作是编程实现 worker 端、服务器端的计算.

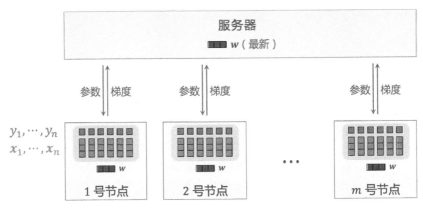

图 13-9　异步梯度下降

1. worker 端的计算

每个 worker 节点独立做计算, 独立与服务器通信; worker 节点之间不通信, 不等待. k 号 worker 节点重复下面的步骤.

(1) 向服务器发出请求, 索要最新的模型参数. 把接收到的参数记作 $\boldsymbol{w}_{\text{now}}$.
(2) 利用本地数据 $\{(\boldsymbol{x}_j, y_j)\}_{j \in \mathcal{I}_k}$ 和参数 $\boldsymbol{w}_{\text{now}}$ 计算本地的梯度:

$$\tilde{\boldsymbol{g}}^k = \frac{1}{|\mathcal{I}_k|} \sum_{j \in \mathcal{I}_k} \left(\boldsymbol{x}_j^{\mathrm{T}} \boldsymbol{w}_{\text{now}} - y_j \right) \boldsymbol{x}_j.$$

(3) 把计算出的梯度 $\tilde{\boldsymbol{g}}^k$ 发送给服务器.

2. 服务器端的计算

服务器上存储一份模型参数, 并且用 worker 发送来的梯度更新参数. 每当收到一个 worker (比如第 k 号 worker) 发送来的梯度 (记作 $\tilde{\boldsymbol{g}}^k$), 服务器就立刻做梯度下降, 更新参数:

$$\boldsymbol{w}_{\text{new}} \leftarrow \boldsymbol{w}_{\text{now}} - \eta \cdot \tilde{\boldsymbol{g}}^k.$$

服务器还需要监听 worker 发送的请求. 如果有 worker 索要参数, 就把当前的参数 $\boldsymbol{w}_{\text{new}}$ 发送给这个 worker.

13.2.3　同步梯度下降与异步梯度下降的对比

13.1 节介绍的同步并行梯度下降完全**等价**于标准的梯度下降，只是把计算分配到了多个 worker 节点上而已. 然而异步梯度下降算法与标准的梯度下降是**不等价**的. 同步梯度下降与异步梯度下降不只是编程实现有区别，在算法上也有本质区别.

(1) 不难证明，**同步并行梯度下降**更新参数的方式为

$$\boldsymbol{w}_{\text{new}} \;\leftarrow\; \boldsymbol{w}_{\text{now}} - \eta \cdot \nabla_{\boldsymbol{w}} L(\boldsymbol{w}_{\text{now}}),$$

即标准的梯度下降. 在同一时刻，所有 worker 节点上的参数是相同的，都是 $\boldsymbol{w}_{\text{now}}$. 所有 worker 节点都基于相同的 $\boldsymbol{w}_{\text{now}}$ 计算梯度.

(2) 对于**异步并行梯度下降**，在同一时刻，不同 worker 节点上的参数 $\boldsymbol{w}$ 通常是不同的. 比如两个 worker 分别在 t_1 和 t_2 时刻向服务器索要参数. 在两个时刻之间，服务器可能已经对参数做了多次更新，导致在 t_1 和 t_2 时刻取回的参数不同. 两个 worker 节点会基于不同的参数计算梯度.

理论上异步梯度下降的收敛速度慢于同步梯度下降算法，即需要更多的计算量才能达到相同的精度. 但是实践中异步梯度下降远比同步梯度下降算法快（用钟表时间衡量），这是因为异步算法无须等待，worker 节点几乎不会空闲，利用率很高.

13.3　并行强化学习

并行强化学习的目的是用更少的钟表时间完成训练. 13.3.1 节、13.3.2 节分别用异步并行算法训练 DQN 和 actor-critic. 本节介绍的异步算法与 13.2 节的异步算法很类似，都是由 worker 节点计算梯度，由服务器更新模型参数.

13.3.1　异步并行双 Q 学习

我们先来回顾一下 **DQN 和双 Q 学习**. DQN 是一个神经网络，记作 $Q(s,a;\boldsymbol{w})$，其中 s 是状态，a 是动作，$\boldsymbol{w}$ 表示神经网络参数（包含多个向量、矩阵、张量）. 通常用双 Q 学习等算法训练 DQN. 双 Q 学习需要目标网络 $Q(s,a;\boldsymbol{w}^-)$，它的结构与 DQN 相同，但是参数不同. 双 Q 学习属于异策略，即由任意策略控制智能体收集经验，事后做经验回放更新 DQN 参数. 第 6 章介绍的高级技巧可以很容易地与双 Q 学习结合，此处就不详细解释了.

1. 系统架构

如图 13-10 所示，系统中有一个服务器和 m 个 worker 节点. 服务器可以随时给某个 worker

发送信息，一个 worker 也可以随时给服务器发送信息，但是 worker 之间不能通信．服务器和 worker 都存储 DQN 的参数．服务器上的参数是最新的，服务器用 worker 发来的梯度参数更新．worker 节点的参数可能是过时的，所以 worker 需要频繁向服务器索要最新的参数．worker 节点有自己的目标网络，而服务器上不存储目标网络．每个 worker 节点有自己的环境（比如运行《超级马力欧兄弟》游戏），用 DQN 控制智能体与环境交互，收集经验，把 (s, a, r, s') 这样的四元组存储到本地的经验回放缓存．在收集经验的同时，worker 节点做经验回放、计算梯度，并把梯度发送给服务器．

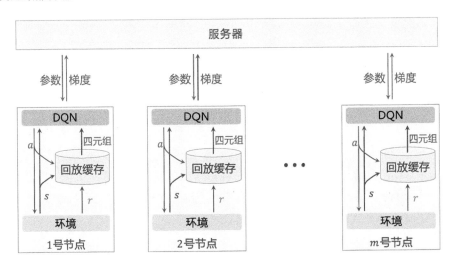

图 13-10　用异步并行算法训练 DQN

2. worker 端的计算

每个 worker 节点本地有独立的环境、独立的经验回放缓存，还有一个 DQN 和一个目标网络（图 13-10 中没有画出）．设某个 worker 节点当前参数为 w_{now}．它用 ϵ-greedy 策略控制智能体与本地环境交互，收集经验．ϵ-greedy 的定义是

$$a_t = \begin{cases} \text{argmax}_a \, Q(s_t, a; w_{\text{now}}), & \text{以概率 } (1 - \epsilon); \\ \text{均匀抽取 } \mathcal{A} \text{ 中的一个动作}, & \text{以概率 } \epsilon. \end{cases}$$

把收集到的经验 (s_t, a_t, r_t, s_{t+1}) 存入本地的经验回放缓存．

与此同时，所有的 worker 节点都要参与异步梯度下降．worker 节点在本地做计算，还要与服务器通信．k 号 worker 节点重复下面的步骤．

(1) 向服务器发出请求，索要最新的 DQN 参数．把接收到的参数记作 w_{new}．

(2) 更新本地的目标网络:

$$\boldsymbol{w}_{\text{new}}^{-} \ \leftarrow \ \tau \cdot \boldsymbol{w}_{\text{new}} \ + \ \left(1 - \tau\right) \cdot \boldsymbol{w}_{\text{now}}^{-}.$$

(3) 在本地做经验回放, 计算本地梯度.

    (a) 从本地的经验回放缓存中随机抽取 b 个四元组, 记作

$$\left(s_1, a_1, r_1, s_1'\right), \ \left(s_2, a_2, r_2, s_2'\right), \ \cdots, \ \left(s_b, a_b, r_b, s_b'\right).$$

    b 是批大小, 由用户自己设定, 比如 $b = 16$.

    (b) 用双 Q 学习计算 TD 目标. 对于所有的 $j = 1, \cdots, b$, 分别计算

$$\widehat{y}_j \ = \ r_j + \gamma \cdot Q\big(s_j', a_j'; \boldsymbol{w}_{\text{new}}^{-}\big), \qquad \text{其中} \ \ a_j' \ = \ \underset{a}{\operatorname{argmax}} \, Q\big(s_j', a; \boldsymbol{w}_{\text{new}}\big).$$

    (c) 定义目标函数:

$$L(\boldsymbol{w}) \ \triangleq \ \frac{1}{2b} \sum_{j=1}^{b} \Big[\, Q\big(s_j, a_j; \boldsymbol{w}\big) \, - \, \widehat{y}_j \,\Big]^2.$$

    (d) 计算梯度:

$$\tilde{\boldsymbol{g}}^k \ = \ \nabla_{\boldsymbol{w}} \, L\big(\boldsymbol{w}_{\text{new}}\big).$$

(4) 把计算出的梯度 $\tilde{\boldsymbol{g}}^k$ 发送给服务器.

3. 服务器端的计算

服务器上存储有一份模型参数, 记作 $\boldsymbol{w}_{\text{now}}$. 每当一个 worker 节点发来请求, 服务器就把 $\boldsymbol{w}_{\text{now}}$ 发送给该 worker 节点. 每当一个 worker 节点发来梯度 $\tilde{\boldsymbol{g}}^k$, 服务器就立刻做梯度下降更新参数:

$$\boldsymbol{w}_{\text{new}} \ \leftarrow \ \boldsymbol{w}_{\text{now}} \ - \ \alpha \cdot \tilde{\boldsymbol{g}}^k.$$

13.3.2 A3C: 异步并行 A2C

我们先来回顾一下 **A2C**. A2C 有一个策略网络 $\pi(a|s; \boldsymbol{\theta})$ 和一个价值网络 $v(s; \boldsymbol{w})$. 通常用策略梯度更新策略网络, 用 TD 算法更新价值网络. 为了让 TD 算法更稳定, 需要一个目标网络 $v(s; \boldsymbol{w}^{-})$, 它的结构与价值网络相同, 但是参数不同. A2C 属于同策略, 不能使用经验回放. A2C 的实现详见 8.3 节. 异步并行 A2C 被称作 A3C (asynchronous advantage actor-critic).

1. 系统架构

如图 13-11 所示, 系统中有一个服务器和 m 个 worker 节点. 服务器维护策略网络和价值网

络最新的参数,并用 worker 节点发来的梯度更新参数. 每个 worker 节点有一份参数的副本,并每隔一段时间向服务器索要最新的参数. 每个 worker 节点有一个目标网络,而服务器上不存储目标网络. 每个 worker 节点有独立的环境,用本地的策略网络控制智能体与环境交互,用状态、动作、奖励计算梯度.

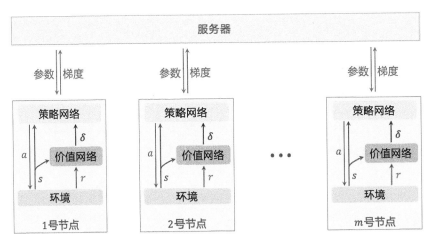

图 13-11　A3C,即异步并行 A2C

2. worker 端的计算

每个 worker 节点有独立的环境,独立做计算,随时可以与服务器通信. 每个 worker 节点本地有一个策略网络 $\pi(a|s;\boldsymbol{\theta})$、一个价值网络 $v(s;\boldsymbol{w})$、一个目标网络 $v(s;\boldsymbol{w}^-)$(图中没有画出). 设 k 号 worker 节点当前参数为 $\boldsymbol{\theta}_{\text{now}}$、$\boldsymbol{w}_{\text{now}}$、$\boldsymbol{w}^-_{\text{now}}$. 该节点重复下面的步骤.

(1) 向服务器发出请求,索要最新的参数. 把接收到的参数记作 $\boldsymbol{\theta}_{\text{new}}$、$\boldsymbol{w}_{\text{new}}$.

(2) 更新本地的目标网络:

$$\boldsymbol{w}^-_{\text{new}} \leftarrow \tau \cdot \boldsymbol{w}_{\text{new}} + (1-\tau) \cdot \boldsymbol{w}^-_{\text{now}}.$$

(3) 重复下面的步骤 b 次(b 是用户设置的超参数),或是从头到尾完成一个回合. 让智能体与环境交互,计算策略梯度,并累积策略梯度. 全零初始化:$\tilde{\boldsymbol{g}}^k_\theta \leftarrow \mathbf{0}$、$\tilde{\boldsymbol{g}}^k_w \leftarrow \mathbf{0}$,用它们累积梯度.

   (a) 基于当前状态 s_t,根据策略网络做决策 $a_t \sim \pi(\cdot|s_t,\boldsymbol{\theta})$,让智能体执行动作 a_t. 随后观测到奖励 r_t 和新状态 s_{t+1}.

   (b) 计算 TD 目标 $\widehat{y}_t$ 和 TD 误差 δ_t[①]:

$$\widehat{y}_t = r_t + \gamma \cdot v(s_{t+1}; \boldsymbol{w}^-_{\text{new}}),$$

---

① 此处可以用多步 TD 目标等技巧,详见 5.3 节.

$$\delta_t \;=\; v\big(s_t;\, \boldsymbol{w}_{\text{new}}\big) \,-\, \widehat{y}_t.$$

(c) 累积梯度：

$$
\begin{aligned}
\tilde{\boldsymbol{g}}_w^k &\;\leftarrow\; \tilde{\boldsymbol{g}}_w^k + \delta_t \cdot \nabla_{\boldsymbol{w}} v\big(s_t;\, \boldsymbol{w}_{\text{new}}\big), \\
\tilde{\boldsymbol{g}}_\theta^k &\;\leftarrow\; \tilde{\boldsymbol{g}}_\theta^k + \delta_t \cdot \nabla_{\boldsymbol{\theta}} \ln \pi\big(a_t \mid s_t;\, \boldsymbol{\theta}_{\text{new}}\big).
\end{aligned}
$$

(4) 把累积的梯度 $\tilde{\boldsymbol{g}}_\theta^k$ 和 $\tilde{\boldsymbol{g}}_w^k$ 发送给服务器.

3. 服务器端的计算

服务器上存储有一份模型参数，记作 $\boldsymbol{\theta}_{\text{now}}$ 和 $\boldsymbol{w}_{\text{now}}$. 每当一个 worker 节点发来请求，服务器就把 $\boldsymbol{\theta}_{\text{now}}$ 和 $\boldsymbol{w}_{\text{now}}$ 发送给该 worker 节点. 每当一个 worker 节点发来梯度 $\tilde{\boldsymbol{g}}_\theta^k$ 和 $\tilde{\boldsymbol{g}}_w^k$，服务器就立刻做梯度下降更新参数：

$$
\begin{aligned}
\boldsymbol{w}_{\text{new}} &\;\leftarrow\; \boldsymbol{w}_{\text{now}} - \alpha \cdot \tilde{\boldsymbol{g}}_w^k, \\
\boldsymbol{\theta}_{\text{new}} &\;\leftarrow\; \boldsymbol{\theta}_{\text{now}} - \beta \cdot \tilde{\boldsymbol{g}}_\theta^k.
\end{aligned}
$$

$$\circ \qquad \circ \qquad \circ$$

相关文献

MapReduce 原本是指 Google 内部使用的软件系统，现在泛指这类系统架构. Google 的 MapReduce 系统不对外开源，但是外界可以通过 2008 年发表的一篇论文[75] 了解该系统的设计. 有多个开源项目力图实现 MapReduce 系统，其中最有名的是 Hadoop. 后来基于 Hadoop 等项目开发的 Spark 系统[76] 比 Hadoop MapReduce 的速度更快. 本章介绍的异步并行算法主要基于 parameter server[77] 的思想. Ray[78] 是一个开源的软件系统，包含 parameter server 的功能. 用 Ray 很容易实现异步并行算法，而且它对强化学习提供了很好的支持.

本章介绍的并行强化学习算法主要基于 2015 年发表的一篇论文[79] 和 2016 年发表的一篇论文[13]. 这两篇论文讨论的都是异步算法，主要区别在于前者使用经验回放，而后者不用经验回放. 对于 Atari 游戏这类问题，获取经验非常容易，因而使用经验回放与否其实无关紧要.

知识点小结

- 并行计算用多块处理器、多台机器加速计算，使得计算所需的钟表时间减少. 使用并行计算，每块处理器承担的计算量会减小，有利于减少钟表时间.

- 常用加速比作为评价并行算法的指标. 理想情况下，处理器数量增加 m 倍，加速比就是 m.

然而并行计算还有通信、同步等代价,加速比通常小于 m. 减少通信时间、同步时间是设计并行算法的关键.

- 可以用 MapReduce 在集群上做并行计算. MapReduce 属于 client-server 架构,需要做同步.

- 同步算法每一轮更新模型之前,要求所有节点都完成计算. 这会造成空闲和等待,影响整体的效率. 而异步算法无须等待,因此效率更高. 在机器学习的实践中,异步并行算法比同步并行算法所需的钟表时间更短.

- 本章讲解了异步并行的双 Q 学习算法与 A3C 算法. 这两种算法都让 worker 端并行计算梯度,在服务器端用梯度更新神经网络参数.

习题

13.1 如果在 1 个节点上运行某算法,需要 100 秒才能收敛. 如果在 8 个节点上运行该算法,需要 20 秒收敛. 加速比等于 _____.

13.2 使用更多的节点做并行计算,则通信所需的钟表时间会 _____.

    A. 增加

    B. 减少

    C. 不变

13.3 单机的梯度下降算法与同步并行梯度下降算法在数学上是等价的.

    A. 这种说法正确

    B. 这种说法错误

13.4 同步并行梯度下降算法与异步并行梯度下降算法在数学上是等价的.

    A. 这种说法正确

    B. 这种说法错误

第 14 章　多智能体系统

之前章节的设定都是单智能体系统（SAS）. 本章和后面三章介绍多智能体系统（MAS）和多智能体强化学习（MARL）. 本章讲解多智能体系统的基本概念，帮助大家理解 MAS 与 SAS 的区别. 14.1 节讲解 MAS 的 4 种常见设定. 14.2 节定义 MAS 的专业术语，将之前所学的观测、动作、奖励、策略、价值等概念推广到 MAS. 14.3 节介绍几种常用的实验环境，用于对比 MARL 方法的优劣.

14.1　常见设定

1. MAS 与 SAS 的区别

多智能体系统（multi-agent system，MAS）中包含 m 个智能体，智能体共享环境，智能体之间会相互影响. 彼此之间是如何相互影响的呢？一个智能体的动作会改变环境状态，从而影响其余所有智能体. 举个例子，股市中的每个自动交易程序就可以看作一个智能体. 尽管智能体（自动交易程序）之间不会交流，但它们依然会相互影响：一个交易程序的决策会影响股价，从而对其他自动交易程序有利或有害.

注意，MAS 与上一章的并行强化学习是不同的概念. 上一章用 m 个节点开展并行计算，每个节点有独立的环境，每个环境中有一个智能体. 虽然 m 个节点上一共有 m 个智能体，但是智能体之间完全独立，不会相互影响. 而本章的 MAS 只有一个环境，环境中有 m 个相互影响的智能体. 并行强化学习的设定是 m 个**单智能体系统**（single-agent system，SAS）的并集，可以视作 MAS 的一种特例. 举个例子，环境中有 m 个机器人，这属于 MAS 的设定. 假如把每个机器人隔绝在一个密闭的房间中，机器人之间不会通信，那么 MAS 就变成了多个 SAS 的并集.

多智能体强化学习（multi-agent reinforcement learning，MARL）是指让多个智能体处于相同的环境中，每个智能体独立与环境交互，利用环境反馈的奖励改进自己的策略，以获得更高的回报（即累计奖励）. 在 MAS 中，一个智能体的策略不能简单依赖于自身的观测、动作，还需要考虑到其他智能体的观测、动作. 因此，MARL 比**单智能体强化学习**（single-agent reinforcement learning，SARL）更困难.

2. 4 种常见设定

多智能体系统有 4 种常见设定: **完全合作**（fully cooperative）、**完全竞争**（fully competitive）、**合作与竞争混合**（mixed cooperative & competitive）、**利己主义**（self-interested）. 其中, 完全合作和完全竞争通常简称为合作和竞争. 图 14-1 举例说明了这 4 种常见设定. 接下来具体讲解这些设定.

|合作关系|竞争关系|竞争 + 合作|利己主义|

图 14-1 多智能体强化学习的 4 种常见设定[①]

第一种设定是完全合作关系. 智能体的利益一致, 获得的奖励相同, 有共同的目标. 比如图 14-1 中, 多个工业机器人协同装配汽车. 它们的目标相同: 把汽车装好. 假设一共有 m 个智能体, 它们在 t 时刻获得的奖励分别是 $R_t^1, R_t^2, \cdots, R_t^m$. (用上标表示智能体, 用下标表示时刻.) 在完全合作关系中, 它们的奖励是相同的:

$$R_t^1 = R_t^2 = \cdots = R_t^m, \qquad \forall\, t.$$

第二种设定是完全竞争关系. 一方的收益是另一方的损失. 比如图 14-1 中的两个格斗机器人, 它们的利益是冲突的, 一方的胜利就是另一方的失败. 在这种设定下, 双方的奖励是负相关的: 对于所有的 t, 有 $R_t^1 \propto -R_t^2$. 如果是零和博弈, 双方获得的奖励总和等于 0: $R_t^1 = -R_t^2$.

第三种设定是合作与竞争混合关系. 智能体分成多个群组, 组内的智能体是合作关系, 它们的奖励相同; 组间是竞争关系, 两组的奖励是负相关的. 比如图 14-1 中的足球机器人: 两组是竞争关系, 一方的进球是另一方的损失; 而组内是合作关系, 队友的利益是一致的.

第四种设定是利己主义. 系统内有多个智能体, 一个智能体的动作会改变环境状态, 从而让别的智能体受益或者受损. 利己主义的意思是智能体只想最大化自身的累计奖励, 而不在乎他人的收益或者受损. 比如图 14-1 中的股票自动交易程序可以看作一个智能体, 环境（股市）中有多个智能体. 这些智能体的目标都是最大化自身的收益, 因此可以看作利己主义. 智能体之间会相互影响: 一个智能体的决策会影响股价, 从而影响其他自动交易程序的收益. 智能体之间有潜在而又未知的竞争与合作关系: 一个智能体的决策可能会帮助其他智能体获利, 也可能导致其他智能体受损. 设计自动交易程序的时候, 不应当把它看作孤立的系统, 而应当考虑到其他自动交易程序的行为.

[①] 装配汽车的工业机器人版权所属为 usertrmk, 格斗机器人的版权所属为 kjpargeter, 两者均来自 freepik 网站; 足球机器人图片来自 COSMOS 网站; 最后一个是股票截图.

不同设定下学出的策略会有所不同. 在**合作**的设定下, 每个智能体的决策要考虑到队友的策略, 要与队友尽量配合好, 而不是坚持个人英雄主义, 这个道理在足球、电子竞技中是显然的. 在**竞争**的设定下, 智能体要考虑到对手的策略, 相应调整自身策略, 比如在象棋游戏中, 如果你很熟悉对手的套路, 并相应调整自己的策略, 那么胜算会更大. 在**利己主义**的设定下, 一个智能体的决策无须考虑其他智能体的利益, 尽管它的动作可能会在客观上帮助或者妨害其他智能体.

14.2 基本概念

本书第 3 章定义了单智能体系统的专业术语, 比如状态、动作、奖励、策略、价值. 在本节中, 我们将这些定义推广到多智能体系统. 在此后的章节中, 我们用 m 表示智能体的数量, 用上标 i 表示智能体的序号 (i 从 1 到 m), 依然用下标 t 表示时刻.

14.2.1 专业术语

本章依然用大写字母 S 表示**状态**(state) 随机变量, 用小写字母 s 表示状态的观测值. 注意, 单个智能体未必能观测到完整状态. 如果单个智能体的观测只是部分状态, 我们就用 o^i 表示第 i 号智能体的不完全观测.

每个智能体都会做出**动作**(action). 把第 i 号智能体的动作随机变量记作 A^i, 把动作的实际观测值记作 a^i. 如果不加上标 i, 则表示所有智能体的动作的连接:

$$A = [A^1, A^2, \cdots, A^m], \qquad a = [a^1, a^2, \cdots, a^m].$$

把第 i 号智能体的动作空间(action space) 记作 $\mathcal{A}^i$, 它包含该智能体所有可能的动作. 整个系统的动作空间是 $\mathcal{A} = \mathcal{A}^1 \times \cdots \times \mathcal{A}^m$. 两个智能体的动作空间 $\mathcal{A}^i$ 和 $\mathcal{A}^j$ 可能相同, 也可能不同. 比如在电子游戏中, 有的士兵会远程攻击, 而有的士兵只能近距离攻击, 不同类型的士兵可以有不同的动作空间.

所有智能体都执行动作之后, 环境依据**状态转移函数**(state-transition function) 给出下一时刻的状态. 状态转移函数是个条件概率密度函数, 记作

$$p(s_{t+1} \,|\, s_t; a_t) \;=\; \mathbb{P}\Big[S_{t+1} = s_{t+1} \,\Big|\, S_t = s_t, A_t = a_t\Big].$$

它的意思是下一时刻状态 S_{t+1} 取决于当前时刻状态 S_t, 以及所有 m 个智能体的动作 $A_t = [A_t^1, A_t^2, \cdots, A_t^m]$.

奖励(reward) 是环境反馈给智能体的数值. 把第 i 号智能体的奖励随机变量记作 R^i, 把奖励的实际观测值记作 r^i. 在合作的设定下, $R^1 = R^2 = \cdots = R^m$; 在竞争的设定下, $R^1 \propto -R^2$.

第 t 时刻的奖励 R_t^i 由状态 S_t 和所有智能体的动作 $A = [A^1, A^2, \cdots, A^m]$ 共同决定. 为什么一个智能体获得的奖励会取决于其他智能体的动作呢？举个例子，在足球比赛中，假如对方失误，自己进了个乌龙球，而你什么也没做，就获得了一分的奖励.

折扣回报（discounted return）也叫折扣累计奖励，它的定义类似于单智能体系统. 第 i 号智能体的折扣回报是它自己的奖励的加权和：

$$U_t^i = R_t^i + \gamma \cdot R_{t+1}^i + \gamma^2 \cdot R_{t+2}^i + \gamma^3 \cdot R_{t+3}^i + \cdots$$

此处的 $\gamma \in [0, 1]$ 是折扣率（discount factor）.

14.2.2 策略网络

策略网络的意思是用神经网络近似策略函数. 可以让每个智能体有自己的策略网络. 对于**离散控制问题**，把第 i 号智能体的策略网络记作：

$$\widehat{f} = \pi(\,\cdot\,|\,s; \boldsymbol{\theta}^i).$$

策略网络的输入是状态 s，输出是向量 $\widehat{f}$. 向量 $\widehat{f}$ 的维度是动作空间的大小 $|\mathcal{A}^i|$，$\widehat{f}$ 的每个元素表示一个动作的概率. $\widehat{f}$ 的元素都是正实数，而且相加等于 1. 做决策的时候，根据 $\widehat{f}$ 做随机抽样，得到动作 a^i，第 i 号智能体执行这个动作.

对于**连续控制问题**，即动作空间 $\mathcal{A}^i$ 是连续集合，把第 i 号智能体的策略网络记作：

$$\boldsymbol{a}^i = \boldsymbol{\mu}(s; \boldsymbol{\theta}^i), \qquad \forall\, i = 1, \cdots, m.$$

有了这个策略网络，第 i 号智能体就可以基于当前状态 s，直接计算出需要执行的动作 $\boldsymbol{a}^i$.

在上面的两种策略网络中，每个智能体的策略网络有各自的参数：$\boldsymbol{\theta}^1, \boldsymbol{\theta}^2, \cdots, \boldsymbol{\theta}^m$. 在有些情况下，策略网络的角色可以互换，比如同一型号无人机的功能相同，那么它们的策略网络相同：$\boldsymbol{\theta}^1 = \boldsymbol{\theta}^2 = \cdots = \boldsymbol{\theta}^m$. 但是在很多应用中，策略网络不能互换. 比如在足球机器人的应用中，球员有的是负责进攻的前锋，有的是负责防守的后卫，还有一个守门员. 它们的策略网络不能互换，所以参数 $\boldsymbol{\theta}^1, \cdots, \boldsymbol{\theta}^m$ 各不相同.

14.2.3 动作价值函数

上面讨论过，第 i 号智能体在第 t 时刻得到的奖励 R_t^i 依赖于状态 S_t，以及**所有智能体**的动作 $A_t = [A_t^1, \cdots, A_t^m]$. 因为（折扣）回报 U_t^i 是未来所有奖励 $R_t^i, R_{t+1}^i, \cdots, R_n^i$ 之和，所以 U_t^i 依赖于未来所有状态

$$S_t, S_{t+1}, S_{t+2}, \cdots, S_n$$

与所有智能体未来的动作

$$A_t,\ A_{t+1},\ A_{t+2},\ \cdots,\ A_n.$$

在 t 时刻，回报 U_t^i 是个随机变量，其随机性来自未来所有状态和所有智能体未来的动作.

如果用期望消掉回报 U_t^i 中的随机性，就能得到价值函数. 把 t 时刻的状态 s_t 和所有智能体的动作 $a_t = [a_t^1, \cdots, a_t^m]$ 当作观测值，用期望消掉 $t+1$ 时刻之后未知的状态和动作，得到的结果就是**动作价值函数**（action-value function）：

$$Q_\pi^i(s_t, a_t)\ =\ \mathbb{E}\Big[U_t^i\,\Big|\,S_t = s_t, A_t = a_t\Big].\tag{14.1}$$

此处的期望是关于这些随机变量求的：

- 未来的状态 $S_{t+1}, S_{t+2}, \cdots, S_n$；
- 未来的动作 $A_{t+1}, A_{t+2}, \cdots, A_n$（这里的 $A_k = [A_k^1, \cdots, A_k^m]$ 是所有智能体在 k 时刻的动作）.

式 (14.1) 中关于动作 $A_k = [A_k^1, \cdots, A_k^m]$ 求期望，$\forall k$，要用到动作 A_k 的概率质量函数，即所有 m 个智能体的策略的乘积：

$$\pi\big(A_k^1\,\big|\,S_k; \boldsymbol{\theta}^1\big)\ \times\ \pi\big(A_k^2\,\big|\,S_k; \boldsymbol{\theta}^2\big)\ \times\ \cdots\ \times\ \pi\big(A_k^m\,\big|\,S_k; \boldsymbol{\theta}^m\big).$$

也就是说，第 i 号智能体的动作价值 $Q_\pi^i(s_t, a_t)$ 依赖于所有 m 个智能体的策略.

为什么第 i 号智能体的动作价值 $Q_\pi^i(s, a)$ 会依赖于其余智能体的策略呢？这里给一个直观的解释. 在足球游戏中，假如你有个“猪队友”（即策略很差），那么你未来获得不了多少奖励，所以你的 Q_π^i 会比较小. 假如把“猪队友”换成靠谱的队友（即策略更好），你的 Q_π^i 会变大. 虽然你没有改变自己的策略，但是你的动作价值 Q_π^i 会随着队友的策略变化.

总结一下. 如果系统里有 m 个智能体，那么就有 m 个动作价值函数：

$$Q_\pi^1(s, a),\qquad Q_\pi^2(s, a),\qquad \cdots,\quad Q_\pi^m(s, a).$$

第 i 号智能体的动作价值 $Q_\pi^i(s_t, a_t)$ 并非仅仅依赖于自己当前的动作 a_t^i 与策略 $\pi(a_t^i|s_t; \boldsymbol{\theta}^i)$，还依赖于其余智能体当前的动作

$$a_t\ =\ \big[a_t^1, a_t^2, \cdots, a_t^m\big]$$

与所有智能体的策略

$$\pi\big(a^1\,\big|\,s; \boldsymbol{\theta}^1\big),\qquad \pi\big(a^2\,\big|\,s; \boldsymbol{\theta}^2\big),\qquad \cdots,\qquad \pi\big(a^m\,\big|\,s; \boldsymbol{\theta}^m\big).$$

14.2.4 状态价值函数

我们在第 3 章中学过单智能体系统的**状态价值函数**（state-value function），记作 $V_\pi(S)$，并在策略学习的方法中反复用到 $V_\pi(S)$. 它是对动作价值函数 $Q_\pi(S, A)$ 关于当前动作 A 的期望：

$$V_{\pi}(s) = \mathbb{E}_A \Big[Q_{\pi}(s, A) \Big] = \sum_{a \in \mathcal{A}} \pi(A|s; \boldsymbol{\theta}) \cdot Q_{\pi}(s, a).$$

下面我们将状态价值函数的定义推广到多智能体系统.

第 i 号智能体的动作价值函数是 $Q_{\pi}^i(S, A)$. 想要对 $Q_{\pi}^i(S, A)$ 关于 $A = [A^1, \cdots, A^m]$ 求期望, 需要用到 A 的概率质量函数, 即所有 m 个智能体的策略的乘积:

$$\pi\big(A \,|\, S; \boldsymbol{\theta}^1, \cdots, \boldsymbol{\theta}^m\big) \triangleq \pi\big(A^1 \,|\, S; \boldsymbol{\theta}^1\big) \times \cdots \times \pi\big(A^m \,|\, S; \boldsymbol{\theta}^m\big).$$

状态价值函数可以写成:

$$V_{\pi}^i(s) = \mathbb{E}_A \Big[Q_{\pi}^i(s, A) \Big] = \sum_{a^1 \in \mathcal{A}^1} \sum_{a^2 \in \mathcal{A}^2} \cdots \sum_{a^m \in \mathcal{A}^m} \pi\big(a \,|\, s; \boldsymbol{\theta}^1, \cdots, \boldsymbol{\theta}^m\big) \cdot Q_{\pi}^i(s, a).$$

很显然, 第 i 号智能体的状态价值 $V_{\pi}^i(s)$ 依赖于所有智能体的策略:

$$\pi\big(a^1 \,|\, s; \boldsymbol{\theta}^1\big), \qquad \pi\big(a^2 \,|\, s; \boldsymbol{\theta}^2\big), \qquad \cdots, \qquad \pi\big(a^m \,|\, s; \boldsymbol{\theta}^m\big).$$

MARL 的困难之处就在于一个智能体的价值 Q_{π}^i 与 V_{π}^i 受其他智能体策略的影响. 举个例子, 在足球运动中, 其他所有人的策略都没变化, 只有一个前锋改进了自己的策略, 让他自己水平更高了, 那么他的队友的价值会变大, 而对手的价值会变小. 一个智能体 i 单独改进自己的策略, 未必能让自己的价值 Q_{π}^i 与 V_{π}^i 变大, 因为其他智能体的策略可能已经发生了变化.

14.3 实验环境

如果你设计出一种新的 MARL 方法, 应该将其与已有的标准方法做比较, 看新的方法是否有优势. 下面介绍几种 MARL 的实验环境, 用于评价 MARL 方法的优劣. 建议读者暂时跳过本节, 等到需要做 MARL 实验的时候再阅读本节.

14.3.1 multi-agent particle world

multi-agent particle world 是一类简单的多智能体控制问题, 其中包含很多种环境, 如图 14-2 所示. 这些环境由 Lowe 等人 [80] 开发, 源代码公开在 GitHub 上 (openai/multiagent-particle-envs). 下面介绍图 14-2 中的 4 个环境.

cooperative communication 环境中有 3 个点, 每个点有一种颜色, 这 3 个点不会移动. 环境中有两个存在合作关系的智能体, 一个叫作 "speaker", 另一个叫作 "listener". 这里的任务是给定一种颜色 c, 让 listener 移动到这种颜色的点上; 离该点越近, 则奖励越大.

- speaker 的**观测**是 c, 即 speaker 知道任务要求的颜色是什么.

- speaker 的**动作**是发送一条信息，比如向量 $[0.1, 0.9, 0]$. 很显然，训练 speaker 的目的是让它发送颜色 c 的编码信息.

- listener 的**观测**是 3 个点的颜色、3 个点的位置（指的是相对位置）以及 speaker 发送的信息. 比如，这是 listener 的一个观测：

$$\left(\underbrace{[-1.5, -0.5]}_{\text{红点的位置}}, \underbrace{[-0.9, -0.9]}_{\text{绿点的位置}}, \underbrace{[-0.8, -0.2]}_{\text{蓝点的位置}}, \underbrace{[0, 1, 0]}_{\text{speaker 发送的信息}} \right).$$

- listener 的**动作空间**是这个离散集合：$\{$不动, 上, 下, 左, 右$\}$.

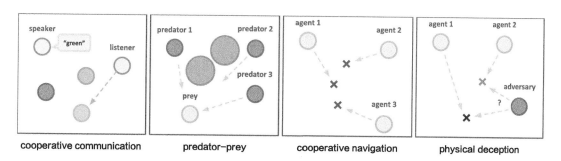

图 14-2 multi-agent particle world 中的 4 种常用环境. 图片来源于 2017 年发表的一篇论文 [80]

predator-prey 环境中有多个智能体，它们分为两类——多个**捕食者**（predator）与一个**猎物**（prey）. 这个问题属于合作与竞争混合关系，即同时存在合作关系与竞争关系. 捕食者数量多，占有优势；为了平衡双方实力，环境的设置让捕食者的速度慢于猎物. 环境中有障碍物，智能体遇到它必须绕路.

- **奖励**：如果一个捕食者碰到猎物，所有的捕食者都会获得奖励，而猎物会受到惩罚.

- **观测**：每个智能体都能观测到障碍物的位置、其余智能体的位置. 此处的"位置"指的是相对位置.

- **动作**：每个智能体的动作空间都是 $\{$不动, 上, 下, 左, 右$\}$.

cooperative navigation 环境中有 m 个存在合作关系的智能体与 m 个不动的点.

- **奖励**：每个不动点都带有奖励，离该点最近的智能体会获得奖励，奖励的大小与距离负相关. 也就是说，最好的策略是让 m 个智能体分别覆盖 m 个点. 智能体应当远离彼此；如果两个智能体碰撞，则会受到惩罚.

- **观测**：每个智能体都能观测到其他智能体的位置以及 m 个点的位置. 此处的"位置"指的是相对位置.

- **动作**：每个智能体的动作空间都是 $\{$不动, 上, 下, 左, 右$\}$.

physical deception 环境中有 $m+1$ 个智能体,其中 m 个是存在合作关系的玩家,一个是对手.这个问题属于合作与竞争混合关系.

- **奖励**:环境中有 m 个点,其中一个点 x 带有奖励,离 x 距离最近的玩家获得奖励,奖励的大小与距离负相关.也就是说,应当有一个玩家到达点 x. 但这是不够的.对手也想到达点 x;对手离 x 越近,得到的奖励越大,而它的奖励是玩家的惩罚.
- **玩家的观测**:玩家知道所有玩家的位置、所有点的位置,以及哪个点是带奖励的点 x. 此处的"位置"指的是相对位置.
- **对手的观测**:对手知道所有玩家的位置、所有点的位置,但是不知道哪个点是 x. 此处的"位置"指的是相对位置.
- **动作**:每个智能体的动作空间都是 $\{$ 不动, 上, 下, 左, 右 $\}$.

虽然只有当覆盖 x 的时候有奖励,但是玩家不能仅仅覆盖点 x,而不覆盖其余的点.否则对手会推测出 x 是哪一个点.因此,玩家最好的策略是覆盖所有 m 个点,从而迷惑对手.

14.3.2 StarCraft multi-agent challenge

《星际争霸 2》(*StarCraft II*)是由暴雪在 2010 年推出的一款即时战略游戏.游戏中有很多兵种(即很多类型的智能体),每个兵种有自己的生命值、护甲、移动速度、攻击范围、杀伤力等属性.一个士兵在生命值耗尽的时候死去,从游戏中消失.《星际争霸 2》游戏中可以有多个玩家,每个玩家控制一支军队,一支军队中有若干兵种,每个兵种有若干士兵.

StarCraft multi-agent challenge(SMAC)是基于《星际争霸 2》游戏开发的库,是对该游戏的简化.在 SMAC 中,玩家控制一支军队,与游戏 AI 控制的军队对战.消灭对方所有的士兵,就算胜利;如果己方士兵全都死亡,就算失败.SMAC 由 Samvelyan 等人 [81] 开发,源代码公开在 GitHub 上(oxwhirl/smac).SMAC 库中有很多种对战环境,图 14-3 展示了两种环境.

(a) 双方各有 3 只 Stalker 和 5 只 Zealot   (b) 一方有 7 只 Zealot,另一方有 32 只 Baneling

图 14-3 SMAC 库中的两种环境

SMAC 中每个士兵是一个智能体，有自己的观测（多个向量），能做出离散动作. 如图 14-4 所示，每个士兵有自己的视野，能观测到一个圆内的所有队友和对手. 每个士兵有自己的攻击范围，但仅限于攻击范围之内. 每个智能体的观测表示为多个向量.

- 每个向量对应视野范围内的一个士兵，可以是队友或对手.
- 每个向量包含以下信息：距离、相对位置、**生命值**（health）、**护甲**（shield）、**士兵类型**（unit type）、上一个动作（仅知道队友的上一个动作）.

每个智能体的**动作空间**是离散的，每次可以什么也不做，或者执行下面动作中的一种：

- 向东、西、南、北四个方向中的一个移动；
- 攻击对手（或治疗队友），仅限于攻击范围之内，需要指定被攻击（或被治疗）目标的 ID.

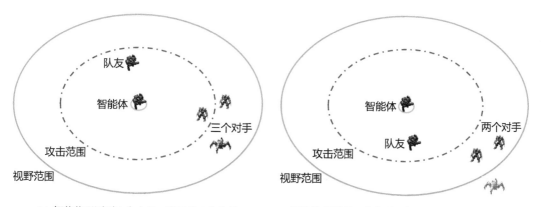

(a) 智能体观测到 4 个士兵，表示成 4 个向量

(b) 智能体观测到 3 个士兵，表示成 3 个向量. 智能体观测不到视野范围之外的士兵

图 14-4　玩家控制 2 个士兵，对手控制 3 个士兵. 玩家的 2 个士兵相当于两个智能体，它们有各自的观测和动作

一个团队的士兵是合作关系，奖励是给予团队的，而不是给具体某个士兵的. SMAC 有两种类型的奖励可供选择. 一种是稀疏的奖励：最终游戏胜利获得奖励 +1，失败获得奖励 −1. 另一种是稠密的奖励：杀死对方一个士兵有正奖励，己方士兵被杀有负奖励；外加游戏结束时胜利、失败的奖励.

14.3.3　Hanabi Challenge

Hanabi（花火）是一种合作型的卡牌游戏，玩家不能看自己的牌，只能看其他玩家的. 游戏的玩法是将不同花色的数字牌按顺序排列，每回合中玩家只能获得有限的信息，需要做推理，从而做出决策. Hanabi 的规则较为复杂，此处不详细解释. 有兴趣的读者可以在互联网上检索"花火卡牌游戏"，了解游戏规则. Hanabi Challenge 由 Bard 等人 [82] 在 2020 年开发，源代码公开在 GitHub 上（deepmind/hanabi-learning-environment）. 该程序提供了 Hanabi 游戏的环境, 可供 MARL 学术研究.

从强化学习的角度来看, Hanabi 属于合作型 MARL. 一局游戏结束时有奖励, 奖励是给予团队的, 而非玩家个人. 每个玩家相当于一个智能体, 他无法观测到全局状态, 只能在不完全观测的情况下做出决策. 玩家可以看到队友的牌, 但是不能看自己的牌; 玩家要靠队友提供的情报来推测自己的牌. 玩家每一回合可以做出三种动作中的一种: 提供情报、弃置一张牌、打出一张牌. 提供情报的次数是有限制的, 玩家必须学会传递最有用的情报. 玩家获得的奖励由出牌的好坏决定. 综上所述, 玩家需要学会两种能力: 第一, 将最有用的情报传递给队友; 第二, 根据队友传递的情报做出决策.

○　　○　　○

相关文献

合作关系设定下的 MARL 在自动控制领域被称作 team Markov game [83-85]. 合作关系设定下的 MARL 在 AI 领域最早见于论文 [86,87]. 竞争关系设定下的 MARL 最早见于论文 [88]. 合作与竞争混合关系设定下的 MARL 最早见于论文 [89-91].

很早就有论文将 Q 学习等价值学习方法推广到 MARL. 1993 年发表的一篇论文 [92] 研究了**独立 Q 学习**（independent Q-learning, IQL）, 即智能体独立做 Q 学习, 不共享信息. 2017 年发表的论文 [93,94] 将 IQL 用在深度强化学习上. 比较有名的多智能体价值学习方法有 value-decomposition network [95]、QMIX [59] 等方法. 目前 MARL 更流行 actor-critic 方法 [58,80,96,97], 其中最有名的是 2018 年诞生的 COMA [58] 与 2017 年诞生的 MADDPG [80].

对 MARL 感兴趣的读者可以阅读这些综述和图书: Weiss 1999 [98]、Stone & Veloso 2000 [99]、Vlassis 2007 [100]、Shoham & Leyton-Brown 2008 [101]、Buşoniu, et al. 2010 [102]、Zhang, et al. 2019 [103].

知识点小结

- 在多智能体系统中, 所有的智能体共享一个环境, 每个智能体的动作都会改变环境, 从而影响其他智能体.

- 多智能体系统通常有四种设定: 完全合作、完全竞争、合作与竞争混合、利己主义.

- 多智能体系统中的状态转移、奖励、价值函数都依赖于所有智能体的动作.

第 15 章　完全合作关系设定下的
多智能体强化学习

本章只考虑最简单的设定——完全合作关系，并在这种设定下研究多智能体强化学习（MARL）. 15.1 节定义完全合作关系设定下的策略学习. 15.2 节介绍完全合作关系设定下的多智能体 A2C 方法，本书称之为 MAC-A2C. 15.3 节介绍 MARL 的三种常见架构——完全中心化、完全去中心化、中心化训练 + 去中心化决策，并在这三种框架下实现 MAC-A2C.

本章与上一章对状态的定义有所区别. 在多智能体系统中，一个智能体未必能观测到全局状态 S. 设第 i 号智能体有一个局部观测，记作 O^i，它是 S 的一部分. 不妨假设所有局部观测的总和构成全局状态：

$$S = [O^1, O^2, \cdots, O^m],$$

MARL 的相关文献大多采用这种假设. 本章采用的符号如图 15-1 所示.

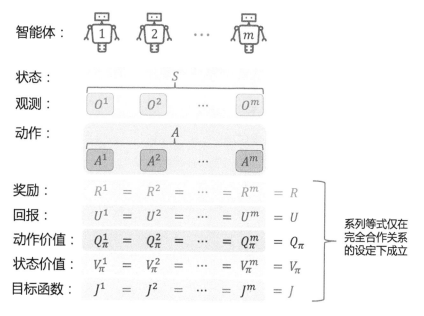

图 15-1　多智能体强化学习（MARL）在完全合作关系设定下的符号

15.1 完全合作关系设定下的策略学习

MARL 中的**完全合作关系**的意思是所有智能体的利益是一致的，它们具有相同的奖励：

$$R^1 = R^2 = \cdots = R^m \triangleq R.$$

因此，所有的智能体都有相同的回报：

$$U^1 = U^2 = \cdots = U^m \triangleq U.$$

因为价值函数是回报的期望，所以所有的智能体都有相同的**价值函数**. 省略上标 i，把动作价值函数记作 $Q_\pi(S, A)$，把状态价值函数记作 $V_\pi(S)$.

注意，价值函数 Q_π 和 V_π 依赖于所有智能体的策略：

$$\pi\big(A^1 \mid S; \boldsymbol{\theta}^1\big), \qquad \pi\big(A^2 \mid S; \boldsymbol{\theta}^2\big), \qquad \cdots, \qquad \pi\big(A^m \mid S; \boldsymbol{\theta}^m\big).$$

举个例子，在某个竞技电子游戏中，玩家组队执行任务；每完成一个任务，团队成员（即智能体）获得相同的奖励. 所以大家的 R, U, Q_π, V_π 全都一样. 回报的期望——价值函数 Q_π 与 V_π——显然与所有成员的策略相关：只要有一个"猪队友"（即策略差）拖后腿，就有可能导致任务失败. 通常来说，团队成员有分工合作，因此每个成员的策略是不同的，即 $\boldsymbol{\theta}^i \neq \boldsymbol{\theta}^j$.

如果进行策略学习（即学习策略网络参数 $\boldsymbol{\theta}^1, \cdots, \boldsymbol{\theta}^m$），那么所有智能体都有一个共同的目标函数：

$$J\big(\boldsymbol{\theta}^1, \cdots, \boldsymbol{\theta}^m\big) = \mathbb{E}_S\Big[V_\pi(S)\Big].$$

所有智能体的目的是一致的，即改进自己的策略网络参数 $\boldsymbol{\theta}^i$，使得目标函数 J 增大，那么策略学习可以写作这样的优化问题：

$$\max_{\boldsymbol{\theta}^1, \cdots, \boldsymbol{\theta}^m} J\big(\boldsymbol{\theta}^1, \cdots, \boldsymbol{\theta}^m\big). \tag{15.1}$$

注意，只有在完全合作关系设定下，所有智能体才会有共同的目标函数，其原因在于 $R^1 = \cdots = R^m$. 对于其他设定——完全竞争关系、合作与竞争混合关系、利己主义——智能体的目标函数各不相同（见下一章）.

完全合作关系设定下的策略学习的原理很简单，即让智能体各自做策略梯度上升，使得目标函数 J 增长.

$$
\begin{aligned}
\text{第 1 号智能体执行：} & \quad \boldsymbol{\theta}^1 \leftarrow \boldsymbol{\theta}^1 + \alpha^1 \cdot \nabla_{\boldsymbol{\theta}^1} J\big(\boldsymbol{\theta}^1, \cdots, \boldsymbol{\theta}^m\big), \\
\text{第 2 号智能体执行：} & \quad \boldsymbol{\theta}^2 \leftarrow \boldsymbol{\theta}^2 + \alpha^2 \cdot \nabla_{\boldsymbol{\theta}^2} J\big(\boldsymbol{\theta}^1, \cdots, \boldsymbol{\theta}^m\big), \\
& \quad \vdots \\
\text{第 } m \text{ 号智能体执行：} & \quad \boldsymbol{\theta}^m \leftarrow \boldsymbol{\theta}^m + \alpha^m \cdot \nabla_{\boldsymbol{\theta}^m} J\big(\boldsymbol{\theta}^1, \cdots, \boldsymbol{\theta}^m\big).
\end{aligned}
$$

上式中的 $\alpha^1, \alpha^2, \cdots, \alpha^m$ 是学习率. 判断策略学习收敛的标准是目标函数 $J(\boldsymbol{\theta}^1, \cdots, \boldsymbol{\theta}^m)$ 不再增长. 在实践中, 当平均回报不再增长, 即可终止算法. 由于无法直接计算策略梯度 $\nabla_{\boldsymbol{\theta}^i} J$, 因此我们需要对其做近似. 15.2 节用价值网络近似策略梯度, 进而推导出一种实际可行的策略梯度方法.

15.2 完全合作关系设定下的多智能体 A2C

第 8 章介绍过 A2C 方法. 本节介绍**完全合作关系设定下的多智能体 A2C**（multi-agent cooperative A2C, MAC-A2C）方法. 注意, 本节介绍的方法仅适用于完全合作关系, 也就是要求所有智能体有相同的奖励: $R^1 = \cdots = R^m$. 15.2.1 节定义策略网络和价值网络. 15.2.2 节描述 MAC-A2C 的训练和决策. 15.2.3 节讨论 MAC-A2C 实现中的难点.

15.2.1 策略网络和价值网络

本章只考虑离散控制问题, 即动作空间 $\mathcal{A}^1, \cdots, \mathcal{A}^m$ 都是离散集合. MAC-A2C 使用**两类神经网络**: 价值网络 v 与策略网络 π, 如图 15-2 和图 15-3 所示.

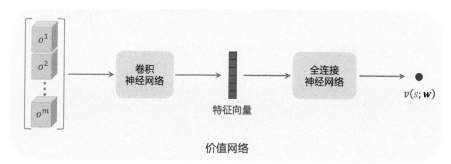

图 15-2　图中是 MAC-A2C 中的价值网络 $v(s; \boldsymbol{w})$, 所有智能体共用这个价值网络. 输入是所有智能体的观测: $s = [o^1, \cdots, o^m]$. 输出是价值网络给 s 的评分

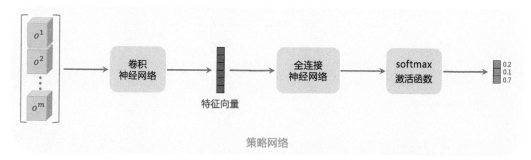

图 15-3　图中是 MAC-A2C 中第 i 号智能体的策略网络 $\pi(\cdot|s; \boldsymbol{\theta}^i)$. 所有智能体的策略网络结构都一样, 但是参数 $\boldsymbol{\theta}^1, \cdots, \boldsymbol{\theta}^m$ 可能不一样. 输入是所有智能体的观测: $s = [o^1, \cdots, o^m]$. 输出是离散动作空间 $\mathcal{A}^i$ 中的概率分布

所有智能体共用一个价值网络，记作 $v(s; \boldsymbol{w})$，它是对状态价值函数 $V_\pi(s)$ 的近似. 它把所有观测 $s = [o^1, \cdots, o^m]$ 作为输入，并输出一个实数，作为对状态 s 的评分.

每个智能体有自己的策略网络. 把第 i 号策略网络记作 $\pi(a^i|s; \boldsymbol{\theta}^i)$，它的输入是所有智能体的观测 $s = [o^1, \cdots, o^m]$，输出是一个向量，表示动作空间 $\mathcal{A}^i$ 中的概率分布. 比如，第 i 号智能体的动作空间是 $\mathcal{A}^i = \{左, 右, 上\}$，策略网络的输出是

$$\pi(左 \,|\, s; \boldsymbol{\theta}^i) = 0.2, \qquad \pi(右 \,|\, s; \boldsymbol{\theta}^i) = 0.1, \qquad \pi(上 \,|\, s; \boldsymbol{\theta}^i) = 0.7.$$

第 i 号智能体依据该概率分布抽样得到动作 a^i.

MAC-A2C 属于 actor-critic 方法，这里以足球运动为例进行解释[1]：策略网络 $\pi(a^i|s; \boldsymbol{\theta}^i)$ 相当于第 i 个球员，负责做决策；价值网络 $v(s; \boldsymbol{w})$ 相当于评委，对球队的整体表现予以评价，反馈给整个球队一个分数.

1. 训练价值网络

我们用 TD 算法训练价值网络 $v(s; \boldsymbol{w})$. 观测到状态 s_t、s_{t+1} 和奖励 r_t，计算 TD 目标：

$$\widehat{y}_t = r_t + \gamma \cdot v(s_{t+1}; \boldsymbol{w}).$$

把 $\widehat{y}_t$ 视作常数，更新 $\boldsymbol{w}$ 使得 $v(s_t; \boldsymbol{w})$ 接近 $\widehat{y}_t$. 定义损失函数：

$$L(\boldsymbol{w}) = \frac{1}{2} \left[v(s_t; \boldsymbol{w}) - \widehat{y}_t \right]^2.$$

损失函数的梯度等于：

$$\nabla_{\boldsymbol{w}} L(\boldsymbol{w}) = \delta_t \cdot \nabla_{\boldsymbol{w}} v(s_t; \boldsymbol{w}),$$

其中 $\delta_t = v(s_t; \boldsymbol{w}) - \widehat{y}_t$ 是 TD 误差. 做一次梯度下降更新 $\boldsymbol{w}$：

$$\boxed{\boldsymbol{w} \leftarrow \boldsymbol{w} - \alpha \cdot \delta_t \cdot \nabla_{\boldsymbol{w}} v(s_t; \boldsymbol{w}).}$$

这样可以减小损失函数，也就是让 $v(s_t; \boldsymbol{w})$ 接近 $\widehat{y}_t$. 上述 TD 算法与单智能体 A2C 的 TD 算法完全一样.

2. 训练策略网络

完全合作关系设定下的动作价值函数记作 $Q_\pi(s, a)$，第 i 号智能体的策略网络为 $\pi(A^i \,|\, S; \boldsymbol{\theta}^i)$. 不难证明下面的策略梯度定理（见习题 1）.

---

[1] actor-critic 为演员—评委，但是本章的 MAC-A2C 比较特别，actor 需要团队合作，所以这里换成球员.

> **定理 15.1 完全合作关系设定下的 MARL 的策略梯度定理**
>
> 设基线 b 为不依赖于 $A = [A^1, \cdots, A^m]$ 的函数，那么有
>
> $$\nabla_{\boldsymbol{\theta}^i} J(\boldsymbol{\theta}^1, \cdots, \boldsymbol{\theta}^m) = \mathbb{E}_{S,A}\Big[\big(Q_\pi(S, A) - b\big) \cdot \nabla_{\boldsymbol{\theta}^i} \ln \pi(A^i \,|\, S; \boldsymbol{\theta}^i)\Big].$$
>
> 期望中的动作 A 的概率质量函数为
>
> $$\pi(A \,|\, S; \boldsymbol{\theta}^1, \cdots, \boldsymbol{\theta}^m) \triangleq \pi(A^1 \,|\, S; \boldsymbol{\theta}^1) \times \cdots \times \pi(A^m \,|\, S; \boldsymbol{\theta}^m).$$

把基线设置为状态价值：$b = V_\pi(s)$. 定义

$$\boldsymbol{g}^i(s, a; \boldsymbol{\theta}^i) \triangleq \big(Q_\pi(s, a) - V_\pi(s)\big) \cdot \nabla_{\boldsymbol{\theta}^i} \ln \pi(a^i \,|\, s; \boldsymbol{\theta}^i).$$

定理 15.1 说明 $\boldsymbol{g}^i(s, a^i; \boldsymbol{\theta}^i)$ 是策略梯度的无偏估计，即

$$\nabla_{\boldsymbol{\theta}^i} J(\boldsymbol{\theta}^1, \cdots, \boldsymbol{\theta}^m) = \mathbb{E}_{S,A}\big[\boldsymbol{g}^i(S, A; \boldsymbol{\theta}^i)\big].$$

因此 $\boldsymbol{g}^i(s, a; \boldsymbol{\theta}^i)$ 可以作为策略梯度的近似. 但是我们不知道式中的 Q_π、V_π，还需要进一步做近似. 根据 8.3 节 A2C 的推导，我们把 $Q_\pi(s_t, a_t)$ 近似成 $r_t + \gamma \cdot v(s_{t+1}; \boldsymbol{w})$，把 $V_\pi(s_t)$ 近似成 $v(s_t; \boldsymbol{w})$，那么近似策略梯度 $\boldsymbol{g}^i(s_t, a_t; \boldsymbol{\theta}^i)$ 可以进一步近似成：

$$\tilde{\boldsymbol{g}}^i(s_t, a_t^i; \boldsymbol{\theta}^i) \triangleq \Big(\underbrace{r_t + \gamma \cdot v(s_{t+1}; \boldsymbol{w}) - v(s_t; \boldsymbol{w})}_{\text{对 } Q_\pi(s_t, a_t) - V_\pi(s_t) \text{ 的近似}}\Big) \cdot \nabla_{\boldsymbol{\theta}^i} \ln \pi(a_t^i \,|\, s_t; \boldsymbol{\theta}^i).$$

观测到状态 s_t、s_{t+1}、动作 a_t^i、奖励 r_t，这样更新策略网络参数：

$$\boldsymbol{\theta}^i \leftarrow \boldsymbol{\theta}^i + \beta \cdot \tilde{\boldsymbol{g}}^i(s_t, a_t^i; \boldsymbol{\theta}^i).$$

根据 TD 误差 δ_t 的定义，不难看出 $\tilde{\boldsymbol{g}}^i(s_t, a_t^i; \boldsymbol{\theta}^i) = -\delta_t \cdot \nabla_{\boldsymbol{\theta}^i} \ln \pi(a_t^i \,|\, s_t; \boldsymbol{\theta}^i)$. 因此，上面更新策略网络参数的公式可以写作：

$$\boxed{\boldsymbol{\theta}^i \leftarrow \boldsymbol{\theta}^i - \beta \cdot \delta_t \cdot \nabla_{\boldsymbol{\theta}^i} \ln \pi(a_t^i \,|\, s_t; \boldsymbol{\theta}^i).}$$

15.2.2 训练和决策

1. 训练

实际实现的时候，应当使用目标网络缓解自举造成的偏差. 目标网络记作 $v(s; \boldsymbol{w}^-)$，它的结构与 v 相同，但是参数不同. 设当前价值网络和目标网络的参数分别是 $\boldsymbol{w}_{\text{now}}$ 和 $\boldsymbol{w}_{\text{now}}^-$，设当前 m 个策略网络的参数分别是 $\boldsymbol{\theta}_{\text{now}}^1, \cdots, \boldsymbol{\theta}_{\text{now}}^m$. MAC-A2C 重复下面的步骤更新参数.

(1) 观测到当前状态 $s_t = [o_t^1, \cdots, o_t^m]$，让每一个智能体独立做随机抽样：

$$a_t^i \sim \pi\big(\,\cdot\,\big|\,s_t;\,\boldsymbol{\theta}_{\text{now}}^i\big), \qquad \forall\, i = 1, \cdots, m,$$

并执行选中的动作.

(2) 从环境中观测到奖励 r_t 与下一时刻的状态 $s_{t+1} = [o_{t+1}^1, \cdots, o_{t+1}^m]$.
(3) 让价值网络做预测：$\widehat{v}_t = v(s_t; \boldsymbol{w}_{\text{now}})$.
(4) 让目标网络做预测：$\widehat{v_{t+1}^-} = v(s_{t+1}; \boldsymbol{w}_{\text{now}}^-)$.
(5) 计算 TD 目标与 TD 误差：

$$\widehat{y_t} = r_t + \gamma \cdot \widehat{v_{t+1}^-}, \qquad \delta_t = \widehat{v}_t - \widehat{y_t}.$$

(6) 更新价值网络参数：

$$\boldsymbol{w}_{\text{new}} \leftarrow \boldsymbol{w}_{\text{now}} - \alpha \cdot \delta_t \cdot \nabla_{\boldsymbol{w}} v(s_t; \boldsymbol{w}_{\text{now}}).$$

(7) 更新目标网络参数：

$$\boldsymbol{w}_{\text{new}}^- \leftarrow \tau \cdot \boldsymbol{w}_{\text{new}} + (1 - \tau) \cdot \boldsymbol{w}_{\text{now}}^-.$$

(8) 更新策略网络参数：

$$\boldsymbol{\theta}_{\text{new}}^i \leftarrow \boldsymbol{\theta}_{\text{now}}^i - \beta \cdot \delta_t \cdot \nabla_{\boldsymbol{\theta}^i} \ln \pi\big(a_t^i \,\big|\, s_t;\, \boldsymbol{\theta}_{\text{now}}^i\big), \qquad \forall\, i = 1, \cdots, m.$$

MAC-A2C 属于同策略，不能使用经验回放.

2. 决策

在完成训练之后，不再需要价值网络 $v(s; \boldsymbol{w})$. 每个智能体可以用自己的策略网络做决策. 在时刻 t 观测到全局状态 $s_t = [o_t^1, \cdots, o_t^m]$，然后做随机抽样得到动作：

$$a_t^i \sim \pi\big(\,\cdot\,\big|\,s_t;\,\boldsymbol{\theta}^i\big),$$

并执行动作. 注意，智能体并不能独立做决策，因为一个智能体的策略网络需要知道其他所有智能体的观测.

15.2.3 实现中的难点

上述 MAC-A2C 的训练和决策貌似简单，然而实现起来却不容易. 在 MARL 的常见设定下，第 i 号智能体只知道 o^i，而观测不到全局状态：

$$s = [o^1, \cdots, o^m].$$

这会给决策和训练造成如下困难.

- 每个智能体有自己的策略网络 $\pi(a^i|s;\boldsymbol{\theta}^i)$，可以依靠它做决策，但决策需要全局状态 s.

- 在**训练价值网络**时，为了计算 TD 误差 δ 与梯度 $\nabla_{\boldsymbol{w}}v(s;\boldsymbol{w})$，价值网络 $v(s;\boldsymbol{w})$ 需要知道全局状态 s.

- 在**训练策略网络**时，为了计算梯度 $\nabla_{\boldsymbol{\theta}^i}\ln\pi(a^i|s;\boldsymbol{\theta}^i)$，每个策略网络都需要知道全局状态 s.

综上所述，如果智能体之间不交换信息，那么智能体既无法做训练，也无法做决策. 想要做训练和决策，有两种可行的方法.

- 一种办法是让智能体**共享观测**. 这需要进行通信，每个智能体把自己的 o^i 传输给其他智能体. 这样每个智能体都有全局状态 $s=[o^1,\cdots,o^m]$.

- 另一种办法是对策略网络和价值函数**做近似**. 通常使用 $\pi(a^i|o^i;\boldsymbol{\theta}^i)$ 替代 $\pi(a^i|s;\boldsymbol{\theta}^i)$，甚至可以进一步用 $v(o^i;\boldsymbol{w}^i)$ 代替 $v(s;\boldsymbol{w})$.

共享观测的缺点是通信会让训练和决策的速度变慢. 而做近似的缺点是不完全信息造成训练不收敛、做出错误决策. 我们不得不在两种办法之间做出取舍，承受其造成的不良影响.

15.3 节介绍**中心化**（centralized）与**去中心化**（decentralized）的实现方法. 中心化让智能体共享信息；优点是训练和决策的效果好，缺点是需要通信，造成延时，影响速度. 去中心化需要做近似，避免通信；其优点是速度快，而缺点是影响训练和决策的质量.

15.3　三种架构

本节介绍 MAC-A2C 的三种实现方法. 15.3.1 节介绍"**中心化训练 + 中心化决策**"（centralized training with centralized execution），它是对 MAC-A2C 的忠实实现，训练和决策都需要通信. 15.3.2 节介绍"**去中心化训练 + 去中心化决策**"（decentralized training with decentralized execution），它对策略网络和价值网络都做近似，以避免训练和决策的通信. 15.3.3 节介绍"**中心化训练 + 去中心化决策**"（centralized training with decentralized execution），它只近似策略网络以避免决策的通信，它的训练需要通信.

图 15-4 对比了三种架构的策略网络和价值网络. 用"完全中心化"做出的决策最好，但是速度最慢，在很多问题中不适用."中心化训练 + 去中心化决策"虽然在训练中需要通信，但是决策的时候不需要，可以做到实时决策."中心化训练 + 去中心化决策"是三种架构中最实用的.

实现架构	价值网络	策略网络	训练	决策
中心化训练 + 中心化决策	$v(s;\boldsymbol{w})$	$\pi(a^i\,|\,s;\boldsymbol{\theta}^i)$	需要通信	需要通信
去中心化训练 + 去中心化决策	$v(o^i;\boldsymbol{w}^i)$	$\pi(a^i\,|\,o^i;\boldsymbol{\theta}^i)$	无须通信	无须通信
中心化训练 + 去中心化决策	$v(s;\boldsymbol{w})$	$\pi(a^i\,|\,o^i;\boldsymbol{\theta}^i)$	需要通信	无须通信

图 15-4　三种架构的对比

15.3.1 中心化训练 + 中心化决策

本节用**完全中心化**（fully centralized）的方式实现 MAC-A2C，没有做任何近似. 这种实现的缺点是通信造成延时，使得训练和决策速度变慢. 图 15-5 描述了系统的架构，最上面是**中央控制器**（central controller），里面部署了价值网络 $v(s; \boldsymbol{w})$ 与所有 m 个策略网络

$$\pi\big(a^1 \,|\, s, \boldsymbol{\theta}^1\big), \qquad \pi\big(a^2 \,|\, s, \boldsymbol{\theta}^2\big), \qquad \cdots, \qquad \pi\big(a^m \,|\, s, \boldsymbol{\theta}^m\big).$$

训练和决策全部由中央控制器完成. 智能体负责与环境交互，执行中央控制器的决策 a^i，并把观测到的 o^i 汇报给中央控制器. 如果智能体观测到奖励 r^i，也发给中央控制器.

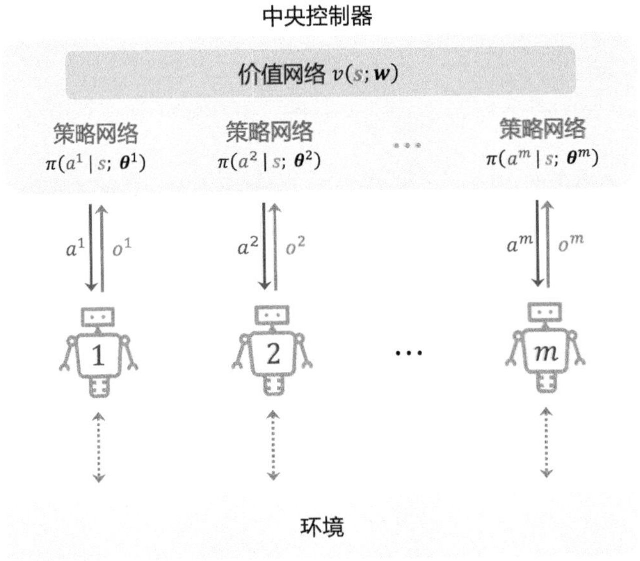

图 15-5 "中心化训练 + 中心化决策"的系统架构

1. 中心化训练

在时刻 t 和 $t+1$，中央控制器收集到所有智能体的观测值

$$s_t = \big[o_t^1, \cdots, o_t^m\big] \qquad \text{和} \qquad s_{t+1} = \big[o_{t+1}^1, \cdots, o_{t+1}^m\big].$$

在完全合作关系的设定下，所有智能体有相同的奖励：

$$r_t^1 = r_t^2 = \cdots = r_t^m \triangleq r_t.$$

r_t 可以是中央控制器直接从环境中观测到的，也可能是所有智能体本地奖励 $\tilde{r}_t^i$ 的加和：

$$r_t = \tilde{r}_t^1 + \tilde{r}_t^2 + \cdots + \tilde{r}_t^m.$$

决策是中央控制器上的策略网络做出的，中央控制器因此知道所有的动作：

$$a_t = [a_t^1, \cdots, a_t^m].$$

综上所述，中央控制器知道如下信息：

$$s_t, \ s_{t+1}, \ a_t, \ r_t.$$

因此，中央控制器有足够的信息按照 15.2.2 节中的算法训练 MAC-A2C，更新价值网络的参数 w 和策略网络的参数 $\boldsymbol{\theta}^1, \cdots, \boldsymbol{\theta}^m$。

2. 中心化决策

在 t 时刻，中央控制器收集到所有智能体的观测值 $s_t = [o_t^1, \cdots, o_t^m]$，然后用中央控制器上部署的策略网络做决策。如下所示：

$$a_t^i \sim \pi(\cdot \mid s_t; \boldsymbol{\theta}^i), \qquad \forall i = 1, \cdots, m.$$

中央控制器把决策 a_t^i 传达给第 i 号智能体，该智能体执行 a_t^i。综上所述，智能体只需要执行中央控制器下达的决策，而不需要自己"思考"。其原因在于策略函数 π 需要全局的状态 s_t 作为输入，而单个智能体不知道全局状态，没有能力单独做决策。

3. 优缺点

中心化训练 + 中心化决策的**优点**是完全按照 MAC-A2C 的算法实现，没有做任何改动，因此可以确保正确性。基于全局的观测 $s_t = [o_t^1, \cdots, o_t^m]$ 做中心化的决策，由于利用完整的信息，因此做出的决策可以更好。中心化训练 + 中心化决策的**缺点**是延迟很高，影响训练和决策的速度。在中心化执行的框架下，智能体与中央控制器要通信。第 i 号智能体要把 o_t^i 传输给中央控制器，而控制器要在收集到所有观测 $[o_t^1, \cdots, o_t^m]$ 之后才会做决策，做出的决策 a_t^i 还得传输给第 i 号智能体。这个过程通常比较慢，不可能做到实时决策。机器人、无人车、无人机等应用都需要实时决策，比如在几十毫秒内做出决策；如果出现几百毫秒甚至几秒的延迟，可能会造成灾难性的后果。

15.3.2　去中心化训练 + 去中心化决策

15.3.1 节的"中心化训练 + 中心化决策"严格按照 MAC-A2C 的算法实现，其缺点是训练和决策都需要智能体与中央控制器之间通信，造成训练和决策的速度慢。想要避免通信代价，就不得不对策略网络和价值网络做近似。MAC-A2C 中的策略网络

$$\pi(a^1 \mid s; \boldsymbol{\theta}^1), \qquad \pi(a^2 \mid s; \boldsymbol{\theta}^2), \qquad \cdots, \qquad \pi(a^m \mid s; \boldsymbol{\theta}^m)$$

和价值网络 $v(s; \boldsymbol{w})$ 都需要全局观测 $s = [o^1, \cdots, o^m]$. "去中心化训练 + 去中心化决策"的基本思想是用局部观测 o^i 代替 s, 把策略网络和价值网络近似成:

$$\pi(a^i \,|\, o^i; \boldsymbol{\theta}^i) \qquad \text{和} \qquad v(o^i; \boldsymbol{w}^i).$$

在每个智能体上部署一个策略网络和一个价值网络, 它们的参数记作 $\boldsymbol{\theta}^i$ 和 $\boldsymbol{w}^i$. 智能体之间不共享参数, 即 $\boldsymbol{\theta}^i \neq \boldsymbol{\theta}^j$, $\boldsymbol{w}^i \neq \boldsymbol{w}^j$. 这样一来, 训练就可以在智能体本地完成, 无须中央控制器的参与, 无须任何通信. "去中心化训练 + 去中心化决策"的系统架构见图 15-6, 这种方法也叫作 independent actor-critic.

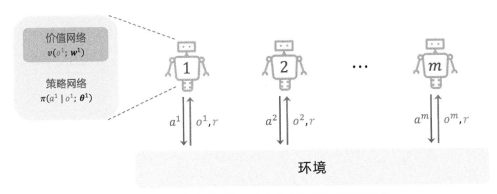

图 15-6　"去中心化训练 + 去中心化决策"的系统架构

1. 去中心化训练

假设所有智能体的奖励都是相同的, 而且每个智能体都能观测到奖励 r. 每个智能体独立做训练, 智能体之间不进行通信, 不共享观测、动作、参数. 这样一来, MAC-A2C 就变成了标准的 A2C, 每个智能体独立学习自己的参数 $\boldsymbol{\theta}^i$ 与 $\boldsymbol{w}^i$.

实际实现的时候, 每个智能体还需要一个目标网络, 记作 $v(s; \boldsymbol{w}^{i-})$, 它的结构与 $v(s; \boldsymbol{w}^i)$ 相同, 但是参数不同. 设第 i 号智能体的策略网络、价值网络、目标网络当前参数分别为 $\boldsymbol{\theta}_{\text{now}}^i$、$\boldsymbol{w}_{\text{now}}^i$、$\boldsymbol{w}_{\text{now}}^{i-}$. 该智能体重复以下步骤更新参数.

(1) 在 t 时刻, 智能体 i 观测到 o_t^i, 然后做随机抽样 $a_t^i \sim \pi(\cdot \,|\, o_t^i; \boldsymbol{\theta}^i)$, 并执行选中的动作 a_t^i.

(2) 环境反馈给智能体奖励 r_t 与新的观测 o_{t+1}^i.

(3) 让价值网络做预测: $\widehat{v}_t^i = v(o_t^i; \boldsymbol{w}_{\text{now}}^i)$.

(4) 让目标网络做预测: $\widehat{v}_{t+1}^i = v(o_{t+1}^i; \boldsymbol{w}_{\text{now}}^{i-})$.

(5) 计算 TD 目标与 TD 误差:

$$\widehat{y}_t^i = r_t + \gamma \cdot \widehat{v}_{t+1}^i, \qquad \delta_t^i = \widehat{v}_t^i - \widehat{y}_t^i.$$

(6) 更新价值网络参数：

$$\boldsymbol{w}_{\text{new}}^i \;\leftarrow\; \boldsymbol{w}_{\text{now}}^i \,-\, \alpha \,\cdot\, \delta_t^i \,\cdot\, \nabla_{\boldsymbol{w}^i}\, v\!\left(o_t^i;\boldsymbol{w}_{\text{now}}^i\right).$$

(7) 更新目标网络参数：

$$\boldsymbol{w}_{\text{new}}^{i-} \;\leftarrow\; \tau \cdot \boldsymbol{w}_{\text{new}}^i \,+\, (1-\tau) \cdot \boldsymbol{w}_{\text{now}}^{i-}.$$

(8) 更新策略网络参数：

$$\boldsymbol{\theta}_{\text{new}}^i \;\leftarrow\; \boldsymbol{\theta}_{\text{now}}^i \,-\, \beta \,\cdot\, \delta_t^i \,\cdot\, \nabla_{\boldsymbol{\theta}^i} \ln \pi\!\left(a_t^i \,\big|\, o_t^i;\boldsymbol{\theta}_{\text{now}}^i\right), \qquad \forall\, i = 1, \cdots, m.$$

【注意】 上述算法不是真正的 MAC-A2C，而是单智能体的 A2C. 去中心化训练的本质是单智能体强化学习（SARL），而非多智能体强化学习（MARL）. 在 MARL 中，智能体之间会相互影响，而本节中的"去中心化训练"把智能体视为独立个体，忽视它们之间的关联，直接用 SARL 方法独立训练每个智能体. 用上述 SARL 的方法解决 MARL 问题，在实践中往往效果不佳.

2. 去中心化决策

在完成训练之后，智能体 i 不再需要其价值网络 $v(o^i;\boldsymbol{w}^i)$，只需要用其本地部署的策略网络 $\pi(a^i|o^i;\boldsymbol{\theta}^i)$ 做决策即可，决策过程无须通信. 去中心化执行的速度很快，可以做到实时决策.

15.3.3 中心化训练 + 去中心化决策

前面两节讨论了完全中心化与完全去中心化，两种实现各有优缺点. 当前更流行的 MARL 架构是"中心化训练 + 去中心化决策". 训练的时候使用中央控制器，辅助智能体做训练；如图 15-7 所示. 训练结束之后，不再需要中央控制器，每个智能体独立根据本地观测 o^i 做决策；如图 15-8 所示.

本节与"完全中心化"使用相同的价值网络 $v(s;\boldsymbol{w})$ 及目标网络 $v(s;\boldsymbol{w}^-)$，与"完全去中心化"使用相同的策略网络：

$$\pi\!\left(a^1 \,\big|\, o^1;\boldsymbol{\theta}^1\right), \qquad \cdots, \qquad \pi\!\left(a^m \,\big|\, o^m;\boldsymbol{\theta}^m\right).$$

第 i 号策略网络的输入是局部观测 o^i，因此可以将其部署到第 i 号智能体上. 价值网络 $v(s;\boldsymbol{w})$ 的输入是全局状态 $s = [o^1,\cdots,o^m]$，因此需要将其部署到中央控制器上.

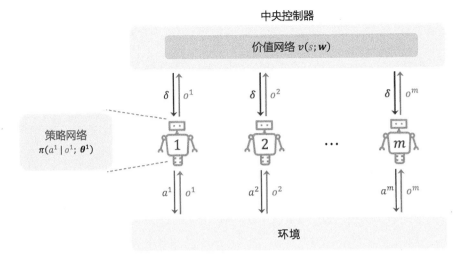

图 15-7 中心化训练的系统架构. 价值网络（以及没画出的目标网络）部署到中央控制器上，策略网络部署到每个智能体上. 训练的时候，智能体 i 将观测 o^i 传输到控制器上，控制器将 TD 误差 δ 传回智能体

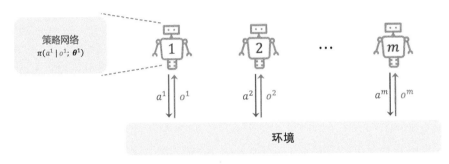

图 15-8 去中心化决策的系统架构. 在完成训练之后，智能体不再进行做通信，用本地部署的策略网络做决策

1. 中心化训练

训练的过程需要所有 m 个智能体共同参与，共同改进策略网络参数 $\boldsymbol{\theta}^1, \cdots, \boldsymbol{\theta}^m$ 与价值网络参数 $\boldsymbol{w}$. 设当前 m 个策略网络的参数为 $\boldsymbol{\theta}^1_{\text{now}}, \cdots, \boldsymbol{\theta}^m_{\text{now}}$. 设当前价值网络和目标网络的参数分别是 $\boldsymbol{w}_{\text{now}}$ 和 $\boldsymbol{w}_{\text{now}}^-$. 训练流程如下.

(1) 每个智能体 i 与环境交互，获取当前观测 o_t^i，独立做随机抽样：

$$a_t^i \sim \pi\big(\cdot \,\big|\, o_t^i; \boldsymbol{\theta}_{\text{now}}^i\big), \qquad \forall\, i = 1, \cdots, m, \tag{15.2}$$

并执行选中的动作.

(2) 下一时刻，每个智能体 i 都观测到 o_{t+1}^i. 假设中央控制器可以从环境获取奖励 r_t，或者向智能体询问奖励 r_t.

(3) 每个智能体 i 向中央控制器传输观测 o_t^i 和 o_{t+1}^i，中央控制器得到状态

$$s_t = \begin{bmatrix} o_t^1, \cdots, o_t^m \end{bmatrix} \quad \text{和} \quad s_{t+1} = \begin{bmatrix} o_{t+1}^1, \cdots, o_{t+1}^m \end{bmatrix}.$$

(4) 中央控制器让价值网络做预测：$\widehat{v}_t = v(s_t; \boldsymbol{w}_{\text{now}})$.

(5) 中央控制器让目标网络做预测：$\widehat{v_{t+1}^-} = v(s_{t+1}; \boldsymbol{w}_{\text{now}}^-)$.

(6) 中央控制器计算 TD 目标和 TD 误差：

$$\widehat{y_t} = r_t + \gamma \cdot \widehat{v_{t+1}^-}, \qquad \delta_t = \widehat{v}_t - \widehat{y_t},$$

并将 δ_t 广播到所有智能体.

(7) 中央控制器更新价值网络参数：

$$\boldsymbol{w}_{\text{new}} \leftarrow \boldsymbol{w}_{\text{now}} - \alpha \cdot \delta_t \cdot \nabla_{\boldsymbol{w}} v(s_t; \boldsymbol{w}_{\text{now}}).$$

(8) 中央控制器更新目标网络参数：

$$\boldsymbol{w}_{\text{new}}^- \leftarrow \tau \cdot \boldsymbol{w}_{\text{new}} + (1-\tau) \cdot \boldsymbol{w}_{\text{now}}^-.$$

(9) 每个智能体 i 更新策略网络参数：

$$\boldsymbol{\theta}_{\text{new}}^i \leftarrow \boldsymbol{\theta}_{\text{now}}^i - \beta \cdot \delta_t \cdot \nabla_{\boldsymbol{\theta}^i} \ln \pi(a_t^i \mid o_t^i; \boldsymbol{\theta}_{\text{now}}^i).$$

【注意】此处的算法并不等价于 15.2 节的 MAC-A2C，区别在于此处用 $\pi(a^i|o^i; \boldsymbol{\theta}^i)$ 代替 MAC-A2C 中的 $\pi(a^i|s; \boldsymbol{\theta}^i)$.

2. 去中心化决策

在完成训练之后，不再需要价值网络 $v(s; \boldsymbol{w})$. 智能体只需要用其本地部署的策略网络 $\pi(a^i|o^i; \boldsymbol{\theta}^i)$ 做决策，决策过程无须通信. 去中心化执行的速度很快，可以做到实时决策.

相关文献

完全去中心化的架构早在 1993 年就被提出 [92]，在 2017 年被用在多智能体 DQN 上 [93,94]. 中心化训练 + 去中心化决策近年来很流行 [58,80,96,97,104].

MAC-A2C 是本书设计的简单方法，用于讲解 MARL 的三种架构；MAC-A2C 这个名字并没有出现在任何文献中．MAC-A2C 的本质是带基线的 actor-critic，其中的基线是状态价值函数

$$V_\pi(s) \triangleq \mathbb{E}_A\Big[Q_\pi(s, A)\Big],$$

期望是关于动作 $A = [A^1, \cdots, A^m]$ 求的．可以把基线换成

$$Q_\pi^{-i}(s, a^{-i}) \triangleq \mathbb{E}_{A^i}\Big[Q_\pi(s, A^i, a^{-i})\Big],$$

上式中 $a^{-i} = [a^1, \cdots, a^{i-1}, a^{i+1}, \cdots, a^m]$，其中的期望是关于第 i 号智能体的动作 $A^i \sim \pi(\cdot \mid o^i, \boldsymbol{\theta}^i)$ 求的．用 $Q_\pi^{-i}(s, a^{-i})$ 作为基线，代替 $V_\pi(s)$，得到的方法叫作 COMA（counterfactual multi-agent）[58]．此外，COMA 还在策略网络中使用 RNN，其原理见第 11 章的解释．COMA 的表现略好于 MAC-A2C，但是它的实现很复杂，不建议读者自己实现．

知识点小结

- 在完全合作关系的设定下，所有智能体的奖励是相同的，因此它们有相同的回报和价值函数．如果进行策略学习，那么所有智能体都有相同的目标函数．

- 有两种方式实现多智能体强化学习：中心化和去中心化．中心化需要智能体与中央控制器通信，速度较慢．去中心化无须通信，速度快，但是基于不完全信息的决策效果较差．

- 最流行的架构是"中心化训练 + 去中心化决策"．中心化训练有利于学到更好的策略，而去中心化决策无须通信，可以做到实时决策．

习题

15.1 设动作 $A = [A^1, \cdots, A^m]$ 的概率质量函数为

$$\pi(A \mid S; \boldsymbol{\theta}^1, \cdots, \boldsymbol{\theta}^m) \triangleq \pi(A^1 \mid S; \boldsymbol{\theta}^1) \times \cdots \times \pi(A^m \mid S; \boldsymbol{\theta}^m).$$

由第 8 章中带基线的策略梯度定理可得：

$$\nabla_{\boldsymbol{\theta}^i} J(\boldsymbol{\theta}^1, \cdots, \boldsymbol{\theta}^m) = \mathbb{E}_{S,A}\Big[\big(Q_\pi(S, A) - b\big) \cdot \nabla_{\boldsymbol{\theta}^i} \ln \pi(A \mid S; \boldsymbol{\theta}^1, \cdots, \boldsymbol{\theta}^m)\Big].$$

上式中动作 A 的概率质量函数为 $\pi(A \mid S; \boldsymbol{\theta}^1, \cdots, \boldsymbol{\theta}^m)$，$b$ 是任意不依赖于 A 的函数．请用上面两式证明下式：

$$\nabla_{\boldsymbol{\theta}^i} J(\boldsymbol{\theta}^1, \cdots, \boldsymbol{\theta}^m) = \mathbb{E}_{S,A}\Big[\big(Q_\pi(S, A) - V_\pi(S)\big) \cdot \nabla_{\boldsymbol{\theta}^i} \ln \pi(A^i \mid S; \boldsymbol{\theta}^i)\Big].$$

第 16 章　非合作关系设定下的多智能体强化学习

上一章研究了多智能体强化学习（MARL）中最简单的设定——完全合作关系，在这种设定下，所有智能体有相同的奖励、回报、价值函数、目标函数. 本章研究非合作关系，智能体各自有不同的奖励、回报、价值函数、目标函数. 本章中采用的符号如图 16-1 所示.

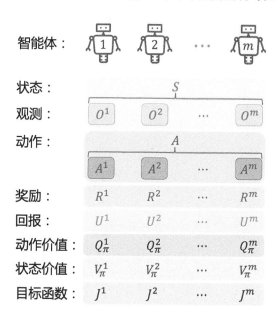

图 16-1　多智能体强化学习（MARL）在非合作关系设定下的符号

16.1 节定义非合作关系设定下的策略学习、策略梯度方法以及收敛判别标准. 16.2 节推导非合作关系设定下的 A2C 方法，本书称之为 MAN-A2C（multi-agent non-cooperative A2C），可以用于离散控制问题. 16.3 节用三种架构实现 MAN-A2C：完全中心化、完全去中心化、中心化训练 + 去中心化决策. 16.4 节介绍多智能体深度确定性策略梯度方法（MADDPG），可以用于连续控制问题.

16.1 非合作关系设定下的策略学习

上一章研究了完全合作关系设定下的 MARL, 即所有智能体的奖励都相等: $R^1 = \cdots = R^m$. 在这种设定下, 所有智能体有相同的状态价值函数 $V_\pi(s)$ 和目标函数

$$J(\boldsymbol{\theta}^1, \cdots, \boldsymbol{\theta}^m) = \mathbb{E}_S \Big[V_\pi(s) \Big].$$

目标函数可以衡量策略网络参数 $\boldsymbol{\theta}^1, \cdots, \boldsymbol{\theta}^m$ 的好坏. 策略学习的目的是改进 $\boldsymbol{\theta}^1, \cdots, \boldsymbol{\theta}^m$ 使得 J 变大. 在完全合作关系设定下, 策略学习的收敛标准很明确: 如果找不到更好的 $\boldsymbol{\theta}^1, \cdots, \boldsymbol{\theta}^m$ 使得 J 变大, 那么当前的 $\boldsymbol{\theta}^1, \cdots, \boldsymbol{\theta}^m$ 就是最优解.

16.1.1 非合作关系设定下的目标函数

如果是非合作关系, 那么不存在这样的关系: $R^1 = \cdots = R^m$. 两个智能体的奖励不相等 $(R^i \neq R^j)$, 那么它们的回报也不相等 $(U^i \neq U^j)$, 回报的期望 (即价值函数) 也不相等. 把状态价值记作:

$$V^1(s), \quad V^2(s), \quad \cdots, \quad V^m(s).$$

第 i 号智能体的目标函数是状态价值的期望:

$$J^i(\boldsymbol{\theta}^1, \cdots, \boldsymbol{\theta}^m) = \mathbb{E}_S \Big[V_\pi^i(S) \Big].$$

J^i 的意义是回报 U^i 的期望, 所以能反映出第 i 号智能体的表现好坏.

上式中的目标函数 $J^1, J^2, \cdots, J^m$ 各不相同, 也就是说智能体没有共同的目标 (除非是完全合作关系). 举个例子, 在**捕食者—猎物** (predator-prey) 游戏中, 捕食者的目标函数 J^1 与猎物的目标函数 J^2 负相关: $J^1 = -J^2$.

第 i 号智能体的目标函数 J^i 依赖于所有智能体的策略网络参数 $\boldsymbol{\theta}^1, \cdots, \boldsymbol{\theta}^m$. 为什么一个智能体的目标函数依赖于其他智能体的策略呢? 举个例子, 捕食者改进自己的策略 $\boldsymbol{\theta}^1$, 而猎物没有改变策略 $\boldsymbol{\theta}^2$. 虽然猎物的策略 $\boldsymbol{\theta}^2$ 没有变化, 但是它的目标函数 J^2 会减小.

在多智能体的策略学习中, 第 i 号智能体的目标是改进自己的策略参数 $\boldsymbol{\theta}^i$, 使得 J^i 尽量大. 多智能体的策略学习可以描述为这样的问题:

$$\text{第 1 个智能体求解：} \quad \max_{\boldsymbol{\theta}^1} J^1(\boldsymbol{\theta}^1, \cdots, \boldsymbol{\theta}^m),$$

$$\text{第 2 个智能体求解：} \quad \max_{\boldsymbol{\theta}^2} J^2(\boldsymbol{\theta}^1, \cdots, \boldsymbol{\theta}^m),$$

$$\vdots \qquad\qquad \vdots$$

$$\text{第 } m \text{ 个智能体求解：} \quad \max_{\boldsymbol{\theta}^m} J^m(\boldsymbol{\theta}^1, \cdots, \boldsymbol{\theta}^m).$$

注意，目标函数 $J^1, J^2, \cdots, J^m$ 各不相同，也就是说智能体没有共同的目标（除非是完全合作关系）。策略学习的基本思想是让每个智能体各自做策略梯度上升：

$$\text{第 1 号智能体执行：} \quad \boldsymbol{\theta}^1 \leftarrow \boldsymbol{\theta}^1 + \alpha^1 \cdot \nabla_{\boldsymbol{\theta}^1} J^1(\boldsymbol{\theta}^1, \cdots, \boldsymbol{\theta}^m),$$
$$\text{第 2 号智能体执行：} \quad \boldsymbol{\theta}^2 \leftarrow \boldsymbol{\theta}^2 + \alpha^2 \cdot \nabla_{\boldsymbol{\theta}^2} J^2(\boldsymbol{\theta}^1, \cdots, \boldsymbol{\theta}^m),$$
$$\vdots$$
$$\text{第 } m \text{ 号智能体执行：} \quad \boldsymbol{\theta}^m \leftarrow \boldsymbol{\theta}^m + \alpha^m \cdot \nabla_{\boldsymbol{\theta}^m} J^m(\boldsymbol{\theta}^1, \cdots, \boldsymbol{\theta}^m).$$

上式中的 $\alpha^1, \alpha^2, \cdots, \alpha^m$ 是学习率。由于无法直接计算策略梯度 $\nabla_{\boldsymbol{\theta}^i} J^i$，因此我们需要对其做近似。各种策略学习方法的区别就在于如何对策略梯度做近似。

16.1.2 收敛的判别

在完全合作关系设定下，所有智能体有相同的目标函数 ($J^1 = \cdots = J^m$)，那么判断收敛的标准就是目标函数值不再增长。也就是说，改变任何智能体的策略都无法让团队的回报增长。

在非合作关系设定下，智能体的利益是不一致的，甚至是冲突的，智能体有各自的目标函数。该如何判断策略学习的收敛呢？不能用 $J^1 + J^2 + \cdots + J^m$ 作为判断的标准。比如在捕食者-猎物游戏中，双方的目标函数是冲突的：$J^1 = -J^2$。如果捕食者改进策略，那么 J^1 会增长，而 J^2 会下降。自始至终，$J^1 + J^2$ 一直等于零，不论策略学习有没有收敛。

在非合作关系设定下，收敛标准是纳什均衡。一个智能体在制定策略的时候，要考虑到其他各方的策略。在纳什均衡的情况下，每一个智能体都在以最优的方式来应对其他各方的策略，谁也没有动机去单独改变自己的策略，因为改变策略不会增加自己的收益。这样就达到了一种平衡状态，所有智能体都找不到更好的策略。这种平衡状态就被视作收敛。在实验中，如果所有智能体的平均回报都不再变化，就可以认为达到了纳什均衡。

> **定义 16.1 纳什均衡**
>
> 多智能体系统中，在其余所有智能体都不改变策略的情况下，一个智能体 i 单独改变策略 $\boldsymbol{\theta}^i$，无法让其期望回报 $J^i(\boldsymbol{\theta}^1, \cdots, \boldsymbol{\theta}^m)$ 变大。

16.1.3 评价策略的优劣

有两种策略学习的方法 $\mathcal{M}_+$ 和 $\mathcal{M}_-$，把它们训练出的策略网络参数分别记作 $\boldsymbol{\theta}^1_+, \cdots, \boldsymbol{\theta}^m_+$ 和 $\boldsymbol{\theta}^1_-, \cdots, \boldsymbol{\theta}^m_-$。该如何评价 $\mathcal{M}_+$ 和 $\mathcal{M}_-$ 的优劣呢？在完全合作关系设定下，很容易评价两种方法的好坏。在收敛之后，把两种策略的平均回报记作 J_+ 和 J_-。如果 $J_+ > J_-$，就说明 $\mathcal{M}_+$ 比 $\mathcal{M}_-$ 好；反之亦然。

在非合作关系的设定下，不能直接用平均回报评价策略的优劣. 以捕食者—猎物的游戏为例，我们用两种方法 $\mathcal{M}_+$ 和 $\mathcal{M}_-$ 训练策略网络，把它们训练出的策略网络记作：

$$\pi\left(a \mid s, \boldsymbol{\theta}_+^{\text{predator}}\right), \qquad \pi\left(a \mid s, \boldsymbol{\theta}_+^{\text{prey}}\right),$$

$$\pi\left(a \mid s, \boldsymbol{\theta}_-^{\text{predator}}\right), \qquad \pi\left(a \mid s, \boldsymbol{\theta}_-^{\text{prey}}\right).$$

设收敛时的平均回报为：

$$J_+^{\text{predator}} = 0.8, \qquad J_+^{\text{prey}} = -0.8,$$

$$J_-^{\text{predator}} = 0.1, \qquad J_-^{\text{prey}} = -0.1.$$

请问 $\mathcal{M}_+$ 和 $\mathcal{M}_-$ 孰优孰劣呢？假如我们的目标是学出强大的捕食者，能否说明 $\mathcal{M}_+$ 比 $\mathcal{M}_-$ 好呢？答案是否定的. $J_+^{\text{predator}} > J_-^{\text{predator}}$ 可能是由于方法 $\mathcal{M}_+$ 没有训练好猎物的策略 $\boldsymbol{\theta}_+^{\text{prey}}$，导致捕食者相对有优势. $J_+^{\text{predator}} > J_-^{\text{predator}}$ 不能说明策略 $\boldsymbol{\theta}_+^{\text{predator}}$ 优于 $\boldsymbol{\theta}_-^{\text{predator}}$.

在非合作关系的设定下，该如何评价两种方法 $\mathcal{M}_+$ 和 $\mathcal{M}_-$ 的优劣呢？以捕食者—猎物的游戏为例，我们让一种方法训练出的捕食者与另一种方法训练出的猎物对决：

$$\pi\left(a \mid s, \boldsymbol{\theta}_+^{\text{predator}}\right) \qquad \text{对决} \qquad \pi\left(a \mid s, \boldsymbol{\theta}_-^{\text{prey}}\right),$$

$$\pi\left(a \mid s, \boldsymbol{\theta}_-^{\text{predator}}\right) \qquad \text{对决} \qquad \pi\left(a \mid s, \boldsymbol{\theta}_+^{\text{prey}}\right).$$

记录下两方捕食者的平均回报，记作 J_+^{predator}、J_-^{predator}. 两者的大小可以反映出 $\mathcal{M}_+$ 和 $\mathcal{M}_-$ 的优劣.

16.2 非合作关系设定下的多智能体 A2C

本节研究**非合作关系设定下的多智能体 A2C**（multi-agent non-cooperative A2C，MAN-A2C）. MAN-A2C 是本书创造出来的方法，旨在帮助读者理解非合作关系设定下的策略学习，以及它与上一章的完全合作关系的区别.

16.2.1 策略网络和价值网络

在 MAN-A2C 中，每个智能体有自己的策略网络和价值网络，记作：

$$\pi\left(a^i \mid s; \boldsymbol{\theta}^i\right) \qquad \text{和} \qquad v\left(s; \boldsymbol{w}^i\right).$$

第 i 号策略网络需要把所有智能体的观测 $s = [o^1, \cdots, o^m]$ 作为输入，并输出一个概率分布；第 i 号智能体依据该概率分布抽样得到动作 a^i. 这两类神经网络的结构与上一章的 MAC-A2C 完全相同. 请注意上一章 MAC-A2C 与本章 MAN-A2C 的区别.

- 上一章的 MAC-A2C 用于完全合作关系，所有智能体有相同的状态价值函数 $V_\pi(s)$，所以只用一个神经网络近似 $V_\pi(s)$，记作 $v(s; \boldsymbol{w})$.

- 本章的 MAN-A2C 用于非合作关系，每个智能体各有一个状态价值函数 $V_\pi^i(s)$，所以每个智能体各自对应一个价值网络 $v(s; \boldsymbol{w}^i)$.

这里以足球运动为例解释 MAN-A2C. 可以把策略网络 $\pi(a^i|s; \boldsymbol{\theta}^i)$ 看作第 i 个球员，可以独立做决策. 每个球员都有一个专属的评委 $v(s; \boldsymbol{w}^i)$，对球员 i 的表现予以评价，目的是帮助球员 i 改进技术. 请注意，虽然评委 $v(s; \boldsymbol{w}^i)$ 是对球员 i 个人做出评价，但是会考虑到全局的状态 $s = [o^1, \cdots, o^m]$. 在比赛中，想要评价球员 i 的跑位、传球的好坏，还需要考虑到队友、对手的位置，所以评委 i 会考虑到场上所有球员的表现 $s = [o^1, \cdots, o^m]$. 注意它与上一章中 MAC-A2C 的区别：MAC-A2C 中只有一位评委，他会点评整个团队的表现，而不会给每位球员单独评分.

16.2.2 算法推导

在非合作关系设定下，第 i 号智能体的动作价值函数记作 $Q_\pi^i(s, a)$，策略网络记作 $\pi(a^i | s; \boldsymbol{\theta}^i)$. 不难证明下面的策略梯度定理.

> **定理 16.1 非合作关系设定下 MARL 的策略梯度定理**
>
> 设基线 b 为不依赖于 $A = [A^1, \cdots, A^m]$ 的函数，那么有
>
> $$\nabla_{\boldsymbol{\theta}^i} J^i(\boldsymbol{\theta}^1, \cdots, \boldsymbol{\theta}^m) = \mathbb{E}_{S,A}\left[\left(Q_\pi^i(S, A) - b\right) \cdot \nabla_{\boldsymbol{\theta}^i} \ln \pi(A^i | S; \boldsymbol{\theta}^i)\right].$$
>
> 期望中的动作 A 的概率质量函数为
>
> $$\pi(A | S; \boldsymbol{\theta}^1, \cdots, \boldsymbol{\theta}^m) \triangleq \pi(A^1 | S; \boldsymbol{\theta}^1) \times \cdots \times \pi(A^m | S; \boldsymbol{\theta}^m).$$

我们用 $b = V_\pi^i(s)$ 作为定理 16.1 中的基线，并且用价值网络 $v(s; \boldsymbol{w}^i)$ 近似 $V_\pi^i(s)$. 按照上一章的算法推导，我们可以把策略梯度 $\nabla_{\boldsymbol{\theta}^i} J^i(\boldsymbol{\theta}^1, \cdots, \boldsymbol{\theta}^m)$ 近似成：

$$\tilde{\boldsymbol{g}}^i(s_t, a_t^i; \boldsymbol{\theta}^i) \triangleq \left(r_t^i + \gamma \cdot v(s_{t+1}; \boldsymbol{w}^i) - v(s_t; \boldsymbol{w}^i)\right) \cdot \nabla_{\boldsymbol{\theta}^i} \pi(a_t^i | s_t; \boldsymbol{\theta}^i).$$

观测到状态 s_t、s_{t+1}、动作 a_t^i、奖励 r_t^i，这样更新策略网络参数：

$$\boldsymbol{\theta}^i \leftarrow \boldsymbol{\theta}^i + \beta \cdot \tilde{\boldsymbol{g}}^i(s_t, a_t^i; \boldsymbol{\theta}^i).$$

更新价值网络 $v(s; \boldsymbol{w}^i)$ 的方法与 A2C 基本一样. 在观测到状态 s_t、s_{t+1}、奖励 r_t^i 之后，计算 TD 目标：

$$\widehat{y}_t^i = r_t^i + \gamma \cdot v(s_{t+1}; \boldsymbol{w}^i).$$

然后用 TD 算法更新参数 $\boldsymbol{w}^i$，使得 $v(s_t; \boldsymbol{w}^i)$ 更接近 $\widehat{y}_t^i$.

16.2.3 训练

实现 MAN-A2C 的时候，应当使用目标网络缓解自举造成的偏差. 第 i 号智能体的目标网络记作 $v(s; \boldsymbol{w}^{i-})$，它的结构与 $v(s; \boldsymbol{w}^i)$ 相同，但是参数不同. 设第 i 号智能体策略网络、价值网络、目标网络当前的参数分别是 $\boldsymbol{\theta}_{\text{now}}^i$、$\boldsymbol{w}_{\text{now}}^i$、$\boldsymbol{w}_{\text{now}}^{i-}$. MAN-A2C 重复下面的步骤更新参数.

(1) 观测到当前状态 $s_t = [o_t^1, \cdots, o_t^m]$，让每一个智能体独立做随机抽样：

$$a_t^i \sim \pi(\cdot \mid s_t; \boldsymbol{\theta}_{\text{now}}^i), \qquad \forall\, i = 1, \cdots, m,$$

并执行选中的动作.
(2) 从环境中观测到奖励 $r_t^1, \cdots, r_t^m$ 与下一时刻的状态 $s_{t+1} = [o_{t+1}^1, \cdots, o_{t+1}^m]$.
(3) 让价值网络做预测：

$$\widehat{v}_t^i = v(s_t; \boldsymbol{w}_{\text{now}}^i), \qquad \forall\, i = 1, \cdots, m.$$

(4) 让目标网络做预测：

$$\widehat{v}_{t+1}^{i-} = v(s_{t+1}; \boldsymbol{w}_{\text{now}}^{i-}), \qquad \forall\, i = 1, \cdots, m.$$

(5) 计算 TD 目标与 TD 误差：

$$\widehat{y}_t^i = r_t^i + \gamma \cdot \widehat{v}_{t+1}^{i-}, \qquad \delta_t^i = \widehat{v}_t^i - \widehat{y}_t^i, \qquad \forall\, i = 1, \cdots, m.$$

(6) 更新价值网络参数：

$$\boldsymbol{w}_{\text{new}}^i \leftarrow \boldsymbol{w}_{\text{now}}^i - \alpha \cdot \delta_t^i \cdot \nabla_{\boldsymbol{w}^i} v(s_t; \boldsymbol{w}_{\text{now}}^i), \qquad \forall\, i = 1, \cdots, m.$$

(7) 更新目标网络参数：

$$\boldsymbol{w}_{\text{new}}^{i-} \leftarrow \tau \cdot \boldsymbol{w}_{\text{new}}^i + (1 - \tau) \cdot \boldsymbol{w}_{\text{now}}^{i-}, \qquad \forall\, i = 1, \cdots, m.$$

(8) 更新策略网络参数：

$$\boldsymbol{\theta}_{\text{new}}^i \leftarrow \boldsymbol{\theta}_{\text{now}}^i - \beta \cdot \delta_t^i \cdot \nabla_{\boldsymbol{\theta}^i} \ln \pi(a_t^i \mid s_t; \boldsymbol{\theta}_{\text{now}}^i), \qquad \forall\, i = 1, \cdots, m.$$

MAN-A2C 属于同策略，不能使用经验回放.

16.2.4 决策

在完成训练之后，不再需要价值网络 $v(s; \boldsymbol{w}^1), \cdots, v(s; \boldsymbol{w}^m)$，每个智能体可以用自己的策略网络做决策. 在时刻 t 观测到全局状态 $s_t = [o_t^1, \cdots, o_t^m]$，然后做随机抽样：

$$a_t^i \sim \pi(\,\cdot\mid s_t; \boldsymbol{\theta}^i),$$

并执行选中的动作 a_t^i. 智能体并不能独立做决策，因为策略网络需要知道所有的观测 $s_t = [o_t^1, \cdots, o_t^m]$.

16.3 三种架构

本节介绍 MAN-A2C 的三种实现方法："中心化训练 + 中心化决策""去中心化训练 + 去中心化决策""中心化训练 + 去中心化决策".

16.3.1 中心化训练 + 中心化决策

首先讲解用完全中心化的方式实现 MAN-A2C 的训练和决策. 这种方式是不实用的，仅帮助大家理解算法而已. 图 16-2 描述了"中心化训练 + 中心化决策"的系统架构，最上面是中央控制器，里面部署了所有 m 个价值网络和 m 个策略网络：

$$v(s; \boldsymbol{w}^1), \quad v(s; \boldsymbol{w}^2), \quad \cdots, \quad v(s; \boldsymbol{w}^m),$$
$$\pi(a^1 \mid s, \boldsymbol{\theta}^1), \quad \pi(a^2 \mid s, \boldsymbol{\theta}^2), \quad \cdots, \quad \pi(a^m \mid s, \boldsymbol{\theta}^m).$$

训练和决策全部由中央控制器完成. 智能体负责与环境交互，执行中央控制器的决策 a^i，并把观测到的 o^i 和 r^i 汇报给中央控制器. 这种中心化的方式严格实现了 16.2 节的算法.

在上一章中，我们用完全中心化的方式实现了 MAC-A2C（如图 15-5 所示）. 请注意 MAC-A2C 与此处的 MAN-A2C 的区别：第一，MAC-A2C 的中央控制器上只有一个价值网络，而此处 MAN-A2C 则有 m 个价值网络；第二，MAC-A2C 的每一轮只有一个全局的奖励 r，而 MAN-A2C 的每个智能体都有自己的奖励 r^i.

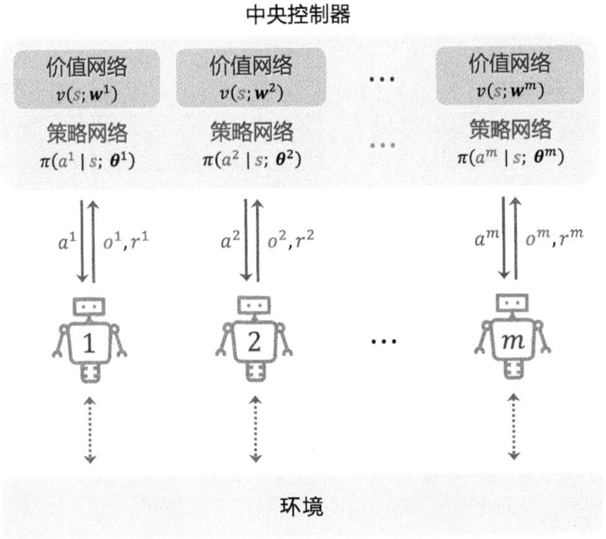

中央控制器

价值网络
$v(s; \boldsymbol{w}^1)$

价值网络
$v(s; \boldsymbol{w}^2)$

$\cdots$

价值网络
$v(s; \boldsymbol{w}^m)$

策略网络
$\pi(a^1 \,|\, s; \boldsymbol{\theta}^1)$

策略网络
$\pi(a^2 \,|\, s; \boldsymbol{\theta}^2)$

$\cdots$

策略网络
$\pi(a^m \,|\, s; \boldsymbol{\theta}^m)$

$a^1 \quad o^1, r^1$ $\qquad$ $a^2 \quad o^2, r^2$ $\qquad$ $a^m \quad o^m, r^m$

1 $\qquad$ 2 $\qquad$ $\cdots$ $\qquad$ m

环境

图 16-2　"中心化训练 + 中心化决策"的系统架构

16.3.2　去中心化训练 + 去中心化决策

为了避免"完全中心化"中的通信, 可以对策略网络和价值网络做近似, 做到"完全去中心化". 对 MAN-A2C 中的策略网络和价值网络做近似:

$$
\begin{aligned}
\pi\big(a^i \,|\, s; \boldsymbol{\theta}^i\big) &\implies \pi\big(a^i \,|\, o^i; \boldsymbol{\theta}^i\big), \\
v\big(s; \boldsymbol{w}^i\big) &\implies v\big(o^i; \boldsymbol{w}^i\big).
\end{aligned}
$$

图 16-3 描述了"完全去中心化"的系统架构. 每个智能体上部署一个策略网络和一个价值网络, 它们的参数记作 $\boldsymbol{\theta}^i$ 和 $\boldsymbol{w}^i$; 智能体之间不共享参数. 这样一来, 训练就可以在智能体本地完成, 无须中央控制器的参与, 也无须通信. 这种实现的本质是单智能体强化学习, 而非多智能体强化学习.

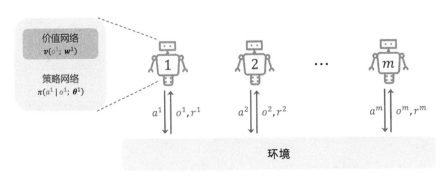

价值网络
$v(o^1; \boldsymbol{w}^1)$

策略网络
$\pi(a^1 \,|\, o^1; \boldsymbol{\theta}^1)$

1 $\qquad$ 2 $\qquad$ $\cdots$ $\qquad$ m

$a^1 \quad o^1, r^1$ $\qquad$ $a^2 \quad o^2, r^2$ $\qquad$ $a^m \quad o^m, r^m$

环境

图 16-3　"去中心化训练 + 去中心化决策"的系统架构

此处的实现与上一章完全合作关系设定下的"完全去中心化"几乎完全相同（如图 15-6 所示）．唯一的区别在于此处每个智能体获得的奖励 r^i 是不同的，而上一章完全合作关系设定下的奖励是相同的 $r^1 = \cdots = r^m = r$．

16.3.3 中心化训练 + 去中心化决策

第三种实现方式是"中心化训练 + 去中心化决策"．与"完全中心化"的 MAN-A2C 相比，唯一的区别在于对策略网络做近似：

$$\pi\big(a^i \,|\, s; \boldsymbol{\theta}^i\big) \implies \pi\big(a^i \,|\, o^i; \boldsymbol{\theta}^i\big), \qquad \forall i = 1, \cdots, m.$$

由于用智能体局部观测 o^i 替换了全局状态 $s = [o^1, \cdots, o^m]$，因此策略网络可以部署到每个智能体上．而价值网络仍然是 $v(s; \boldsymbol{w}^i)$，没有做近似．

图 16-4 描述了"中心化训练 + 去中心化决策"的系统架构．中央控制器上有所有的价值网络及其目标网络（图中没有画出）：

$$v\big(s; \boldsymbol{w}^1\big), \quad v\big(s; \boldsymbol{w}^2\big), \quad \cdots, \quad v\big(s; \boldsymbol{w}^m\big),$$
$$v\big(s; \boldsymbol{w}^{1-}\big), \quad v\big(s; \boldsymbol{w}^{2-}\big), \quad \cdots, \quad v\big(s; \boldsymbol{w}^{m-}\big).$$

中央控制器用智能体发来的观测 $[o^1, \cdots, o^m]$ 和奖励 $[r^1, \cdots, r^m]$ 训练这些价值网络．中央控制器把 TD 误差 $\delta^1, \cdots, \delta^m$ 反馈给智能体，第 i 号智能体用 δ^i 以及本地的 o^i、a^i 来训练自己的策略网络．

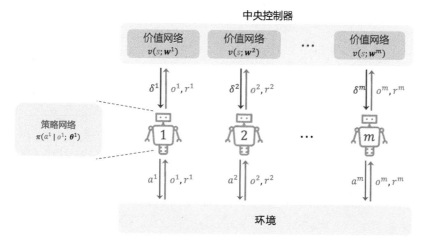

图 16-4　"中心化训练 + 去中心化决策"的系统架构．所有 m 个价值网络部署到中央控制器上，策略网络部署到每个智能体上

上一章完全合作关系设定下的"中心化训练"只在中央控制器上部署一个价值网络 $v(s; \boldsymbol{w})$，而此处中央控制器上有 m 个价值网络，每个价值网络对应一个智能体．这是因为此处是非合作

关系, 每个智能体各自对应一个状态价值函数 $V_\pi^i(s)$, 而非有共用的 V_π.

1. 中心化训练

训练过程需要所有 m 个智能体共同参与, 共同改进策略网络参数 $\boldsymbol{\theta}^1, \cdots, \boldsymbol{\theta}^m$ 与价值网络参数 $\boldsymbol{w}^1, \cdots, \boldsymbol{w}^m$. 设第 i 号智能体的策略网络、价值网络、目标网络当前的参数分别是 $\boldsymbol{\theta}_{\text{now}}^i$、$\boldsymbol{w}_{\text{now}}^i$、$\boldsymbol{w}_{\text{now}}^{i-}$. 训练的流程如下.

(1) 每个智能体 i 与环境交互, 获取当前观测 o_t^i, 独立做随机抽样:

$$a_t^i \sim \pi\big(\,\cdot\,\big|\,o_t^i; \boldsymbol{\theta}_{\text{now}}^i\big), \qquad \forall\, i = 1, \cdots, m, \tag{16.1}$$

并执行选中的动作.

(2) 下一时刻, 每个智能体 i 都观测到 o_{t+1}^i 和收到奖励 r_t^i.

(3) 每个智能体 i 向中央控制器传输观测 o_t^i、o_{t+1}^i、r_t^i, 中央控制器得到状态

$$s_t = \big[o_t^1, \cdots, o_t^m\big] \qquad \text{和} \qquad s_{t+1} = \big[o_{t+1}^1, \cdots, o_{t+1}^m\big].$$

(4) 让价值网络做预测:

$$\widehat{v}_t^i = v\big(s_t; \boldsymbol{w}_{\text{now}}^i\big), \qquad \forall\, i = 1, \cdots, m.$$

(5) 让目标网络做预测:

$$\widehat{v}_{t+1}^{i-} = v\big(s_{t+1}; \boldsymbol{w}_{\text{now}}^{i-}\big), \qquad \forall\, i = 1, \cdots, m.$$

(6) 计算 TD 目标与 TD 误差:

$$\widehat{y}_t^i = r_t^i + \gamma \cdot \widehat{v}_{t+1}^{i-}, \qquad \delta_t^i = \widehat{v}_t^i - \widehat{y}_t^i, \qquad \forall\, i = 1, \cdots, m.$$

(7) 更新价值网络参数:

$$\boldsymbol{w}_{\text{new}}^i \leftarrow \boldsymbol{w}_{\text{now}}^i - \alpha \cdot \delta_t^i \cdot \nabla_{\boldsymbol{w}^i} v\big(s_t; \boldsymbol{w}_{\text{now}}^i\big), \qquad \forall\, i = 1, \cdots, m.$$

(8) 更新目标网络参数:

$$\boldsymbol{w}_{\text{new}}^{i-} \leftarrow \tau \cdot \boldsymbol{w}_{\text{new}}^i + (1 - \tau) \cdot \boldsymbol{w}_{\text{now}}^{i-}, \qquad \forall\, i = 1, \cdots, m.$$

(9) 更新策略网络参数:

$$\boldsymbol{\theta}_{\text{new}}^i \leftarrow \boldsymbol{\theta}_{\text{now}}^i - \beta \cdot \delta_t^i \cdot \nabla_{\boldsymbol{\theta}^i} \ln \pi\big(a_t^i \,\big|\, o_t^i; \boldsymbol{\theta}_{\text{now}}^i\big), \qquad \forall\, i = 1, \cdots, m.$$

2. 去中心化决策

在完成训练之后, 不再需要价值网络 $v(s; \boldsymbol{w}^1), \cdots, v(s; \boldsymbol{w}^m)$. 智能体只需要用其本地部署的策略网络 $\pi(a^i | o^i; \boldsymbol{\theta}^i)$ 做决策, 决策过程无须通信, 因此决策速度很快.

16.4　连续控制与 MADDPG

前两节的 MAN-A2C 仅限于离散控制问题. 本节研究连续控制问题, 即动作空间 $\mathcal{A}^1, \mathcal{A}^2, \cdots,$ $\mathcal{A}^m$ 都是连续集合, 动作 $\boldsymbol{a}^i \in \mathcal{A}^i$ 是向量. 本节介绍一种适用于连续控制的多智能体强化学习（MARL）方法——**多智能体深度确定性策略梯度**（multi-agent deep deterministic policy gradient, MADDPG）. 这是一种很有名的 MARL 方法, 它的架构是"中心化训练 + 去中心化决策".

16.4.1　策略网络和价值网络

设系统里有 m 个智能体, 每个智能体对应一个策略网络和一个价值网络:

$$\boldsymbol{\mu}(o^i; \boldsymbol{\theta}^i) \qquad 和 \qquad q(s, \boldsymbol{a}; \boldsymbol{w}^i).$$

策略网络是确定性的: 对于确定的输入 o^i, 输出的动作 $\boldsymbol{a}^i = \boldsymbol{\mu}(o^i; \boldsymbol{\theta}^i)$ 是确定的. 价值网络的输入是全局状态 $s = [o^1, \cdots, o^m]$ 与所有智能体的动作 $\boldsymbol{a} = [\boldsymbol{a}^1, \cdots, \boldsymbol{a}^m]$, 输出是一个实数, 表示"基于状态 s 执行动作 $\boldsymbol{a}$"的好坏程度. 第 i 号策略网络 $\boldsymbol{\mu}(o^i; \boldsymbol{\theta}^i)$ 用于控制第 i 号智能体, 而价值网络 $q(s, \boldsymbol{a}; \boldsymbol{w}^i)$ 则用于评价所有动作 $\boldsymbol{a}$, 给出的分数可以指导第 i 号策略网络做出改进, 如图 16-5 所示. MADDPG 因此可以看作一种 actor-critic 方法.

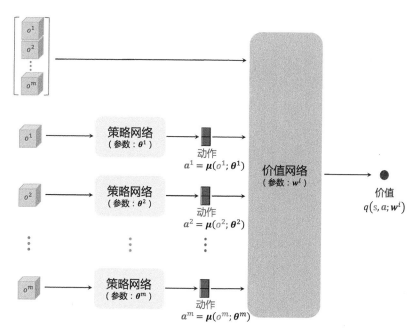

图 16-5　所有智能体的策略网络与第 i 号智能体的价值网络

思考一个问题：既然第 i 号价值网络仅仅评价第 i 号智能体表现的好坏，为什么第 i 号价值网络需要知道所有智能体的观测 $[o^1, \cdots, o^m]$ 与动作 $[a^1, \cdots, a^m]$ 呢？下面举个例子来解答这个问题. 在足球机器人的比赛中，我们用第 i 号价值网络评价第 i 号机器人的表现. 当前第 i 号机器人向前冲，请问这个动作好不好？仅仅知道它自己的观测和动作，不足以评价"向前冲"是否是正确的动作. 要结合队友、对手的位置、动作等信息（比如攻守、跑位、传球），才能判断第 i 号机器人当前做的动作好不好.

16.4.2 算法推导

训练策略网络和价值网络的算法与 10.2 节的单智能体 DPG 非常类似：用确定性策略梯度更新策略网络，用 TD 算法更新价值网络. MADDPG 是异策略，我们可以使用经验回放，重复利用过去的经验. 用一个经验回放缓存存储收集到的经验，每一条经验都是 $(s_t, \boldsymbol{a}_t, r_t, s_{t+1})$ 这样一个四元组，其中

$$
\begin{aligned}
s_t &= [o_t^1, \cdots, o_t^m], \\
\boldsymbol{a}_t &= [\boldsymbol{a}_t^1, \cdots, \boldsymbol{a}_t^m], \\
s_{t+1} &= [o_{t+1}^1, \cdots, o_{t+1}^m], \\
r_t &= [r_t^1, \cdots, r_t^m].
\end{aligned}
$$

1. 训练策略网络

训练第 i 号策略网络 $\boldsymbol{\mu}(o^i; \boldsymbol{\theta}^i)$ 的目标是改进 $\boldsymbol{\theta}^i$，提高第 i 号价值网络的平均打分. 所以目标函数是：

$$
\widehat{J}^i(\boldsymbol{\theta}^1, \cdots, \boldsymbol{\theta}^m) = \mathbb{E}_S \Big[q\Big(S, \big[\boldsymbol{\mu}(O^1; \boldsymbol{\theta}^1), \cdots, \boldsymbol{\mu}(O^i; \boldsymbol{\theta}^i), \cdots, \boldsymbol{\mu}(O^m; \boldsymbol{\theta}^m)\big]; \boldsymbol{w}^i\Big) \Big].
$$

上式中的期望是关于状态 $S = [O^1, \cdots, O^m]$ 求的. 目标函数的梯度等于：

$$
\nabla_{\boldsymbol{\theta}^i} \widehat{J}^i(\boldsymbol{\theta}^1, \cdots, \boldsymbol{\theta}^m) = \mathbb{E}_S \Big[\nabla_{\boldsymbol{\theta}^i} q\Big(S, \big[\boldsymbol{\mu}(O^1; \boldsymbol{\theta}^1), \cdots, \boldsymbol{\mu}(O^i; \boldsymbol{\theta}^i), \cdots, \boldsymbol{\mu}(O^m; \boldsymbol{\theta}^m)\big]; \boldsymbol{w}^i\Big) \Big].
$$

接下来用蒙特卡洛方法近似上式中的期望. 从经验回放缓存中随机抽取一个状态[1]：

$$
s_t = [o_t^1, \cdots, o_t^m],
$$

它可以看作随机变量 S 的一个观测值. 用所有 m 个策略网络计算动作

$$
\widehat{\boldsymbol{a}}_t^1 = \boldsymbol{\mu}(o_t^1; \boldsymbol{\theta}^1), \qquad \cdots, \qquad \widehat{\boldsymbol{a}}_t^m = \boldsymbol{\mu}(o_t^m; \boldsymbol{\theta}^m).
$$

---

[1] 更新策略网络只需要四元组 $(s_t, \boldsymbol{a}_t, r_t, s_{t+1})$ 中的 s_t，没有用其余三个元素.

那么目标函数的梯度 $\nabla_{\boldsymbol{\theta}^i} \widehat{J}^i(\boldsymbol{\theta}^1, \cdots, \boldsymbol{\theta}^m)$ 可以近似为：

$$
\begin{aligned}
\boldsymbol{g}_{\boldsymbol{\theta}}^i &= \nabla_{\boldsymbol{\theta}^i} q\Big(s_t, \Big[\boldsymbol{\mu}(o_t^1; \boldsymbol{\theta}^1), \cdots, \boldsymbol{\mu}(o_t^i; \boldsymbol{\theta}^i), \cdots, \boldsymbol{\mu}(o_t^m; \boldsymbol{\theta}^m)\Big]; \boldsymbol{w}^i\Big) \\
&= \nabla_{\boldsymbol{\theta}^i} q\Big(s_t, [\widehat{\boldsymbol{a}}_t^1, \cdots, \widehat{\boldsymbol{a}}_t^m]; \boldsymbol{w}^i\Big).
\end{aligned}
$$

由于 $\widehat{\boldsymbol{a}}_t^i = \boldsymbol{\mu}(o_t^i; \boldsymbol{\theta}^i)$，因此用链式法则可得：

$$
\boldsymbol{g}_{\boldsymbol{\theta}}^i = \nabla_{\boldsymbol{\theta}^i} \boldsymbol{\mu}(o_t^i; \boldsymbol{\theta}^i) \cdot \nabla_{\widehat{\boldsymbol{a}}^i} q\Big(s_t, [\widehat{\boldsymbol{a}}_t^1, \cdots, \widehat{\boldsymbol{a}}_t^m]; \boldsymbol{w}^i\Big).
$$

做梯度上升更新参数 $\boldsymbol{\theta}^i$：

$$
\boldsymbol{\theta}^i \leftarrow \boldsymbol{\theta}^i + \beta \cdot \boldsymbol{g}_{\boldsymbol{\theta}}^i.
$$

注意，在更新第 i 号策略网络的时候，除了用到全局状态 s_t，还需要用到所有智能体的策略网络，以及第 i 号价值网络 $q(s, \boldsymbol{a}; \boldsymbol{w}^i)$。

2. 训练价值网络

可以用 TD 算法训练第 i 号价值网络 $q(s, \boldsymbol{a}; \boldsymbol{w}^i)$，让价值网络更好地拟合价值函数 $Q_\pi^i(s, \boldsymbol{a})$。给定四元组 $(s_t, \boldsymbol{a}_t, r_t, s_{t+1})$，用所有 m 个策略网络计算动作

$$
\widehat{\boldsymbol{a}}_{t+1}^1 = \boldsymbol{\mu}(o_{t+1}^1; \boldsymbol{\theta}^1), \qquad \cdots, \qquad \widehat{\boldsymbol{a}}_{t+1}^m = \boldsymbol{\mu}(o_{t+1}^m; \boldsymbol{\theta}^m).
$$

设 $\widehat{\boldsymbol{a}}_{t+1} = [\widehat{\boldsymbol{a}}_{t+1}^1, \cdots, \widehat{\boldsymbol{a}}_{t+1}^m]$。计算 TD 目标：

$$
\widehat{y}_t^i = r_t^i + \gamma \cdot q\Big(s_{t+1}, \widehat{\boldsymbol{a}}_{t+1}; \boldsymbol{w}^i\Big).
$$

再计算 TD 误差：

$$
\delta_t^i = q(s_t, \boldsymbol{a}_t; \boldsymbol{w}^i) - \widehat{y}_t^i.
$$

最后做梯度下降更新参数 $\boldsymbol{w}^i$：

$$
\boldsymbol{w}^i \leftarrow \boldsymbol{w}^i - \alpha \cdot \delta_t^i \cdot \nabla_{\boldsymbol{w}^i} q(s_t, \boldsymbol{a}_t; \boldsymbol{w}^i).
$$

这样可以让价值网络的预测 $q(s_t, \boldsymbol{a}_t; \boldsymbol{w}^i)$ 更接近 TD 目标 $\widehat{y}_t^i$。

16.4.3 中心化训练

为了训练第 i 号策略网络和第 i 号价值网络，我们需要用到如下信息：经验回放缓存中的一条记录 $(s_t, \boldsymbol{a}_t, s_{t+1}, r_t^i)$、所有 m 个策略网络以及第 i 号价值网络. 很显然，一个智能体不可能有所有这些信息，因此 MADDPG 需要"中心化训练".

中心化训练的系统架构如图 16-6 所示，有一个中央控制器，上面部署了所有的策略网络和价值网络. 训练过程中，策略网络部署到中央控制器上，所以智能体不能自主做决策，只能执行中央控制器发来的指令. 由于训练使用异策略，因此可以把收集经验和更新神经网络参数分开做.

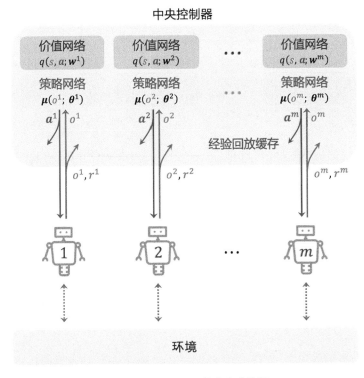

图 16-6 MADDPG 的中心化训练

1. 用行为策略收集经验

行为策略可以不同于目标策略（$\boldsymbol{\mu}$）. 行为策略是什么都无所谓，比如第 i 号智能体的行为策略可以是

$$\boldsymbol{a}^i = \boldsymbol{\mu}\left(o^i; \boldsymbol{\theta}_{\text{old}}^i\right) + \boldsymbol{\epsilon},$$

其中 ϵ 是与 a^i 维度相同的向量，每个元素都是从正态分布中独立抽取的，相当于随机噪声. 具体实现的时候，智能体把其观测 o^i 发送给中央控制器. 控制器往第 i 号策略网络输出的动作中加入随机噪声 ϵ，把带噪声的动作 a^i 发送给第 i 号智能体，智能体执行 a^i. 随后智能体观测到奖励 r^i，发送给控制器. 控制器把每一轮的 o^i, a^i, r^i 依次存入经验回放缓存.

2. 中央控制器更新策略网络和价值网络

实际实现的时候，中央控制器上还需要有如下目标网络（图 16-6 中没有画出）：

$$\pi(a^1 \mid o^1; \theta^{1-}), \qquad \pi(a^2 \mid o^2; \theta^{2-}), \qquad \cdots, \qquad \pi(a^m \mid o^m; \theta^{m-});$$
$$q(s, a; w^{1-}), \qquad q(s, a; w^{2-}), \qquad \cdots, \qquad q(s, a; w^{m-}).$$

设第 i 号智能体当前的参数为：

$$\theta^i_{\text{now}}, \qquad \theta^{i-}_{\text{now}}, \qquad w^i_{\text{now}}, \qquad w^{i-}_{\text{now}}.$$

中央控制器每次从经验回放缓存中随机抽取一个四元组 (s_t, a_t, r_t, s_{t+1})，然后按照下面的步骤更新所有策略网络和所有价值网络.

(1) 让所有 m 个目标策略网络做预测：

$$\widehat{a}^{i-}_{t+1} = \mu(o^i_{t+1}; \theta^{i-}_{\text{now}}), \qquad \forall i = 1, \cdots, m.$$

把预测汇总成 $\widehat{a}^-_{t+1} = [\widehat{a}^{1-}_{t+1}, \cdots, \widehat{a}^{m-}_{t+1}]$.

(2) 让所有 m 个目标价值网络做预测：

$$\widehat{q}^{i-}_{t+1} = q(s_{t+1}, \widehat{a}^-_{t+1}; w^{i-}_{\text{now}}), \qquad \forall i = 1, \cdots, m.$$

(3) 计算 TD 目标：

$$\widehat{y}^i_t = r^i_t + \gamma \cdot \widehat{q}^{i-}_{t+1}, \qquad \forall i = 1, \cdots, m.$$

(4) 让所有 m 个价值网络做预测：

$$\widehat{q}^i_t = q(s_t, a_t; w^i_{\text{now}}), \qquad \forall i = 1, \cdots, m.$$

(5) 计算 TD 误差：

$$\delta^i_t = \widehat{q}^i_t - \widehat{y}^i_t, \qquad \forall i = 1, \cdots, m.$$

(6) 更新所有 m 个价值网络：

$$w^i_{\text{new}} \leftarrow w^i_{\text{now}} - \alpha \cdot \delta^i_t \cdot \nabla_{w^i} q(s_t, a_t; w^i_{\text{now}}), \qquad \forall i = 1, \cdots, m.$$

(7) 让所有 m 个策略网络做预测:

$$\widehat{\boldsymbol{a}}_t^i = \boldsymbol{\mu}\big(o_t^i; \boldsymbol{\theta}_{\text{now}}^i\big), \qquad \forall i = 1, \cdots, m.$$

把预测汇总成 $\widehat{\boldsymbol{a}}_t = [\widehat{\boldsymbol{a}}_t^1, \cdots, \widehat{\boldsymbol{a}}_t^m]$. 注意区分 $\widehat{\boldsymbol{a}}_t$ 与经验回放缓存中抽出的 $\boldsymbol{a}_t$.

(8) 更新所有 m 个策略网络: $\forall i = 1, \cdots, m$,

$$\boldsymbol{\theta}_{\text{new}}^i \leftarrow \boldsymbol{\theta}_{\text{now}}^i - \beta \cdot \nabla_{\boldsymbol{\theta}^i} \boldsymbol{\mu}\big(o_t^i; \boldsymbol{\theta}_{\text{now}}^i\big) \cdot \nabla_{\boldsymbol{a}_t^i} q\big(s_t, \widehat{\boldsymbol{a}}_t; \boldsymbol{w}_{\text{now}}^i\big).$$

(9) 更新所有 $2m$ 个目标网络: $\forall i = 1, \cdots, m$,

$$
\begin{aligned}
\boldsymbol{\theta}_{\text{new}}^{i-} &\leftarrow \tau \cdot \boldsymbol{\theta}_{\text{new}}^i + (1-\tau) \cdot \boldsymbol{\theta}_{\text{now}}^{i-}, \\
\boldsymbol{w}_{\text{new}}^{i-} &\leftarrow \tau \cdot \boldsymbol{w}_{\text{new}}^i + (1-\tau) \cdot \boldsymbol{w}_{\text{now}}^{i-}.
\end{aligned}
$$

3. 改进方法

可以用三种方法改进 MADDPG.

第一,用 10.4 节中 TD3 的三种技巧改进训练的算法.

- 用截断双 Q 学习训练价值网络 $q(s, \boldsymbol{a}; \boldsymbol{w}^i)$, $\forall i = 1, \cdots, m$.
- 往训练算法第 (1) 步的 $\widehat{\boldsymbol{a}}_{t+1}^{i-}$ 中加入噪声.
- 降低更新策略网络和目标网络的频率,每更新 $k\,(> 1)$ 次价值网络,更新一次策略网络和目标网络.

第二,按照第 11 章中的方法,在策略网络和价值网络中使用 RNN,记忆历史观测.

第三,在价值网络的结构中使用注意力机制,见下一章.

16.4.4   去中心化决策

在完成训练之后,不再需要价值网络,只需要策略网络做决策. 如图 16-7 所示,把策略网络部署到对应的智能体上. 第 i 号智能体可以基于本地观测的 o^i,在本地独立做决策: $\boldsymbol{a}^i = \boldsymbol{\mu}(o^i; \boldsymbol{\theta}^i)$.

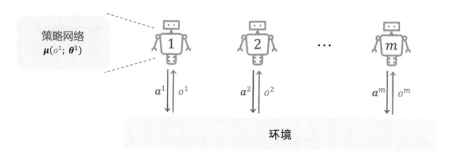

图 16-7　MADDPG 的去中心化决策

相关文献

　　MAN-A2C 是本书设计出来的简单方法，用于讲解非合作关系设定下的 MARL，方便读者理解．MAN-A2C 这个名字并没有出现在任何文献中．本章介绍的 MADDPG 由 Lowe 等人 2017 年发表的一篇论文 [80] 提出，它的改进版本叫作 MATD3.

知识点小结

- 在非合作关系的设定下，不同的智能体可能会有不同的奖励．因此，不同的智能体有不同的回报、价值函数、目标函数．

- 由于不同的智能体有不同的目标函数，因此我们无法用单一的目标函数判断收敛，而应该用纳什均衡判断．如果在其余智能体不改变策略的情况下，任意一个智能体单独改变策略，它的目标函数不会变好，那么就达到了纳什均衡．

- 对于非合作关系，最常用的架构也是"中心化训练 + 去中心化决策"．该架构下每个智能体有自己的价值网络和策略网络，价值网络不共享．

- MADDPG 是深度确定性策略梯度（DDPG）的多智能体版本，用于连续控制问题．MADDPG 采用"中心化训练 + 去中心化决策"架构．

第 17 章 注意力机制与多智能体强化学习

注意力机制是一种重要的深度学习方法，它最主要的用途是自然语言处理，比如机器翻译、情感分析．本章不会详细解释注意力机制的原理，而会介绍它在多智能体强化学习（MARL）中的应用．17.1 节简单介绍自注意力机制，它是一种特殊的注意力机制．17.2 节将自注意力机制应用于 MARL，改进中心化训练或中心化决策．当智能体数量 m 较大时，自注意力机制对 MARL 有明显的效果提升．

17.1 自注意力机制

注意力（attention）机制最初用于改进循环神经网络（RNN），提高 seq2seq（sequence-to-sequence）模型的表现．**自注意力**（self-attention）机制是注意力机制的一种扩展，不局限于 seq2seq 模型，可以用于任意的 RNN．后来 Transformer 模型将 RNN 剥离，只保留注意力机制．与"RNN + 注意力"机制相比，只用注意力机制居然表现更好，大幅提升了在机器翻译等任务上的效果．本节不深入讨论注意力机制与 RNN、seq2seq 之间的关系，而只介绍本章所需的一些知识点．

考虑这样一个问题：输入是长度为 m 的序列 $(\boldsymbol{x}^1, \cdots, \boldsymbol{x}^m)$，序列中的元素都是向量，要求输出长度同样为 m 的序列 $(\boldsymbol{c}^1, \cdots, \boldsymbol{c}^m)$，如图 17-1 所示．该问题还有两个要求．

- 第一，序列的长度 m 是不确定的，可以动态变化．但是神经网络的参数数量不能变化．

- 第二，输出的向量 $\boldsymbol{c}^i$ 不是仅仅依赖于向量 $\boldsymbol{x}^i$，而是依赖于所有的输入向量 $(\boldsymbol{x}^1, \cdots, \boldsymbol{x}^m)$．

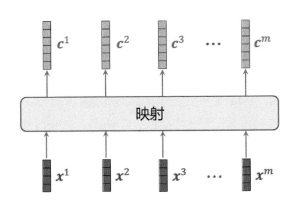

图 17-1 将一个长度为 m 的向量序列映射到另一个同等长度的向量序列

可以用简单的全连接神经网络把向量 $\boldsymbol{x}^i$ 逐个映射到 $\boldsymbol{c}^i$，但是这样得到的 $\boldsymbol{c}^i$ 仅依赖于 $\boldsymbol{x}^i$ 一个向量而已，不满足第二个要求．第 13 章介绍的 RNN 也不满足第二个要求，RNN 输出的向量 $\boldsymbol{c}^i$ 只依赖于 $(\boldsymbol{x}^1, \cdots, \boldsymbol{x}^i)$，而不依赖于 $(\boldsymbol{x}^{i+1}, \cdots, \boldsymbol{x}^m)$．

17.1.1 自注意力层

自注意力层（self-attention layer）可以解决上述问题. 如图 17-2 所示，自注意力层的输入是序列 $(\boldsymbol{x}^1, \cdots, \boldsymbol{x}^m)$，其中向量的大小都是 $d_{\text{in}} \times 1$. 自注意力层有三个参数矩阵：

$$\boldsymbol{W}_q \in \mathbb{R}^{d_q \times d_{\text{in}}}, \qquad \boldsymbol{W}_k \in \mathbb{R}^{d_q \times d_{\text{in}}}, \qquad \boldsymbol{W}_v \in \mathbb{R}^{d_{\text{out}} \times d_{\text{in}}}.$$

序列长度 m 不会影响参数的数量. 不论序列有多长，参数矩阵只有 $\boldsymbol{W}_q, \boldsymbol{W}_k, \boldsymbol{W}_v$. 这三个参数矩阵需要从训练数据中学习. 自注意力层通过以下步骤（如图 17-2 ~ 图 17-4 所示），把输入序列 $(\boldsymbol{x}^1, \cdots, \boldsymbol{x}^m)$ 映射到输出序列 $(\boldsymbol{c}^1, \cdots, \boldsymbol{c}^m)$，输出向量的大小都是 $d_{\text{out}} \times 1$.

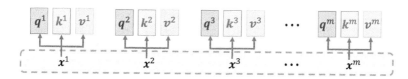

图 17-2　首先把 $\boldsymbol{x}^i$ 映射到三元组 $(\boldsymbol{q}^i, \boldsymbol{k}^i, \boldsymbol{v}^i)$，$\forall i = 1, \cdots, m$

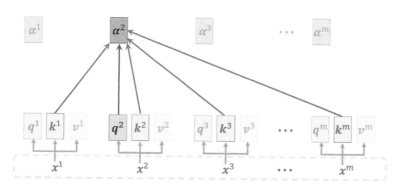

图 17-3　然后用 $\boldsymbol{q}^i$ 和 $(\boldsymbol{k}^1, \cdots, \boldsymbol{k}^m)$ 计算权重向量 $\boldsymbol{\alpha}^i \in \mathbb{R}^m$，$\forall i = 1, \cdots, m$

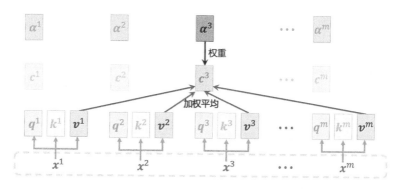

图 17-4　最后用 $\boldsymbol{\alpha}^i$ 和 $(\boldsymbol{v}^1, \cdots, \boldsymbol{v}^m)$ 计算输出向量 $\boldsymbol{c}^i \in \mathbb{R}^{d_{\text{out}}}$，$\forall i = 1, \cdots, m$

(1) 如图 17-2 所示,对于所有的 $i=1,\cdots,m$,把输入的 $\boldsymbol{x}^i$ 映射到三元组 $(\boldsymbol{q}^i,\boldsymbol{k}^i,\boldsymbol{v}^i)$:

$$
\begin{aligned}
\boldsymbol{q}^i &= \boldsymbol{W}_q\boldsymbol{x}^i \in \mathbb{R}^{d_q},\\
\boldsymbol{k}^i &= \boldsymbol{W}_k\boldsymbol{x}^i \in \mathbb{R}^{d_q},\\
\boldsymbol{v}^i &= \boldsymbol{W}_v\boldsymbol{x}^i \in \mathbb{R}^{d_\text{out}}.
\end{aligned}
$$

(2) 如图 17-3 所示,计算权重向量 $(\boldsymbol{\alpha}^1,\cdots,\boldsymbol{\alpha}^m)$,每个权重向量的大小都是 $m\times 1$. 第 i 个权重向量 $\boldsymbol{\alpha}^i$ 依赖于 $\boldsymbol{q}^i$ 和 $(\boldsymbol{k}^1,\cdots,\boldsymbol{k}^m)$:

$$
\boldsymbol{\alpha}^i = \text{softmax}\Big(\langle\boldsymbol{q}^i,\boldsymbol{k}^1\rangle,\ \langle\boldsymbol{q}^i,\boldsymbol{k}^2\rangle,\ \cdots,\ \langle\boldsymbol{q}^i,\boldsymbol{k}^m\rangle\Big),\quad \forall\, i=1,\cdots,m.
$$

上式中的 $\langle\cdot,\cdot\rangle$ 是向量内积. 由于向量 $\boldsymbol{\alpha}^i$ 是 softmax 函数的输出,因此它的元素都是正实数,而且相加等于 1. 向量 $\boldsymbol{\alpha}^i$ 的第 j 个元素(记作 α_j^i)表示 $\boldsymbol{x}_i$ 与 $\boldsymbol{x}_j$ 的相关性:$\boldsymbol{x}_i$ 与 $\boldsymbol{x}_j$ 越相关,那么元素 α_j^i 就越大.

(3) 如图 17-4 所示,计算输出向量 $(\boldsymbol{c}^1,\cdots,\boldsymbol{c}^m)$,每个输出向量的维度都是 d_out. 第 i 个输出向量 $\boldsymbol{c}^i$ 依赖于 $\boldsymbol{\alpha}^i$ 和 $(\boldsymbol{v}^1,\cdots,\boldsymbol{v}^m)$:

$$
\boldsymbol{c}^i = \big[\boldsymbol{v}^1,\boldsymbol{v}^2,\cdots,\boldsymbol{v}^m\big]\cdot\boldsymbol{\alpha}^i = \sum_{j=1}^m \alpha_j^i\boldsymbol{v}^j,\quad \forall\, i=1,\cdots,m.
$$

$\boldsymbol{c}^i$ 是向量 $\boldsymbol{v}^1,\cdots,\boldsymbol{v}^m$ 的加权平均,权重是 $\boldsymbol{\alpha}^i=[\alpha_1^i,\cdots,\alpha_m^i]$.

为什么这种神经网络结构叫作"注意力"呢?如图 17-5 所示,向量 $\boldsymbol{x}^i$ 位置上的输出是 $\boldsymbol{c}^i$,它是做加权平均计算出来的:

$$
\boldsymbol{c}^i = \alpha_1^i\boldsymbol{v}^1 + \alpha_2^i\boldsymbol{v}^2 + \cdots + \alpha_m^i\boldsymbol{v}^m.
$$

权重 $\boldsymbol{\alpha}^i=[\alpha_1^i,\cdots,\alpha_m^i]$ 反映出 $\boldsymbol{c}^i$ 最"关注"哪些输入的 $\boldsymbol{v}^j=\boldsymbol{W}_v\boldsymbol{x}^j$. 如果权重 α_j^i 大,说明 $\boldsymbol{x}^j$ 对 $\boldsymbol{c}^i$ 的影响较大,应当重点关注.

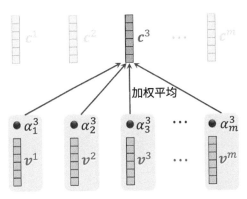

图 17-5 第 i 个输出向量 $\boldsymbol{c}^i$ 由权重 $\boldsymbol{\alpha}^i=[\alpha_1^i,\cdots,\alpha_m^i]$ 和向量 $(\boldsymbol{v}^1,\cdots,\boldsymbol{v}^m)$ 决定

17.1.2 多头自注意力层

上述自注意力层叫作**单头自注意力层**（single-head self-attention layer），简称"单头". 实践中更常用的是**多头自注意力层**（multi-head self-attention layer），简称"多头"，它是多个单头的组合，如图 17-6 所示. 设多头由 l 个单头组成，每个单头有自己的 3 个参数矩阵，所以多头一共有 $3l$ 个参数矩阵. 它们的输入都是序列 $(\boldsymbol{x}_1, \cdots, \boldsymbol{x}_m)$，它们的输出都是长度为 m 的向量序列.

第 1 个自注意力层输出： $\quad\left(\boldsymbol{c}_1^1, \boldsymbol{c}_1^2, \boldsymbol{c}_1^3, \cdots, \boldsymbol{c}_1^m\right),$

第 2 个自注意力层输出： $\quad\left(\boldsymbol{c}_2^1, \boldsymbol{c}_2^2, \boldsymbol{c}_2^3, \cdots, \boldsymbol{c}_2^m\right),$

$$\vdots \qquad\qquad\qquad\qquad \vdots$$

第 l 个自注意力层输出： $\quad\left(\boldsymbol{c}_l^1, \boldsymbol{c}_l^2, \boldsymbol{c}_l^3, \cdots, \boldsymbol{c}_l^m\right).$

其中每个向量 $\boldsymbol{c}_j^i$ 的大小都是 $d_{\text{out}} \times 1$. 多头的输出记作序列 $(\boldsymbol{c}^1, \cdots, \boldsymbol{c}^m)$，其中每个 $\boldsymbol{c}^i$ 都是做**连接**（concatenation）得到的：

$$\boldsymbol{c}^i = \left[\boldsymbol{c}_1^i; \boldsymbol{c}_2^i; \cdots; \boldsymbol{c}_l^i\right] \in \mathbb{R}^{ld_{\text{out}}}, \qquad \forall\, i = 1, \cdots, m.$$

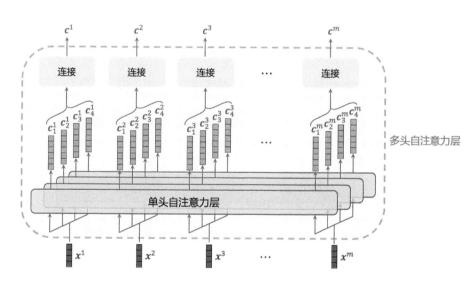

图 17-6 这个例子中，多头自注意力层由 $l = 4$ 个单头自注意力层组成

总结一下，多头自注意力层把长度为 m 的向量序列映射到同等长度的向量序列. 长度 m 可以任意变化，神经网络结构无须改变. 实现一个多头自注意力层需要指定三个超参数：单头的数量 l、每个单头输出的大小 d_{out}、向量 $\boldsymbol{q}^i$ 和 $\boldsymbol{k}^i$ 的大小 d_q. 多头的输出是长度为 m 的向量序列，每个向量的大小是 $ld_{\text{out}} \times 1$. 超参数 d_q 不影响输出的大小，它只在计算权重向量 $\boldsymbol{\alpha}^1, \cdots, \boldsymbol{\alpha}^m$ 的时候使用.

17.2 自注意力改进多智能体强化学习

自注意力机制是改进多智能体强化学习（MARL）的一种有效技巧，可以应用在**中心化训练**或**中心化决策**当中. 自注意力机制在 MARL 中有不同的用法. 此处只讲解一种用法，帮助大家理解自注意力在 MARL 中的意义.

多智能体系统中有 m 个智能体，每个智能体有自己的观测（记作 $o^1, \cdots, o^m$）和动作（记作 $a^1, \cdots, a^m$）. 我们考虑非合作关系设定下的 MARL. 如果做中心化训练，需要用到 m 个状态价值网络

$$v\left([o^1, \cdots, o^m]; \boldsymbol{w}^1\right), \qquad \cdots, \qquad v\left([o^1, \cdots, o^m]; \boldsymbol{w}^m\right),$$

或 m 个动作价值网络

$$q\left([o^1, \cdots, o^m], [a^1, \cdots, a^m]; \boldsymbol{w}^1\right), \quad \cdots, \quad q\left([o^1, \cdots, o^m], [a^1, \cdots, a^m]; \boldsymbol{w}^m\right).$$

由于是非合作关系，因此 m 个价值网络有各自的参数，而且它们的输出各不相同. 我们首先以状态价值网络 v 为例讲解神经网络的结构.

17.2.1 不使用自注意力的状态价值网络

图 17-7 是状态价值网络 $v(s; \boldsymbol{w}^i)$ 最简单的实现. 每个价值网络是一个独立的神经网络，有自己的参数. 底层提取特征的卷积神经网络可以在 m 个价值网络中共享（即复用），而上层的全连接神经网络不能共享. 神经网络的输入是所有智能体的观测的连接，输出是实数

$$\widehat{v}^i = v\left([o^1, \cdots, o^m]; \boldsymbol{w}^i\right).$$

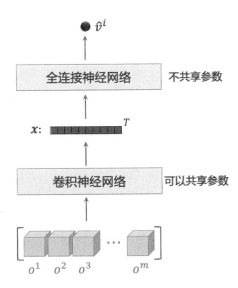

图 17-7 第 i 号状态价值网络最简单的实现

这种简单的神经网络结构有几个不足之处.

- 智能体数量 m 越大，神经网络的参数越多. 神经网络的输入是 m 个观测的连接，它们被映射到特征向量 $\boldsymbol{x}$. m 越大，我们就必须把向量 $\boldsymbol{x}$ 维度设置得越大，否则 $\boldsymbol{x}$ 无法很好地概括 $[o^1, \cdots, o^m]$ 的完整信息. $\boldsymbol{x}$ 维度越大，全连接神经网络的参数就越多，神经网络就越难训练（即需要收集更多的经验才能训练好）.

- 当 m 很大的时候，并非所有智能体的观测 $o^1, \cdots, o^m$ 都与第 i 号智能体密切相关. 第 i 号智能体应当学会判断哪些智能体最相关并予以重点关注，避免决策受无关的智能体干扰.

17.2.2 使用自注意力的状态价值网络

图 17-8 是对状态价值网络更好的实现方式，避免了上面讨论的三种不足之处. 神经网络的结构描述如下.

- 输入仍然是所有智能体的观测 $o^1, \cdots, o^m$. 对于所有的 i，用一个卷积神经网络把 o^i 映射到特征向量 x^i. 这些卷积神经网络的参数都是相同的.

- 自注意力层的输入是向量序列 $(x^1, \cdots, x^m)$，输出是向量序列 $(c^1, \cdots, c^m)$. 向量 c^i 依赖于所有的观测 $x^1, \cdots, x^m$，但是主要取决于与之最密切相关的一个或几个 x.

- 第 i 号全连接神经网络把向量 c^i 作为输入，输出一个实数 $\hat{v}^i$，作为第 i 号价值网络的输出. 在非合作关系的设定下，m 个价值网络是不同的，因此 m 个全连接神经网络不共享参数.

图 17-8 中只用了一个自注意力层. 其实可以重复自注意力层，比如：

$$\cdots \longrightarrow 自注意力层 \longrightarrow 全连接层 \longrightarrow 自注意力层 \longrightarrow 全连接层 \longrightarrow \cdots$$

自注意力的层数是一个超参数，需要用户自己调整.

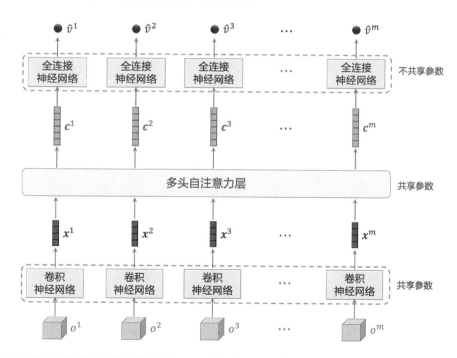

图 17-8 带有自注意力的状态价值网络. 图中的 $\hat{v}^i = v([o^1, \cdots, o^m]; w^i)$ 是第 i 个价值网络的输出

17.2.3 使用自注意力的动作价值网络

上一章介绍了 MADDPG,它是一种连续控制方法,用于非合作关系的设定. 它的架构是 "中心化训练 + 去中心化决策",在中央控制器上部署 m 个动作价值网络,把第 i 个记作:

$$\widehat{q}^{i} = q\Big([o^{1}, \cdots, o^{m}], [a^{1}, \cdots, a^{m}]; w^{i} \Big).$$

它的输入是所有智能体的观测和动作,输出是实数 $\widehat{q}^{i}$,表示动作价值. 可以按照图 17-9 实现动作价值网络. 在 MADDPG 中使用这样的神经网络结构可以提高表现,尤其是当 m 较大的时候,效果的提升较大.

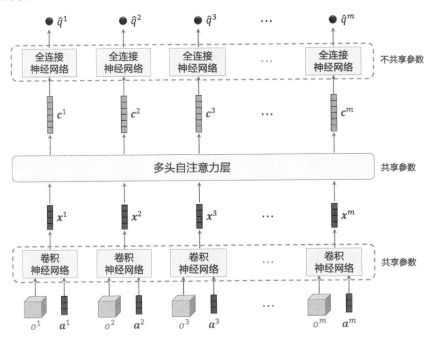

图 17-9 带有自注意力的动作价值网络. 图中的 $\widehat{q}^{i} = q([o^{1}, \cdots, o^{m}], [a^{1}, \cdots, a^{m}]; w^{i})$ 是第 i 个动作价值网络的输出

17.2.4 使用自注意力的中心化策略网络

对于 "中心化训练 + 中心化决策" 的系统架构,需要在中央控制器上部署 m 个策略网络,每个策略网络都需要知道所有 m 个智能体的观测 $o^{1}, \cdots, o^{m}$.

● 对于离散控制,第 i 号策略网络记作:

$$\widehat{f}^{i} = \pi\Big(\cdot \Big| [o^{1}, \cdots, o^{m}]; \theta^{i} \Big).$$

策略网络的输出是向量 $\widehat{\boldsymbol{f}}^i$，它的维度是第 i 号动作空间的大小 $|\mathcal{A}^i|$，$\widehat{\boldsymbol{f}}^i$ 的元素表示每种动作的概率。根据 $\widehat{\boldsymbol{f}}^i$ 做随机抽样，得到动作 a^i，第 i 号智能体执行这个动作。

- 对于连续控制，第 i 号策略网络记作：

$$\boldsymbol{a}^i = \boldsymbol{\mu}\Big(\big[o^1, \cdots, o^m \big]; \boldsymbol{\theta}^i \Big).$$

它的输出是动作 $\boldsymbol{a}^i$，它是 d 维向量，d 是连续控制问题的自由度。第 i 号智能体执行动作 $\boldsymbol{a}^i$。

不管是离散控制还是连续控制，上述两种策略网络中都可以使用自注意力层，神经网络的结构与图 17-8 中的 $v(s; \boldsymbol{w}^i)$ 几乎一样，唯一的区别是神经网络的输出由实数 $\widehat{v}^1, \cdots, \widehat{v}^m$ 变成向量 $\widehat{\boldsymbol{f}}^1, \cdots, \widehat{\boldsymbol{f}}^m$ 或者 $\boldsymbol{a}^1, \cdots, \boldsymbol{a}^m$。

17.2.5　总结

自注意力机制在**非合作关系**设定下的 MARL 中普遍适用。如果系统架构使用**中心化训练**，那么 m 个**价值网络**可以用一个神经网络实现，其中使用自注意力层。如果系统架构使用**中心化决策**，那么 m 个**策略网络**也可以实现成一个神经网络，其中使用自注意力层。在 m 较大的情况下，使用自注意力层对效果有较大的提升。

相关文献

注意力机制由 2015 年发表的一篇论文[55] 提出，这篇论文将注意力机制与 RNN 结合，大幅提升了 RNN 在机器翻译任务上的表现。2017 年发表的一篇论文[105] 提出 Transformer 模型，去掉 RNN，只保留注意力，在机器翻译任务上的表现远优于 RNN 加注意力。2019 年发表的一篇论文[97] 将注意力层用到多智能体的 actor-critic 中。

知识点小结

- 自注意力层的输入是向量序列 $\boldsymbol{x}^1, \cdots, \boldsymbol{x}^m$，输出是向量序列 $\boldsymbol{c}^1, \cdots, \boldsymbol{c}^m$。两个序列的长度相同，但是向量的维度可以不同。自注意力层的参数数量与序列长度 m 无关，因此序列的长度可以是任意的。

- 自注意力层的输入与输出的关系是多对多。输出向量 $\boldsymbol{c}^i$ 不止依赖于 $\boldsymbol{x}^i$，而且依赖于所有的输入。改变任意一个输入向量，都会影响输出的 $\boldsymbol{c}^i$。

- 多头自注意力层由 l 个独立的单头自注意力层组成，l 的大小任意。把单头的输出做连接，作为多头的输出. 如果每个单头自注意力层有 n 个参数, 那么多头自注意力层就有 $n \times l$ 个参数.

- 在做中心化训练或中心化决策的时候, 可以将自注意力层用于价值网络或策略网络, 把所有智能体的观测作为输入序列.

习题

17.1 自注意力层的输入记作 $x_1, \cdots, x_m$, 输出记作 $c_1, \cdots, c_m$. 把 x_m 替换成一个不同的向量 x_m', 那么会发生什么?

    A. 只有向量 c_m 会发生变化

    B. 向量 $c_1, \cdots, c_m$ 都会发生变化

17.2 自注意力层的输入记作 $x_1, \cdots, x_m$, 输出记作 $c_1, \cdots, c_m$. 交换 x_i 与 x_j 的位置, 即用 x_i 代替 x_j, 用 x_j 代替 x_i, 那么会发生什么?

    A. 输出的向量 c_i 会变成 c_j, c_j 会变成 c_i, 其余输出的向量不变

    B. 所有的输出向量 $c_1, \cdots, c_m$ 都可能发生变化

第五部分

应用与展望

第 18 章　AlphaGo 与蒙特卡洛树搜索

之前章节介绍的强化学习方法都是**无模型**（model-free）的，包括价值学习和策略学习．本章介绍的**蒙特卡洛树搜索**（Monte Carlo tree search，MCTS）是一种**基于模型**（model-based）的强化学习方法．MCTS 比价值学习和策略学习更难理解，所以本章结合 AlphaGo 讲解 MCTS.

AlphaGo 的字面意思是"围棋王"，俗称"阿尔法狗"，它是世界上第一个打败人类围棋冠军的 AI. 在 2015 年 10 月，AlphaGo 以 5 : 0 战胜欧洲围棋冠军、职业二段选手樊麾．在 2016 年 3 月，AlphaGo 以 4 : 1 战胜世界冠军李世石．2017 年新版的 AlphaGo Zero 更胜一筹，以 100 : 0 战胜 AlphaGo.

AlphaGo 依靠 MCTS 做决策，而决策的过程中需要策略网络和价值网络的辅助．18.1 节用强化学习的语言描述围棋的状态和动作，并且构造策略网络和价值网络．18.2 节详细讲解 MCTS 的决策过程．18.3 节讲解 AlphaGo 2016 版与 AlphaGo Zero 是如何训练策略网络和价值网络的．

18.1　强化学习眼中的围棋

围棋的棋盘是 19×19 的网格，可以在两条线交叉的地方放置棋子．一方执黑子，另一方执白子，两方交替往棋盘上放置棋子．由于棋盘上有 361 个可以放置棋子的位置，因此动作空间是 $\mathcal{A} = \{1, \cdots, 361\}$．比如动作 $a = 123$ 的意思是在第 123 号位置上放棋子．

AlphaGo 2016 版本使用 $19 \times 19 \times 48$ 的张量表示一个状态．AlphaGo Zero 使用 $19 \times 19 \times 17$ 的张量表示一个状态．本书只解释后者，如图 18-1 所示．下面解释 $19 \times 19 \times 17$ 的状态张量的意义．

- 张量的每个切片（slice）是 19×19 的矩阵，对应 19×19 的棋盘．该矩阵可以表示棋盘上所有黑子的位置．如果一个位置上有黑子，矩阵对应的元素就是 1，否则就是 0．同理，可以用一个 19×19 的矩阵来表示当前棋盘上所有白子的位置．
- 张量中一共有 17 个这样的矩阵，17 是这样得来的．记录最近 8 步棋盘上黑子的位置，需要 8 个矩阵．同理，还需要 8 个矩阵记录白子的位置．另外还需要一个矩阵表示该哪一方下棋：如果该下黑子，那么该矩阵的元素全部等于 1，否则该矩阵的元素全都等于 0．

策略网络 $\pi(a|s; \boldsymbol{\theta})$ 的结构如图 18-2 所示，它的输入是 $19 \times 19 \times 17$ 的状态 s，输出是 361 维的向量 $\boldsymbol{f}$，它的每个元素对应一个动作（即在棋盘上一个位置放棋子）．向量 $\boldsymbol{f}$ 的所有元素都是正数，而且相加等于 1．

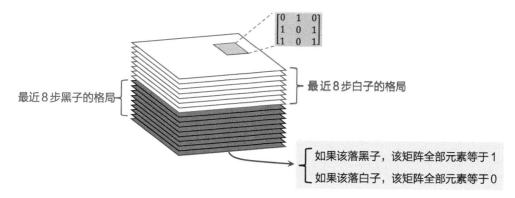

图 18-1　状态可以表示为 $19 \times 19 \times 17$ 的张量

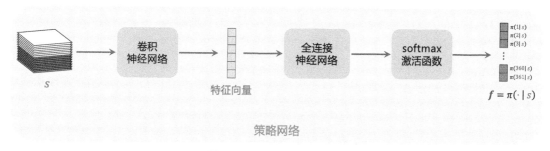

图 18-2　策略网络的示意图

AlphaGo 还有一个价值网络 $v(s; \boldsymbol{w})$，它是对状态价值函数 $V_\pi(s)$ 的近似. 价值网络的结构如图 18-3 所示，它的输入是 $19 \times 19 \times 17$ 的状态 s，输出是一个实数，它的大小反映当前状态 s 的好坏.

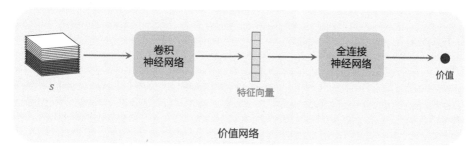

图 18-3　价值网络的示意图

策略网络和价值网络的输入相同，都是状态 s. 它们都用多个卷积层把 s 映射到特征向量，因此可以让策略网络和价值网络共用卷积层. 训练策略网络和价值网络的方法在 18.3 节解释.

18.2　蒙特卡洛树搜索

假设此时已经训练好了策略网络 $\pi(a|s;\boldsymbol{\theta})$ 和价值网络 $v(s;\boldsymbol{w})$. AlphaGo 真正跟人下棋的时候，做决策的不是策略网络或者价值网络，而是**蒙特卡洛树搜索**（Monte Carlo tree search，MCTS）. MCTS 不需要训练，可以直接做决策. 训练策略网络和价值网络的目的是辅助 MCTS. 本节假设策略网络和价值网络已经训练好，可以直接用；18.3 节再具体讲解它们的训练.

18.2.1　MCTS 的基本思想

思考一个问题：人类玩家是怎么下围棋、象棋、五子棋的？人类玩家通常会向前看几步，越是高手，看得越远. 假如现在该我放棋子了，应该思考这样的问题：当前有几个貌似可行的走法，假如我的动作是 $a_t = 234$，对手会怎么走呢？假如接下来对手把棋子放在 $a'_t = 30$ 的位置上，那我下一步的动作 a_{t+1} 应该是什么呢？做当前决策之前，我需要在大脑里做这样的预判，确保几步以后我很可能会占优势. 如果只根据当前格局做判断，不往前看，我肯定赢不了高手. 同理，AI 下棋也应该向前看，应该枚举未来可能发生的情况，从而判断当前执行什么动作的胜算最大，这样做远好于用策略网络计算一个动作.

MCTS 的基本原理就是向前看，模拟未来可能发生的情况，从而找出当前最优的动作. AlphaGo 每走一步棋，都要用 MCTS 做成千上万次模拟，从而判断出哪个动作的胜算最大. 做模拟的基本思想如下. 假设当前有三种看起来很好的动作，每次模拟的时候从中选出一种，然后将一局游戏进行到底，从而知晓胜负.（只是计算机做模拟而已，不是真的跟对手下完一局.）重复成千上万次模拟，统计每种动作的胜负频率，发现三种动作的胜率分别是 48%、56%、52%，那么 AlphaGo 应当执行第二种动作，因为它的胜算最大. 以上只是 MCTS 的基本想法，实际做起来有很多难点需要解决.

18.2.2　MCTS 的四个步骤

MCTS 的每一次模拟选出一个动作 a 并执行，然后把一局游戏进行到底，用胜负来评价这个动作的好坏. MCTS 的每一次模拟分为四个步骤：**选择**（selection）、**扩展**（expansion）、**求值**（evaluation）、**回溯**（backup）.

1. 第一步——选择

观测棋盘上当前的格局，找出所有空位，然后判断其中哪些位置符合围棋规则，每个符合规则的位置对应一个可行的动作. 每一步至少有几十甚至上百个可行的动作；假如挨个搜索和评估所有可行动作，计算量会大到无法承受. 虽然有几十、上百个可行动作，好在只有少数几个动作有较大的胜算. 这一步的目的就是找出胜算较大的动作, 只搜索这些好的动作, 忽略其他动作.

如何判断动作 a 的好坏呢? 有两个指标: 第一, 动作 a 的胜率; 第二, 策略网络给动作 a 的评分 (概率值). 用下面这个分值评价 a 的好坏:

$$\text{score}(a) \triangleq Q(a) + \frac{\eta}{1+N(a)} \cdot \pi(a|s; \boldsymbol{\theta}). \tag{18.1}$$

此处的 η 是个需要调整的超参数. 式 (18.1) 中 $N(a)$、$Q(a)$ 的定义如下.

- $N(a)$ 是动作 a 已经被访问过的次数. 初始的时候, 对于所有的 a, 令 $N(a) \leftarrow 0$. 动作 a 每被选中一次, 我们就把 $N(a)$ 加一: $N(a) \leftarrow N(a) + 1$.

- $Q(a)$ 是之前 $N(a)$ 次模拟算出来的动作价值, 主要由胜率和价值函数决定. $Q(a)$ 的初始值是 0, 动作 a 每被选中一次, 就会更新一次 $Q(a)$, 后面会详解.

可以这样理解式 (18.1).

- 如果动作 a 还没被选中过, 那么 $Q(a)$ 和 $N(a)$ 都等于零, 因此可得

$$\text{score}(a) \propto \pi(a|s; \boldsymbol{\theta}),$$

也就是说完全由策略网络评价动作 a 的好坏.

- 如果动作 a 已经被选中过很多次, 那么 $N(a)$ 就很大, 导致策略网络在 $\text{score}(a)$ 中的权重降低. 当 $N(a)$ 很大的时候, 有

$$\text{score}(a) \approx Q(a),$$

此时主要基于 $Q(a)$ 判断 a 的好坏, 而策略网络已经无关紧要了.

- 系数 $\frac{1}{1+N(a)}$ 的另一个作用是鼓励探索, 也就是让被选中次数少的动作有更多的机会被选中. 假如两个动作有相近的 Q 分数和 π 分数, 那么被选中次数少的动作的 score 会更高.

MCTS 根据式 (18.1) 算出所有动作的分数 $\text{score}(a)$, $\forall a$. MCTS 选择分数最高的动作. 图 18-4 的例子中有 3 个可行动作, 分数分别为 0.4、0.3、0.5. 第三个动作分数最高, 会被选中, 这一轮模拟会执行这个动作. (只是在模拟中执行而已, 不是 AlphaGo 真的走一步棋).

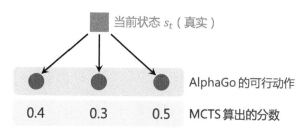

图 18-4 假设有 3 个可行动作, 根据式 (18.1) 算出它们的分数

2. 第二步——扩展

把第一步选中的动作记作 a_t, 它只是个假想的动作, 只在 "模拟器" 中执行, 而不是 AlphaGo

真正执行的动作. AlphaGo 需要考虑这样一个问题: 假如它执行动作 a_t, 那么对手会执行什么动作呢? 对手肯定不会把自己的想法告诉 AlphaGo, 那么 AlphaGo 只能猜测对手的动作. AlphaGo 可以 "推己及人": 如果 AlphaGo 认为几个动作很好, 对手也会这么认为. 所以 AlphaGo 用策略网络模拟对手, 根据策略网络随机抽样一个动作:

$$a_t' \sim \pi\big(\cdot \,\big|\, s_t'; \boldsymbol{\theta} \big).$$

此处状态 s' 是站在对手的角度观测到的棋盘上的格局, 动作 a_t' 是 (假想) 对手选择的动作. 图 18-5 的例子中对手有 4 种可行动作, AlphaGo 用策略网络算出每个动作的概率值, 然后据此随机抽样对手的一个动作, 记作 a_t'. 假设根据概率值 0.1, 0.3, 0.2, 0.4 做随机抽样, 选中第二种动作, 如图 18-6 所示. 从 AlphaGo 的角度来看, 对手的动作就是 AlphaGo 新的状态.

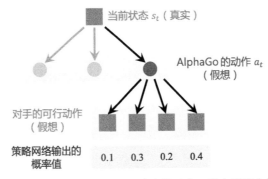

图 18-5 假设 AlphaGo 有三种可行的动作, AlphaGo 选中第三个, 并在模拟中执行. 用策略网络模拟对手, 策略网络输出对手可行动作的概率值: 0.1, 0.3, 0.2, 0.4

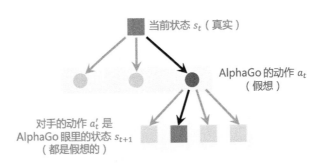

图 18-6 假设对手有四种可行的动作, AlphaGo 根据概率值做随机抽样, 替对手选中了第二种动作. 对手的动作就是 AlphaGo 眼里的新的状态

　　AlphaGo 需要在模拟中跟对手将一局游戏进行下去, 所以需要一个模拟器 (即环境). 在模拟器中, AlphaGo 每执行一个动作 a_k, 模拟器就会返回一个新的状态 s_{k+1}. 想要搭建一个好的模拟器, 关键在于使用正确的状态转移函数 $p(s_{k+1}|s_k, a_k)$; 如果状态转移函数与事实偏离太远, 那么用模拟器做 MCTS 是毫无意义的.

AlphaGo 模拟器利用了围棋游戏的对称性: AlphaGo 的策略在对手看来是状态转移函数, 对手的策略在 AlphaGo 看来是状态转移函数. 最理想的情况下, 模拟器的状态转移函数是对手的真实策略. 然而 AlphaGo 并不知道对手的真实策略, 因此退而求其次, 用自己训练出来的策略网络 π 代替对手的策略, 作为模拟器的状态转移函数.

想要用 MCTS 做决策, 必须要有模拟器, 而搭建模拟器的关键在于构造正确的状态转移函数 $p(s_{k+1}|s_k, a_k)$. 从搭建模拟器的角度来看, 围棋是非常简单的问题: 由于围棋的对称性, 因此可以用策略网络作为状态转移函数. 但是对于大多数实际问题, 构造状态转移函数非常困难. 比如机器人、无人车等应用, 状态转移的构造需要物理模型, 要考虑到力、运动以及外部世界的干扰. 如果物理模型不够准确, 导致状态转移函数偏离事实太远, 那么 MCTS 的模拟结果就不可靠.

3. 第三步——求值

从状态 s_{t+1} 开始, 双方都用策略网络 π 做决策, 在模拟器中交替落子, 直到分出胜负, 如图 18-7 所示. AlphaGo 基于状态 s_k, 根据策略网络抽样得到动作

$$a_k \sim \pi(\,\cdot\,|\,s_k; \boldsymbol{\theta}).$$

对手基于状态 s_k' (从对手角度观测到的棋盘上的格局), 根据策略网络抽样得到动作

$$a_k' \sim \pi(\,\cdot\,|\,s_k'; \boldsymbol{\theta}).$$

当这局游戏结束时, 可以观测到奖励 r. 如果 AlphaGo 胜利, 则 $r = +1$, 否则 $r = -1$.

回顾一下, 棋盘上真实的状态是 s_t, AlphaGo 在模拟器中执行动作 a_t, 然后模拟器中的对手执行动作 a_t', 进而产生新的状态 s_{t+1}. 状态 s_{t+1} 越好, 则这局游戏胜算越大.

- 如果 AlphaGo 赢得这局模拟 ($r = +1$), 则说明 s_{t+1} 可能很好; 如果输了 ($r = -1$), 则说明 s_{t+1} 可能不好. 因此, 奖励 r 可以反映出 s_{t+1} 的好坏.

- 此外, 还可以用价值网络 v 评价状态 s_{t+1} 的好坏. 价值 $v(s_{t+1}; \boldsymbol{w})$ 越大, 则说明状态 s_{t+1} 越好.

奖励 r 是模拟最终的胜负, 是对 s_{t+1} 很可靠的评价,

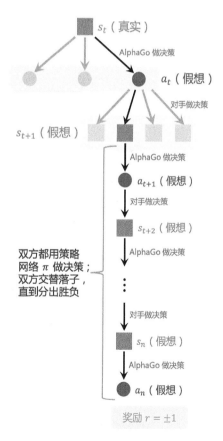

图 18-7 策略网络自我博弈

但是随机性太大. 价值网络的评估 $v(s_{t+1}; \boldsymbol{w})$ 没有 r 可靠, 但是价值网络更稳定、随机性更小. AlphaGo 的解决方案是把奖励 r 与价值网络的输出 $v(s_{t+1}; \boldsymbol{w})$ 取平均, 记作:

$$V(s_{t+1}) \triangleq \frac{r + v(s_{t+1}; \boldsymbol{w})}{2},$$

把它记录下来, 作为对状态 s_{t+1} 的评价.

实际实现的时候, AlphaGo 还训练了一个更小的神经网络, 它做决策更快. MCTS 在第一步和第二步用大的策略网络, 第三步用小的策略网络. 读者可能好奇, 为什么在且仅在第三步用小的策略网络呢? 第三步两个策略网络交替落子, 通常要走一两百步, 导致第三步成为 MCTS 的瓶颈. 用小的策略网络代替大的策略网络, 可以大幅加速 MCTS.

4. 第四步——回溯

第三步——求值——算出了第 $t+1$ 步某一个状态的价值, 记作 $V(s_{t+1})$; 每一次模拟都会得出这样一个价值, 并且记录下来. 模拟会重复很多次, 于是第 $t+1$ 步每一种状态下面可以有多条记录, 如图 18-8 所示. 第 t 步的动作 a_t 下面有多个可能的状态 (子节点), 每个状态下面有若干条记录. 把 a_t 下面所有的记录取平均, 记作价值 $Q(a_t)$, 它可以反映出动作 a_t 的好坏. 在图 18-8 中, a_t 下面一共有 12 条记录, $Q(a_t)$ 是 12 条记录的均值.

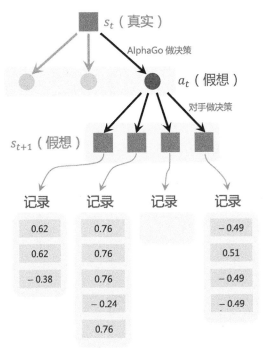

图 18-8　每一个状态 s_{t+1} 下面都有很多条记录, 每一条记录是一个 $V(s_{t+1})$

给定棋盘上的真实状态 s_t，有多个动作 a 可供选择．对于所有的 a，价值 $Q(a)$ 的初始值是零．动作 a 每被选中一次（成为 a_t），它下面就会多一条记录，我们就对 $Q(a)$ 做一次更新．

5. 回顾第一步——选择

基于棋盘上真实的状态 s_t，MCTS 需要从可行的动作中选出一个，作为 a_t．MCTS 计算每一个动作 a 的分数：

$$\text{score}(a) \triangleq Q(a) + \frac{\eta}{1+N(a)} \cdot \pi(a|s;\boldsymbol{\theta}), \qquad \forall a,$$

然后选择分数最高的 a．MCTS 算出的 $Q(a)$ 的用途就在这里．

18.2.3 MCTS 的决策

18.2.2 节讲解了单次模拟的四个步骤，注意，这只是单次模拟而已．MCTS 想要真正做出一个决策（即在真正的棋盘上落一个棋子），需要做成千上万次模拟．在做了无数次模拟之后，MCTS 做出真正的决策：

$$a_t = \underset{a}{\arg\max}\ N(a).$$

此时 AlphaGo 才会真正在棋盘上放一个棋子．

为什么要依据 $N(a)$ 来做决策呢？在每一次模拟中，MCTS 找出所有可行的动作 $\{a\}$，计算它们的分数 $\text{score}(a)$，然后选择其中分数最高的动作，在模拟器里执行．如果某个动作 a 在模拟中胜率很大，那么它的价值 $Q(a)$ 就会很大，它的分数 $\text{score}(a)$ 会很高，于是它被选中的概率就大．也就是说，如果某个动作 a 很好，它被选中的次数 $N(a)$ 就会多．

观测到棋盘上的当前状态 s_t，MCTS 做成千上万次模拟，记录每个动作 a 被选中的次数 $N(a)$，最终做出决策 $a_t = \arg\max_a N(a)$．到了下一时刻，状态变成了 s_{t+1}，MCTS 把所有动作 a 的 $Q(a)$、$N(a)$ 全都初始化为零，然后从头开始做模拟，而不能利用上一次的结果．

AlphaGo 下棋非常"暴力"：每走一步棋之前，它先在"脑海里"模拟几千、几万局，它可以预知每一种动作的后果，对手最有可能做出的反应都在 AlphaGo 的算计之内．由于计算量差距悬殊，因此人类面对 AlphaGo 时不太可能有胜算．这样的比赛对人来说是不公平的，假如李世石下每一颗棋子之前，先跟柯洁模拟一千局，或许李世石的胜算会大于 AlphaGo．

18.3 训练策略网络和价值网络

18.2 节假设策略网络和价值网络已经训练好，用它们辅助 MCTS．本节具体讲解如何训练这两个神经网络．AlphaGo 有多个版本，其中最著名的是 2016 年、2017 年发表在《自然》期刊的两个版本, 本书称之为 AlphaGo 2016 版和 AlphaGo Zero 版. AlphaGo Zero 实力更强: DeepMind 做了实验, 让两个版本博弈 100 次, 比分是 $100 : 0$.

18.3.1 AlphaGo 2016 版本的训练

AlphaGo 2016 版的训练分为三步:

(1) 随机初始化策略网络 $\pi(a|s; \boldsymbol{\theta})$ 之后, 用行为克隆从人类棋谱中学习策略网络;
(2) 让两个策略网络自我博弈, 用 REINFORCE 算法改进策略网络;
(3) 基于已经训练好的策略网络, 训练价值网络 $v(s; \boldsymbol{w})$.

1. 第一步——行为克隆

一开始的时候, 策略网络的参数都是随机初始化的. 假如此时直接让两个策略网络自我博弈, 它们会做出纯随机的动作, 得随机摸索很多很多次, 才能做出合理的动作. 假如一上来就用 REINFORCE 学习策略网络, 最初随机摸索的过程要花很久. 这就是为什么 AlphaGo 2016 版基于人类专家的知识初步训练一个策略网络.

有一个叫 KGS 的在线围棋游戏程序, 它在 2000 年上线, 供玩家在线比赛. KGS 会把每一局游戏都记录下来. KGS 有 16 万局六段以上高级玩家的游戏记录. 每一局游戏有很多步, 每一步棋盘上的格局作为一个状态 s_k, 下一个棋子的位置作为动作 a_k, 这样得到数据集 $\{(s_k, a_k)\}$. 数据集中一共有 $m = 2.94 \times 10^7$ 个 (s_k, a_k) 这样的二元组.

AlphaGo 用行为克隆训练策略网络 $\pi(a|s; \boldsymbol{\theta})$. 之前 12.1 节详细介绍了行为克隆, 这里只是简单概括一下. 设 361 维的向量

$$\boldsymbol{f}_k = \pi(\,\cdot\,|s_k; \boldsymbol{\theta}) = \left[\pi(1\,|\,s_k; \boldsymbol{\theta}), \pi(2\,|\,s_k; \boldsymbol{\theta}), \cdots, \pi(361\,|\,s_k; \boldsymbol{\theta})\right]$$

是策略网络的输出, 设 $\bar{\boldsymbol{a}}_k$ 是对动作 a_k 的 one-hot 编码. 函数 $H(\bar{\boldsymbol{a}}_k, \boldsymbol{f}_k)$ 是交叉熵, 用于衡量 $\bar{\boldsymbol{a}}_k$ 与 $\boldsymbol{f}_k$ 的差别. 行为克隆可以描述成如下优化问题:

$$\min_{\boldsymbol{\theta}} \frac{1}{m} \sum_{k=1}^{m} H(\bar{\boldsymbol{a}}_k, \boldsymbol{f}_k).$$

可以用随机梯度下降 (SGD) 求解这个优化问题. 每次随机从 $\{1, \cdots, m\}$ 中选出一个序号, 记作 j. 设当前策略网络参数为 $\boldsymbol{\theta}_{\text{now}}$, 用随机梯度更新 $\boldsymbol{\theta}$:

$$\boldsymbol{\theta}_{\text{new}} \leftarrow \boldsymbol{\theta}_{\text{now}} - \beta \cdot \nabla_{\boldsymbol{\theta}} H\left(\bar{\boldsymbol{a}}_j, \pi(\,\cdot\,|s_j; \boldsymbol{\theta}_{\text{now}})\right),$$

此处的 β 是学习率. 这样可以让策略网络的决策 $\pi(\cdot|s_k; \boldsymbol{\theta})$ 更接近人类高手的动作 $\bar{\boldsymbol{a}}_j$.

KGS 中有 16 万局游戏是六段以上高手的博弈. 利用行为克隆得到的策略网络模仿高手的动作, 可以做出比较合理的决策. 它在实战中可以打败业余玩家, 但是不敌职业玩家. 12.1 节详细讨论过行为克隆的缺点. 为了克服这些缺点, 还需要继续用强化学习训练策略网络. 在行为克隆之后再通过强化学习改进策略网络, 可以击败只用行为克隆的策略网络, 胜算是 80%.

2. 第二步——用 REINFORCE 训练策略网络

如图 18-9 所示, AlphaGo 让策略网络自我博弈, 用胜负作为奖励, 更新策略网络. 博弈的双方是两个策略网络, 一个叫作"玩家", 用最新的参数, 记作 θ_{now}; 另一个叫作"对手", 它的参数是从过时的参数中随机选出来的, 记作 θ_{old}. "对手"的作用相当于模拟器（环境）的状态转移函数, 只是陪玩. 训练过程中, 只更新"玩家"的参数, 不更新"对手"的参数.

图 18-9　让两个策略网络自我博弈

让"玩家"和"对手"博弈, 将一局游戏进行到底, 假设走了 n 步. 游戏没结束的时候, 奖励全都是零:

$$r_1 = r_2 = \cdots = r_{n-1} = 0.$$

游戏结束的时候, 如果"玩家"赢了, 奖励是 $r_n = +1$, 那么所有的回报都是 $+1$: [①]

$$u_1 = u_2 = \cdots = u_n = +1.$$

如果"玩家"输了, 奖励是 $r_n = -1$, 那么所有的回报都是 -1:

$$u_1 = u_2 = \cdots = u_n = -1.$$

所有 n 步都用同样的回报, 这相当于不区分哪一步棋走得好, 哪一步走得烂: 只要赢了, 每一步都被视为"好棋"; 假如输了, 每一步都被看成"臭棋".

REINFORCE 是一种策略梯度方法, 它用观测到的回报 u 近似动作价值 Q_π. REINFORCE 更新策略网络的公式是:

$$\theta_{\text{new}} \leftarrow \theta_{\text{now}} + \beta \cdot \sum_{t=1}^{n} u_t \cdot \nabla \ln \pi\big(a_t \,|\, s_t; \theta_{\text{now}}\big),$$

此处的 β 是学习率.

---

① 回报的定义是 $u_t = r_t + r_{t+1} + \cdots + r_n$, 折扣率是 $\gamma = 1$.

3. 第三步——训练价值网络

价值网络 $v(s; \boldsymbol{w})$ 是对状态价值函数 $V_\pi(s)$ 的近似, 用于评估状态 s 的好坏. 在完成第二步之后, 用 π 辅助训练 v. 虽然此处有一个策略网络 π 和一个价值网络 v, 但这不属于 actor-critic 方法. 此处先训练 π, 再训练 v, 用 π 辅助训练 v; 而 actor-critic 同时训练 π 和 v, 用 v 辅助训练 π.

让训练好的策略网络自我博弈, 记录状态—回报二元组 (s_k, u_k), 存到一个缓存里. 自我博弈需要重复非常多次, 把最终得到的数据集记作 $\{(s_k, u_k)\}_{k=1}^m$. 根据定义, 状态价值 $V_\pi(s_k)$ 是回报 U_k 的期望:

$$V_\pi(s_k) = \mathbb{E}[U_k \mid S_k = s_k].$$

我们希望价值网络 $v(s_k; \boldsymbol{w})$ 接近 V_π, 也就是回报的期望, 于是让 $v(s_k; \boldsymbol{w})$ 去拟合回报 u_k. 定义回归问题:

$$\min_{\boldsymbol{w}} \frac{1}{2m} \sum_{k=1}^m \left[v(s_k; \boldsymbol{w}) - u_k \right]^2.$$

可以用随机梯度下降（SGD）求解这个回归问题. 设当前价值网络参数为 $\boldsymbol{w}_{\text{now}}$, 每次随机从 $\{1, \cdots, m\}$ 中选出一个序号, 记作 j. 用价值网络做预测: $\hat{v}_j = v(s_j; \boldsymbol{w}_{\text{now}})$. 用随机梯度更新 $\boldsymbol{w}$:

$$\boldsymbol{w}_{\text{new}} \leftarrow \boldsymbol{w}_{\text{now}} - \alpha \cdot (\hat{v}_j - u_j) \cdot \nabla_{\boldsymbol{w}} v(s_j; \boldsymbol{w}_{\text{now}}),$$

此处的 α 是学习率.

18.3.2 AlphaGo Zero 版本的训练

AlphaGo Zero 与 AlphaGo 2016 版本的最大区别在于训练策略网络 $\pi(a|s; \boldsymbol{\theta})$ 的方式: 不再从人类棋谱中学习, 也不用 REINFORCE 方法, 而是向 MCTS 学习. 其实可以把 AlphaGo Zero 训练 π 的方法看作模仿学习, 被模仿对象是 MCTS.

1. 自我博弈

用 MCTS 控制两个玩家对弈. 每走一步棋, MCTS 需要做成千上万次模拟, 并记录下每个动作被选中的次数 $N(a)$, $\forall a \in \{1, 2, \cdots, 361\}$. 设当前是 t 时刻, 真实棋盘上的当前状态是 s_t. 现在执行 MCTS, 完成很多次模拟, 得到 361 个整数（每种动作被选中的次数）:

$$N(1), \ N(2), \ \cdots, \ N(361).$$

对这些 N 做归一化, 得到 361 个正数, 它们相加等于 1. 把这 361 个数记作 361 维的向量:

$$\boldsymbol{p}_t = \text{normalize}\left(\left[N(1), \ N(2), \ \cdots, \ N(361) \right]^{\mathrm{T}} \right).$$

设这局游戏走了 n 步之后分出胜负；奖励 r_n 要么等于 $+1$，要么等于 -1，取决于游戏的胜负。在游戏结束的时候，得到回报 $u_1 = \cdots = u_n = r_n$. 记录下这些数据：

$$(s_1, \boldsymbol{p}_1, u_1), \quad (s_2, \boldsymbol{p}_2, u_2), \quad \cdots, \quad (s_n, \boldsymbol{p}_n, u_n).$$

用这些数据更新策略网络 π 和价值网络 v，对 π 和 v 的更新同时进行。

2. 更新策略网络

18.2 节讨论过，MCTS 做出的决策优于策略网络 π 做出的决策，这就是为什么 AlphaGo 用 MCTS 做决策，而 π 只是用来辅助 MCTS. 既然 MCTS 比 π 更好，那么可以把 MCTS 的决策作为目标，让 π 去模仿. 这其实是行为克隆，被模仿的对象是 MCTS. 我们希望 π 做出的决策

$$\boldsymbol{f}_t = \pi(\,\cdot\,|\,s_t; \boldsymbol{\theta}) \in \mathbb{R}^{361}$$

尽量接近 $\boldsymbol{p}_t \in \mathbb{R}^{361}$，也就是让交叉熵 $H(\boldsymbol{p}_t, \boldsymbol{f}_t)$ 尽量小. 定义优化问题：

$$\min_{\boldsymbol{\theta}} \ \frac{1}{n} \sum_{t=1}^{n} H\Big(\boldsymbol{p}_t, \, \pi\big(\,\cdot\,\big|\,s_t \ \boldsymbol{\theta}\big)\Big).$$

设 π 的当前参数是 $\boldsymbol{\theta}_{\text{now}}$. 做一次梯度下降更新参数：

$$\boldsymbol{\theta}_{\text{new}} \ \leftarrow \ \boldsymbol{\theta}_{\text{now}} - \beta \cdot \frac{1}{n} \sum_{t=1}^{n} \nabla_{\boldsymbol{\theta}} H\Big(\boldsymbol{p}_t, \, \pi\big(\,\cdot\,\big|\,s_t \ \boldsymbol{\theta}_{\text{now}}\big)\Big). \tag{18.2}$$

此处的 β 是学习率.

3. 更新价值网络

训练价值网络的方法与 AlphaGo 2016 版本基本一样，都是让 $v(s_t; \boldsymbol{w})$ 拟合回报 u_t. 定义回归问题：

$$\min_{\boldsymbol{w}} \ \frac{1}{2n} \sum_{t=1}^{n} \Big[v\big(s_t; \boldsymbol{w}\big) - u_t \Big]^2.$$

设价值网络 v 的当前参数是 $\boldsymbol{w}_{\text{now}}$. 用价值网络做预测：$\widehat{v}_t = v(s_t; \boldsymbol{w}_{\text{now}})$, $\forall t = 1, \cdots, n$. 做一次梯度下降更新 $\boldsymbol{w}$：

$$\boldsymbol{w}_{\text{new}} \ \leftarrow \ \boldsymbol{w}_{\text{now}} - \alpha \cdot \frac{1}{n} \sum_{t=1}^{n} \big(\widehat{v}_t - u_t\big) \cdot \nabla_{\boldsymbol{w}} v\big(s_t; \boldsymbol{w}_{\text{now}}\big). \tag{18.3}$$

4. 训练流程

随机初始化策略网络参数 $\boldsymbol{\theta}$ 和价值网络参数 w，然后让 MCTS 自我博弈，玩很多局游戏；每完成一局游戏，更新一次 $\boldsymbol{\theta}$ 和 w. 训练的具体流程就是重复下面三个步骤直到收敛.

(1) 让 MCTS 自我博弈，完成一局游戏，收集到 n 个三元组：$(s_1, \boldsymbol{p}_1, u_1), \cdots, (s_n, \boldsymbol{p}_n, u_n)$.
(2) 按照式 (18.2) 做一次梯度下降，更新策略网络参数 $\boldsymbol{\theta}$.
(3) 按照式 (18.3) 做一次梯度下降，更新价值网络参数 w.

相关文献

早在很多年前，AI 就在棋类游戏中战胜了人类，比如国际象棋（Chess）[106]、**西洋跳棋**（Checker）[107,108]、**黑白棋**（Reversi 或 Othello）[109]、**双陆棋**（Backgammon）[110]. 这些棋类游戏的状态空间远比围棋的状态空间小，所以做搜索会相对容易.

AlphaGo 的论文 [111] 于 2016 年首先发表在《自然》. 改进版本 AlphaGo Zero 的论文 [112] 于 2017 年发表在《自然》. 在 AlphaGo 出现之前，业界一直有对围棋 AI 的探索，尽管 AI 尚无法击败人类围棋冠军. 其中最有名的围棋 AI 包括 Pachi [113]、Fuego [114]、GNU Go（1999 年发布，2009 年停更）、Crazy Stone（2006 年发布）. Crazy Stone 虽然不及人类冠军，但是在对手让 4 子的情况下打败过九段高手. 有兴趣的读者可以参考相关论文 [113-119].

蒙特卡洛树搜索（MCTS）最早在 2006 年发表的一篇论文 [120] 中提出. 2006 年发表的另外两篇论文 [121,122] 提出了类似的想法. 2008 年发表的一篇论文 [123] 将 MCTS 概括为今天众所周知的四个步骤. 本书篇幅有限，故不深入介绍 MCTS. 有兴趣的读者可以阅读相关综述 [124] 和图书 [125].

知识点小结

- AlphaGo 2016 版本的训练分三步. 首先做行为克隆，用人类高手的棋谱训练策略网络. 然后让两个策略网络自我博弈，用 REINFORCE 算法进一步训练策略网络. 最后用回归训练价值网络，价值网络可以根据棋盘上的格局预估胜算.

- 新版的 AlphaGo Zero 用蒙特卡洛树搜索（MCTS）控制两个玩家博弈. 每完成一局，对策略网络和价值网络做一次更新. 用行为克隆训练策略网络，模仿的对象是 MCTS 的决策. 用回归训练价值网络，让价值网络拟合胜负关系.

- 训练好策略网络和价值网络之后，AlphaGo 可以与人类高手对决. AlphaGo 使用 MCTS 做决策，MCTS 需要策略网络和价值网络的辅助. 策略网络扮演模拟器中的玩家和对手. 价值网络的作用是给棋盘上的格局打分，从而评价动作的好坏.

- MCTS 分四步：选择、扩展、求值、回溯. 在模拟器中执行这四步，可以计算出一个动作的分数. 重复这四步成千上万次，可以从动作的分数中看出动作的好坏. 实际执行最好的动作，在棋盘上落一颗棋子. 每在棋盘上落一颗棋子，都需要从头开始做 MCTS，重复成千上万次模拟.

习题

18.1 AlphaGo 用 MCTS 来判断动作的好坏. 通过计算，MCTS 发现动作 a 的分数 $N(a)$ 很高，这说明 _____.

    A. 动作 a 好

    B. 动作 a 不好

18.2 AlphaGo 中的价值网络 $v(s; \boldsymbol{w})$ 是对 _____ 的近似.

    A. 动作价值函数 Q_π

    B. 最优动作价值函数 $Q_\star$

    C. 状态价值函数 V_π

    D. 最优状态价值函数 $V_\star$

第 19 章　现实世界中的应用

强化学习最成功的应用莫过于 Atari、围棋等游戏，然而在现实中的落地应用还比较少。
19.1 节到 19.4 节分别介绍强化学习的几个实际应用：神经网络结构搜索、自动生成 SQL 语句、
推荐系统、网约车调度。19.5 节和 19.6 节分别讨论强化学习与监督学习适用的场景，以及制约
强化学习落地应用的因素。

19.1　神经网络结构搜索

传统的神经网络结构通常是由人手动设计的。以卷积神经网络（CNN）为例，众所周知的
神经网络结构包括 LeNet、AlexNet、ResNet、GoogLeNet、MobileNet，它们都是由业内专家根据
经验设计的，旨在最大化测试准确率，或者最小化内存和计算开销。**神经网络结构搜索**（neural
architecture search，NAS）的意思是自动寻找最优的神经网络结构，代替手动设计的神经网络。
2017 年发表的一篇论文 [126] 开创性地将强化学习用于 NAS，得到的 CNN 结构优于人工设计的
CNN。这是强化学习非常成功的应用。遗憾的是，这种方法很快就被不用强化学习的方法超越。
尽管如此，这篇论文的思想仍然具有启发意义。本节简要描述这种方法的思想，关心细节的读
者可以去阅读原文。

19.1.1　超参数和交叉验证

为了解释神经网络结构搜索，需要从**超参数**（hyper-parameter）讲起。深度学习中有两类超
参数。

- **结构超参数**包括层数、层的类别、层的大小等数值。以一个卷积层为例，其中的超参数包括**卷积
核**（filter）的大小、卷积核的数量、**步长**（stride）的大小。这些超参数决定了神经网络的结构。
- **算法超参数**包括学习率、批大小、epoch 数量、正则等。由于神经网络的非凸性，因此用不同
的算法超参数会得到不同的解。

图 19-1 解释了超参数与参数之间的关系。模型参数受超参数的控制：用不同的超参数，会
学出不同的模型参数，从而会有不同的测试准确率。超参数与参数的区别是什么呢？两者之间
未必有严格的界限。但通常来说，损失函数关于模型参数可微，因此可以用梯度算法学出模型
参数。而损失函数关于超参数不可微，无法直接用梯度算法学出超参数。通常需要用**交叉验证**

等方法搜索超参数.

在搜索超参数之前，需要手动指定候选超参数. 举个例子，我们搭建 20 个卷积层，想要搜索其中的结构超参数. 假设我们手动指定这些候选超参数.

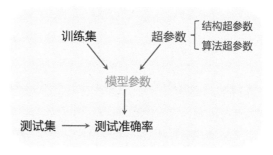

图 19-1 超参数与参数的关系

- 卷积核数量：$\{\,24,\ 36,\ 48,\ 64\,\}$.
- 卷积核大小：$\{\,3\times 3,\ 5\times 5,\ 7\times 7\,\}$.
- 步长大小：$\{\,1\times 1,\ 2\times 2\,\}$.

搜索空间

搜索空间（search space）是一个集合，其中包含所有超参数的组合. 在上述例子中，搜索空间是这个笛卡儿积：

$$\{\,24,\ 36,\ 48,\ 64\,\}^{20} \ \times\ \{\,3\times 3,\ 5\times 5,\ 7\times 7\,\}^{20}\ \times\ \{\,1\times 1,\ 2\times 2\,\}^{20}.$$

上式中的 20 是指 20 个卷积层. 搜索空间中元素的数量等于 $(4\times 3\times 2)^{20} \approx 4\times 10^{27}$. 尽管每个超参数只有 $2\sim 4$ 个候选方案，但搜索空间无比巨大.

如何用交叉验证搜索超参数呢？首先将训练数据随机划分成两部分，比如 80% 做训练集，20% 做验证集. 然后重复下面的步骤很多次：

(1) 从搜索空间中均匀随机选出一组超参数的组合，搭建卷积神经网络；
(2) 在训练集上训练神经网络，从随机初始化开始，直到梯度算法收敛；
(3) 在验证集评价神经网络，记录下验证准确率.

最后，选出最高的验证准确率对应的超参数组合，完成超参数搜索. 上述随机超参数搜索的缺点显而易见.

- 第一，每次搜索的代价都很大. 从随机初始化到算法收敛，花费的时间少则几十分钟，多则几天. 如果 GPU 数量有限，顶多只能尝试几千、几万种超参数组合.
- 第二，搜索空间过于巨大. 在上述例子中，搜索空间中约有 4×10^{27} 种超参数组合. 如果把搜索空间比作海洋，那么几万种超参数组合相当于一克水. 随机搜索超参数就像是海底捞针.
- 第三，由于随机性，验证准确率最高的超参数组合未必是最好的. 随机性来自随机初始化、随机梯度、数据集的随机划分. 在验证集上，某个超参数的组合取得最高的准确率，其中有很大的运气成分；在测试集上，这个超参数的组合未必能取得很高的准确率.

19.1.2 强化学习方法

2017 年发表的一篇论文 [126] 设计了一种强化学习方法, 用于学习神经网络结构. 如图 19-2 所示, 策略网络是一个循环神经网络（RNN）, 不熟悉 RNN 的读者请回顾第 11 章. 策略网络的输入向量 x_t 是对上一个超参数 a_{t-1} 做 embedding 得到的①. 循环层的向量 h_t 可以看作从序列 $[x_1, \cdots, x_t]$ 中提取的特征. 可以把 $s_t = [x_t; h_{t-1}]$ 看作第 t 个状态. 策略网络的输出向量 f_t 是一个概率分布. 根据 f_t 做随机抽样, 得到动作 a_t, 即第 t 个超参数.

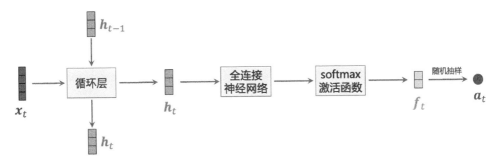

图 19-2　图中是 RNN 策略网络, 它输出概率分布 f_t, 我们根据 f_t 抽样得到动作 a_t, 它是一个超参数

策略网络是如何生成神经网络结构的呢? 下面举一个具体的例子. 假设我们搭建 20 个卷积层, 每层有 3 个超参数, 那么一共有 60 个超参数. 每一层的 3 个超参数从下面的候选方案中选择.

- 卷积核数量: $\{24, 36, 48, 64\}$.
- 卷积核大小: $\{3 \times 3, 5 \times 5, 7 \times 7\}$.
- 步长大小: $\{1 \times 1, 2 \times 2\}$.

按照图 19-3 的描述, 依次生成每一层的卷积核数量、卷积核大小、步长大小. 在 RNN 运行 60 步之后, 得到 60 个超参数, 也就确定了 20 个卷积层的结构.

该如何训练策略网络呢? 我们需要定义奖励 r_t. 在前 59 步, 奖励全都是零: $r_1 = \cdots = r_{59} = 0$. 在第 60 步之后, 得到了全部超参数, 确定了神经网络结构. 然后搭建神经网络, 在训练集上学习神经网络参数, 直到梯度算法收敛. 在验证集上评价神经网络, 得到验证准确率, 作为奖励 r_{60}. 由回报的定义 $u_t = r_1 + \cdots + r_t$ 可得

$$u_1 = u_2 = \cdots = u_{60} = \text{验证准确率}.$$

我们希望通过更新 RNN 策略网络的参数, 使得回报越来越大, 即生成的 CNN 的验证准确率越来越高. 把策略网络记作

$$\pi(a_t \mid s_t; \boldsymbol{\theta}),$$

---

① 向量 x_0 是例外, 它是用一种特殊的方法随机生成的.

其中 a_t 是动作（即超参数），$s_t = [\boldsymbol{x}_t, \boldsymbol{h}_{t-1}]$ 是状态，$\boldsymbol{\theta}$ 是 RNN 策略网络的参数. 可以用 REINFORCE 算法更新参数 $\boldsymbol{\theta}$:

$$\boldsymbol{\theta}_{\text{new}} \longleftarrow \boldsymbol{\theta}_{\text{now}} + \beta \cdot \sum_{t=1}^{60} u_t \cdot \nabla_{\boldsymbol{\theta}} \ln \pi\left(a_t \mid s_t ; \boldsymbol{\theta}_{\text{now}}\right).$$

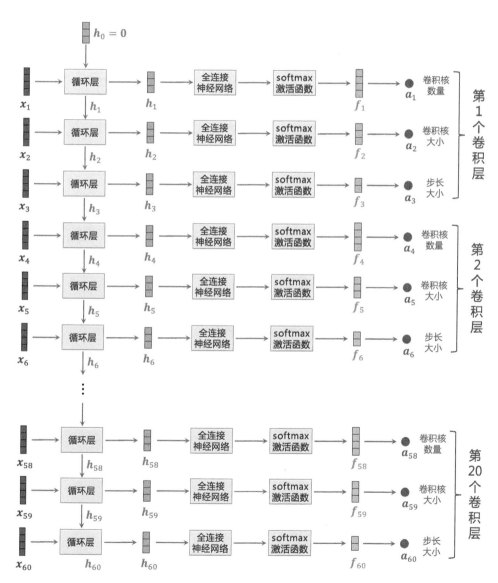

图 19-3　用 RNN 策略网络依次生成每一层的 3 个超参数. 图中的向量 $\boldsymbol{x}_t$ 是 a_{t-1} 做 embedding 得到的. 循环层共享参数，而全连接层、embedding 层不共享参数

训练 RNN 策略网络的流程如图 19-4 所示. 我们的目标是找到一个好的 CNN 结构, 这需要借助一个 RNN 策略网络. 因为目标是让 CNN 获得尽量高的验证准确率, 所以用验证准确率作为奖励. 这种神经网络结构搜索的计算量非常大. 每获得一个奖励 r_{60}, 都需要从随机初始化开始训练 CNN, 直到梯度算法收敛; 这个过程少则几十分钟, 多则几天. 需要重复图 19-4 中的流程上万次才能训练好 RNN 策略网络, 其计算代价可想而知.

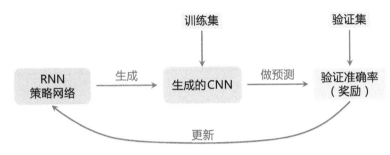

图 19-4 训练 RNN 策略网络的流程

请读者思考: 为什么一定要用强化学习方法来训练 RNN 策略网络? 是不是因为强化学习比传统监督学习更有优势? 答案恰恰相反, 强化学习并不好, 只是此处不得不用而已. 如果想要做传统的监督学习, 那么奖励或损失必须关于 RNN 策略网络参数 θ 可微; 本节介绍的方法显然不符合这个条件, 所以不能用监督学习训练 RNN 策略网络. 强化学习的奖励可以是任意的, 无须关于 θ 可微, 因此在这里适用. 应用强化学习的代价是需要大量的训练样本, 至少上万个奖励, 即从初始化开始训练几万个 CNN. 这种强化学习 NAS 方法的计算量非常大. 在这种方法提出之后, 很快就有更好的 NAS 方法出现, 无须使用强化学习. 有兴趣的读者可以了解一下 DARTS 方法 [127], DARTS 及其变体是比较实用的 NAS 方法.

19.2 自动生成 SQL 语句

SQL(structured query language, 结构化查询语言)用于管理关系数据库, 支持数据插入、查询、更新、删除. 将人的语言转化成 SQL 是自然语言处理领域的一个重要问题. 举个例子, 在订票网站自动对话系统中, 用户提出一个问题:

请找出 2021 年 10 月 1 日从北京直飞纽约的航班, 按照价格从低到高排序.

程序需要生成 SQL 语句, 查找符合日期、起点、终点的直飞航班, 并且按照价格排序. 解决这个问题的方法类似于机器翻译, 即用 Transformer 等 seq2seq 模型将一句自然语言翻译成 SQL 语句, 如图 19-5 所示.

图 19-5　用 Transformer 等 seq2seq 模型将自然语言翻译成 SQL 语句

　　该如何训练图 19-5 中这样的 seq2seq 机器翻译模型呢？最简单的方式就是用监督学习。事先准备一个数据集，人工将自然语言逐一翻译成 SQL 语句。训练的目标是鼓励解码器输出的 SQL 语句接近人工标注的 SQL 语句。把解码器的输出和人工标注的 SQL 语句的区别作为损失函数，通过最小化损失函数的方式训练模型。这种单词匹配的训练方式是可行的，然而存在一些局限性。

　　与标准机器翻译问题相比，SQL 语句的生成有其特殊性。如果是将一句汉语译作英语，那么个别单词的翻译错误、顺序错误不太影响人类对翻译结果的理解。对于汉译英，可以把单词的匹配作为机器翻译质量的评价标准。但是这种评价标准不适用于 SQL 语句，原因如下。

- 即便两条 SQL 语句高度相似，它们在数据库中执行得到的结果也可能完全不同。即便是一个字符的错误，也可能导致生成的 SQL 语法错误，无法执行。
- 可能两条 SQL 语句看似区别很大，但它们的作用完全相同，它们在数据库中执行得到的结果也是相同的。
- SQL 的写法会影响执行的效率，而从 SQL 语句的字面上难以看出它的效率。只有真正在数据库中执行，才知道究竟花了多长时间。

以上论点说明不该用单词的匹配来衡量生成 SQL 语句的质量，而应该看 SQL 语句实际执行的结果是否符合预期。

　　2017 年发表的一篇论文 [128] 提出一种训练 seq2seq 模型的强化学习方法，如图 19-6 所示。可以把 seq2seq 模型看作策略网络，把输入的自然语言看作状态，把生成的 SQL 看作动作。其中这样定义奖励：

$$r = \begin{cases} -2, & \text{生成的 SQL 语句不能运行;} \\ -1, & \text{生成的 SQL 语句可以运行，但是结果不符合预期;} \\ +1, & \text{生成的 SQL 语句可以运行，而且结果符合预期.} \end{cases}$$

有了奖励，就可以用任意的策略学习算法，比如 REINFORCE 和 actor-critic。原论文 [128] 使用 REINFORCE 算法训练 seq2seq 模型。

对比一下监督学习和强化学习方法. 监督学习鼓励模型生成的 SQL 语句接近人类专家写的 SQL 语句,其本质是行为克隆,即鼓励模型的决策接近人类专家的动作. 上述强化学习则不同,并没有简单模仿人类专家,而是在数据库中实际执行 SQL 语句,根据执行的结果来更新策略. 强化学习让策略(seq2seq 模型)与环境(数据库)实际交互,而监督学习(即行为克隆)并没有与环境交互.

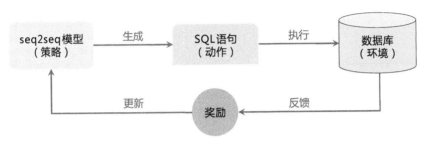

图 19-6 用强化学习训练 seq2seq 模型的流程

这里提到该论文 [128],是因为它的想法比较有意思,非常符合强化学习的设定,即强化学习可以克服传统监督学习的局限性. 这篇论文的实验结果不够好,很可能只是方法和实现不够好而已,并不意味着强化学习不适用于 SQL 语句的生成. 强化学习的效果好坏取决于多重因素,比如策略网络的设计、策略网络的初始化、策略学习的算法、奖励的定义,甚至超参数是否够好. 除了本节介绍的 SQL 语句生成,强化学习在 seq2seq 模型上有很多应用,读者可以参考 2019 年的一篇综述 [129] 以及其中提到的文献.

19.3 推荐系统

网站上有海量物品,比如 YouTube 的视频、京东的商品、美团外卖的店铺. 网站有数百万甚至上亿用户,每个用户有各自的喜好,可以从其点击、观看、购买等历史记录中反映出来. 个性化推荐的目标是将用户感兴趣的物品展示给用户,从而最大化某些指标(比如点击率、观看时长、购买率、消费金额).

推荐系统是一个历史悠久而又热门的领域,深受工业界推崇,因为好的推荐系统可以带来大量的流量和营收. 近年来,在应用深度学习技术之后,推荐系统的效果大幅提升. 强化学习在推荐系统中有一些应用,但远不如传统监督学习应用广泛. 尽管有很多论文宣称将强化学习在推荐系统中落地,但它们的本质仍是监督学习,而非真正意义上的强化学习. 比如淘宝 2021 年发表的一篇论文 [130] 就属于这种情况,该论文所述的方法确实在商品推荐上取得收益,而且被其他公司复现,但它不算是真正的强化学习. 据了解,强化学习尚未在工业界的推荐系统取得显著效果,而有些强化学习的研究落地之后又因为种种负面效果被下线. 尽管强化学习尚未在推荐系统中取得显著效果,它仍是工业界热衷探索的一个方向.

推荐系统的背景知识很多，本书无法用较短的篇幅讲清楚强化学习推荐系统的原理，只以召回为例简要介绍其基本思想. 如图 19-7 所示，当用于推荐系统的召回环节时，强化学习的**策略**是指根据用户的兴趣点，从海量物品中选出一个或几个展示给用户. 用户的兴趣点就是**状态** s，可以从用户特征、地理位置、社交关系、历史活动记录（包括点击、观看、购买记录）这些数据中反映出来. 被选中的物品就是**动作** a. 策略网络输出的向量 f 的维度是动作空间的大小 $|\mathcal{A}|$. 由于物品种类非常多，因此动作空间 $\mathcal{A}$ 非常大，f 的维度非常高. 简单粗暴地训练策略网络是行不通的，必须使用很多技巧，具体可以参考关于 YouTube 的论文 [131].

图 19-7 策略网络用于推荐系统的召回环节

强化学习推荐系统的奖励需要根据实际问题，由系统的开发者自己来定. 比如在视频网站上，点击、观看时长、点赞都可以作为奖励. 又比如在购物网站上，点击、浏览时间、加购物车、购买、消费金额都可以作为奖励. 在设计奖励的时候，需要格外小心，避免造成意想不到的结果.

- 某视频网站/新闻网站想提升点击率，把点击率作为重要的奖励之一. 结果大量骗点击的标题的排名大幅提升，用户满屏尽是"吓尿了""震惊了".
- 某外卖平台想要增加用户使用 App 的时长，把时长作为重要的奖励之一. 结果系统把每个用户经常消费的店铺排到后面，用户需要花更多时间翻页寻找自己喜欢的店铺，增加了使用 App 的时间.

以上是网上流传的段子，未必真实. 但是如果你这样设计奖励，你的产品可能会成为新的段子素材.

强化学习推荐系统的一个难点是探索过程的代价很大. 此处的代价不是计算代价，而是实实在在的金钱代价. 强化学习要求智能体（即推荐系统）与环境（即用户）交互，用收集到的奖励更新策略. 如果直接把一个随机初始化的策略上线，那么在初始探索阶段，这个策略会做出纯随机的推荐，严重影响用户体验，导致点击、观看、购买数量暴跌，给公司业务造成损失. 在上线之前，必须在线下用历史数据初步训练策略. 最简单的方法是在线下用监督学习的方式训练策略网络，这很类似于传统的深度学习推荐系统. 例如阿里巴巴提出的"虚拟淘宝"系统 [132] 模仿人类用户，生成很多虚拟用户，并把它们作为模拟器的环境. 然后把推荐系统作为智能体，让它与虚拟用户交互，利用虚拟的交互记录来更新推荐系统的策略. 等到在模拟器中把策略训练得足够好，再让策略上线，与真实用户交互，进一步更新策略.

19.4　网约车调度

滴滴是中国最大的网约车平台之一. 乘客在手机 App 中指定起点和终点，得到预估报价；在乘客确认订单之后，滴滴把订单派发给附近的司机. 在同一时刻，有多个用户下单，附近有多辆空车，该如何派发订单才能最大化网约车司机的收入呢？滴滴用强化学习方法解决订单派发问题，可以显著提高网约车司机的收入 [133].

在讲解强化学习方法之前，先来看两个具体的例子. 如图 19-8 所示，两个乘客同时下单，而附近只有一辆空车，该给司机派发谁的订单？如图 19-9 所示，一个乘客下单，而附近有两辆空车，该把订单派发给哪个司机？请注意，滴滴派发订单的目的在于最大化司机的总收入，这样既有利于留住司机，也可以最大化滴滴公司的抽成收入.

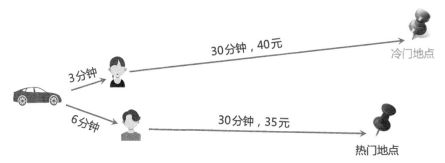

图 19-8　两个乘客同时下单，附近只有一辆空车，该给司机派发谁的订单

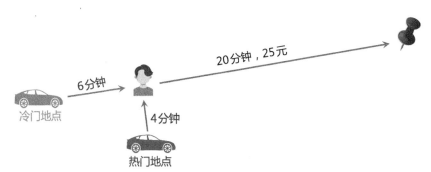

图 19-9　一个乘客下单，附近有两辆空车，该把订单派发给哪个司机

对于图 19-8 中的例子,假如不考虑目的地的热门程度(即附近接单的容易程度),应该给司机派发上面冷门目的地的订单,这样可以让司机在较短的时间内获得更高的收入. 但是这样其实不利于司机的总收入:在司机到达冷门地点之后,需要等待较长的时间才会有新的订单. 假如给司机派发下面热门目的地的订单,司机在完成这笔订单后,立刻就能接到下一笔订单;这样虽然单笔收入低,但是总收入高.

对于图 19-9 中的例子,很显然应该把订单派送给冷门地点的司机. 热门地点的司机得不到这笔订单几乎没有损失,因为在很短的时间之后就会有新的订单. 而这笔订单对冷门地点的司机更加重要,如果没有这笔订单,他还需要空等很久才有下一笔订单.

19.4.1 价值学习

该如何量化一个地点的热门程度呢?把司机每一笔订单的收入作为奖励,把折扣回报的期望作为状态价值函数 $V_\pi(s)$,用它来衡量热门程度. 式中 $s = $(地点,时间) 是状态,$\pi$ 是派单的策略. $V_\pi(s)$ 可以衡量一个地点在具体某个时间的热门程度. 滴滴 2019 年发表的一篇论文[133]研究的是学习 $V_\pi(s)$,从而指导订单派发. 这种强化学习方法属于价值学习.

状态价值函数 $V_\pi(s)$ 的作用是预判某个地点在某个时间的热门程度. 比如在早高峰时段,车流从居民区开往商业区,导致商业区是冷门地点,附近空车多、订单少. 而到了晚高峰时段,商业区是热门地点,此时下班回家的需求大,订单数量多. 从大数据中不难找出这种规律.

滴滴用价值网络近似 $V_\pi(s)$,用 TD 算法训练价值网络. 具体的实现比较复杂,此处就不具体描述了. 值得注意的是,在学习过程中要用正则项,使得价值网络是平滑的. 为什么呢?当状态 $s = $(地点,时间) 中的地点、时间发生较小的变化时,价值网络的输出不应该剧烈变化.

19.4.2 派单机制

在学到状态价值函数 V_π(地点,时间) 之后,可以用它来预估任意地点、时间的网约车的价值,并利用这一信息来给网约车派发订单. 主要想法是用负的 TD 误差来评价一个订单给一个网约车带来的额外收益. 在同一时刻,某区域内有 m 笔订单,有 n 辆空车,那么计算所有(订单,空车)二元组的 TD 误差,得到一个 $m \times n$ 的矩阵. 用**二部图**(bipartite graph)匹配算法,找订单-空车的最大匹配,完成订单派发.

首先用图 19-10 中的例子解释如何计算 TD 误差. 简单起见,此处设折扣率 $\gamma = 1$,尽管滴滴使用的折扣率小于 1. 对于图 19-10 中的例子,TD 目标等于

$$\widehat{y} = r + V_\pi(\text{终点}, 9{:}43) = 40 + 480 = 520.$$

可以这样理解 TD 目标 $\widehat{y}$:假设给该空车派发该订单,那么该笔订单的价值 $r = 40$ 加上未来的

状态价值，和为 $\hat{y} = 520$. 但是司机接这笔订单是有机会成本的：假如不接这笔订单，马上就会有别的订单，可能会获得更高的 TD 目标. 机会成本是 $V_\pi(\text{起点}, 9{:}10) = 500$，即从当前开始一定时间内获得的总收入的期望等于 500. 用 TD 目标减去机会成本，即负的 TD 目标：

$$-\delta = \hat{y} - V_\pi(\text{起点}, 9{:}10) = 520 - 500 = 20.$$

这意味着接这笔订单，司机的收入高于期望收入 20 元.

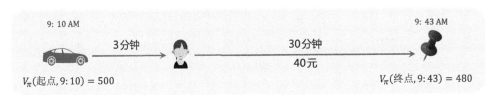

图 19-10　某乘客在 9:10 的时候下单，滴滴计算在 (起点, 9:10) 和 (终点, 9:43) 的状态价值，从而计算出 TD 误差

　　滴滴的订单派发正是基于上述 TD 误差. 举个例子，某个区域当前有 3 笔订单、4 辆空车. 滴滴计算每个 (订单, 空车) 二元组的 TD 误差，得到图 19-11 中大小为 3×4 的矩阵.

订单 / 空车	空车 #1	空车 #2	空车 #3	空车 #4
订单#1	$-\delta_{1,1} = 20$	$-\delta_{1,2} = 10$	$-\delta_{1,3} = 12$	$-\delta_{1,4} = -5$
订单#2	$-\delta_{2,1} = -2$	$-\delta_{2,2} = 7$	$-\delta_{2,3} = 0$	$-\delta_{2,4} = -1$
订单#3	$-\delta_{3,1} = 12$	$-\delta_{3,2} = -3$	$-\delta_{3,3} = 3$	$-\delta_{3,4} = 3$

图 19-11　某个区域当前有 3 笔订单、4 辆空车. 滴滴计算每个 (订单, 空车) 二元组的 TD 误差，得到这个矩阵

　　有了上面的矩阵，可以调用二部图匹配算法（比如匈牙利算法）来匹配订单和空车. 图 19-12 左图是最大匹配，3 条边的权重之和等于 31，滴滴按照这种匹配派发订单. 图 19-12 右图也是一种匹配方式，但是 3 条边的权重之和只有 30，说明它不是最大匹配，滴滴不会这样派发订单.

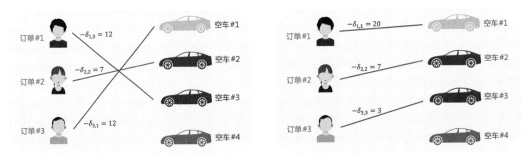

图 19-12　左图是最大匹配，3 条边的权重之和等于 31. 右图是另一种匹配，但不是最大匹配，3 条边的权重之和等于 30

19.5　强化学习与监督学习的对比

　　强化学习应用广泛，但是多数场景下毫无使用它的必要：能用监督学习很好解决的，没必要用强化学习。本节讨论强化学习与监督学习的区别，举例分析强化学习有优势的几种场景。希望读者在理解本节内容之后，有能力判断哪些是强化学习有前景的应用，哪些是强化学习的"伪应用"。

19.5.1　决策是否改变环境

　　监督学习假设模型的决策不会影响环境，而强化学习假设模型的决策会改变环境。在实际问题中，模型的决策究竟会不会影响环境呢？举个例子，小散户的交易（即动作）几乎不会影响股价（即环境）；大型投资机构的大笔交易肯定会改变股价。如果你是小散户，手上有 100 股某股票，股价是 50 元，全部卖出得到的现金是 5000 元。如果你是投资机构，手上有 1000 万股该股票，你在二级市场全部卖出，卖出的过程可能会持续几个小时，其间股价肯定会连续下跌，你最终得到的现金会远少于 5 亿元。假如投资机构想用机器学习做股票交易，必须要考虑到决策对环境的影响。

　　再举个例子。如图 19-13 所示，在房地产网站（以 Zillow 为例）上，待售房屋有卖家的标价，下面还有 Zillow 自动评估得出的参考价格。究竟 Zillow 具体如何给房屋估价，我们无从得知。假设由你来开发房屋估价模型，请问应该用监督学习，还是用强化学习？答案取决于 Zillow 给出的估价是否会干扰成交价。如果 Zillow 给出的估价不影响买家心理，不干扰成交价，那么直接用回归模型去拟合成交价即可。否则强化学习或许更为合适。可以把估价模型看作策略，把计算出的价格看作动作。将估价展示在 Zillow 上，可能会影响买家心理，进而改变房地产市场（环境），影响成交价。

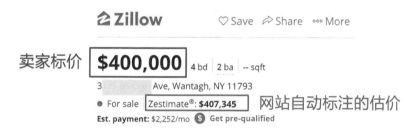

图 19-13　Zillow 网站上待售房屋有两个价格，一个是卖家标价，另一个是 Zillow 给出的估价

　　在推荐系统中，推荐算法相当于策略，而用户的兴趣点相当于环境，推荐的内容（动作）会改变用户的兴趣点（环境）。举个例子，我原本对养殖业没有兴趣，但是在 YouTube 给我推送竹鼠养殖的视频之后，我对此产生了很大的兴趣，喜欢点击竹鼠的相关视频。这说明推荐系统

并非只能被动迎合用户喜好，而完全可以主动激发用户的兴趣点. 监督学习假设用户的兴趣点（环境）是固定的，推荐系统只会拟合用户的喜好，推荐相似的物品. 而强化学习则假设用户的兴趣点可以被改变，学出的推荐策略会发掘用户新的兴趣点.

19.5.2 当前奖励还是长线回报

使用监督学习还是强化学习，还取决于目标是当前奖励还是长线回报. 人脸识别这类问题属于"一锤子买卖"，只需要关注当前奖励即可，因此适用于监督学习. 象棋等游戏则应该考虑长线回报：吃掉对方一个马，虽然得到了眼前的利益，但是可能不利于赢得这局棋.

在滴滴派发订单的应用中，存在当前奖励和长线回报的问题. 眼前奖励就是从当前订单中获取的收益，即单位时间内获得的收入. 以图 19-14 为例，单位时间的奖励是 $\frac{40}{33}$ 元. 我们之前讨论过，仅仅最大化眼前利益是不行的，这样无法最大化长期回报（即总收入）. 一方面，目的地有"冷"和"热"之分，会影响司机后续的等待时间和长线收入. 另一方面，接单虽然能立刻赚到钱，但是会花费"机会成本"：如果稍等一下，可能会接到更好的单. 出于这两方面的考虑，滴滴使用强化学习的方法，最大化长线回报（总收入），而不是当前奖励（单笔订单的收入）.

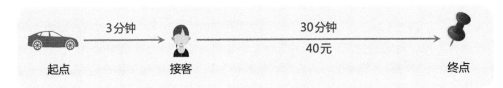

图 19-14　滴滴派发订单的例子中，从接单到完成订单，一共花费 33 分钟，司机赚 40 元，单位时间的奖励是 $\frac{40}{33}$ 元

在视频网站推荐系统的应用中，推荐通常不是"一锤子买卖"，而是为了最大化用户总的观看时长. 因此，长线回报比当前奖励更重要. 如图 19-15 所示，根据已有兴趣做推荐，立刻获得较高的奖励；而尝试挖掘新的兴趣爱好，虽然当前收益较小，但是有利于获得很高的长期回报. 这就是为什么工业界有意愿去尝试强化学习推荐系统，尽管还没有取得实际收益.

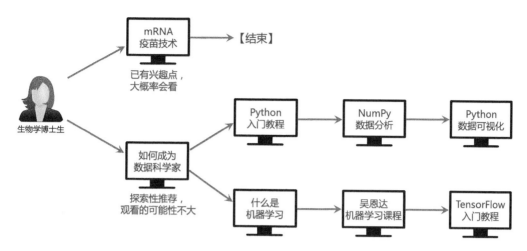

图 19-15 给用户推荐她感兴趣的内容，点击率会比较高. 如果尝试新的兴趣点，点击率会很低. 可是一旦给用户培养了新的兴趣点，用户会看更多相关内容，总的观看时间会大幅增加

19.6 制约强化学习落地应用的因素

到目前为止，强化学习最成功、最有名的应用仍然是 Atari 游戏、围棋、《星际争霸》等. 强化学习在现实中有很多应用，但其中成功的并不多. 本节探讨究竟是什么在制约强化学习的落地应用.

19.6.1 所需的样本数量过大

强化学习的一个严重问题是需要海量样本. 举个例子，如图 19-16 所示，Atari 游戏属于最简单的电子游戏，在现实世界中找不到这么简单的问题. 2015 年发表的一篇论文 [2] 用 DQN 玩 Atari 游戏，取得了超越人类玩家的分数，在学术界引起了轰动. 但该 DQN 存在诸多问题，实验效果不够好. 2018 年发表的一篇论文 [15] 提出 Rainbow DQN，将多种技巧结合，让 DQN 的训练变得更快更好. 这篇论文 [15] 在 57 种 Atari 游戏上比较了原始 DQN、多种高级技巧以及 Rainbow DQN. 图 19-17 中的纵轴是算法的分数与人类分数的比值，并关于 57 种游戏求中位数，其中的 100% 表示算法达到人类玩家的水准；横轴是收集到的游戏帧数，即样本数量. Rainbow DQN 需要 1800 万帧才能达到人类玩家水平，超过 1 亿帧还未收敛，前提是已经调优了超过 10 种超参数.

再举几个例子. AlphaGo Zero [112] 进行了 2900 万局自我博弈，每一局约有 100 个状态和动作. TD3 算法 [50] 在 MuJoCo 物理仿真环境中训练 Half-Cheetah、Ant、Hopper 等模拟机器人，虽然只有几个关节需要控制，但是在样本数量达到 100 万时尚未收敛. 甚至连 Pendulum、Reacher 这种只有一两个关节的最简单的控制问题，TD3 也需要超过 10 万个样本.

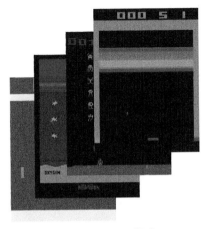

图 19-16　Atari 游戏

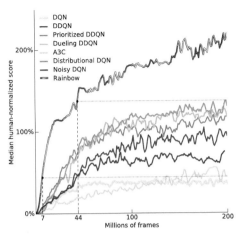

图 19-17　使用多种技巧训练 DQN 玩 Atari 游戏
（图片来自论文[15]）

现实世界中的问题远远比 Atari、MuJoCo 复杂，其状态空间、动作空间都远大于 Atari、MuJoCo. 比如《星际争霸》这种现代的电子游戏，其复杂度远高于上述简单问题，更不要说自动驾驶这种物理世界中的控制问题了. 对于简单的问题，强化学习尚需要百万、千万级的样本；那么对于现实世界中复杂的问题，强化学习需要多少样本呢？

在电子游戏中获取上亿样本并不困难，但是在现实问题中每获取一个样本都是比较困难的. 在神经网络结构搜索的例子中，每获取一个奖励，需要训练一个 CNN. 从初始化到梯度算法收敛，需要一个 GPU 约一小时的计算量. 在物理世界的应用中获取奖励更为困难. 举个例子，用机械手臂抓取一个物体至少需要几秒钟时间，那么一天只能收集一万个样本；同时用 10 个机械手臂，连续运转 100 天，才能收集到 1000 万个样本，未必够训练一个强化学习模型. 强化学习所需的样本量太大，这会限制它在现实中的应用.

19.6.2　探索阶段代价太大

强化学习要求智能体与环境交互，用收集到的经验去更新策略. 在交互过程中，智能体会改变环境. 在仿真、游戏的环境中，智能体对环境造成任何影响都无所谓. 但是在现实世界中，智能体对环境的影响可能会产生巨大的代价.

在强化学习初始的探索阶段，策略几乎是随机的. 如果是物理世界中的应用，智能体的动作难免产生很大的代价. 如果应用到推荐系统中，随机的推荐策略会让用户体验极差，同时，很低的点击率会给网站造成收入上的损失. 如果应用到自动驾驶中，随机的控制策略会导致交通事故. 如果应用到医疗中，随机的治疗方案会导致医疗事故.

在物理世界的应用中，不能直接让初始的随机性策略与环境交互，而应该先对策略做预训练，再在真实环境中部署. 一种方法是事先准备一个数据集，用行为克隆等监督学习方法做预训练. 另一种方法是搭建模拟器，在模拟器中预训练策略. 阿里巴巴提出的"虚拟淘宝"系统[132]就是这样的模拟器，它是对真实用户的模仿，用于预训练推荐策略. 离线强化学习（offline RL）是一个热门且有价值的研究方向，建议读者阅读相关文献[134].

19.6.3 超参数的影响非常大

强化学习对超参数的设置极其敏感，需要很小心地调试才能找到好的超参数. 超参数分两种：结构超参数和算法超参数. 这两类超参数的设置都会严重影响实验效果. 换句话说，完全相同的方法，由不同的人实现，效果会有天壤之别.

1. 结构超参数

结构超参数包括层的数量、宽度、激活函数，这些都对结果有很大的影响. 以激活函数为例，在监督学习中，在隐层中用不同的激活函数（比如 ReLU、Leaky ReLU）对结果影响很小，因此总是用 ReLU 就可以. 但是在强化学习中，隐层激活函数对结果的影响很大：有时 ReLU 远好于 Leaky ReLU，而有时 Leaky ReLU 远好于 ReLU[135]. 由于这种不一致性，因此我们在实践中不得不尝试不同的激活函数.

2. 算法超参数

强化学习中的算法超参数很多，包括学习率、批大小、经验回放的参数、探索用的噪声. 关于 Rainbow 的一篇论文[15] 就调整了超过 10 种算法超参数.

- 学习率（即梯度算法的步长）对结果的影响非常大，必须要很仔细地调整. DDPG、TD3、A2C 等方法中不止一个学习率. 策略网络、价值网络、目标网络中都有各自的学习率.

- 如果用经验回放，那么还需要调整几个超参数，比如回放缓存的大小、经验回放的起始时间等. 一篇论文[136] 中的实验显示，回放缓存的大小对结果有影响，过大或者过小的缓存都不好. 经验回放的起始时间需要调整，比如 Rainbow 在收集到 8 万条四元组的时候开始经验回放，而标准的 DQN 则最好是在收集到 20 万条之后开始经验回放[15].

- 在探索阶段，DQN、DPG 等方法的动作中应当加入一定的噪声. 噪声的大小是需要调整的超参数，它可以平衡**探索**（exploration）和**利用**（exploitation）. 除了设置初始的噪声的幅度，我们还需要设置噪声的衰减率，让噪声逐渐变小.

3. 实验效果严重依赖于实现的好坏

上面的讨论旨在说明超参数对结果有重大影响. 对于相同的方法, 不同的人会有不同的实现, 比如用不同的网络结构、激活函数、训练算法、学习率、经验回放、噪声. 哪怕是一些细微的区别, 也会影响最终的效果. 一篇论文[135] 使用了几份比较有名的开源代码 (它们都有 TRPO 和 DDPG 方法在 Half-Cheetah 环境中的实验), 使用了它们的默认设置并比较了实验结果, 如图 19-18 所示. 这组实验说明, 相同的方法由不同的人编程实现, 最终的效果差距巨大.

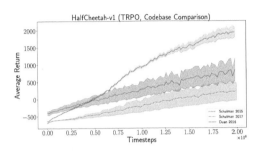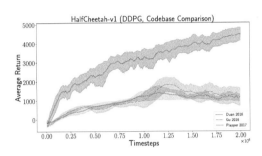

图 19-18 左图是 TPRO 的 3 种实现, 右图是 DDPG 的 3 种实现. 图片来自论文[135]

4. 实验对比的可靠性问题

如果一篇学术论文提出一种新的方法, 往往要在 Atari、MuJoCo 等标准的实验环境中做实验, 并与 DQN、DDPG、TD3、A2C、TRPO 等有名的基线做实验对照. 通常只有当新的方法效果显著优于基线时, 论文才有可能发表. 但是论文实验中报告的结果真的可信吗? 从图 19-18 中不难看出, 基线算法的表现严重依赖于编程实现的好坏. 如果你提出一种新的方法, 而且实现得非常好, 但是从开源的实现中选一个不那么好的基线做实验对比, 那么你可以轻松打败基线算法.

19.6.4 稳定性极差

强化学习训练的过程中充满了随机性, 除了来自环境, 还来自神经网络随机初始化、决策的随机性、经验回放的随机性. 想必大家都有这样的经历: 用完全相同的程序、完全相同的超参数, 仅仅更改随机种子 (random seed), 就会导致训练的效果有天壤之别. 如图 19-19 所示, 如果重复训练 10 次, 往往会有几次完全不收敛. 哪怕是非常简单的问题, 也会出现这种不收敛的情形.

在监督学习中, 由于随机初始化和随机梯度中的随机性, 即使用同样的超参数, 训练出来的模型表现也会不一致, 测试准确率可能会差几个百分点. 但是监督学习中几乎不会出现图 19-19 中的这种情形; 如果出现了, 几乎可以肯定代码中有错. 但是强化学习确实会出现完全不收敛的情形, 哪怕代码和超参数都是对的.

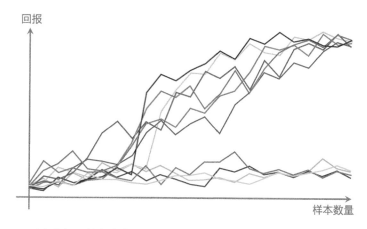

图 19-19 用完全相同的超参数以及不同的随机种子，往往会得到截然不同的收敛曲线

○   ○   ○

知识点小结

- 神经网络结构搜索的意思是在人工指定的范围内自动寻找最优的神经网络结构. 可以用循环神经网络作为策略网络，每一步生成一个结构超参数. 用 REINFORCE 算法训练策略网络，回报是验证集上的准确率. 这是强化学习的一个成功应用，尽管这种方法已经不是最优的.

- 可以用 Transformer 等 seq2seq 模型将人的自然语言结构化，自动生成 SQL 语句. 可以把 Transformer 当作策略网络，把生成的 SQL 语句在数据库中执行的效果看作回报，用强化学习训练 Transformer. 这种方法比拟合专家写的 SQL 语句更合理.

- 工业界有很多强化学习推荐系统的尝试. 强化学习看重长期回报，而非短期奖励，有利于挖掘用户的潜在和长期兴趣. 目前强化学习推荐系统在工业界的尝试并不成功，还没有取得正向收益. 但这不意味着强化学习推荐系统没有用，或许未来会成功.

- 网约车调度是强化学习非常成功的落地应用，已经在工业界取得实际收益. 网约车调度的基本原理是价值学习，用 TD 算法训练状态价值函数，函数可以估算任意地点和时刻的价值. 在实际派单的时候，用函数计算起点和终点的价值，再计算 TD 误差，TD 误差可以反映出订单扣除机会成本后的实际价值.

- 当前强化学习的落地应用并不多，且最有名的应用大多是围棋、电子游戏等简单任务. 制约强化学习落地应用的因素包括所需样本数量过大、探索阶段代价过大、对超参数敏感、算法稳定性差.

附录 A 贝尔曼方程

> **定理 A.1 贝尔曼方程（将 Q_π 表示成 Q_π）**
>
> 假设 R_t 是 S_t、A_t、S_{t+1} 的函数，那么
>
> $$Q_\pi(s_t, a_t) = \mathbb{E}_{S_{t+1}, A_{t+1}}\Big[R_t + \gamma \cdot Q_\pi\big(S_{t+1}, A_{t+1}\big)\,\Big|\,S_t = s_t, A_t = a_t\Big].$$
>
> ♡

证明 根据回报的定义 $U_t = \sum_{k=t}^{n} \gamma^{k-t} \cdot R_k$，不难验证下面这个等式：

$$U_t = R_t + \gamma \cdot U_{t+1}.$$

用符号 $\mathcal{S}_{t+1:} = \{S_{t+1}, S_{t+2}, \cdots\}$ 和 $\mathcal{A}_{t+1:} = \{A_{t+1}, A_{t+2}, \cdots\}$ 表示从 $t+1$ 时刻起所有的状态和动作随机变量．根据动作价值函数 Q_π 的定义，

$$Q_\pi(s_t, a_t) = \mathbb{E}_{\mathcal{S}_{t+1:}, \mathcal{A}_{t+1:}}\Big[U_t \,\Big|\, S_t = s_t, A_t = a_t\Big].$$

把 U_t 替换成 $R_t + \gamma \cdot U_{t+1}$，那么

$$
\begin{aligned}
Q_\pi(s_t, a_t) &= \mathbb{E}_{\mathcal{S}_{t+1:}, \mathcal{A}_{t+1:}}\Big[R_t + \gamma \cdot U_{t+1} \,\Big|\, S_t = s_t, A_t = a_t\Big] \\
&= \mathbb{E}_{\mathcal{S}_{t+1:}, \mathcal{A}_{t+1:}}\Big[R_t \,\Big|\, S_t = s_t, A_t = a_t\Big] + \gamma \cdot \mathbb{E}_{\mathcal{S}_{t+1:}, \mathcal{A}_{t+1:}}\Big[U_{t+1} \,\Big|\, S_t = s_t, A_t = a_t\Big].
\end{aligned}
\tag{A.1}
$$

假设 R_t 是 S_t、A_t、S_{t+1} 的函数，那么给定 s_t 和 a_t，则 R_t 随机性唯一的来源就是 S_{t+1}，所以

$$\mathbb{E}_{\mathcal{S}_{t+1:}, \mathcal{A}_{t+1:}}\Big[R_t \,\Big|\, S_t = s_t, A_t = a_t\Big] = \mathbb{E}_{S_{t+1}}\Big[R_t \,\Big|\, S_t = s_t, A_t = a_t\Big].
\tag{A.2}$$

式 (A.1) 右边 U_{t+1} 的期望可以写成

$$
\begin{aligned}
&\mathbb{E}_{\mathcal{S}_{t+1:}, \mathcal{A}_{t+1:}}\Big[U_{t+1} \,\Big|\, S_t = s_t, A_t = a_t\Big] \\
&= \mathbb{E}_{S_{t+1}, A_{t+1}}\Big[\mathbb{E}_{\mathcal{S}_{t+2:}, \mathcal{A}_{t+2:}}\big[U_{t+1} \,\big|\, S_{t+1}, A_{t+1}\big] \,\Big|\, S_t = s_t, A_t = a_t\Big] \\
&= \mathbb{E}_{S_{t+1}, A_{t+1}}\Big[Q_\pi\big(S_{t+1}, A_{t+1}\big) \,\Big|\, S_t = s_t, A_t = a_t\Big].
\end{aligned}
\tag{A.3}
$$

由式 (A.1)、式 (A.2)、式 (A.3) 可得定理 A.1. □

定理 A.2 贝尔曼方程（将 Q_π 表示成 V_π）

假设 R_t 是 S_t、A_t、S_{t+1} 的函数，那么

$$Q_\pi(s_t, a_t) = \mathbb{E}_{S_{t+1}}\Big[R_t + \gamma \cdot V_\pi(S_{t+1}) \,\Big|\, S_t = s_t, A_t = a_t\Big].$$

证明 由于 $V_\pi(S_{t+1}) = \mathbb{E}_{A_{t+1}}\big[Q(S_{t+1}, A_{t+1})\big]$，因此由定理 A.1 可得定理 A.2. $\square$

定理 A.3 贝尔曼方程（将 V_π 表示成 V_π）

假设 R_t 是 S_t、A_t、S_{t+1} 的函数，那么

$$V_\pi(s_t) = \mathbb{E}_{A_t, S_{t+1}}\Big[R_t + \gamma \cdot V_\pi(S_{t+1}) \,\Big|\, S_t = s_t\Big].$$

证明 由于 $V_\pi(S_t) = \mathbb{E}_{A_t}\big[Q(S_t, A_t)\big]$，因此由定理 A.2 可得定理 A.3. $\square$

定理 A.4 最优贝尔曼方程

假设 R_t 是 S_t、A_t、S_{t+1} 的函数，那么

$$Q_\star(s_t, a_t) = \mathbb{E}_{S_{t+1} \sim p(\cdot|s_t, a_t)}\Big[R_t + \gamma \cdot \max_{A \in \mathcal{A}} Q_\star(S_{t+1}, A) \,\Big|\, S_t = s_t, A_t = a_t\Big].$$

证明 设最优策略函数为 $\pi^\star = \mathrm{argmax}_\pi Q_\pi(s, a)$, $\forall s \in \mathcal{S}, a \in \mathcal{A}$. 由贝尔曼方程可得

$$Q_{\pi^\star}(s_t, a_t) = \mathbb{E}_{S_{t+1}, A_{t+1}}\Big[R_t + \gamma \cdot Q_{\pi^\star}(S_{t+1}, A_{t+1}) \,\Big|\, S_t = s_t, A_t = a_t\Big].$$

根据定义，最优动作价值函数是

$$Q_\star(s, a) \triangleq \max_\pi Q_\pi(s, a), \qquad \forall s \in \mathcal{S}, \quad a \in \mathcal{A}.$$

所以 $Q_{\pi^\star}(s, a)$ 就是 $Q_\star(s, a)$. 于是，

$$Q_\star(s_t, a_t) = \mathbb{E}_{S_{t+1}, A_{t+1}}\Big[R_t + \gamma \cdot Q_\star(S_{t+1}, A_{t+1}) \,\Big|\, S_t = s_t, A_t = a_t\Big].$$

因为动作 $A_{t+1} = \mathrm{argmax}_A Q_\star(S_{t+1}, A)$ 是状态 S_{t+1} 的确定性函数，所以

$$Q_\star(s_t, a_t) = \mathbb{E}_{S_{t+1}}\Big[R_t + \gamma \cdot \max_{A \in \mathcal{A}} Q_\star(S_{t+1}, A) \,\Big|\, S_t = s_t, A_t = a_t\Big].$$

$\square$

附录 B 习题答案

B.1 第 1 章

1.1 正确答案是 A. 房屋价格的范围是 $(0, \infty)$，因此使用 ReLU 激活函数，或不使用激活函数.

1.2 正确答案是 B. 这是个二分类问题，因此使用 sigmoid 或 tanh 激活函数.

1.3 正确答案是 C. 这是个多分类问题，因此使用 softmax 激活函数.

1.4 正确答案是 B. 神经网络的第 2 层参数数量为 500×1000，它是参数数量最多的层，因此对第 2 层做正则化.

1.5 正确答案是 1. 因为 $z_i > 0$，所以 $|z_i| = z_i$. 根据 softmax 的定义可得 $\sum_{i=1}^{5} |z_i| = \sum_{i=1}^{5} z_i = 1$.

B.2 第 2 章

2.1 正确答案是 13.6. 由函数 $f(x)$ 的定义可得：$f(1) = 5$, $f(2) = 11$, $f(3) = 21$. 由期望的定义可得：

$$
\begin{aligned}
\mathbb{E}_{X \sim p(\cdot)}[f(X)] &= \sum_{x \in \mathcal{X}} p(x) \cdot f(x) \\
&= 0.4 \cdot f(1) + 0.1 \cdot f(2) + 0.5 \cdot f(3) \\
&= 13.6
\end{aligned}
$$

2.2 如果使用 Python 语言实现蒙特卡洛方法，那么可以用函数 `numpy.random.normal(loc=0, scale=2, size=n)` 生成服从 $\mathcal{N}(0, 2^2)$ 的 n 个实数，记作 $x_1, \cdots, x_n$. 然后计算 $\frac{1}{n} \sum_{i=1}^{n} f(x_i)$，作为 $\mathbb{E}_X[f(X)]$ 的近似.

2.3 设 $Z_i = 4f(X_i, Y_i) - \pi$. 由于 f 的取值为 0 或 1，因此 $Z_i \in \{-\pi, 4 - \pi\}$. 由此可得

$$
|Z_i| \leqslant \pi \quad \text{和} \quad \mathbb{E}[Z_i^2] \leqslant \pi^2.
$$

令 $b = \pi$, $v = \pi^2$，带入 Bernstein 概率不等式，得到：

$$
\mathbb{P}\left(\left| \frac{1}{n} \sum_{i=1}^{n} Z_i \right| \geqslant \epsilon \right) \leqslant \exp\left(-\frac{\epsilon^2 n/2}{\pi^2 + \epsilon\pi/3} \right).
$$

令上式右边等于失败概率 δ（$0 < \delta < 1$），那么有：

$$\epsilon = \frac{4.7}{\sqrt{n}}\sqrt{\ln\frac{1}{\delta}}.$$

综上，对于任意 $\delta \in (0, 1)$，

$$\mathbb{P}\left(\left|\frac{1}{n}\sum_{i=1}^{n}Z_i\right| \geqslant \frac{4.7}{\sqrt{n}}\sqrt{\ln\frac{1}{\delta}}\right) \leqslant \delta.$$

根据 q_n 和 Z_i 的定义可得下式以至少 $1 - \delta$ 的概率成立：

$$\left|q_n - \pi\right| = \left|\frac{1}{n}\sum_{i=1}^{n}Z_i\right| \leqslant \frac{4.7}{\sqrt{n}}\sqrt{\ln\frac{1}{\delta}}.$$

2.4 可以用数学归纳法证明命题：$q_n = \frac{1}{n}\sum_{i=1}^{n}f(\boldsymbol{x}_i)$. 当 $n = 1$ 时，$q_n = (1 - \frac{1}{n}) \cdot q_{n-1} + \frac{1}{n} \cdot f(\boldsymbol{x}_n) = f(x_1) = \frac{1}{n}\sum_{i=1}^{n}f(\boldsymbol{x}_i)$，命题成立. 假设 $n = t - 1$ 时命题成立，很容易推导出当 $n = t$ 时命题也成立. 由此证明命题成立.

B.3 第 3 章

3.1 正确答案是 C. 策略函数输出动作空间中的概率分布，智能体做随机抽样得到动作.

3.2 正确答案是 D. 回报 U_t 是从 t 时刻到回合结束期间获得的所有奖励的加和：$U_t = R_t + R_{t+1} + R_{t+2} + \cdots$. 因此 U_t 依赖于 t 时刻及未来的所有状态和动作.

3.3 正确答案是 B.

3.4 正确答案是 E.

B.4 第 4 章

4.1 正确答案是 B.

4.2 正确答案是 A. 如果把 DQN 作为目标策略，则执行 DQN 打分最高的动作.

4.3 正确答案是 A.

4.4 第一个空填 "789"，第二个空填 "下".

4.5 第一个空填 "18"，原因是 $\hat{y} = 6 + 12 = 18$. 第二个空填 "2"，原因是 $|\delta| = |20 - \hat{y}| = 2$.

4.6 第一个空填 "B"，第二个空填 "A".

4.7 正确答案是 A.

B.5 第 5 章

5.1 正确答案是 A.

5.2 根据 5.2 节中训练价值网络 $q(s, a; \boldsymbol{w})$ 的流程，在观测到 s_t, a_t, r_t, s_{t+1} 之后，需要根据策略函数 π 抽样动作 $\tilde{a}_{t+1}$. $\tilde{a}_{t+1}$ 会影响 $\hat{q}_{t+1}$，进而影响更新价值网络的梯度. 因此策略 π 对学到的价值网络 $q(s, a; \boldsymbol{w})$ 有很大的影响.

5.3 在 TD 目标 $\hat{y}_t$ 中有 r 和 q 两种值. r 是通过蒙特卡洛方法得到的观测值，具有无偏性. 而 q 是价值网络自己做的估计，属于自举，存在偏差. 单步 TD 目标中的 q 的权重是 γ，而多步 TD 目标中的 q 的权重是 γ^m，后者的自举成分权重更小，因此偏差也更小.

B.6 第 6 章

6.1 正确答案是 A.

6.2 正确答案是 B. 这只是调参经验而已，并没有理论依据.

6.3 正确答案是 B.

6.4 正确答案是 B.

6.5 正确答案是 B.

6.6 正确答案是 A.

6.7 正确答案是 C. 双 Q 学习使用目标网络缓解自举造成的偏差，并将选择与求值分开以缓解高估.

6.8 第一个空填 "B"，第二个空填 "C".

6.9 正确答案是 A.

6.10 正确答案是 A.

6.11 正确答案是 A、B、C、D、E、J.

B.7 第 7 章

7.1 正确答案是 1. 策略网络的输出是动作空间 $\mathcal{A}$ 中的概率分布，因此 $\sum_{a \in \mathcal{A}} |\pi(a|s; \boldsymbol{\theta})| = \sum_{a \in \mathcal{A}} \pi(a|s; \boldsymbol{\theta}) = 1$.

7.2 策略网络 π 的输出是动作空间 $\mathcal{A}$ 中的概率分布，因此 π 的输出必须非负，而且相加等于 1. 很显然，softmax 是最符合要求的激活函数.

7.3 正确答案是 B.

7.4 正确答案是 C.

7.5 第一次近似是用蒙特卡洛方法，用观测值 s 和 a 计算出

$$\boldsymbol{g}(s,a;\boldsymbol{\theta}) \;=\; Q_\pi(s,a) \cdot \nabla \ln \pi(a|s;\boldsymbol{\theta}),$$

作为对 $\nabla J(\boldsymbol{\theta}) = \mathbb{E}_{S,A}[\boldsymbol{g}(s,a;\boldsymbol{\theta})]$ 的近似. 第二次近似也是用蒙特卡洛方法，以观测到的回报 u 作为对动作价值函数 $Q_\pi(s,a)$ 的近似，将 $\boldsymbol{g}(s,a;\boldsymbol{\theta})$ 近似为

$$\tilde{\boldsymbol{g}}(s,a;\boldsymbol{\theta}) \;=\; u \cdot \nabla \ln \pi(a|s;\boldsymbol{\theta}).$$

7.6 正确答案是 A.

B.8 第 8 章

8.1 正确答案是 B.

8.2 正确答案是 B.

B.9 第 11 章

11.1 正确答案是 A、B、D.

11.2 正确答案是 $d_2(d_1 + d_2 + 1)$. 公式中参数矩阵 $\boldsymbol{W}$ 的行数为 d_2，列数为 $d_1 + d_2$. 参数向量 $\boldsymbol{b}$ 的大小是 $d_2 \times 1$.

11.3 正确答案是 D.

B.10 第 13 章

13.1 正确答案是 5. 加速比等于 $100/20 = 5$.

13.2 正确答案是 A.

13.3 正确答案是 A.

13.4 正确答案是 B.

B.11 第 15 章

15.1 由概率质量函数的定义

$$\pi\left(A \mid S; \boldsymbol{\theta}^1, \cdots, \boldsymbol{\theta}^m\right) \triangleq \pi\left(A^1 \mid S; \boldsymbol{\theta}^1\right) \times \cdots \times \pi\left(A^m \mid S; \boldsymbol{\theta}^m\right)$$

可得：

$$\nabla_{\boldsymbol{\theta}^i} \ln \pi\left(A \mid S; \boldsymbol{\theta}^1, \cdots, \boldsymbol{\theta}^m\right) = \sum_{j=1}^m \nabla_{\boldsymbol{\theta}^i} \ln \pi\left(A^j \mid S; \boldsymbol{\theta}^j\right) = \nabla_{\boldsymbol{\theta}^i} \ln \pi\left(A^i \mid S; \boldsymbol{\theta}^i\right).$$

将带基线的策略梯度定理中的 b 替换成 $V_\pi(S)$，将 $\nabla_{\boldsymbol{\theta}^i} \ln \pi\left(A \mid S; \boldsymbol{\theta}^1, \cdots, \boldsymbol{\theta}^m\right)$ 替换成 $\nabla_{\boldsymbol{\theta}^i} \ln \pi\left(A^i \mid S; \boldsymbol{\theta}^i\right)$，则可完成问题中的证明.

B.12 第 17 章

17.1 正确答案是 B.

17.2 正确答案是 A.

B.13 第 18 章

18.1 正确答案是 A.

18.2 正确答案是 C.

参考文献

[1]   MNIH V, KAVUKCUOGLU K, SILVER D, et al. Playing atari with deep reinforcement learning: abs/1312.5602[A]. 2013.

[2]   MNIH V, KAVUKCUOGLU K, SILVER D, et al. Human-level control through deep reinforcement learning[J]. Nature, 2015, 518: 529-533.

[3]   III L C B. Residual algorithms: Reinforcement learning with function approximation[C]//12th International Conference on Machine Learning, Tahoe City, California, 1995. Burlington, Massachusetts: Morgan Kaufmann, 1995.

[4]   TSITSIKLIS J N, VAN ROY B. An analysis of temporal-difference learning with function approximation[J]. IEEE Transactions on Automatic Control, 1997, 42(5): 674-690.

[5]   WATKINS C J C H. Learning from delayed rewards[M]. King's College, Cambridge, 1989.

[6]   WATKINS C J, DAYAN P. Q-learning[J]. Machine Learning, 1992, 8(3-4): 279-292.

[7]   JAAKKOLA T, JORDAN M I, SINGH S P. On the convergence of stochastic iterative dynamic programming algorithms[J]. Neural Computation, 1994, 6(6): 1185-1201.

[8]   TSITSIKLIS J N. Asynchronous stochastic approximation and q-learning[J]. Machine Learning, 1994, 16(3): 185-202.

[9]   LIN L J. Reinforcement learning for robots using neural networks[R]. Carnegie-Mellon Univ Pittsburgh PA School of Computer Science, 1993.

[10]   RUMMERY G A, NIRANJAN M. Online q-learning using connectionist systems: volume 37[M]. UK: University of Cambridge, 1994.

[11]   SUTTON R S. Generalization in reinforcement learning: Successful examples using sparse coarse coding[C]//TOURETZKY D S, MOZER M, HASSELMO M E. 8th Annual Conference on Advances in Neural Information Processing Systems, Denver, CO, USA, 1995. Cambridge, Massachusetts: MIT Press, 1995.

[12]   SUTTON R S, BARTO A G. Reinforcement learning: An introduction[M]. Cambridge, Massachusetts: MIT press, 2018.

[13]   MNIH V, BADIA A P, MIRZA M, et al. Asynchronous methods for deep reinforcement learning[C]//33rd International Conference on Machine Learning, New York City, NY, USA, 2016. Brookline, Massachusetts: Microtome Publishing, 2016.

[14]   VAN SEIJEN H. Effective multi-step temporal-difference learning for non-linear function approximation: abs/1608.05151 [A]. 2016.

[15]   HESSEL M, MODAYIL J, VAN HASSELT H, et al. Rainbow: Combining improvements in deep reinforcement learning [C]//32nd AAAI Conference on Artificial Intelligence, New Orleans, Louisiana, USA, 2018. Palo Alto, California, USA: AAAI Press, 2018.

[16]   SCHAUL T, QUAN J, ANTONOGLOU I, et al. Prioritized experience replay[C]//4th International Conference on Learning Representations, San Juan, Puerto Rico, 2016. OpenReview.net, 2016.

[17]   VAN HASSELT H. Double q-learning[C]//LAFFERTY J D, WILLIAMS C K I, SHAWE-TAYLOR J, et al. 24th Annual Conference on Neural Information Processing Systems, Vancouver, British Columbia,Canada, 2010. New York City, USA: Curran Associates, Inc., 2010.

[18]   VAN HASSELT H, GUEZ A, SILVER D. Deep reinforcement learning with double q-learning[C]//SCHUURMANS D, WELLMAN M P. 30th AAAI Conference on Artificial Intelligence, Phoenix, Arizona, USA, 2016. Palo Alto, California, USA: AAAI Press, 2016.

[19]   WANG Z, SCHAUL T, HESSEL M, et al. Dueling network architectures for deep reinforcement learning[C]//33rd Interna-

tional Conference on Machine Learning, New York City, NY, USA, 2016. Brookline, Massachusetts: Microtome Publishing, 2016.

[20]   FORTUNATO M, AZAR M G, PIOT B, et al. Noisy networks for exploration[C]//6th International Conference on Learning Representations, Vancouver, BC, Canada, 2018. OpenReview.net, 2018.

[21]   BELLEMARE M G, DABNEY W, MUNOS R. A distributional perspective on reinforcement learning[C]//34th International Conference on Machine Learning, Sydney, NSW, Australia, 2017. PMLR, 2017.

[22]   WILLIAMS R J. Reinforcement-learning connectionist systems[M]. Boston, Massachusetts: College of Computer Science, Northeastern University, 1987.

[23]   WILLIAMS R J. Simple statistical gradient-following algorithms for connectionist reinforcement learning[J]. Machine learning, 1992, 8(3-4): 229-256.

[24]   BARTO A G, SUTTON R S, ANDERSON C W. Neuronlike adaptive elements that can solve difficult learning control problems[J]. IEEE transactions on systems, man, and cybernetics, 1983(5): 834-846.

[25]   KONDA V R, TSITSIKLIS J N. Actor-critic algorithms[C]//12th Annual Conference on Advances in Neural Information Processing Systems, Denver, Colorado, USA, 1999]. Cambridge, Massachusetts: The MIT Press, 1999.

[26]   BHATNAGAR S, KUMAR S. A simultaneous perturbation stochastic approximation-based actor-critic algorithm for markov decision processes[J]. IEEE Transactions on Automatic Control, 2004, 49(4): 592-598.

[27]   ABDULLA M S, BHATNAGAR S. Reinforcement learning based algorithms for average cost markov decision processes[J]. Discrete Event Dynamic Systems, 2007, 17(1): 23-52.

[28]   BHATNAGAR S, SUTTON R S, GHAVAMZADEH M, et al. Natural actor-critic algorithms[J]. Automatica, 2009, 45(11): 2471-2482.

[29]   YANG Z, CHEN Y, HONG M, et al. Provably global convergence of actor-critic: A case for linear quadratic regulator with ergodic cost[C]//33rd Annual Conference on Neural Information Processing Systems, Vancouver, BC, Canada, 2019.

[30]   MARBACH P, TSITSIKLIS J N. Simulation-based optimization of markov reward processes: Implementation issues[C]//38th IEEE Conference on Decision and Control, Phoenix, AZ, USA, 1999. Manhattan, New York, USA: IEEE, 1999.

[31]   SUTTON R S, MCALLESTER D A, SINGH S P, et al. Policy gradient methods for reinforcement learning with function approximation[C]//12th Annual Conference on Advances in Neural Information Processing Systems, Denver, Colorado, USA, 1999]. Cambridge, Massachusetts: The MIT Press, 1999.

[32]   SCHULMAN J, LEVINE S, ABBEEL P, et al. Trust region policy optimization[C]//32nd International Conference on Machine Learning, Lille, France, 2015. Brookline, Massachusetts: Microtome Publishing, 2015.

[33]   NOCEDAL J, WRIGHT S. Numerical optimization[M]. Berlin/Heidelberg, Germany: Springer Science & Business Media, 2006.

[34]   CONN A R, GOULD N I, TOINT P L. Trust region methods[M]. Philadelphia, Pennsylvania, United States: SIAM, 2000.

[35]   BERTSEKAS D P. Constrained optimization and lagrange multiplier methods[M]. Cambridge, Massachusetts: Academic Press, 2014.

[36]   BOYD S, VANDENBERGHE L. Convex optimization[M]. Cambridge, England: Cambridge University Press, 2004.

[37]   WILLIAMS R J, PENG J. Function optimization using connectionist reinforcement learning algorithms[J]. Connection Science, 1991, 3(3): 241-268.

[38]   O'DONOGHUE B, MUNOS R, KAVUKCUOGLU K, et al. Combining policy gradient and q-learning[C]//5th International Conference on Learning Representations, Toulon, France, 2017. OpenReview.net, 2017.

[39]   AHMED Z, ROUX N L, NOROUZI M, et al. Understanding the impact of entropy on policy optimization[C]//CHAUDHURI K, SALAKHUTDINOV R. 36th International Conference on Machine Learning, Long Beach, California, USA, 2019. PMLR, 2019.

[40]   HAARNOJA T, TANG H, ABBEEL P, et al. Reinforcement learning with deep energy-based policies[C]//34th International Conference on Machine Learning, Sydney, NSW, Australia, 2017. PMLR, 2017.

[41] SHI W, SONG S, WU C. Soft policy gradient method for maximum entropy deep reinforcement learning[C]//Proceedings of the Twenty-Eighth International Joint Conference on Artificial Intelligence, Macao, China, 2019. ijcai.org, 2019.

[42] TSALLIS C. Possible generalization of boltzmann-gibbs statistics[J]. Journal of Statistical Physics, 1988, 52(1-2): 479-487.

[43] CHOW Y, NACHUM O, GHAVAMZADEH M. Path consistency learning in tsallis entropy regularized mdps[C]//35th International Conference on Machine Learning, Stockholmsmässan, Stockholm, Sweden, 2018. PMLR, 2018.

[44] LEE K, CHOI S, OH S. Sparse markov decision processes with causal sparse tsallis entropy regularization for reinforcement learning[J]. IEEE Robotics and Automation Letters, 2018, 3(3): 1466-1473.

[45] YANG W, LI X, ZHANG Z. A regularized approach to sparse optimal policy in reinforcement learning[C]//33rd Annual Conference on Neural Information Processing Systems, Vancouver, BC, Canada, 2019. 2019.

[46] SILVER D, LEVER G, HEESS N, et al. Deterministic policy gradient algorithms[C]//31th International Conference on Machine Learning, Beijing, China, 2014. Brookline, Massachusetts: Microtome Publishing, 2014.

[47] LILLICRAP T P, HUNT J J, PRITZEL A, et al. Continuous control with deep reinforcement learning[C]//4th International Conference on Learning Representations, San Juan, Puerto Rico, 2016. ICLR.org, 2016.

[48] HAFNER R, RIEDMILLER M. Reinforcement learning in feedback control[J]. Machine Learning, 2011, 84(1-2): 137-169.

[49] PROKHOROV D V, WUNSCH D C. Adaptive critic designs[J]. IEEE Transactions on Neural Networks, 1997, 8(5): 997-1007.

[50] FUJIMOTO S, VAN HOOF H, MEGER D. Addressing function approximation error in actor-critic methods[C]//35th International Conference on Machine Learning, Stockholmsmässan, Stockholm, Sweden, 2018. Brookline, Massachusetts: Microtome Publishing, 2018.

[51] DEGRIS T, PILARSKI P M, SUTTON R S. Model-free reinforcement learning with continuous action in practice[C]//American Control Conference, Montreal, QC, Canada, 2012. Manhattan, New York, USA: IEEE, 2012.

[52] HOPFIELD J J. Neural networks and physical systems with emergent collective computational abilities[J]. Proceedings of the National Academy of Sciences, 1982, 79(8): 2554-2558.

[53] HOCHREITER S, SCHMIDHUBER J. Long short-term memory[J]. Neural Computation, 1997, 9(8): 1735-1780.

[54] CHO K, VAN MERRIENBOER B, GÜLÇEHRE Ç, et al. Learning phrase representations using RNN encoder-decoder for statistical machine translation[C]//Annual Conference on Empirical Methods in Natural Language Processing, Doha, Qatar, 2014. ACL, 2014.

[55] BAHDANAU D, CHO K, BENGIO Y. Neural machine translation by jointly learning to align and translate[C]//3rd International Conference on Learning Representations, San Diego, CA, USA, 2015. 2015.

[56] HAUSKNECHT M J, STONE P. Deep recurrent q-learning for partially observable mdps[C]//AAAI Fall Symposia on Sequential Decision Making for Intelligent Agents, Arlington, Virginia, USA, 2015. Palo Alto, California, USA: AAAI Press, 2015.

[57] MIROWSKI P W, PASCANU R, VIOLA F, et al. Learning to navigate in complex environments[C]//5th International Conference on Learning Representations, Toulon, France, 2017. OpenReview.net, 2017.

[58] FOERSTER J N, FARQUHAR G, AFOURAS T, et al. Counterfactual multi-agent policy gradients[C]//32nd Conference on Artificial Intelligence, New Orleans, Louisiana, USA, 2018. Palo Alto, California, USA: AAAI Press, 2018.

[59] RASHID T, SAMVELYAN M, DE WITT C S, et al. QMIX: monotonic value function factorisation for deep multi-agent reinforcement learning[C]//35th International Conference on Machine Learning, Stockholmsmässan, Stockholm, Sweden, 2018. Brookline, Massachusetts: Microtome Publishing, 2018.

[60] BAIN M, SAMMUT C. A framework for behavioural cloning[C]//Machine Intelligence, Oxford, UK, 1995. Oxford, England: Oxford University Press, 1995.

[61] BRATKO I, URBANcIc T. Transfer of control skill by machine learning[J]. Engineering Applications of Artificial Intelligence, 1997, 10(1): 63-71.

[62] ROSS S, BAGNELL D. Efficient reductions for imitation learning[C]//13th International Conference on Artificial Intelligence

and Statistics, Chia Laguna Resort, Sardinia, Italy, 2010. Brookline, Massachusetts: Microtome Publishing, 2010.

[63] SYED U, SCHAPIRE R E. A reduction from apprenticeship learning to classification[C]//24th Annual Conference on Neural Information Processing Systems, Vancouver, British Columbia, Canada, 2010. New York City, USA: Curran Associates, Inc., 2010.

[64] ARGALL B D, CHERNOVA S, VELOSO M, et al. A survey of robot learning from demonstration[J]. Robotics and Autonomous Systems, 2009, 57(5): 469-483.

[65] SCHAAL S. Learning from demonstration[C]//10th Annual Conference on Advances in Neural Information Processing Systems, Denver, CO, USA, 1997. Cambridge, Massachusetts: MIT Press, 1997.

[66] NG A Y, RUSSELL S J. Algorithms for inverse reinforcement learning[C]//LANGLEY P. 17th International Conference on Machine Learning, Stanford University, Stanford, CA, USA, 2000. Burlington, Massachusetts: Morgan Kaufmann, 2000.

[67] ABBEEL P, NG A Y. Apprenticeship learning via inverse reinforcement learning[C]//BRODLEY C E. 21st International Conference on Machine Learning, Banff, Alberta, Canada, 2004. Cambridge, Massachusetts: MIT Press, 2004.

[68] BOULARIAS A, KOBER J, PETERS J. Relative entropy inverse reinforcement learning[C]//14th International Conference on Artificial Intelligence and Statistics, Fort Lauderdale, USA, 2011. Brookline, Massachusetts: Microtome Publishing, 2011.

[69] FINN C, LEVINE S, ABBEEL P. Guided cost learning: Deep inverse optimal control via policy optimization[C]//33rd International Conference on Machine Learning, New York City, NY, USA, 2016. Brookline, Massachusetts: Microtome Publishing, 2016.

[70] LEVINE S, KOLTUN V. Continuous inverse optimal control with locally optimal examples[C]//29th International Conference on Machine Learning, Edinburgh, Scotland, UK, 2012. Brookline, Massachusetts: Microtome Publishing, 2012.

[71] SYED U, BOWLING M H, SCHAPIRE R E. Apprenticeship learning using linear programming[C]//25th International Conference on Machine Learning, Helsinki, Finland, 2008. New York City, USA: ACM Press, 2008.

[72] ZIEBART B D, MAAS A L, BAGNELL J A, et al. Maximum entropy inverse reinforcement learning[C]//23rd AAAI Conference on Artificial Intelligence, Chicago, Illinois, USA, 2008. Palo Alto, California, USA: AAAI Press, 2008.

[73] HO J, ERMON S. Generative adversarial imitation learning[C]//30th Annual Conference on Neural Information Processing Systems, Barcelona, Spain, 2016. 2016.

[74] GOODFELLOW I J, POUGET-ABADIE J, MIRZA M, et al. Generative adversarial nets[C]//28th Annual Conference on Neural Information Processing Systems, Montreal, Quebec, Canada, 2014.

[75] DEAN J, GHEMAWAT S. Mapreduce: Simplified data processing on large clusters[J]. Communications of the ACM, 2008, 51(1): 107-113.

[76] ZAHARIA M, XIN R S, WENDELL P, et al. Apache spark: A unified engine for big data processing[J]. Communications of the ACM, 2016, 59(11): 56-65.

[77] LI M, ANDERSEN D G, PARK J W, et al. Scaling distributed machine learning with the parameter server[C]//11th USENIX Symposium on Operating Systems Design and Implementation, Broomfield, CO, USA, 2014. Berkeley, California, USA: USENIX Association, 2014.

[78] MORITZ P, NISHIHARA R, WANG S, et al. Ray: A distributed framework for emerging AI applications[C]//13th USENIX Symposium on Operating Systems Design and Implementation, Carlsbad, CA, USA, 2018. Berkeley, California, USA: USENIX Association, 2018.

[79] NAIR A, SRINIVASAN P, BLACKWELL S, et al. Massively parallel methods for deep reinforcement learning: abs/1507.04296[A]. 2015.

[80] LOWE R, WU Y, TAMAR A, et al. Multi-agent actor-critic for mixed cooperative-competitive environments[C]//30th Annual Conference on Neural Information Processing Systems, Long Beach, CA, USA, 2017. 2017.

[81] SAMVELYAN M, RASHID T, DE WITT C S, et al. The starcraft multi-agent challenge[C]//18th International Conference on Autonomous Agents and MultiAgent Systems, Montreal, QC, Canada, 2019. International Foundation for Autonomous

Agents and Multiagent Systems, 2019.

[82] BARD N, FOERSTER J N, CHANDAR S, et al. The hanabi challenge: A new frontier for ai research[J]. Artificial Intelligence, 2020, 280: 103216.

[83] HO Y C. Team decision theory and information structures[J]. Proceedings of the IEEE, 1980, 68(6): 644-654.

[84] WANG X, SANDHOLM T. Reinforcement learning to play an optimal nash equilibrium in team markov games[C]//15th Annual Conference on Neural Information Processing Systems, Vancouver, British Columbia, Canada, 2002. Cambridge, Massachusetts: MIT Press, 2002.

[85] YOSHIKAWA T. Decomposition of dynamic team decision problems[J]. IEEE Transactions on Automatic Control, 1978, 23(4): 627-632.

[86] BOUTILIER C. Planning, learning and coordination in multiagent decision processes[C]//6th Conference on Theoretical Aspects of Rationality and Knowledge, De Zeeuwse Stromen, The Netherlands, 1996. Burlington, Massachusetts: Morgan Kaufmann, 1996.

[87] LAUER M, RIEDMILLER M A. An algorithm for distributed reinforcement learning in cooperative multi-agent systems [C]//17th International Conference on Machine Learning, Stanford, CA, USA, 2000. Burlington, Massachusetts: Morgan Kaufmann, 2000.

[88] LITTMAN M L. Markov games as a framework for multi-agent reinforcement learning[C]//11th International Conference on Machine Learning, Rutgers University, New Brunswick, NJ, USA, 1994. Burlington, Massachusetts: Morgan Kaufmann, 1994.

[89] HU J, WELLMAN M P. Nash q-learning for general-sum stochastic games[J]. Journal of Machine Learning Research, 2003, 4(Nov): 1039-1069.

[90] LAGOUDAKIS M G, PARR R. Learning in zero-sum team markov games using factored value functions[C]//15th Neural Information Processing Systems, Vancouver, British Columbia, Canada, 2002. Cambridge, Massachusetts: MIT Press, 2002.

[91] LITTMAN M L. Friend-or-foe q-learning in general-sum games[C]//18th International Conference on Machine Learning, Williams College, Williamstown, MA, USA, 2001. Burlington, Massachusetts: Morgan Kaufmann, 2001.

[92] TAN M. Multi-agent reinforcement learning: Independent versus cooperative agents[C]//UTGOFF P E. 10th International Conference on Machine Learning, Amherst, MA, USA, 1993. Burlington, Massachusetts: Morgan Kaufmann, 1993.

[93] FOERSTER J N, NARDELLI N, FARQUHAR G, et al. Stabilising experience replay for deep multi-agent reinforcement learning[C]//34th International Conference on Machine Learning, Sydney, NSW, Australia, 2017. Brookline, Massachusetts: Microtome Publishing, 2017.

[94] TAMPUU A, MATIISEN T, KODELJA D, et al. Multiagent cooperation and competition with deep reinforcement learning [J]. PloS one, 2017, 12(4): e0172395.

[95] SUNEHAG P, LEVER G, GRUSLYS A, et al. Value-decomposition networks for cooperative multi-agent learning based on team reward[C]//17th International Conference on Autonomous Agents and MultiAgent Systems, Stockholm, Sweden, 2018. Richland, SC, USA: International Foundation for Autonomous Agents and Multiagent Systems, 2018.

[96] GUPTA J K, EGOROV M, KOCHENDERFER M J. Cooperative multi-agent control using deep reinforcement learning[C]// Autonomous Agents and Multiagent Systems, São Paulo, Brazil, 2017. New York City, USA: Springer, 2017.

[97] IQBAL S, SHA F. Actor-attention-critic for multi-agent reinforcement learning[C]//36th International Conference on Machine Learning, Long Beach, California, USA, 2019. Brookline, Massachusetts: Microtome Publishing, 2019.

[98] WEISS G. Multiagent systems: A modern approach to distributed artificial intelligence[M]. Cambridge, Massachusetts: MIT Press, 1999.

[99] STONE P, VELOSO M. Multiagent systems: A survey from a machine learning perspective[J]. Autonomous Robots, 2000, 8(3): 345-383.

[100] VLASSIS N. A concise introduction to multiagent systems and distributed artificial intelligence[J]. Synthesis Lectures on Artificial Intelligence and Machine Learning, 2007, 1(1): 1-71.

[101] SHOHAM Y, LEYTON-BROWN K. Multiagent systems: Algorithmic, game-theoretic, and logical foundations[M]. Cambridge, England: Cambridge University Press, 2008.

[102] BUŞONIU L, BABUŠKA R, DE SCHUTTER B. Multi-agent reinforcement learning: An overview[M]//Innovations in Multi-Agent Systems and Applications-1. Springer, 2010: 183-221.

[103] ZHANG K, YANG Z, BAŞAR T. Multi-agent reinforcement learning: A selective overview of theories and algorithms: abs/1911.10635[A]. 2019.

[104] OLIEHOEK F A, SPAAN M T, VLASSIS N. Optimal and approximate q-value functions for decentralized pomdps[J]. Journal of Artificial Intelligence Research, 2008, 32: 289-353.

[105] VASWANI A, SHAZEER N, PARMAR N, et al. Attention is all you need[C]//30th Annual Conference on Neural Information Processing Systems, Long Beach, CA, USA, 2017.

[106] CAMPBELL M, HOANE JR A J, HSU F H. Deep blue[J]. Artificial Intelligence, 2002, 134(1-2): 57-83.

[107] SCHAEFFER J, CULBERSON J, TRELOAR N, et al. A world championship caliber checkers program[J]. Artificial Intelligence, 1992, 53(2-3): 273-289.

[108] SCHAEFFER J, BURCH N, BJÖRNSSON Y, et al. Checkers is solved[J]. Science, 2007, 317(5844): 1518-1522.

[109] BURO M. From simple features to sophisticated evaluation functions[C]//1st International Conference on Computers and Games, Tsukuba, Japan, 1998. New York City, USA: Springer, 1998.

[110] TESAURO G, GALPERIN G R. On-line policy improvement using monte-carlo search[C]//9th Annual Conference on Advances in Neural Information Processing Systems, Denver, CO, USA, 1996. Cambridge, Massachusetts: MIT Press, 1996.

[111] SILVER D, HUANG A, MADDISON C J, et al. Mastering the game of go with deep neural networks and tree search[J]. Nature, 2016, 529(7587): 484-489.

[112] SILVER D, SCHRITTWIESER J, SIMONYAN K, et al. Mastering the game of go without human knowledge[J]. Nature, 2017, 550(7676): 354-359.

[113] BAUDIS P, GAILLY J. Pachi: State of the art open source go program[C]//13th International Conference on Advances in Computer Game, Tilburg, The Netherlands, 2011. New York City: Springer, 2011.

[114] ENZENBERGER M, MÜLLER M, ARNESON B, et al. Fuego: An open-source framework for board games and go engine based on monte carlo tree search[J]. IEEE Transactions on Computational Intelligence and AI in Games, 2010, 2(4): 259-270.

[115] ALLIS L V, et al. Searching for solutions in games and artificial intelligence[M]. Ponsen & Looijen, 1994.

[116] MÜLLER M. Computer go[J]. Artificial Intelligence, 2002, 134(1-2): 145-179.

[117] VAN DEN HERIK H J, UITERWIJK J W, VAN RIJSWIJCK J. Games solved: Now and in the future[J]. Artificial Intelligence, 2002, 134(1-2): 277-311.

[118] BOUZY B, HELMSTETTER B. Monte-carlo go developments[C]//10th International Conference on Advances in Computer Games, Graz, Austria, 2003. Philadelphia, United States: Kluwer, 2003.

[119] COULOM R. Computing "elo ratings" of move patterns in the game of go[J]. Journal of the International Computer Games Association, 2007, 30(4): 198-208.

[120] COULOM R. Efficient selectivity and backup operators in monte-carlo tree search[C]//5th International Conference on Computers and Games, Turin, Italy, 2006. New York City: Springer, 2006.

[121] CHASLOT G, SAITO J T, BOUZY B, et al. Monte-carlo strategies for computer go[C]//18th BeNeLux Conference on Artificial Intelligence, Namur, Belgium, 2006. Namen: University of Namur, 2006.

[122] KOCSIS L, SZEPESVÁRI C. Bandit based monte-carlo planning[C]//17th European Conference on Machine Learning, Berlin, Germany, 2006. New York City, USA: Springer, 2006.

[123] CHASLOT G, BAKKES S, SZITA I, et al. Monte-carlo tree search: A new framework for game ai[C]//4th Artificial Intelligence and Interactive Digital Entertainment Conference, Stanford, California, 2008. Palo Alto, California: The AAAI Press, 2008.

[124] BROWNE C B, POWLEY E, WHITEHOUSE D, et al. A survey of monte carlo tree search methods[J]. IEEE Transactions

on Computational Intelligence and AI in Games, 2012, 4(1): 1-43.

[125] CHASLOT G M J B C. Monte-carlo tree search[M]. Maastricht: Maastricht University, 2010.

[126] ZOPH B, LE Q V. Neural architecture search with reinforcement learning[C]//5th International Conference on Learning Representations, Toulon, France, 2017. OpenReview.net, 2017.

[127] LIU H, SIMONYAN K, YANG Y. Darts: Differentiable architecture search[C]//7th International Conference on Learning Representations, New Orleans, LA, USA, 2019. OpenReview.net, 2019.

[128] ZHONG V, XIONG C, SOCHER R. Seq2sql: Generating structured queries from natural language using reinforcement learning: abs/1709.00103[A]. 2017.

[129] KENESHLOO Y, SHI T, RAMAKRISHNAN N, et al. Deep reinforcement learning for sequence-to-sequence models[J]. IEEE Transactions on Neural Networks and Learning Systems, 2019, 31(7): 2469-2489.

[130] FENG Y, HU B, GONG Y, et al. GRN: Generative rerank network for context-wise recommendation[A]. 2021.

[131] CHEN M, BEUTEL A, COVINGTON P, et al. Top-k off-policy correction for a reinforce recommender system[C]//12th ACM International Conference on Web Search and Data Mining, Melbourne, VIC, Australia, 2019. New York City, USA: ACM Press, 2019.

[132] SHI J, YU Y, DA Q, et al. Virtual-taobao: Virtualizing real-world online retail environment for reinforcement learning[C]// 33rd AAAI Conference on Artificial Intelligence, Honolulu, Hawaii, USA, 2019. Palo Alto, California: AAAI Press, 2019.

[133] TANG X, QIN Z T, ZHANG F, et al. A deep value-network based approach for multi-driver order dispatching[C]//25th ACM SIGKDD International Conference on Knowledge Discovery & Data Mining, Anchorage, AK, USA, 2019. New York City, USA: ACM Press, 2019.

[134] LEVINE S, KUMAR A, TUCKER G, et al. Offline reinforcement learning: Tutorial, review, and perspectives on open problems: abs/2005.01643[A]. 2020.

[135] HENDERSON P, ISLAM R, BACHMAN P, et al. Deep reinforcement learning that matters[C]//32nd AAAI Conference on Artificial Intelligence, New Orleans, Louisiana, USA, 2018. Palo Alto, California: AAAI Press, 2018.

[136] FEDUS W, RAMACHANDRAN P, AGARWAL R, et al. Revisiting fundamentals of experience replay[C]//37th International Conference on Machine Learning, Virtual Event, 2020. PMLR, 2020.